“十四五”职业教育国家规划教材
国家林业和草原局职业教育“十三五”规划教材

森林调查技术

（第3版）

苏杰南　曾　斌　高　见　主编

中国林業出版社
CFPH China Forestry Publishing House

图书在版编目(CIP)数据

森林调查技术 / 苏杰南，曾斌，高见主编 .—3 版 .—北京：中国林业出版社，2021.9(2025.3 重印)
“十四五”职业教育国家规划教材　国家林业和草原局职业教育“十三五”规划教材
ISBN 978-7-5219-1230-2

Ⅰ.①森…　Ⅱ.①苏…②曾…③高…　Ⅲ.①森林调查-高等职业教育-教材　Ⅳ.①S757.2

中国版本图书馆 CIP 数据核字(2021)第 115095 号

责任编辑： 范立鹏　　**责任校对：** 苏　梅
电话：(010)83143626　　**传真：**(010)83143516

出版发行　中国林业出版社(100009　北京市西城区德内大街刘海胡同 7 号)
E-mail:jiaocaipublic@163.com
http://www.cfph.net
印　　刷　北京中科印刷有限公司
版　　次　2006 年 8 月第 1 版(共印 7 次)
2021 年 9 月第 3 版
印　　次　2025 年 3 月第 6 次印刷
开　　本　787mm×1092mm　1/16
印　　张　18.25
字　　数　454 千字
定　　价　52.00 元

数字资源

《森林调查技术》(第3版)
编写人员

主　编：苏杰南　曾　斌　高　见

副主编：廖建国　胡卫东

编　者：(按姓氏笔画排序)

邢宝振　辽宁生态工程职业学院

农胜奇　广西森林资源与生态环境监测中心

苏杰南　广西生态工程职业技术学院

张象君　黑龙江林业职业技术学院

胡卫东　广西生态工程职业技术学院

高　见　甘肃林业职业技术学院

曾　斌　江西环境工程职业学院

管　健　辽宁生态工程职业学院

廖建国　福建林业职业技术学院

廖彩霞　江西环境工程职业学院

主　审：叶绍明　广西大学

《森林调查技术》(第2版)编写人员

主　编：苏杰南　胡宗华

副主编：廖建国

编　者：(按姓氏笔画排序)

邢宝振　苏杰南　张　引　张象君

周火明　胡卫东　胡宗华　高伏均

廖建国

主　审：魏占才

《森林调查技术》(第1版)编写人员

主　编：魏占才

副主编：王文斗　苏杰南

编　者：(按姓氏笔画排序)

王文斗　孙　维　苏杰南　张　引

陈　涛　韩东锋　曾　斌　廖建国

魏占才

第3版前言

森林调查技术是高等职业院校林业技术专业的专业基础课程。教材的编写是根据国家林业和草原局院校教材建设办公室《关于公布入选国家林业和草原局普通高等教育“十三五”规划教材增补选题目录的通知》的精神，坚持绿水青山就是金山银山、人与自然和谐共生的理念，依据专业培养目标、相应职业资格标准要求、课程标准、课程特点和当前高等职业院校全面贯彻党的教育方针，落实立德树人根本任务，以推进产教融合、科教融汇、优化职业教育类型为定位，贯彻党的教育方针，落实立德树人根本任务。培养德智体美劳全面发展的社会主义建设者和接班人。教材内容的选取是根据学生完成林业调查规划设计岗位上森林资源调查任务时所需要的职业能力(知识、技能、素质)要求，坚持科技是第一生产力、人才是第一资源、创新是第一动力，对接专业发展和课程思政要求，注重吸收了近几年在林业科学研究和教学研究中的最新成果及森林调查中所用的新技术、新工艺、新方法，对接新经济、新业态、新模式、新技术需求，坚持守正创新，紧跟时代步伐，顺应实践发展，以新的理论指导新的实践，来构建课程内容体系。教材内容的编排打破传统学科体系和课程理论体系，以真实工作任务完成过程为依据序化教学内容，按高职学生认知方法和学习规律设计学习型工作任务。项目任务安排的顺序是由简单到复杂，由单项到综合，采用项目化教学模式来编写。做到课堂理论教学与现场实践教学相结合，课内项目训练与综合项目训练相结合，课程内容训练与实际生产任务相结合。教学内容的组织实施过程，采用项目化教学方法和手段，师生以团队的形式共同实施一个完整的学习项目工作任务，使学生掌握相关知识，具备相应的专业技能，激发学习的兴趣和思维，引导学生树立守卫“绿水青山”的理想信念，增强服务乡村振兴的担当本领，培养综合职业能力。造就德才兼备的高素质人才。

本书共设置课程导入和森林调查 4 个项目，17 个典型工作任务，每个任务中又分为任务目标、任务准备、任务实施、任务分析等 4 个方面。具体内容有：项目 1 林地的勘界与面积测量；项目 2 单株树木测定；项目 3 林分调查；项目 4 森林抽样调查。每个项目后附有练习和自主学习材料。

本书为高等职业教育林业技术专业教材。按照最新国家高等职业学校林业技术专业教学标准，本课程参考总学时为 172 学时，其中课内教学为 88 学时、集中实训为 60 学时(2 周)。学时安排见学时建议指南。

本书由 6 所高等职业院校林业技术专业主讲教师和 1 个行业企业单位工程技术人员合作编写完成，苏杰南、曾斌、高见任主编，廖建国、胡卫东任副主编，苏杰南、廖建国、农胜奇负责起草编写提纲。编写任务分工如下：苏杰南编写课程导入和任务 3.1、任务 3.2；曾斌编写任务3.4；高见编写任务3.3；廖建国编写任务4.1、任务4.2；胡卫东编写任务1.2；管健编写任务1.1；廖彩霞编写任务2.6、任务3.4；邢宝振编写任务1.3、任务4.3；张象君编写任务2.1至任务2.4。苏杰南、农胜奇负责统稿、定稿，广西大学叶绍明教授任主审。

学时建议指南

项　目	任　务	参考学时
0　课程导入		4
项目1　林地的勘界与面积测量	任务1.1　平面图的测量	24
	任务1.2　地形图的应用	16
	任务1.3　GPS的应用	6
	合　计	46
项目2　单株树木测定	任务2.1　直径的测定	3
	任务2.2　树高的测定	3
	任务2.3　伐倒木材积测算	4
	任务2.4　材种材积测算	2
	任务2.5　立木材积测算	4
	任务2.6　单木生长量测定	4
	合　计	20
项目3　林分调查	任务3.1　林分调查因子的测定	6
	任务3.2　标准地调查	6
	任务3.3　角规测树	6
	任务3.4　林分生长量测定	4
	任务3.5　林分多资源调查	4
	合　计	26
项目4　森林抽样调查	任务4.1　森林系统抽样调查	4
	任务4.2　森林分层抽样调查	4
	任务4.3　森林抽样调查特征数的计算	4
	任务4.4　遥感森林调查	4
	合　计	16
集中实训	合　计	60
合　计		172

本书适用于全国农林高等职业院校林业技术专业的学生，也可供相近专业和短期培训班选用，还可作为基层林业生产单位技术人员自学和参考用书。

本书在编写过程中，承蒙国家林业和草原局人事司、全国林业职业教育教学指导委员会、中国林业出版社、等单位的有关领导指导和帮助，参编人员所在单位的领导给予教材编写组大力支持和协助，在编写过程中引用、摘录和借鉴了有关文章、教材的资料，在此一并致以衷心的感谢。

由于作者水平有限，书中错误疏漏在所难免，敬请读者批评指正。

编　者

2021年2月

第2版前言

森林调查技术是高等职业院校林业技术专业的专业基础课程。教材的编写是根据教育部教职成司《关于“十二五”职业教育国家规划教材选题立项的函》(教职成司函〔2013〕184号)和《教育部关于“十二五”职业教育教材建设的若干意见》(教职成〔2012〕9号)的精神，依据专业培养目标、相应职业资格标准要求、课程标准、课程特点和当前高等职业院校人才培养的实际，兼顾南北方林业特点。教材内容的选取是根据学生完成林业调查规划设计岗位上森林资源调查任务时所需要的职业能力(知识、技能、素质)，“森林资源管理与监测工程技术人员”(职业编码：2-02-23-10)的国家职业标准要求，吸收了近几年在林业科学研究和教学研究中的最新成果及森林资源调查中所用的新技术、新方法(如全站仪测量和3S技术)，来构建课程内容体系。教材内容的编排打破传统学科体系和课程理论体系，以真实工作任务完成过程为依据序化教学内容，按高职学生认知方法和学习规律设计学习型工作任务。项目任务安排的顺序是由简单到复杂，由单项到综合，采用项目化教学模式来编写。做到课堂理论教学与现场实践教学相结合，课内项目训练与综合项目训练相结合，课程内容训练与实际生产任务相结合。教学内容的组织实施过程，采用项目化教学方法和手段，师生以团队的形式共同实施一个完整的学习项目工作任务，使学生掌握相关知识，具备相应的专业技能，激发学习的兴趣和思维，培养综合职业能力。

教材共设置课程导入和森林调查8大“项目”25个典型工作任务，每个任务中又分为任务目标、任务提出、任务分析、工作情景、知识准备、任务实施、考核评估、巩固训练项目8个方面。具体内容有：项目1：距离丈量与直线定向；项目2：罗盘仪测量；项目3：全站仪测量；项目4：地形图在森林调查中的应用；项目5：GPS在森林调查中的应用；项目6：单株树木测定；项目7：林分调查；项目8：森林抽样调查。每个项目后附有练习和自主学习材料。

本教材由7所高职院校林业技术专业主讲教师和1所林业调查规划院人员合作编写完成，苏杰南、胡宗华任主编，廖建国任副主编，苏杰南、廖建国负责起草编写提纲。编写任务分工如下：苏杰南编写课程导入和项目7的任务7.1、任务7.2；胡宗华编写项目1；高伏均编写项目2；邢宝振编写项目3和项目5；张引编写项目4；张象君编写项目6的任务6.1至任务6.4；胡卫东编写项目6的任务6.5和项目7的任务7.3；周火明编写项目6的任务6.6和项目7的任务7.4；廖建国编写项目8。苏杰南负责统稿、定稿工作，魏占才任主审。

本教材适用于全国农林高等职业院校林业技术专业的学生，也可供相近专业和短期培训班选用，还可作为基层林业生产单位技术人员自学和参考用书。

本教材在编写过程中，承蒙全国林业职业教育教学指导委员会、国家林业局人事司、中国林业出版社等单位的有关领导的指导和帮助，参编人员所在单位的领导给予教材编写的大力支持和协助，杨凌职业技术学院韩东锋和广西生态工程职业技术学院买凯乐对本教材的编写提供了许多参考意见，在编写过程中引用、摘录和借鉴了有关文章、教材的资料，在此一并致以衷心的感谢。

由于作者水平有限，书中错误疏漏在所难免，敬请读者批评指正。

编　者

2014 年 1 月

第1版前言

《森林调查技术》是根据教育部高教司组织制订的《全国高职高专教育林业技术专业人才培养指导方案》以及《高职高专教育森林资源类专业教学内容与实践教学体系的研究》课题的要求编写的。本教材紧扣专业人才培养目标和人才培养规格，与就业岗位群的知识能力结构相配套，体现了“以服务为宗旨，以就业为导向”的职业教育方针。

本书编写以能力培养为主线，理论实训一体化，以就业岗位的工作项目立章节，围绕实训项目讲理论，理论知识以必须够用为度，与高职层次相适应，打破了单一的学科体系。教材内容新颖，紧密贴近林业生态主战场，林业生产建设中的新概念、新技术、新管理模式、新法规等在教材中得到了充分反映，体现了与时俱进的思想。

本书体例具有独特性。每单元由理论知识、技能训练和阅读练习构成，三者相辅相成、有机融合，特别是在阅读练习中，有反映本单元内容研究前沿的综述，又有供学生深人探索创新的课外阅读文献题录，还有供学生巩固知识强化技能的练习思考题。

本书内容涵盖相应国家职业资格标准内容，还增加了大量新的实训项目和内容，可操作性强，全书理论教学部分和实验实训部分融为一体，充分体现了高职的人才培养特色。

综合课程删减了部分教学内容，同时增加了一些新知识，如 GPS 的应用，GIS 在林业生产中的应用，航空遥感的基本知识等。教学内容更加连贯，便于学生掌握森林调查技术，以适应林业技术专业各岗位的需要和岗位变化的要求。

本书在强调为其他专业课程提供对森林进行测定的理论和方法的同时，又自成体系，着重介绍森林调查技术的理论和方法。

本书由魏占才(黑龙江林业职业技术学院)任主编(绪论、第 5、9、10 单元)；王文斗(辽宁林业职业技术学院)任副主编(第 1、8、10 单元)；苏杰南(广西生态职业技术学院)任副主编(第 4、6、7 单元)；陈涛(河南科技大学林业职业技术学院)编写(第 1、2、3 单元)；韩东锋(杨凌职业技术学院)编写(第 3、5、11 单元)；廖建国(福建林业职业技术学院)编写(第 4、6、7 单元的部分内容)；张引(山西林业职业技术学院)编写(第 3、4、11 单元的部分内容)；曾斌(江西环境工程职业学院)编写(第 8、9 单元的部分内容)；孙维(云南林业职业技术学院)编写(第 10 单元)。

在编写过程中，承蒙教育部高职高专教育林业类专业教学指导委员会、国家林业局人教司、中国林业出版社等单位的有关领导提出了许多宝贵的修改意见和帮助，参编人员所在单位的领导也对教材编写给予了大力支持，各学校的有关教师和学生的支持，使教材编写工作顺利完成。在编写过程中还引用、摘录和借鉴了有关文章，教材的材料和图表，在此对这些作者一并致以衷心的感谢。

本书的编写，力求反映本学科发展的一些新内容、新方法，但受编者水平所限，书中难免有错误和不妥之处，敬请使用者批评指正。

编　者

2006 年 3 月

目 录

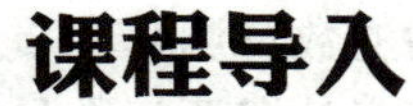

0 课程导入
——走进森林调查技术

森林是大地的肌肤，人类的摇篮，也是人类心灵的家园。大自然是人类赖以生存发展的基本条件，尊重自然、顺应自然、保护自然，是全面建设社会主义现代化国家的内在要求。走进森林，山花烂漫，小鸟在枝头无忧无虑地鸣叫，鱼儿在潺潺的溪水里自由自在地游动，轻灵的风掠过树林轻吟低唱，林中的空气清新，不再有沙尘暴，不再有雾霾——在我们的生活里，人与自然和谐共生，森林常常以不同的方式，吸引着我们，让人流连忘返。

森林是推动绿色发展，促进人与自然和谐共生的重要载体。森林与我们的生活息息相关，影响着社会、经济、工农业生产的方方面面。林业人要牢固树立和践行绿水青山就是金山银山的理念，站在人与自然和谐共生的高度谋划发展。然而，森林是有生命的，无时无刻不在变化着。为了更好的保护、利用森林，进一步贯彻绿水青山就是金山银山的理念，我们利用技术手段测定它的数量、评定它的质量、分析它的生长动态变化规律。让我们走进森林，走进森林调查技术。

0.1 森林调查技术的概念

0.1.1 森林调查

森林调查实质上就是对森林的数量、质量和生长动态进行测定与评价。通过森林调查，不仅要测定森林的数量，还需要评定森林的质量，分析树木、林分、森林的生长动态变化规律。为国家和林业部门拟定林业发展规划，确定森林经营技术措施，合理地利用森林资源，扩大林业再生产，保护生态环境等提供原始数据和科学理论依据，从而实现科学经营、永续利用森林的目的。

对于大面积森林资源的森林调查通常是以林区作为调查对象，把一定面积的林区作为调查总体，用典型调查和抽样调查的方法，来估测总体的森林资源数量与质量，摸清森林资源动态变化的规律，了解自然条件和经济条件，并进行综合评价，提出准确的森林资源调查材料、图面材料、统计报表、调查报告等。有关抽样调查知识将在高等院校相关课程中学习。

0.1.2 森林调查技术

森林调查技术是指对树木、林分、森林以及林产品的数量测算、质量评定和生长动态分析的理论与技术方法。它以树木和林分为对象，查清森林资源的数量和质量，同时在林学领域内，它是各林业学科对森林进行研究、分析所需的基本知识和技能。是林业技术专业的专业基础课。

0.2 森林调查的任务与内容

0.2.1 森林调查的任务

森林调查技术能够提供既有现实意义而又有预见性的科学数据。森林调查的任务是用科学方法和先进技术手段，查清森林资源数量、质量及其消长变化状况、变化规律，进行综合分析和评价，为国家、地区制定林业方针政策提供科学数据和理论依据，为林业部门、森林经营单位编制林业区划、规划、计划，指导林业生产提供基础资源数据，也是合理组织林业生产的基础、检查森林经营效果的重要手段。同时为林业各学科研究分析提供对树木、森林测定的理论、方法和技术，为实现森林合理经营、科学管理、永续利用、可持续发展、碳达峰和碳中和，充分发挥森林生态效益、经济效益、社会效益服务。

0.2.2 森林调查的内容

以森林调查岗位职业能力培养为目标，根据学生的认知规律和职业教育教学的特点，以实践操作技能培养为重点，采用行动导向、项目导向化课程开发方法进行设计，开展课程体系重构，按森林调查的主要内容与调查项目设置，打破了以原来学科为体系的旧框架，突出职业教育职业技能的培养，体现课程设计的职业性、实践性和开放性，采用“项目式”教学方法编写，理论与实训相融合，按照项目导入、任务目标、任务准备、任务实施、任务反思、项目小结、项目测试等任务驱动形式开展课程内容教学。设置课程导入——走进森林调查技术和林地的勘界与面积测量、单株树木测定、林分调查、森林抽样调查4个项目，17个典型工作任务。教学内容的组织是将各任务理论知识准备与其技能实训有机结合，各任务的理论知识学习准备是铺垫，各任务的实施技能实训是重点。做到理论知识与技能实训相融合，通过项目导入引入任务、通过任务目标驱动引导学习要完成任务所需理论知识准备；通过任务实施加深对理论知识学习与理解；通过任务反思、项目小结与项目测试找出完成任务的关键问题，巩固所学理论知识与技能方法，从而完成各项目任务目标，进而完成本课程学习。通过完成森林调查典型工作任务，以掌握森林调查基本技能为目的，培养学生森林调查的基础理论与技能方法。

森林调查技术主要由测量、测树两部分内容所组成。测量部分主要讲授测量的基本知识、罗盘仪测绘平面图的基本原理和操作方法、地形图的判读及其在森林调查中应用、卫星影像图应用、全球定位系统GPS在森林调查中的应用，为森林资源调查及各种专业调查提供图面材料；测树部分主要讲授单株树木和林分测定的基本知识、基本原理和技术方法，侧重讲述单株树木测定、林分调查及单株树木和林分生长量测定、树干解析的概念作用和实际操作方法，为制定森林经营措施、合理利用和不断扩大森林资源，制定森林经营利用方案提供科学数据。

单株树木的测定是林分调查(包括生长量测定)的基础，根据树木存在的状态(伐倒木或立木)和测定条件的不同，从分析树干形状或形状指标入手，分述单株树木两类存在的状态的测算方法。在伐倒木测定中还介绍了原条与原木作为商品材的测定方法及其不规则材的测定方法。

林分调查是森林调查的中心内容，是森林资源数量测定与质量评定的基本方法。在阐述与研究森林结构规律的基础上，介绍了林分各调查因子的测定原理与方法。其重点是林分的主要数量指标——蓄积量的测定，采用标准地调查法、角规测树的方法测定。由于国家建设对木材规格和品种要求的多样性，在测定蓄积量的同时，还要进行质量评定，对材种出材率、出材量进行测定。

生长量测定，主要研究树木和林分有关生长的理论和调查方法。在林业生产中不仅要知道当前的林木蓄积量，还要知道林木蓄积量随着时间的推移而产生的变化，即需要研究林木和林分的生长过程、生长数量及其生长规律。

卫星影像图像与GPS等新技术和新方法的应用，对加快森林资源调查，节省调查费用，提高调查质量都有显著的效果。

0.3 森林调查技术发展历史与发展趋势

森林调查技术的发展历史，与社会生产力水平和科学技术的发展是紧密相关的。森林调查技术由简单到粗放再到精准，进而发展成为一门学科，其发展历史与科学技术发展历史过程相同。从世界各国来看，森林调查技术的发展过程可概括为以下几个阶段：

0.3.1 目测阶段(踏勘阶段)

古代森林茂密，人烟稀少，生产简单，对木料与树木无须精密量测，资源浪费严重。在距今2700多年的春秋战国时期，就采用“把、握、围”作为树木粗度的粗放量度，在制作车辆时所需构件才用尺寸计量。18世纪前木材生产的情况是小面积集中采伐，买卖山林。这一时期森林调查没有形成完整的体系，只能进行目测调查，以估测木材的材积并进行交换。到了18世纪，目测全林总材积的方法是将调查地区划为若干个分区，以目测方法估计单位面积的材积，并将样地上的样木伐倒实测其材积，以校正目测调查的结果。这种目测调查法至今仍为林业调查工作所沿用。这种方法快速，对结构简单的森林是一种比较适宜的方法。自1913年起有人开始研究目测的偶差和偏差，并指出采用回归分析方法有可能校正由调查员调查时产生的偏差。在大面积森林调查时只能在其中选定若干个观测点进行目测，很难满足精度要求。因此，这种方法只适用于小面积且林相简单的森林。

0.3.2 实测阶段

到了19世纪初期，其他学科的发展推动了测树技术的迅速发展，创立了形数理论。林业工作者开始利用胸径、树高、形数与材积之间的关系分别树种编制了适合森林调查和材积计算的各种材积表。由于交通和工业的发展，对林产品数量和质量也有了新的要求。林业生产逐渐发展，目测小面积林分以推算全林蓄积量的方法已不能满足实际需要，目测法逐渐由实测法代替。由目测调查到实测调查阶段经历了近200多年的时间。目前，全林实测法在世界上一些国家中仍然采用，特别是在特殊林分（特种用途林等）和伐区调查中，仍采用全林每木调查法。应当注意的是这种方法成本高、速度慢。

由目测调查发展到实测调查初步地解决了精度不足问题。但是主观地决定实测比重，增加了不必要的工作量，形成了工作量与精度的矛盾。20世纪初，由于林业生产的发展和需要，世界上有些国家进行了大面积森林资源清查和国家森林资源清查，使得工作量与精度这一矛盾更加尖锐化。为解决这一矛盾，必须探索更为完善的调查方法。

0.3.3 森林抽样调查阶段

对于小面积的森林来说，可以采用全林实测法，但对大面积森林进行全林每木检尺是不可能的，也没有必要。随着数理统计、电算等理论和方法的广泛应用，在这个时期，数理统计的理论提供了设计最优森林调查方案的理论和方法，即用最小工作量取得最高精度，或按既定精度要求使工作量最小，初步地解决了精度和工作量的矛盾。这是森林调查技术中的一个突破，它突破了沿用的实测框框，跨入了森林抽样调查阶段。

20世纪在森林调查技术上有了新的突破。法国林学家顾尔诺（A. Gurnaud）和瑞士林学家毕沃莱（H. Biolley）提出“检查法”（method of control）。它是用固定样地连续清查法比较两个时期的调查结果，取得林分的定期生长量。1947年，奥地利林学家彼特利希（W. Bitterlich）提出角规测树法测定林分每公顷胸高断面积，以推算林分蓄积量。

标准地调查和抽样调查技术在森林调查技术中的应用，不仅加速了森林调查工作，而且给监测森林资源消长的森林连续清查的发展打下了理论基础。抽样调查法与标准地调查法相比，前者避免了主观偏差，并且抽样调查方案一经制定，操作比较简单，便于组织生产。由于抽样调查的理论和方法不断地发展和完善，因此森林调查精度不断提高；调查方法也更加多样化。

应用航空相片森林调查，可以取得各种土地类别的面积。航空相片提供地物影像，它客观地记录了地物在摄影瞬间的实况，反映了森林和地物实况。从相片上可以判读出各种林分调查因子，并可以利用航空相片绘制林相图等图面材料。对于难以到达的人烟稀少、粗放经营的原始林区特别适用。数理统计促进了航空摄影技术在森林调查中的应用。它提供最优森林调查设计方案的理论，用较低的成本就可取得满足生产要求的调查资料，采用抽样技术对森林类型面积可作出全面估计，相片上测得各种林分调查因子后，用复相关分析和适当的抽样技术，能很好地估计林木蓄积量。经地面检查后，再用回归分析可以消除航空相片判读的偏差。20 世纪 60 年代出现多光谱扫描仪，并初步建立图形识别学说。70 年代出现地球资源技术卫星，同时电子计算机得到了广泛应用。它们使森林调查得到迅速发展。多光谱相片和陆地卫星的 TM 影像，提供了大量信息，对大面积林区的森林分类判读十分有利。应用电子计算机进行森林资源的统计、分析，缩短了森林调查的作业时间，森林调查的内业可以全部实现自动化。航空相片和电子计算机是现代森林调查不可缺少的工具。

0.3.4 “3S”技术广泛应用阶段

21 世纪，“3S”技术在森林调查实践中得到了比较广泛的应用，以“3S”集成(GPS：全球定位系统，GIS：地理信息系统，RS：遥感技术)建立对地观测系统，可以从整体上解决与地学相关的资源与环境问题，实现“定性、定位、定量”的统一，从而使森林资源调查与监测范围扩大、周期缩短，精度提高、现势性增强、工作量减小，把森林资源的调查与监测推向数字化、实时化、自动化、动态化、集成化、智能化的现代高新科技的新时代。

综上可见，森林调查技术的发展是与社会生产力和现代科学技术的发展息息相关。当今森林调查技术现代化的主要标志是电子计算机的应用，森林资源信息系统的建立，抽样技术的迅速发展，最优数学模型的选用以及精密仪器的研制、“3S”技术广泛应用等，有可能改变某些旧有的测树方法。使繁重的外业调查和制表工作大为减少，森林调查技术的理论和方法将提高到一个新的水平。

0.4 我国森林资源调查现状与发展动态

我国从 20 世纪 20 年代才开始引进近代测树学等森林调查技术知识，起初借鉴日本、德国，发展极慢。

我国森林调查技术的发展是从中华人民共和国成立后才开始的。1949 年以来，从借鉴苏联经验开始，经过多代林业专家学者的艰苦奋斗、学习研究，我国的森林调查事业进入了一个崭新的时期。70 多年来，从中央到地方陆续建立了森林资源管理体系，基本查清了全国森林资源。在总结新中国成立以来我国森林调查的经验和教训基础上，结合国内外森林调查的实践，我国于 1982 年将森林调查科学地分为以下三类。

0.4.1 全国森林资源清查(简称一类调查)

全国森林资源清查是由国务院林业主管部门组织，以省(自治区、直辖市)和大林区为单位进行；以全国或大林区为调查对象，要求在保证一定精度的质量条件下，能够迅速及时地掌握全国或大区域森林资源总的状况和变化，为分析全国或大区域的森林资源动态，制定国家林业方针政策、计划，调整全国或大区域的森林经营方针，指导全国林业发展提供必要的基础数据。森林资源的落实单位在国有林区为林业局，集体林区为县，也可以为其他行政区划单位或自然区划单位。调查的主要内容包括森林面积、蓄积量、生长量、枯损量以及更新采伐量等。调查方法主要采用抽样调查并定期进行复查，复查间隔期一般为5年。

目前，我国已经用连续森林资源清查法建立较完善的国家森林资源清查体系。

0.4.2 森林资源规划设计调查(简称二类调查)

森林资源规划设计调查也称森林经理调查。由省级人民政府和林业主管部门负责组织，以林业局、国有林场、县(旗)或其他部门所属林场为单位进行，为林业基层生产单位(林业局或林场)全面掌握森林资源的现状及变动情况，分析以往的经营活动效果，编制或修订基层生产单位(林业局或林场)的森林经营方案或总体设计提供可靠的科学数据。因为小班是开展森林经营利用活动的具体对象，也是组织林业生产的基本单位，所以二类调查森林资源数量和质量应该落实到小班。根据森林经营水平和集约程度决定调查的详细程度。调查的主要内容，除各地类小班的面积、蓄积量、生长量及经营情况外，还要进行林业生产条件的调查和其他专业调查。调查间隔期为10年或5年。

0.4.3 作业设计调查(简称三类调查)

林业基层生产单位为满足伐区设计、造林设计、抚育采伐设计、林分改造等而进行的调查，均属作业设计调查。其目的是清查一个作业设计范围内的森林资源数量、出材量、生长状况、结构规律及作业条件等，以取得作业前的资料，为开展生产作业设计及施工服务。作业设计调查是基层生产单位开展经营活动的基础手段，应在二类调查的基础上，根据规划设计的要求在具体作业前进行。当前我国大部分林区采用全林实测法进行三类调查，森林资源应落实到具体的山头地块或一定作业范围地块上。

到2013年，我国已先后进行了1次全国森林资源整理汇总统计、连续进行8次全国森林资源清查。每次全国森林资源清查成果，都比较客观地反映了当时全国森林资源现状，特别是1978年我国建立了国家森林资源连续清查体系，并开展了全国森林资源监测工作，取得的成果为国家及时掌握森林资源现状、森林资源动态变化，预测森林资源的发展趋势，进行林业科学决策等提供了丰富的信息和可靠的数据支持。历次森林资源清查结果见表0-1。

表0-1 中国历次森林资源清查结果

序 号	普查时间(年)	森林面积($\times10^8$ hm^2)	覆盖率(%)
第一次全国森林资源清查	1973—1976	1.22	12.7
第二次全国森林资源清查	1977—1981	1.15	12.0
第三次全国森林资源清查	1984—1988	1.25	12.98

（续）

序　号	普查时间(年)	森林面积($\times10^8$ hm^2)	覆盖率(%)
第四次全国森林资源清查	1989—1993	1.34	13.92
第五次全国森林资源清查	1994—1998	1.59	16.55
第六次全国森林资源清查	1999—2003	1.75	18.21
第七次全国森林资源清查	2004—2008	1.95	20.36
第八次全国森林资源清查	2009—2013	2.08	21.63
第九次全国森林资源清查	2014—2018	2.20	22.96

1962年国家林业部组织全国各省(自治区、直辖市)开展全国森林资源整理统计工作，对1950—1962年12年期间所开展的各种森林资源调查资料进行整理、统计，最后进行全国汇总。此次调查前后跨12年。调查地区仅涉及全国近300 km^2 范围。受当时的历史条件、技术水平限制，汇总的结果有很大误差。但这次统计汇总毕竟是新中国成立以来首次通过大面积森林资源调查成果进行的，可以基本反映当时全国森林资源概貌。

第一次全国森林资源清查。1973年农林部部署全国各省区开展按行政区县(局)为单位的森林资源清查工作，这是中华人民共和国成立以来第一次在全国范围(台湾地暂缺)，在比较统一的时间内进行较全面的森林资源清查，这次清查主要是侧重于查清全国森林资源现状，整个清查工作到1976年完成，并于1977年完成了全国森林资源统计汇总工作。

第二次全国森林资源清查。全国森林资源的动态监测从这次清查开始。由于以往森林资源清查均侧重于查清资源现状，每次调查只是独立的一次性调查，不能客观估测资源消长变化动态。1977年农林部为进行森林资源清查的技术改革，在江西省组织了全国森林资源连续清查试点工作，在取得初步经验的基础上，于1978年开始先后在全国各省区全面推广，陆续建立了以省区为总体的森林资源连续清查体系，开展了连续清查的初查工作，于1981年完成全国清查工作。全国森林资源连续清查体系的建立，是我国森林资源清查工作体系、技术体系建设的重大转折，为以后开展全国森林资源的动态监测打下了良好基础。1982年林业部对全国各省区清查成果组织了统计汇总和资源分析。

第三次全国森林资源清查。从1984年开始，全国各省区先后开展了森林资源连续清查第一次复查工作(个别省区为第二次复查)，全国复查工作于1988年结束，1989年完成全国森林资源统计分析，当年林业部正式对外公布了我国最新森林资源数据成果。通过这次全国连清复查，进一步证明了连续清查是最为有效的森林资源动态监测方法，它有较好的同一时态性，较高的可比性，对加强资源宏观管理工作起到很大作用。

第四次全国森林资源清查。从1989年开始，各省区相继开展了森林资源连续清查第二次复查工作。一些省区在复查中进一步完善了技术方案，采用了新技术，提高了样地、样木复位率。据统计，这次清查全国固定样地复位率达90%以上。在全国范围内，除成片大面积沙漠、戈壁滩、草原及乔灌木生长界限以上的高山外，基本上都进行了调查。这次清查的覆盖面更趋全面，技术标准、调查方法更趋一致和规范，在质量要求上更加严格，使成果更为客观，提供信息更为丰富。整个清查工作于1993年结束。

第五次全国森林资源清查。1994 年开始实施，这次复查按林业部于当年颁布的《国家森林资源连续清查主要技术规定》要求实施，于 1998 年全部完成全国森林资源清查工作。清查的外业调查由各省区林业勘察设计院负责完成，国家林业局(现国家林业和草原局)各直属调查规划设计院负责监测区内各省清查方案的审查、技术指导、外业质量检查和内业统计分析工作。本次清查共调查地面样地 184 479 个，卫片、航片成数判读样地 90 227 个，覆盖面积 575.15×10^4 km^2。全国有 2 万余人参加了这次清查。本次调查修订了技术规定，修订后的技术规定与第四次全国森林资源清查相比，技术标准变化主要有：一是森林郁闭度标准由郁闭度 0.3(不含 0.3)改为 0.2 以上(含 0.2)。二是按保存株数判定为人工林的标准，由每公顷保存株数大于或等于造林设计株数的 85%改为 80%。三是判定为未成林造林地的标准，由每公顷保存株数大于或等于造林设计株数的 41%改为 80%。四是灌木林地的覆盖度标准由大于 40%改为大于 30%(含 30%)。除技术标准有所变化外，第五次清查还科学、合理地规范了各省区地面样地的数量；增加了统计成果产出的信息量；逐步引入了“3S”等技术，为全面提高调查工作的效率和调查成果的精度奠定了基础。

本次森林资源清查成果的内业统计分析采用全国统一的数据库格式、统一的统计计算程序，保证了清查成果的客观性、连续性和可比性。

第六次全国森林资源清查。从 1999 年开始，到 2003 年结束，历时 5 年。这是我国第一次对大陆国土面积全覆盖的森林资源调查，收集调查数据 1.1 亿组，涉及森林的面积、蓄积量、结构、质量、分布及生长消耗状况和对生态的影响等方方面面。参与本次清查的技术人员 2 万余人，投入资金 6.1 亿元。本次清查全国共调查地面固定样地 41.50 万个，遥感判读样地 284.44 万个，对全国除港、澳、台以外 31 个省(自治区、直辖市)国土范围内的森林资源进行了全覆盖调查。调查广泛运用了遥感技术、地理信息系统、全球定位系统“3S”技术，适时增加了林木权属、林木生活力、病虫害等级、经济林集约经营等级等调查因子。建立健全了工作管理和成果审查机制，加强了汇总分析评价工作。为保证全国森林资源数据的完整性，本次清查结果包含了台湾地区《第三次台湾森林资源及土地利用调查(1993)》中的数据，香港特别行政区《香港 2003 年统计年鉴》和《陆上栖息地保护价值评级及地图制(2003)》中的数据，澳门特别行政区《澳门 2002 年统计年鉴》中的数据。

第七次全国森林资源清查。从 2004 年开始，到 2008 年结束，历时 5 年。这次清查参与技术人员 2 万余人，采用国际公认的“森林资源连续清查”方法，以数理统计抽样调查为理论基础，以省区为单位进行调查。全国共实测固定样地 41.50 万个，判读遥感样地 284.44 万个，获取清查数据 1.6 亿组。第七次全国森林资源清查结果表明，我国森林资源进入了快速发展时期。重点林业工程建设稳步推进，森林资源总量持续增长，森林的多功能多效益逐步显现，木材等林产品、生态产品和生态文化产品的供给能力进一步增强，为发展现代林业、建设生态文明、推进科学发展奠定了坚实基础。

第八次全国森林资源清查。从 2009 年开始，到 2013 年结束，历时 5 年。投入了近 2 万名调查和科研人员，运用了卫星遥感和样地调查测量等现代科技手段，调查内容涉及森林资源数量、质量、结构、分布的现状和动态，以及森林生态状况和功能效益等方面。清查结果显示，全国森林面积 2.08×10^8 hm^2，森林覆盖率 21.63%，森林蓄积量 151.37×10^8 hm^2。人工林面积 0.69×10^8 hm^2，蓄积量 24.83×10^8 m^3。我国森林资源进入了数量增

长、质量提升的稳步发展时期。但是，我国森林覆盖率远低于全球31%的平均水平，人均森林面积仅为世界人均水平的1/4，人均森林蓄积量只有世界人均水平的1/7，森林资源总量相对不足、质量不高、分布不均的状况仍未得到根本改变，森林科学经营水平还有待提高，人民群众更为迫切期盼山更绿、水更清、环境更宜居，建设生态文明、美丽中国，全民植树造林绿化、改善生态环境任重而道远。

第九次全国森林资源清查工作2014年启动，到2018年结束。全国森林面积2.2×10^8 hm^2，森林覆盖率22.96%，森林蓄积量175.6×10^8 m^3，实现了30年来连续保持面积、蓄积量的“双增长”，“绿水青山”的保护和建设成果进一步扩大。我国成为全球森林资源增长最多、最快的国家，生态状况得到了明显改善，森林资源保护和发展步入了良性发展的轨道，这为推进新时代社会主义生态文明建设提供了良好生态条件。第九次清查有几大亮点，如遥感技术、全球定位系统、地理信息系统、数据库和计算机网络等技术的集成应用全面深化；样地定位、样木复位、林木测量和数据采集精度大幅度提高；外业调查效率和内业统计分析能力有效提升。另外，首次以样地样木为计量单元，统计出了全国林木生物量和碳储量，为监测森林生态服务功能迈出了可喜的一步。上海成功实现国家和地方森林资源监测一体化。天津开展平原区优化调查方法试点，提高了森林面积、森林覆盖率等数据的准确度，同时也提高了清查工作效率。至于把森林作为生态系统，用系统分析的方法对森林进行定性与定量的评定研究，随着现代科学技术的发展，随着我国林业现代化和林业科学的全面发展，森林调查技术必将在其中承担应有的任务。

0.5 “森林调查技术”与其他课程的关系及其学习方法

“森林调查技术”与其他课程的关系是非常密切的。森林调查技术是一种复杂的综合性的工作，牵涉面广，与很多课程有紧密和直接的联系。如森林调查的对象是森林，森林植物的识别就是基础；研究单株树木和林分的生长规律时，那么森林生长和分布与环境的关系是关键；为了鉴定森林立地条件、评定森林在数量和质量方面的生长能力，需要应用森林环境特别是森林生态系统的相应知识；森林调查技术不仅是森林资源经营管理、森林经营技术、林业“3S”技术和森林资源资产评估的基础课程，也为其他许多专业课程如森林营造技术课程服务，因此，该课程是现代林业技术专业的一门重要的专业基础课。它除了为森林调查提供基础知识和基本技术方法外，还为扩大现代林业技术专业学生的知识领域，适应现代林业生产实际的需要，奠定基础。当前，林业工作者都需要在不同程度上掌握一定的森林调查技术知识，才能更好地为林业建设服务。

因此，要学好本课程，需要有数学、森林植物及其识别、森林植物生长与环境等基础知识以及其他林业专业知识，在学习中应将各任务理论知识准备与其技能实训有机结合，除认真学习各任务理论知识外，更应该注重操作技能实训等实践性环节，注重信息技术在实际工作中的应用。通过教师讲授、实例演示、学生实训、练习测试相结合，巩固所学理论知识与技能方法，加强实际操作技能训练，树立科技是第一生产力的重要认识，培养发现问题、分析问题、解决问题的能力，从而完成各项目任务目标，进而完成本课程学习。

0.6 森林调查常用的符号和单位

森林调查主要调查因子常用的符号和单位见表 0-2。

表 0-2　森林调查主要调查因子常用符号和单位

主要调查因子	常用符号	单位名称	单位符号	精度要求
直径	D 或 d	厘米	cm	0. 1
树高	H 或 h	米	m	0. 1
长度	L 或 l	米	m	0. 1
断面积	G 或 g	平方米	m^2	0. 000 01
林分蓄积量	M 或 m	立方米	m^3	0. 0001
材积	V 或 v	立方米	m^3	0. 0001
形数	F 或 f	—	—	0. 001
形率	Q 或 q	—	—	0. 01

项目小结

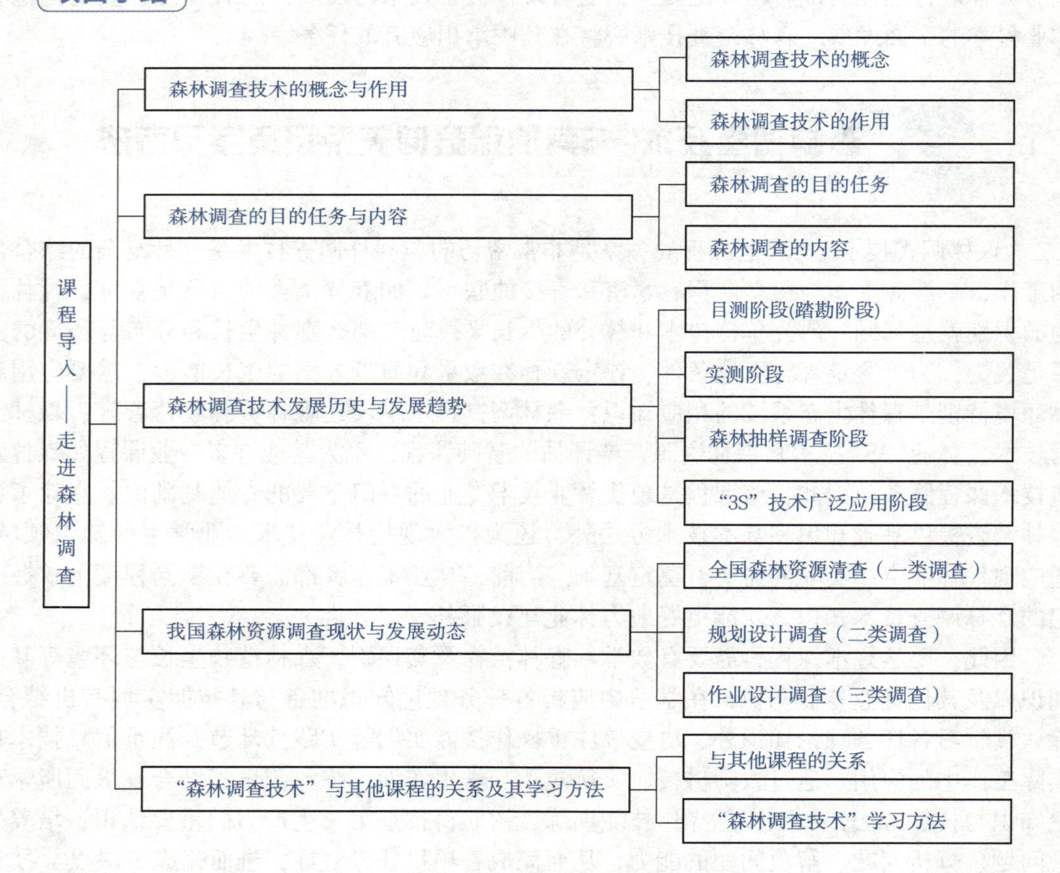

项目1 林地的勘界与面积测量

项目导入

年轻的小李积极响应国家的号召，投身到乡村振兴和生态文明建设的伟大实践中，践行绿水青山就是金山银山的理念，回乡承包了一片山林，他想先对这片山林的具体情况和实际面积进行了解，以便于合同的签订和后续的经营规划。林地的界限如何勘定？用哪些仪器和工具进行具体量测，林地面积计算方法又有哪些？从本项目开始，讲述林地的勘界与面积测量的具体知识。

在森林经营作业设计调查等工作中，往往由于作业地块面积太小，不便于在地形图上直接用勾绘的方法来确定面积，需要在现地用罗盘仪实测的方法进行，或者用GPS测得。林地勘界与面积测量的原理就是将林地的形状近似当成不规则的多边形，在林地的边缘拐点设置导线点构成闭合导线，利用罗盘仪测定各边的磁方位角，距离丈量出各边的水平距离，根据各边的方位角和水平距离，以适当的比例尺在坐标方格纸上展绘出林地边界的各边，并进行平差后绘制林地周界闭合导线图，最后用求积仪或者方格法根据图形计算林地的面积。在此项工作开展过程中，如何确定各拐点的位置至关重要。直线定向和距离丈量是森林调查的基础性工作，以真子午线、磁子午线或坐标纵轴线北向作为基本方向，可以确定任一直线的方向或方位；通过的距离丈量可以确定地面上任意两点间的水平距离。在利用罗盘仪勘界测绘平面图时，需要事先布设具有控制作用的特征点进行控制测量，再对特征点周围地物的碎部点进行测量。结合一定大小的比例尺，将闭合导线展绘平差后绘制碎部点。随着勘测技术手段的发展，传统应用罗盘仪测绘平面图并求算面积的优势不再明显，系统误差、外界磁场影响的缺点逐渐显现。全站仪测设样地在保证通视的情况下，边长不超过100 m时，半测回的距离测量可高达1/10 000。GPS以其便携性和高精度的优势，在森林调查工作中应用越来越广泛。

林地的勘界与面积测量是森林调查技术课程的中心内容，其中罗盘仪导线测量是森林调查的基础，直线定向、距离丈量、地形图应用等是森林调查的技术方法。本项目主要内容包括平面图的测量、地形图的应用、GPS的应用。

任务 1.1 平面图的测量

知识目标

1. 了解林地勘界的方法种类及各自适用性。
2. 掌握罗盘仪林地勘界的具体操作。
3. 掌握林地平面图的绘制与面积量算。

技能目标

1. 学会林地勘界方法，对林地界限进行勘定。
2. 学会林地面积量算的各项操作。

素质目标

1. 培养学生严谨、细致的工作态度。
2. 培养学生理实结合的逻辑能力。
3. 培养学生团结协作的团队意识。

任务准备

对某一个林分或小班，用森林罗盘仪进行导线测量，在控制测量的基础上进一步进行碎部测量。将测量数据整理，绘制成平面图，用方格法或其他方法量算林分面积。

1.1.1 直线定向

欲确定地面上两点在平面上的相对位置，除需要测量两点间的距离外，还要测定两点连线的方向。一条直线的方向，是用该直线与基本方向线之间所夹的水平角来表示，确定一直线与基本方向间角度关系的工作称为直线定向。

1.1.1.1 基本方向及其关系

(1)真子午线方向

通过地面上一点指向地球南北极的方向线(地理经线)就是该点的真子午线。地面点的真子午线的切线方向即为该点的真子午线方向。真子午线切线北端所指的方向为真北方向，它可以用天文观测的方法来确定。

(2)磁子午线方向

在地球磁场作用下，地面某点上的磁针自由静止时其轴线所指的方向，称为该点的磁子午线方向。磁针北端所指的方向为磁北方向，可用罗盘仪测定。

(3)坐标纵轴线方向

坐标纵轴线方向是指平面直角坐标系中的纵轴方向；坐标纵轴北端所指的方向为坐标北方向。在高斯平面直角坐标系中，同一投影带内的所有坐标纵线与中央子午线平行。

上述三种基本方向中的北方向，总称为“三北方向”；在一般情况下，“三北方向”是不一致的，如图 1-1 所示。

由于地球的南、北极与地球磁南、磁北极不重合，因此，地面上某点的真子午线方向和磁子午线方向之间有一夹角，这个夹角称为磁偏角，以 δ 表示。当磁子午线北端在真子午线以东者称东偏，δ 取正值；在真子午线以西者则称西偏，δ 取负值，如图 1-2 所示。

地面上各点的磁偏角不是一个定值，它随地理位置不同而异。我国西北地区磁偏角为 +6°左右，东北地区磁偏角则为−10°左右。此外，即使在同一地点，时间不同磁偏角也有差异。所以，采用磁子午线方向作为基本方向，其精度比较低。

地面上某点的坐标纵轴方向与磁子午线方向间的夹角称为磁坐偏角，以 δ_m 表示。磁子午线北端在坐标纵轴以东者，δ_m 取正值；反之，δ_m 取负值。

子午线收敛角即坐标纵线偏角，以真子午线为准，真子午线与坐标纵线之间的夹角，以 γ 表示。坐标纵线东偏为正，西偏为负。在投影带的中央经线以东的图幅均为东偏，以西的图幅均为西偏。

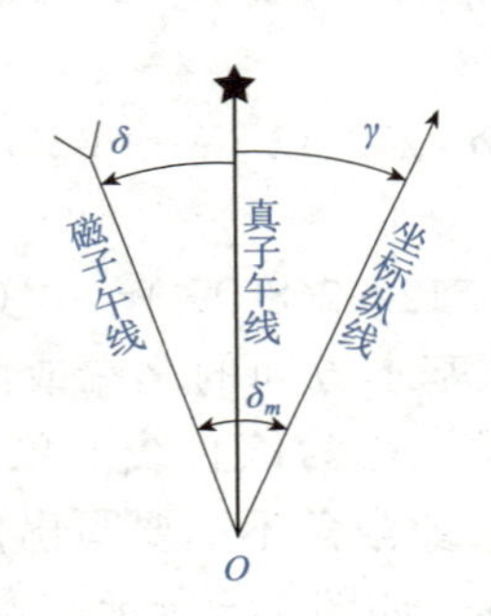

图 1-1　三北方向示意图

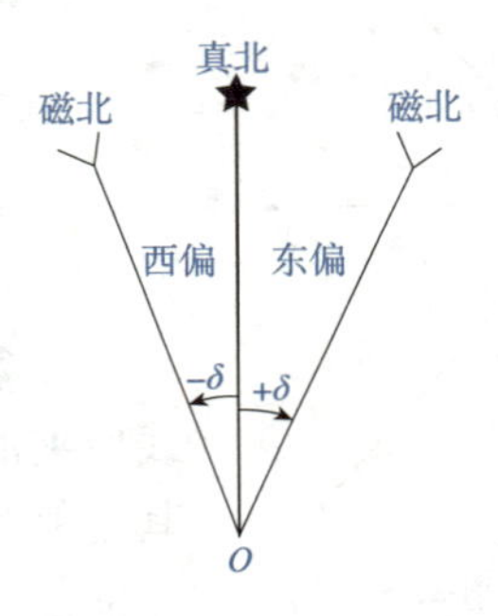

图 1-2　磁偏角的正负

1.1.1.2　方位角、象限角及两者之间关系

在测量工作中，常采用方位角或象限角表示直线的方向。

(1)方位角和象限角

①方位角。由基本方向的北端起，沿顺时针方向到某一直线的水平夹角，称为该直线的方位角，其角值为 0°～360°。如图 1-3 所示，直线 OA、OB、OC、OD 的方位角分别为 30°、150°、210°、330°。根据基本方向的不同，方位角可分为：以真子午线方向为基本方向的，称为真方位角，用 A 表示；以磁子午线方向为基本方向的，称为磁方位角，用 A_m 表示；以坐标纵轴为基本方向的，称为坐标方位角，用 α 表示。从图 1-4 可以看出，3 种方位角之间的关系为：

$$A = A_m + \delta A = \alpha + \gamma \alpha = A_m + \delta - \gamma \tag{1-1}$$

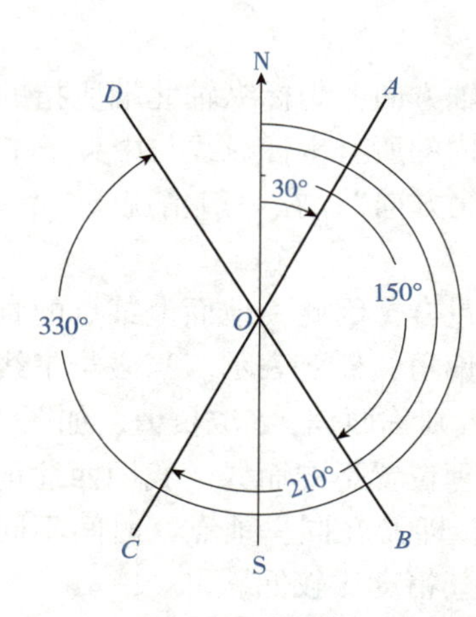

图 1-3　方位角

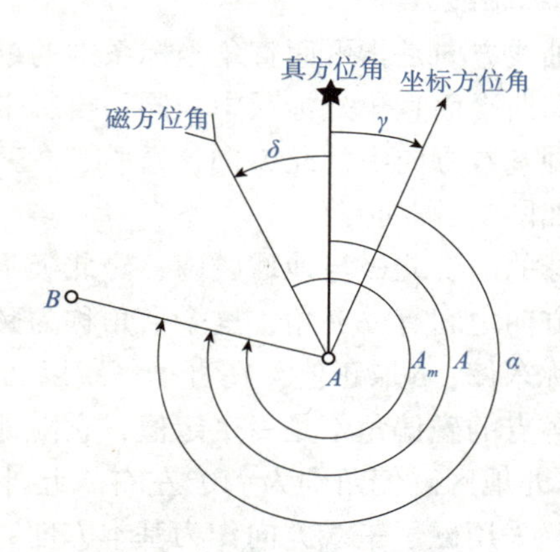

图 1-4　三种方位角的关系

例 1-1　已知直线 AB 的磁方位角 $A_m=272°12'$，A 点的磁偏角 δ 为西偏 2°02′，子午线收敛角 γ 为东偏 2°01′，求直线 AB 的坐标方位角、真方位角和 A 点的磁坐偏角各为多少？

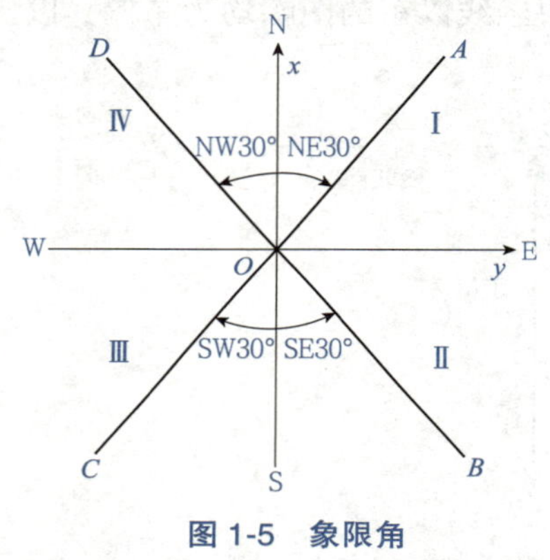

图 1-5　象限角

解　由式(1-1)可得：

$$\alpha_{AB}=A_m+\delta-\gamma=272°12'+(-2°02')-(+2°01')$$
$$=268°09'$$

$$A_{AB}=A_m+\delta=272°12'+(-2°02')=270°10'$$

根据题意：

$$\delta_m=-(272°12'-268°09')=-4°03'(\text{西偏})$$

②象限角。从基本方向的北端或南端起，到某一直线所夹的水平锐角，称为该直线的象限角，以 R 表示，其角值为 0°~90°。象限角不但要写出角值，还要在角值之前注明象限名称。如图 1-5 所示，直线 OA、OB、OC、OD 的象限角分别为北东 30° 或 NE30°、南东 30° 或 SE30°、南西 30°或 SW 30°、北西 30°或 NW 30°。象限角和方位角一样，可分为真象限角、磁象限角和坐标象限角 3 种。

(2) 方位角、象限角之间的互换关系

方位角与象限角之间的互换关系见表 1-1。

表 1-1　方位角与象限角的互换关系

象限		根据方位角 α 求象限角 R	根据象限角 R 求方位角 α
编号	名称		
Ⅰ	北东(NE)	$R=\alpha$	$\alpha=R$
Ⅱ	南东(SE)	$R=180°-\alpha$	$\alpha=180°-R$
Ⅲ	南西(SW)	$R=\alpha-180°$	$\alpha=180°+R$
Ⅳ	北西(NW)	$R=360°-\alpha$	$\alpha=360°-R$

(3) 同一直线正反方位角的关系

在测量工作中，把直线的前进方向称正方向，反之，称为反方向。如图 1-6 所示，A 为直线起点，B 为直线终点，通过 A 点的坐标纵轴与直线 AB 所夹的坐标方位角 α_{AB} 称为直线的正坐标方位角，而 BA 直线的坐标方位角 α_{BA} 称为反坐标方位角。

由于任何地点的坐标纵轴都是平行的，因此，所有直线的正坐标方位角和它的反坐标方位角均相差 180°，即：

$$\alpha_{正}=\alpha_{反}\pm180° \tag{1-2}$$

若 $\alpha_{反}>180°$，公式右端取“-”号；若 $\alpha_{反}<180°$，公式右端取“+”号。在森林调查中常采用坐标方位角确定直线方向。

由于真子午线之间或磁子午线之间相互并不平行，所以正、反真方位角或正、反磁方位角不存在上述关系。但当地面上两点间距离不远时，通过两点的子午线可视为是平行的，此时，同一直线的正、反真方位角（或正、反磁方位角）也可认为是相差 180°。依该结论，罗盘仪可在小范围地区进行测量作业。

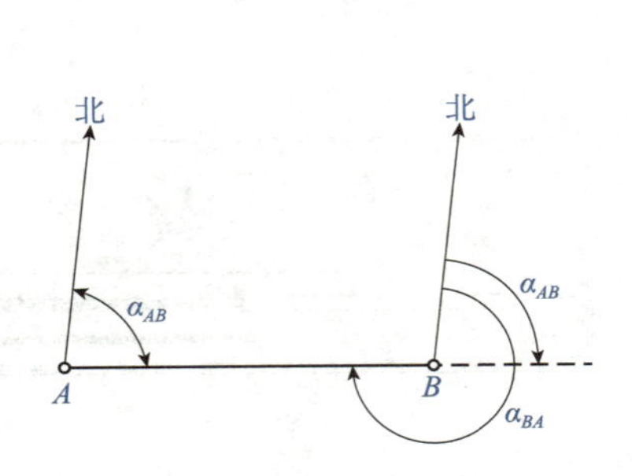

图 1-6　正反方位角

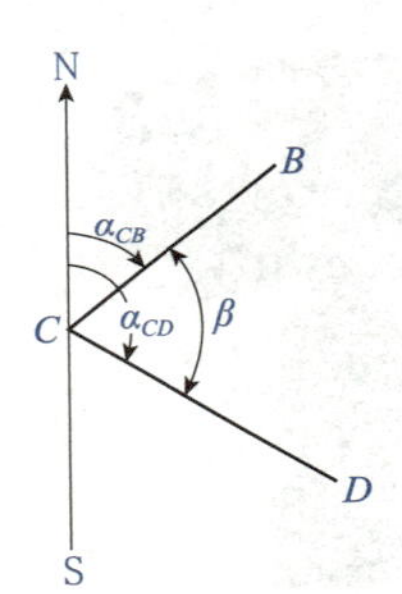

图 1-7　水平夹角的计算

1.1.1.3　用方位角计算两直线间的水平夹角

如图 1-7 所示，已知 CB 与 CD 两条直线的方位角分别为 α_{CB} 和 α_{CD}，则这两直线间的水平夹角为：

$$\beta=\alpha_{CD}-\alpha_{CB} \tag{1-3}$$

由此可知，求算水平夹角的方法是：站在角顶上，面向所求夹角，该夹角的值等于右侧直线的方位角减去左侧直线的方位角，当不够减时，应加 360°再减。

1.1.2　罗盘仪的使用

1.1.2.1　罗盘仪的构造

罗盘仪是观测直线磁方位角或磁象限角的一种仪器，也可用来测绘小范围内的平面图。它构造简单、使用方便、价格低廉，且精度能达到要求。罗盘仪的种类很多，形式各异，但主要由罗盘、望远镜、水准器与球臼等部分组成，罗盘仪的构造如图 1-8 所示。

(1) 磁针

图 1-9 是罗盘盒剖面图。磁针为一长条形的人造磁铁，置于圆形罗盘盒的中央顶针上，可以自由转动。为了避免磁针帽与顶针尖之间的碰撞和磨损，不用时应旋紧磁针制动螺旋，将磁针抬起压紧在罗盘盒的玻璃盖上。磁针帽内镶有玛瑙或硬质玻璃，下表面磨成光滑的凹形球面。测量时，旋松磁针制动螺旋，使磁针在顶针尖上灵活转动。

由于磁针两端受地球磁极的引力不同，使磁针在自由静止时不能保持水平，我国位于北半球，磁针的北端会向下倾斜与水平面形成一个夹角，该角称为磁倾角。为了消除磁倾角的影响，保持磁针两端的平衡，常在磁针南端缠上铜丝，这也是磁针南端的标志。

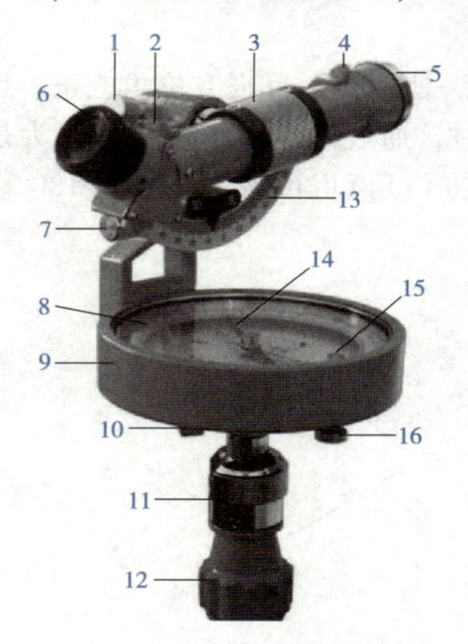

图 1-8　罗盘仪的构造示意图

1. 望远镜制动螺旋　2. 照门　3. 对光螺旋　4. 准星　5. 望远镜物镜　6. 望远镜目镜　7. 望远镜微动螺旋　8. 水平度盘　9. 罗盘盒　10. 水平制动螺旋　11. 球臼　12. 连接螺旋　13. 竖直度盘　14. 磁针　15. 水准器　16. 磁针制动螺旋

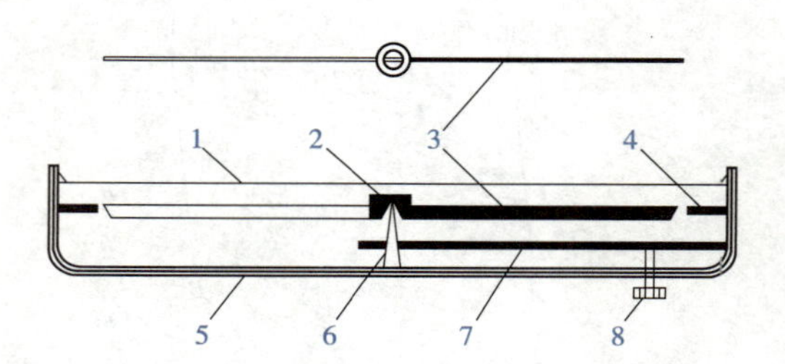

图 1-9　罗盘盒剖面图

1. 玻璃盖　2. 磁针帽　3. 磁针　4. 刻度盘　5. 罗盘盒　6. 顶针　7. 杠杆　8. 磁针制动螺旋

(2) 水平度盘

水平度盘为铝或铜制的圆环，装在罗盘盒的内缘。盘上最小分划为 1°或 30′，并每隔 10°作一注记。水平度盘的注记形式有两种，如图 1-10(a) 所示，0°~360°是按逆时针方向注记的，可直接测出磁方位角，称为方位罗盘；而在图 1-10(b) 中，由 0°直径的两端起，分别对称地向左右两边各刻划注记到 90°，可直接测出磁象限角，故称为象限罗盘。

用罗盘仪测定磁方位角时，水平度盘是随着瞄准设备一起转动的，而磁针却静止不动，在这种情况下，为了能直接读出与实地相符合的方位角，将方位罗盘按逆时针方向注记，东西方向的注字与实地相反。

(3) 望远镜

望远镜是罗盘仪的瞄准设备，它由物镜、目镜和十字丝分划板三部分构成。图 1-11 为罗盘仪的外对光式望远镜剖面图。

物镜的作用是使被观测的目标成像于十字丝平面上；目镜的作用是放大十字丝和被观

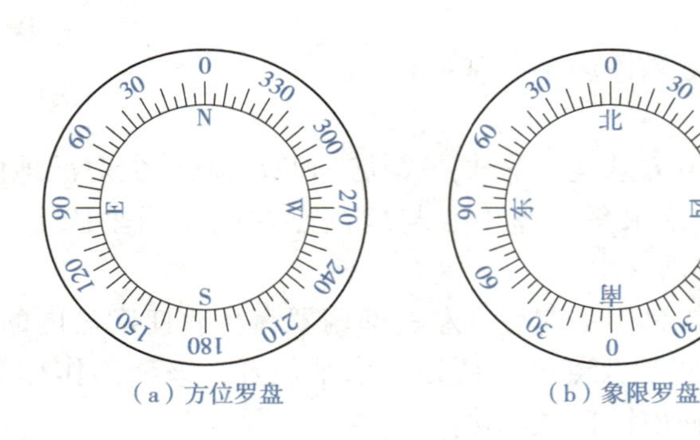

（a）方位罗盘　　（b）象限罗盘

图 1-10　水平度盘及注记形式

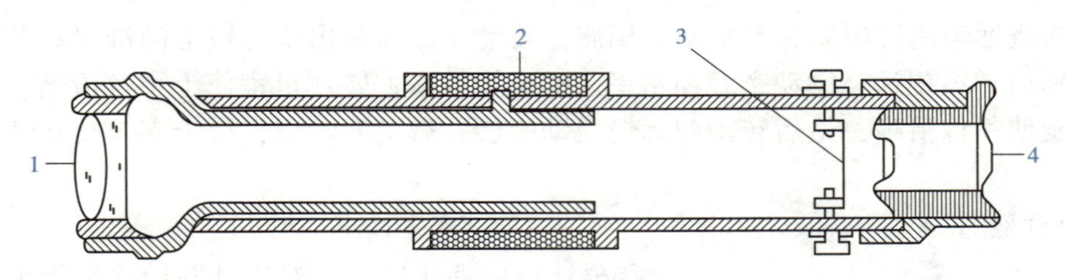

图 1-11　外对光式望远镜剖面图

1. 物镜　2. 对光螺旋　3. 十字丝分划板　4. 目镜

测目标的像。十字丝装在十字丝环上，用四个校正螺钉将十字丝环固定在望远镜筒内，如图 1-12 所示。在十字丝横丝的上下还有对称的两根短横丝，称为视距丝，用作视距测量。十字丝交点与物镜光心的连线称为视准轴，视准轴的延长线就是望远镜的观测视线。

在望远镜旁还装有能够测量竖直角（倾斜角）的竖直度盘，以及用作控制望远镜转动的制动螺旋和微动螺旋。望远镜上还有对光螺旋，用以调节物镜焦距，使被观测目标的影像清晰。

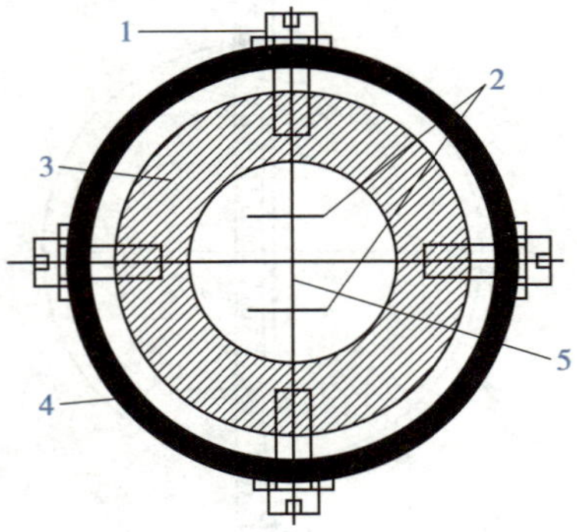

图 1-12　十字丝分划板

1. 十字丝校正螺钉　2. 视距丝　3. 十字丝环　4. 望远镜　5. 十字丝

(4) 水准器与球臼

在罗盘盒内装有一个圆水准器或两个互相垂直的管水准器，当圆水准器内的气泡位于中心位置，或两个水准管内的气泡同时被横线平分时，称气泡居中，此时，罗盘盒处于水平状态。

球臼螺旋在罗盘盒的下方，配合水准器可整平罗盘盒；在球臼与罗盘盒之间的连接轴上还安有水平制动螺旋，以控制罗盘的水平转动。

为了使用方便，望远镜罗盘仪还配有专用三脚架，架头上附有对中用的垂球帽，旋下垂球帽就会露出用于连接罗盘仪的螺杆。架头中心的下面有小钩，用来悬挂垂球。

1.1.2.2　罗盘仪测定磁方位角

欲测定一直线的磁方位角，可将罗盘仪安置在待测直线的起点上，对中、整平后放松磁针，用望远镜瞄准直线的另一端点，待磁针自由静止后，磁针北端（或南端）所指示的读数即为该直线的磁方位角。具体操作步骤如下：

(1) 罗盘仪的安置

①对中。在三脚架头下方悬挂一垂球，移动三脚架使垂球尖对准地面点中心，称为对中。对中的目的是使罗盘仪水平度盘中心与地面点在同一铅垂线上，对中容许误差为 2 cm。

②整平。松开球臼螺旋，用手前后、左右仰俯罗盘盒，使度盘内的水准器气泡居中，然后拧紧球臼螺旋，此时罗盘仪刻度盘便处于水平位置，该项工作称为整平。仪器整平后，松开磁针制动螺旋，使磁针自由转动。

(2) 瞄准目标

旋松望远镜制动螺旋和水平制动螺旋，转动仪器并利用望远镜上的准星和照门粗略瞄准目标后，将望远镜制动螺旋和水平制动螺旋拧紧；转动目镜使十字丝清晰，再调节对光螺旋使物像清晰，最后转动望远镜微动螺旋并微动罗盘盒，使十字丝交点精确对准目标。

(3) 读数

待磁针自由静止后，正对磁针并沿注记增大方向读出磁针北端所指的读数，即为所测直线的磁方位角。

1.1.2.3 罗盘仪视距测量

(1) 视距测量的概念

视距测量是根据几何光学和三角测量原理，利用望远镜内的视距丝，配合视距尺（或水准尺），间接测定两点间水平距离和高差的一种方法。虽然普通视距测量精度一般只有 1/300 ~ 1/200，但由于该方法操作简便迅速、不受地形起伏的限制，因此被广泛应用于精度要求不高的地形测量中，这里只针对水平距离测量进行说明。视距尺与视距读数如图 1-13所示。

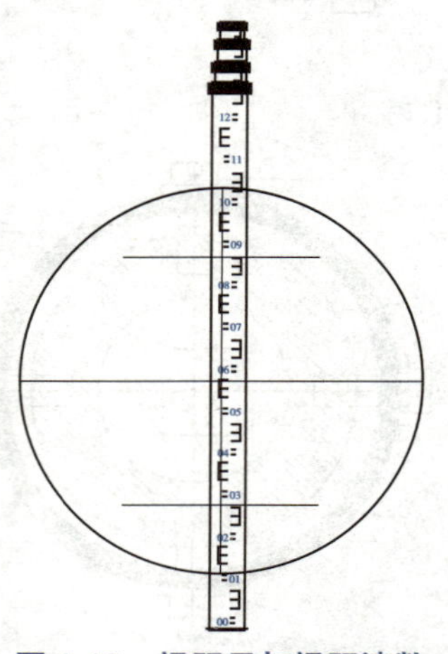

图 1-13　视距尺与视距读数

(2) 视距测量的原理

①视准轴水平时的视距测量原理。如图 1-14 所示，欲测定地面上 A、B 两点间的水平距离 D，可在 A 点安置罗盘仪，在 B 点竖立视距尺，调整仪器使望远镜视线水平，并瞄准 B 点的视距尺，此时视线与视距尺垂直。设仪器旋转中心到物镜的距离为 δ，物镜焦距为 f，焦点 F 至视距尺的距离为 d；上、下两视距丝 m、n 分别切于视距尺上的 M 和 N 处，M 和 N 间的长度称尺间隔，用 l 表示；p 为两视距丝在十字丝分划板上的间距，则 A 点到 B 点的水平距离为：

$$D=d+f+\delta \tag{1-4}$$

因 $\triangle m'n'F$ 与 $\triangle MFN$ 相似，故有：

$$\frac{d}{f}=\frac{l}{p} \tag{1-5}$$

$$d=\frac{f}{p}\cdot l \tag{1-6}$$

则 A、B 两点间的距离为：

$$D=\frac{f}{p}\cdot l+f+\delta \tag{1-7}$$

令

$$K=\frac{f}{p},\quad C=\delta+f$$

故

$$D=K\cdot l+C \tag{1-8}$$

式中：K——视距乘常数，通常为 100；

　　C——视距加常数，当罗盘仪采用外对光式望远镜时，C 值约为 0.3 m。

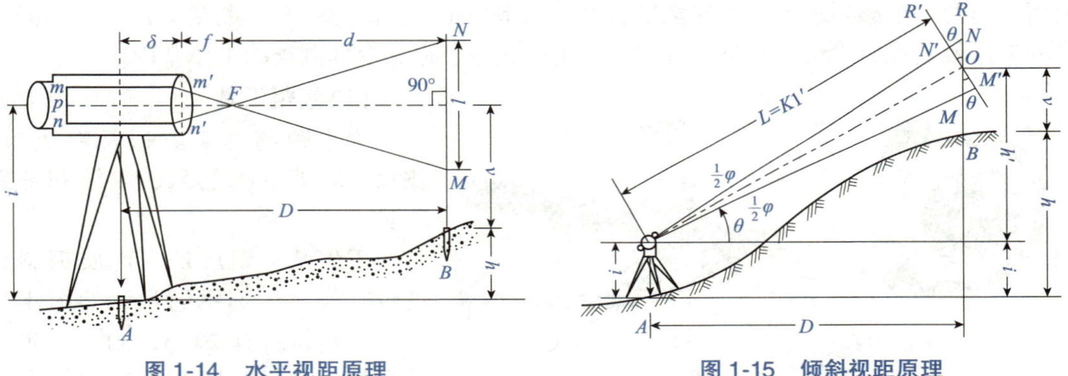

图 1-14　水平视距原理　　　　图 1-15　倾斜视距原理

在内对光式望远镜中，由于增设了调焦透镜，并选择了适当的调焦透镜焦距和物镜焦距，使 $C=0$，则内对光式望远镜视准轴水平时的水平距公式为：

$$D=K\cdot l \tag{1-9}$$

②视准轴倾斜时的视距测量原理。如图 1-15 所示，在采用内对光式望远镜时，若地面上两点间的高差较大，必须使视准轴倾斜才能瞄准视距尺，故视准轴与视距尺不垂直，不能再用式(1-9)计算两点间的水平距离。设将竖直的视距尺 R 绕 O 点旋转一个 θ 角(θ 为视线的竖直角，竖直角是指测站点到目标点的倾斜视线和水平视线之间的夹角)变为 R'，使其与视准轴垂直，得出尺间隔 l'($M'N'$长)后，再按式(1-10)求得倾斜距离为 $L=Kl'$。于是 A、B 两点间的水平距离为：

$$D=L\cdot\cos\theta=Kl'\cdot\cos\theta \tag{1-10}$$

由于 $\angle NN'O=90°+\varphi/2$，$\angle MM'O=90°-\varphi/2$，且因 φ 很小(约 34′)，故可将 $\angle NN'O$ 和 $\angle MM'O$ 近似视为直角。另外，由于 $\angle NON'=\angle MOM'=\theta$。

故

$$M'N'=M'O+N'O=MO\cos\theta+NO\cos\theta=(MO+NO)\cos\theta=MN\cos\theta \tag{1-11}$$

即

$$l'=l\cos\theta \tag{1-12}$$

将式(1-12)代入式(1-10)，可得：

$$D=Kl'\cos\theta=Kl\cos\theta\cos\theta=Kl\cos^2\theta \quad (1\text{-}13)$$

那么，用内对光式望远镜观测时，水平距离公式为：

$$D=Kl\cos^2\theta \quad (1\text{-}14)$$

当采用外对光式望远镜时，A、B 两点间的水平距离公式为：

$$D=(Kl'+C)\cdot\cos\theta=Kl'\cdot\cos\theta+C\cdot\cos\theta=Kl\cos^2\theta+C\cdot\cos\theta \quad (1\text{-}15)$$

1.1.3 距离丈量

1.1.3.1 距离丈量

距离是指两点间的直线长度，包括水平距离和倾斜距离。地面上两点间的距离，是指地面上的两点投影到水平面上的水平长度，即水平距离，简称平距。测量地面上两点间距离的工作就是距离丈量，它是测量的基本工作之一，也是森林调查的工作基础。

(1)量距工具

丈量距离的工具通常有钢尺、皮尺、玻璃纤维卷尺、测绳和辅助工具。

①*钢尺*。钢尺是用优质钢制成的带状尺，又称钢卷尺，如图 1-16 所示，其长度有 20 m、30 m、50 m 等数种。钢尺一般卷放在圆形金属盒内或金属架上，常称为盒式钢尺和手柄式钢尺。

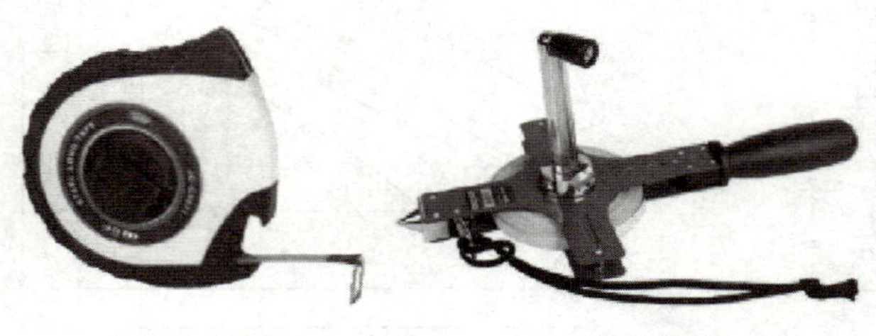

(a) 盒式钢尺　　(b) 手柄式钢尺

图 1-16　钢尺

一般钢尺从起点至 10 cm 范围内刻有毫米分划，有的钢尺则整尺都刻有毫米分划。钢尺的零分划位置有两种形式：一种零分划线刻在钢尺前端，称为刻线尺；另一种是零点位于尺端(拉环的外缘)，称为端点尺，如图 1-17 所示。使用时应注意零点的位置，以免发生量距错误。

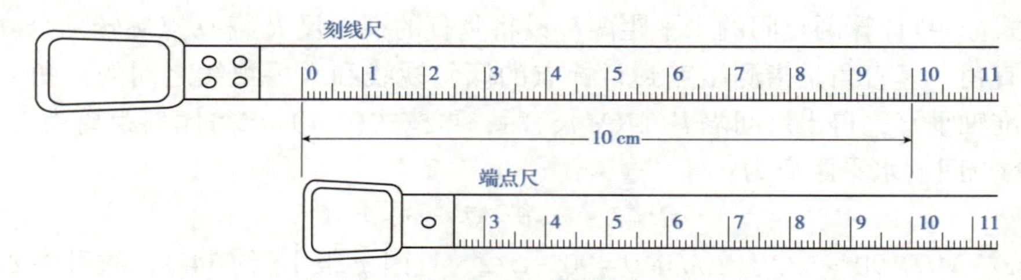

图 1-17　刻线尺与端点尺

②*皮尺*。皮尺是用麻线织成的带状尺，不用时卷入皮壳或塑料壳内，图 1-18 是它的外观图。皮尺长度有 15 m、20 m、30 m 和 50 m 等数种，皮尺的刻度基本分划为厘米，尺端铜环的外端为尺子的零点，整米、整分米处均有注记，如图 1-19 所示。皮尺的伸缩性较大，只能用于较低精度的量距。

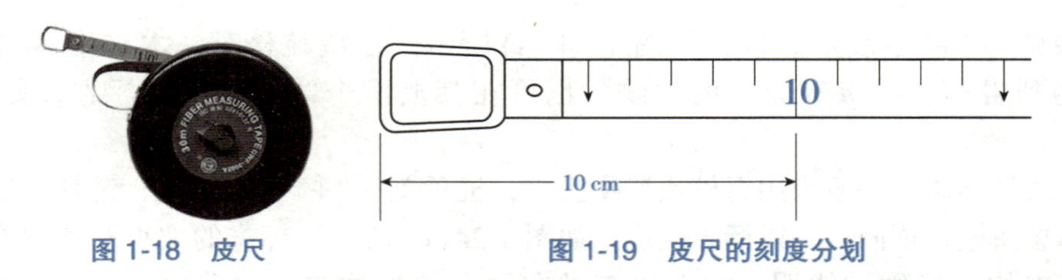

图 1-18 皮尺 图 1-19 皮尺的刻度分划

③玻璃纤维卷尺。玻璃纤维卷尺是用玻璃纤维束和聚氯乙烯树脂等新材料制造而成，它在精度、劳动强度和使用寿命等方面优于钢卷尺，如图 1-20 所示。

图 1-20 玻璃纤维卷尺 图 1-21 测绳

④测绳。测绳是用麻线与金属丝混织而成的线状尺，绳粗一般 3~4 mm，长度有 30 m、50 m、100 m 等几种。在整米处包有薄金属片，并注记米数，如图 1-21 所示。由于测绳分划粗略、绳长较长且耐拉力差，一般用于低精度的量距工作。

⑤辅助工具。

测钎：测钎由长 20~30 cm 的粗铁丝制成，如图 1-22 所示。测量时，用作标定尺段端点位置和计算整尺段数，也可作为瞄准的标志。

标杆：标杆长 2~3 m，用圆木或合金制成，下端装有锥形铁脚，杆身上涂以 20 cm 相间的红、白油漆，因此又称花杆，用来标定点位和直线定线，如图 1-23(a)所示。为了便于观测，有时还在杆顶系一彩色小旗，如图 1-23(b)所示。

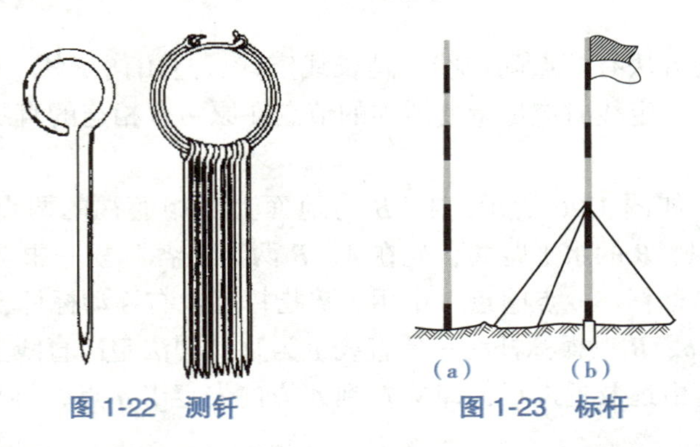

图 1-22 测钎 图 1-23 标杆

此外，在精密丈量时，需用到如经纬仪、全站仪等测量仪器，为了测定丈量时的环境温度和钢尺两端的拉力，还需要温度计和弹簧秤等工具。

(2)地面点的标志

在测量工作中，对重要的点位必须进行实地标定，以便保存和利用。根据用途不同及需要保存的期限长短，点的标志可分为临时性标志和永久性标志，如图 1-24 所示。

①临时性标志。可用长约 20~30 cm、顶面 3~6 cm 见方的木桩打入土中，桩顶钉

一小钉或画一“+”字表示点位，如图 1-24(a)所示。土质疏松时，木桩可适当加粗加长。如遇到岩石、桥墩等固定的地物，也可在其上凿个“+”字作为标志，如图 1-24(b)所示。

②永久性标志。一般采用石桩或混凝土桩，桩顶刻一“+”字或将铜、铸铁、玻璃、瓷等做的标志镶嵌在顶面内，以标志点位，如图 1-24(c)所示。标志的大小及埋设要求，在测量规范中均有详细的说明。如点位布设在硬质的柏油或水泥路面上时，可用长 5~20 cm、粗 0.3~0.8 cm、顶部呈半球形且刻“+”字的粗铁钉打入地面。

地面标志都应有编号、等级、所在地、点位略图以及委托保管等情况，这种记载点位情况的资料称为点之记，如图 1-25 所示。

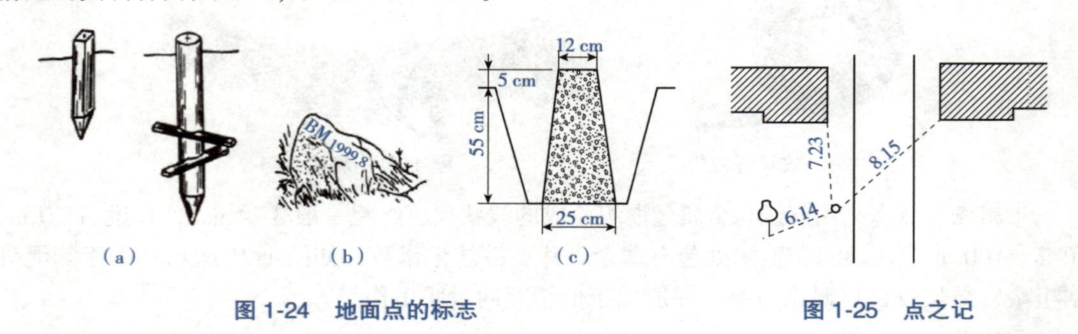

图 1-24　地面点的标志　　图 1-25　点之记

1.1.3.2　直线定线

丈量距离时，如果两点间距离较长(超过一尺段长)或地势起伏较大，使直线丈量发生困难，需要在直线的方向上标定若干个节点，作为分段量距的依据，这项工作称为直线定线。一般情况下可用标杆目估定线，当精度要求较高时，应采用罗盘仪、经纬仪等仪器进行定线。

常用的目估定线方法有两点间定线、延长线定线、过山岗定线、过山谷定线等 4 种，无论用哪种定线方法，定线时应尽量使增加的节点在原两点相连的直线上，才能使距离测量的精度更高。

①两点间定线。如图 1-26 所示，A、B 为地面上互相通视的两点，两点之间的距离 80~100 m，为测出 A、B 的水平距离，先在 A、B 两点上各竖立一根标杆，甲站在 A 点标杆后约 1 m 处，乙持标杆在 b 点附近，甲用手势指挥乙左右移动标杆，直到甲从 A 点沿标杆的同一侧看到 A、b、B 三根标杆在一条直线上为止。同法定出直线上的其他各点。两点间目估定线，一般应由远及近进行，即从 B 到 A 方向先定出 a 点，再来标定 b 点。

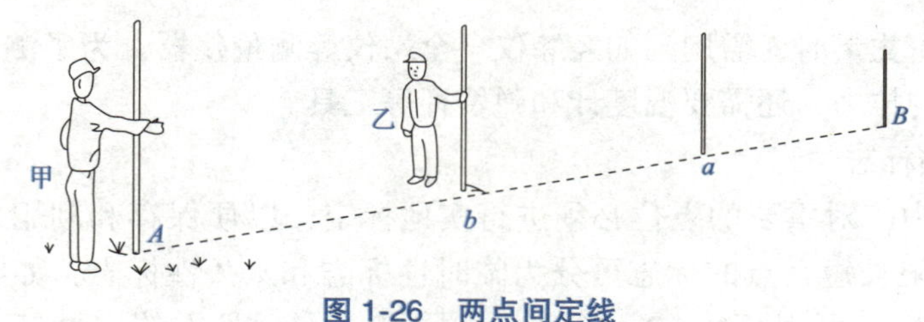

图 1-26　两点间定线

②延长直线定线。如图 1-27 所示，A、B 为直线的两端点，两点之间的距离 20~40 m，为在 A、B 的延长线上增加一段距离，使其总距离 80~100 m，先在 A、B 两点上各竖立一根标杆，测量员携带标杆沿 AB 方向前进，约至 a 点处，左右移动标杆，直到 A、B、a 三标杆都在同一方向线上时定出 a 点。同法可定出 b 点。

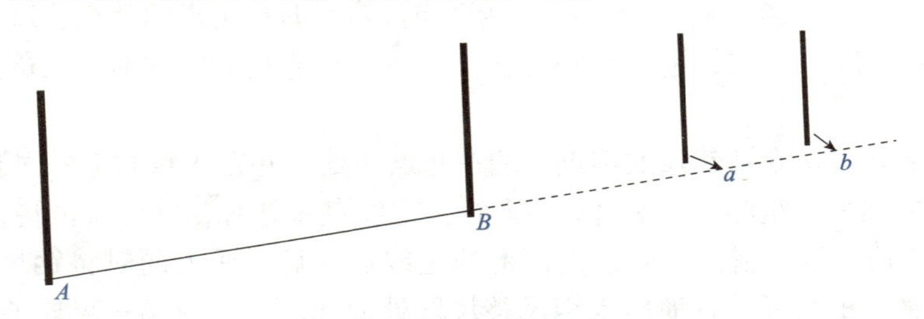

图 1-27　延长直线定线

③过山岗定线。如图 1-28 所示，地面上 A、B 两点被一山岗隔于两侧，且互不通视，为丈量 AB 的距离，先在 A、B 两点上竖立标杆，甲、乙两人各持一根标杆于山岗顶部，分别选择能同时看到 A、B 两点的位置。首先由甲在 C_1 点立标杆，并指挥乙将其标杆立在 C_1B 方向上的 D_1 处；再由立于 D_1 处的乙指挥甲移动 C_1 上的标杆至 D_1A 方向上的 C_2 处；接着，再由站在 C_2 处的甲指挥乙移动 D_1 上的标杆至 C_2B 方向上的 D_2。这样相互指挥、逐渐趋近，直到 C、D、B 在同一直线上，同时 D、C、A 也在同一直线上，则 A、C、D、B 四点即在同一条直线上。

过山岗定线过程中用到了两点间定线，增加的节点在实际标定中的位置不是唯一的。

④过山谷定线。如图 1-29 所示，A、B 分别位于山谷的两侧，且相距较远，山谷的地势低，由 A 向 B 观看时，很难看到谷底处的标杆。为丈量 AB 的距离，先在 A、B 处竖立标杆，观测者甲在 A 点处指挥丙在 AB 直线上的 a 点处插上标杆；观测者乙在 B 点处指挥丁在 BA 直线上的 b 点处插上标杆；然后再在 Ab 或 Ba 的延长线上定出 c 点位置。

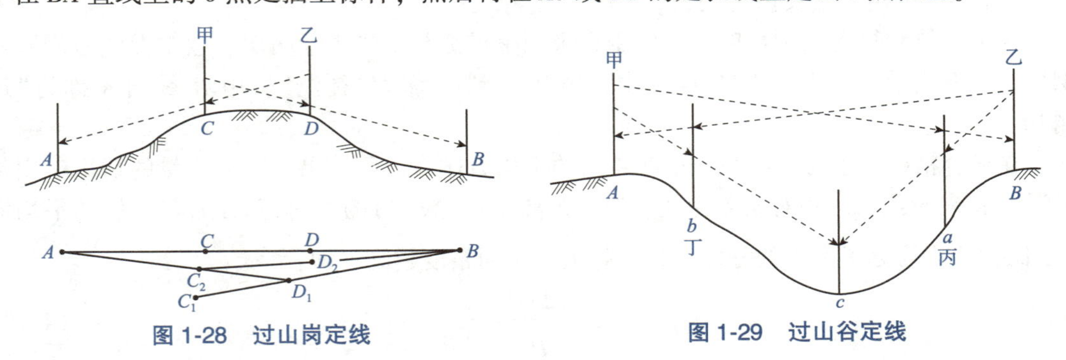

图 1-28　过山岗定线　　图 1-29　过山谷定线

1.1.3.3　距离丈量的方法

常用的距离丈量方法有钢尺量距、皮尺量距、视距测量和电磁波测距等，按照量距的精度不同，量距又可分为一般量距和精密量距。下面仅讲述钢尺量距的一般方法。

(1) 平坦地面的距离丈量

平坦地面上的量距工作可以在直线定线结束后进行，也可以边定线边丈量。

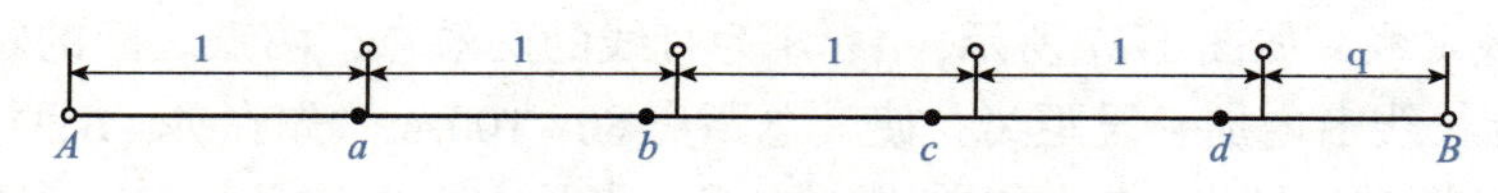

图 1-30　整尺法量距

①整尺法。如图 1-30 中的 a、b、c、d 为两点间定线时标定出的节点，每相邻两点间的长度均稍小于一个尺段长。距离丈量由两人进行，其中走在前面的称前司尺员，后面的则称后司尺员。

丈量时，后司尺员拿着钢尺的零点一端在起点 A 处，并在 A 点插上一根测钎，前司尺员拿着钢尺的末端和一组测钎，沿直线方向行至定线点 a 处时，后司尺员将钢尺的零分划对准起点 A，前司尺员控制钢尺通过地面上的定线点 a 后，两人同时将钢尺拉紧、拉平、拉稳时，立即将一根测钎垂直地插入钢尺整尺段处的地面，完成第一尺段的丈量。然后，后司尺员拔起 A 处测钎，两人共同把尺子提离地面前进，当后司尺员到达前司尺员所插的测钎处停住，沿该测钎到 b 方向，重复上述操作，量完第二尺段，后司尺员拔起地上测钎，依次前进，直到终点 B。最后一段的距离不会刚好是一整尺段的长度，称为余长。丈量余长时，前司尺员将钢尺某一整刻划对准 B 点，由后司尺员利用钢尺的前端部位读出毫米数，两人的前后读数差即为不足一整尺的余长。

在丈量过程中，每量毕一尺段后，后司尺员都必须及时收拔测钎，量至终点时，手中的测钎数即为整尺段数(不含最后量余长时的一根测钎)。

地面上两点间的水平距离按下式计算：

$$D=n \cdot l+q \tag{1-16}$$

式中：D——两点间水平距离；

l——钢尺一整尺的长度；

n——丈量的整尺段数；

q——不足一整尺段之余长。

为了校核和提高丈量精度，一段距离采用整尺法至少要丈量两次。通常做法是用同一钢尺往、返丈量各一次。如图 1-30 中，由 A 量到 B 称为“往测”，由 B 量到 A 称为“返测”。

在符合精度要求时，取往、返测距离的平均数作为最后结果。距离丈量的精度是用相对误差 K 来衡量的。相对误差为往、返测距离差数(较差)的绝对值 $|\Delta D|$ 与它们的平均值 $\overline{D}$ 之比，并化为分子为 1 的分数，分母越大，说明精度越高，即：

$$K=\frac{|\Delta D|}{\overline{D}}=\frac{1}{N} \tag{1-17}$$

在平坦地区，钢尺量距的相对误差 K 值不应大于 1/3000；在量距困难地区，其相对误差也应不大于 1/1000。如果超出该范围，应重新进行丈量。皮尺量距的相对误差 K 值一般不应大于 1/200。

例 1-2　如图 1-30 所示，将 AB 进行定线后用整尺法分段测量，将测量数据记录在“表 1-2　普通钢尺量距记录手簿”中，求 AB 的往返距离、AB 丈量精度及其丈量结果。

表 1-2　普通钢尺量距记录手簿

钢尺尺长：30 m　　　　　　　　　　　　　　　　　　量距日期：

测线编号	量距方向	整尺段长 $n\cdot l$（m）	余长 Q（m）	全长 D（m）	往返平均数 $\overline{D}$（m）	相对误差 K	备注
AB	往	4×30	16. 369	136. 369	136. 385	$\frac{1}{4262}$	
	返	4×30	16. 401	136. 401			

测量者：　　　　　　　　记录者：　　　　　　　　计算者：

解　AB 往测：

$$D_{AB}=n\cdot l+q=4\times30\ \text{m}+16.369\ \text{m}=136.369\ \text{m}$$

AB 返测：

$$D_{BA}=n\cdot l+q=4\times30\ \text{m}=16.401\ \text{m}=136.401\ \text{m}$$

较差绝对值：

$$|\Delta D|=|D_{往}-D_{返}|=|136.369\ \text{m}-136.401\ \text{m}|=0.032\ \text{m}$$

量距精度：

$$K=\frac{|\Delta D|}{\overline{D}}=\frac{0.032\ \text{m}}{136.385\ \text{m}}=\frac{1}{4262}<\frac{1}{3000}$$

往、返测距离的平均值：

$$\overline{D}=(D_{往}+D_{返})/2=(136.369\ \text{m}+136.401\ \text{m})/2=136.385\ \text{m}$$

故 AB 的丈量结果为 136. 385 m。

②*串尺法*。当量距的精度要求较高时，采用串尺法进行丈量。如图 1-31 所示，丈量前按直线定线方法，在直线 AB 上定出若干小于尺长的尺段，如 Aa、ab、bc、cd、dB，从一端开始依次分别丈量各尺段的长度。丈量时，在尺段的两端点上将钢尺拉紧、拉平、拉稳后，前、后司尺员在这一瞬间各自读出前尺和后尺上的读数(估读至毫米)，记录员及时将它们记录在手簿中。

图 1-31　串尺法量距

例 1-3　采用串尺法进行丈量时，若前尺读数为 29. 578 m，后尺读数为 0. 089 m，求该尺段的长度 D。

解

$$D=29.578\ \text{m}-0.089\ \text{m}=29.489\ \text{m}$$

为了提高丈量精度，对同一尺段须串动钢尺丈量 3 次，钢尺串动要求在 10 cm 以上。3 次串尺丈量的差数一般不超过 5 mm，然后取平均值作为该尺段长度的丈量成果。

(2)倾斜地面的距离丈量

①*水平整尺法*。当地面倾斜，且尺段两端高差较小时，可将钢尺拉平并采用整尺段丈量。水平整尺法类似于平坦地面上整尺法丈量，但为使操作方便，返测时仍应由高向低进行丈量，如改为由低向高，则不易做到准确。丈量时，一司尺员先将钢尺零点对准斜坡高处的地面点，另一司尺员沿下坡定线方向将钢尺抬高，目估使钢尺水平，并用垂球将钢尺末端位置投点在地面上，同时插入一根测钎，完成第一尺段的丈量。然后，斜坡高处的司

尺员拔起钢尺零点处的测钎，两人共同把尺子提离地面向下坡方向前进，当坡高处的司尺员到达第一尺段钢尺末端位置的测钎时停住，从该测钎依次向下坡方向重复上述操作，直至量到坡下地面点。

②水平串尺法。当地面倾斜程度较大，不可能将钢尺整尺段拉平丈量，而量距的精度要求又较高时，可将一整尺段分成若干小段采用水平串尺法来丈量。水平串尺法类似于平坦地面上串尺法丈量，但为使操作方便，丈量的操作步骤又接近于水平整尺法，返测亦仍应由高向低进行。

如图 1-32 所示，先将钢尺零点一端的某刻划对准地面 *B* 点，另一端将钢尺抬高，并目估使钢尺水平，拉紧、拉平、拉稳后，再将钢尺末端某刻划位置用垂球投点在地面上的 *a* 点处，则前尺和后尺上的读数（估读至毫米）差，即为 *Ba* 的水平距离。同法丈量 *ab*、*bc* 和 *cA* 段的长度，各段距离的总和即是 *AB* 的水平距离。

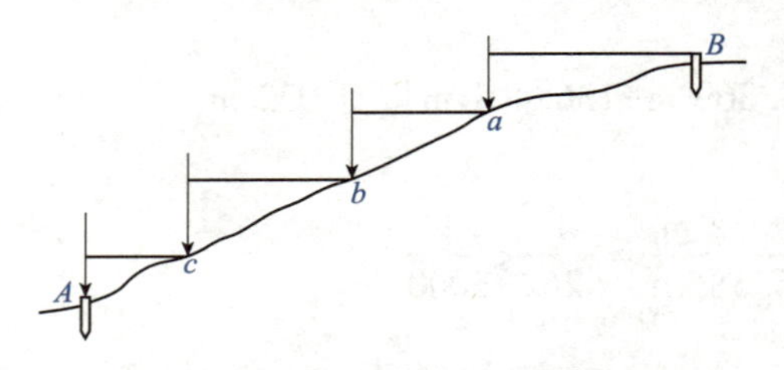

图 1-32　水平串尺法量距

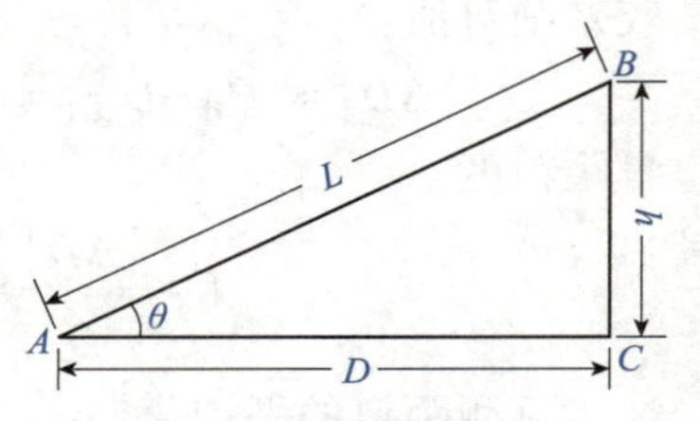

图 1-33　倾斜尺法量距

③倾斜尺法。当丈量精度要求较高，且地面倾斜均匀、坡度较大时（图 1-33），可先在倾斜地面上按直线定线的方法，随坡度变化情况将 *AB* 直线分成若干段，并打上小木桩，每段长度应短于钢尺的尺长。用钢尺沿桩顶按串尺法丈量，得出 *AB* 的斜距 *L*，用罗盘仪测出 *AB* 的倾斜角 *θ*，按下式将斜距改算成水平距离 *D*：

$$D=L\cdot\cos\theta \tag{1-18}$$

如果未测倾斜角 *θ*，而是测定了 *A*、*B* 两点间的高差 *h*，则水平距离 $D=\sqrt{L^2-h^2}$。

1.1.4　罗盘仪林地面积测量

1.1.4.1　罗盘仪导线测量

在测区范围的边缘拐点布设测站点，将各测站点按顺序连接起来，组成的连续折线或多边形称为导线，导线转折处的测站点称为导线点；用罗盘仪测定各导线边的磁方位角，用皮尺丈量（或视距测量）相邻两导线点间的距离，最后绘制导线图，以上工作总称为导线测量。

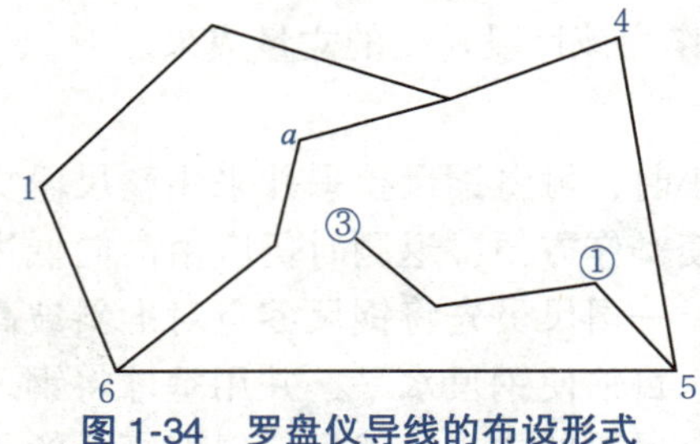

图 1-34　罗盘仪导线的布设形式

罗盘仪导线按布置形式可分为闭合导线、附合导线和支导线 3 种，如图 1-34 所示。如果导线由一已知控制点出发，在经过若干个转折点后仍回到该已知点，组成一闭合多边形，这种导线称为闭合导线，如图 1-34 中的 1-2-3-4-5-6-1；如果导线是从一已知控制点出发，在经过若干个转折点后，终止于另一已知控制点上，这种导线称为附合导线，如图 1-34 中的 3-a-b-6；若由一已知点开始，支出 2~3 个点后就终止了，既不回到起点，也不附合到其他已知点上的导线，则称为支导线，如图 1-34 中的 5-①-②-③。

在小区域内使用罗盘仪进行林地面积测量时，应布设闭合导线进行测量。

1.1.4.2 面积量算

将闭合导线测定的结果绘制在坐标方格纸上，如图 1-35 所示，分别查数图形边线内的完整方格数和被图形边线分割的不完整方格数，完整方格数加上不完整方格数的 1/2，即为总方格数，再用总方格数乘以 1 个方格所对应的实地面积，得实际总面积 A。

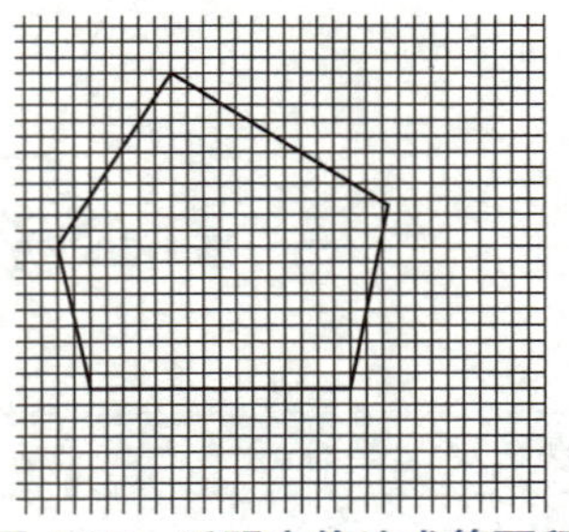
图 1-35 透明方格法求算面积

例 1-4 如图 1-35 中，位于图形内的完整方格数为 259，不完整方格数为 58，已知方格的边长为 1 mm，比例尺为1∶10 000，则该图形的面积为：

$$A=\left(\frac{1\times10\ 000}{1000}\right)^2\times(259+58/2)\ \mathrm{m}^2=28\ 800\ \mathrm{m}^2$$

为了提高面积量算的精度，罗盘仪林地面积测量导线图展绘时，常用选择较大比例尺(1∶1000、1∶500 或 1∶200)进行绘图以提高精度，也可以采用电脑软件进行，如用 ArcGIS 软件等。

1.1.4.3 寻找罗盘仪导线测量错误的方法及磁力异常判断处理

在罗盘仪导线的展绘过程中，若闭合差显著超限，可用下述方法分析寻找可能出错之处，以便有目的地进行检查和改正。

(1)一个角测错

如图 1-36 所示，如果导线边 3-4 的方位角测错或画错了一个 x 角，那么 4 点的点位就会发生位移，并影响了后面各点，最后导致闭合差 1′-1 过大。由图 1-37 可以看出，方位角出错的边与闭合差方向大致垂直。因此，应对该边的方位角进行检查。

如果磁方位角没有发现错误，则按下面方法检查距离是否出现问题。

(2)一条边测错

如图 1-37 所示，在测量或展点时，若把 3-4 边的长度测错或画错了，将会引起 4 点及其以后各点都产生位移，最后反映出闭合差 1′-1 过大。由图 1-37 可看出，发生错误的那条边大致平行于闭合差方向。因此，当闭合差明显超限时，可先检查与闭合差方向大致平行的边是否画错或量错了。

如果在同一条导线内有两个以上的方位角或距离发生错误，或一个方位角和一条边的距离发生错误，则上述方法不再适用。

(3)磁力异常判断处理

罗盘仪测量时，磁偏角在小范围内变化幅度很大的现象称为磁力异常。例如，表 1-3 列出的某一闭合导线磁方位角施测结果中，个别测站发生了磁力异常，可以根据一直线的正、反方位角的关系进行改正。

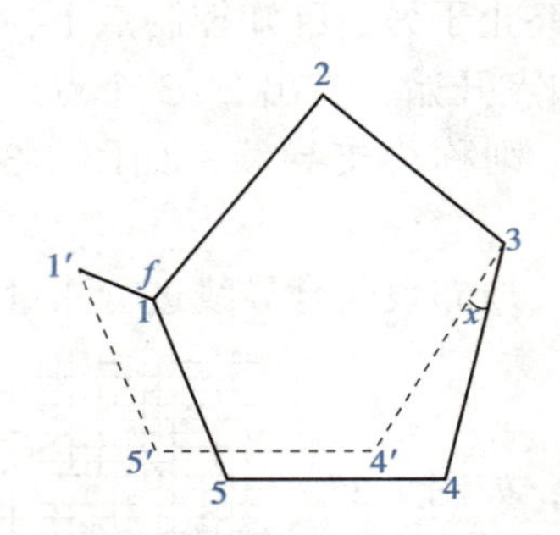

图 1-36　方位角错误检查

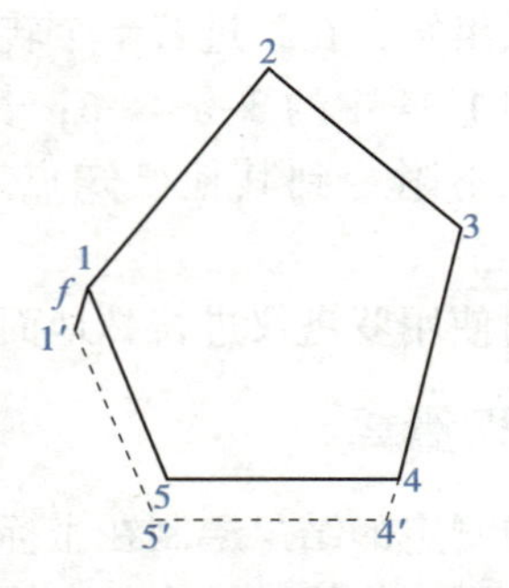

图 1-37　距离错误检查

表 1-3　罗盘仪导线方位角的改正

测站	目标	正方位角	反方位角	平均方位角	备　注
1	2	49°	229°	49°	正、反方位角栏内括号中的数值和平均方位角栏内的数值都是经改正后的正确值
2	3	138°	316°(318°)	138°	
3	4	198°(200°)	23°(20°)	200°	
4	5	276°(273°)	93°	273°	
5	1	348°	168°	348°	

从表 1-3 还可以看出，1-2、5-1 两边的正、反方位角都相差 180°，说明其方位角是正确的，同时也说明与这两条边有关的 1、2、5 三个测站没受磁力异常的影响。而 2-3、3-4、4-5 三条边的正、反方位角相差均与 180°不符，说明 3、4 两个测站受到磁力异常的影响。因在未受磁力异常影响的 2、5 两个测站观测的 2-3 边的正方位角和 4-5 边的反方位角都是正确的，故以同一条直线上的正确的方位角为依据，可以判断出受影响的方位角差了多少。在表 1-3 中，由于 2-3 边的正方位角(138°)正确，则判断其反方位角(316°)因受磁力异常影响而少了 2°(应为 318°)；同理，在测站 3 上观测的 3-4 边的正方位角(198°)也应该加 2°才对(应为 200°)。再分析 4-5 边的观测结果，由于 4-5 边的反方位角(93°)是正确的，那么，在测站 4 上测的正方位角(276°)则多了 3°，应从该测站所测的两个方位角中都减去 3°，即 3-4 边的反方位角应为 20°、4-5 边的正方位角应为 273°。

经过上述改正后，2-3、3-4、4-5 三条方位角有问题的边都符合了正、反方位角相差 180°的关系，从而消除了磁力异常的影响。

因磁力异常对根据两直线的方位角计算得的水平夹角值没有影响，所以，也可利用夹角和前一边未受磁力异常影响的方位角来推算正确的方位角。但是，当磁力异常连续出现在 3 个以上测站时，无论采用何种方法进行方位角的改正，罗盘仪都不可能测出准确的结果。

1.1.5　林地平面图测绘

地面上的各种物体总称为地物；地球表面高低起伏的形态称为地貌。林地平面图测绘的成果，往往是将地物、地貌按一定的投影方法，用统一规定的符号，经过一定比例缩小后绘制成各种图面资料。当测区面积不大时，可将地物沿铅垂方向投影到水平面上，再按一定的比例缩绘而成的图称为平面图。平面图能够反映实地地物的形状、大小以及各地物之间的平面位置关系。

1.1.5.1　比例尺

(1)比例尺的概念

无论是平面图或地形图，都不可能将地球表面的形态和物体按真实大小描绘在图纸上，而必须用一定的比例缩小后，按规定的图式在图纸上表示出来。比例尺就是图上某一线段的长度 d 与地面上相应线段水平距离 D 之比，用分子为 1 的分数式表示，可表示为：

$$\frac{1}{M}=\frac{d}{D} \tag{1-19}$$

式中：M——比例尺分母，表示缩小的倍数。

例 1-5　在 1∶1000 的地形图上，量得某苗圃地南、北边界长 d=5.8 cm，求其实地水平距离。

解　$D=M\cdot d=1000\times5.8\ \text{cm}=5800\ \text{cm}=58\ \text{m}$

比例尺的大小，取决于分数值的大小，即分母越大则比例尺越小，分母越小则比例尺越大。

在森林调查中，通常将比例尺大于或等于 1∶5000 的图称为大比例尺图；比例尺为 1∶1 000 000~1∶10 000 的图称为中比例尺图；比例尺小于 1∶100 000 的图称为小比例尺图。

比例尺有数字比例尺和图示比例尺两种。数字比例尺如$\frac{1}{500}$或 1∶1000 的形式，图示比例尺如图 1-38 所示。

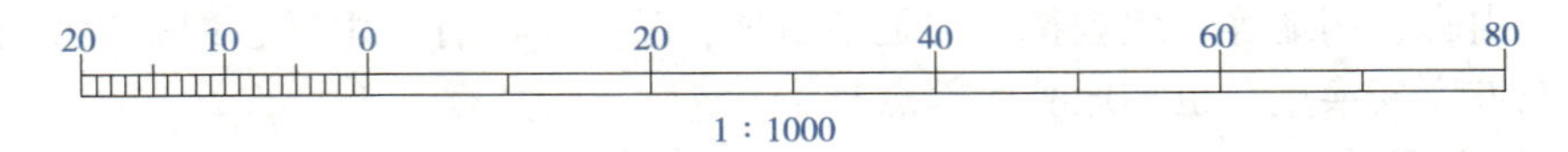

图 1-38　直线比例尺

(2)比例尺的精度

正常人的肉眼能分辨的最小距离为 0.10 mm，而间距小于 0.10 mm 的两点，只能视为一个点。因此，将图上 0.10 mm 所代表的实地水平距离称为比例尺的精度，即 0.10 mm。表 1-4 列出了几种不同比例尺的相应精度，从中可以看出，比例尺越大精度数值越小，图上表示的地物、地貌越详尽，测图的工作量也越大；反之则相反。因此，测图时要根据工作需要选择合适的比例尺。

表 1-4　比例尺及其精度

比例尺	1∶500	1∶1000	1∶2000	1∶5000	1∶10 000
比例尺精度(m)	0.05	0.10	0.20	0.50	1.00

根据比例尺精度，在测图中可解决两个方面的问题：一方面，根据比例尺的大小，确定在碎部测量量距的精度；另一方面，根据预定的量距精度要求，可确定所采用比例尺的大小。例如，测绘 1∶2000 比例尺地形图时，碎部测量中实地量距精度只要达到 0.20 m 即可，小于 0.20 m 的长度，在图上也无法绘出来；若要求在图上能显示 0.50 m 的精度，

则所用测图比例尺不应小于1∶5000。

1.1.5.2 罗盘仪测绘林地平面图

(1)平面控制测量与碎部测量

用罗盘仪测绘小区域平面图时，应首先以罗盘仪进行导线控制测量，再对特征点周围地物的碎部点进行测量，最后将各控制点附近的碎部点测绘到图纸上。当原有控制点不够时，可以在碎部测量的时候对控制点加密。

①*平面控制测量*。在整个测区内，布设一些具有平面位置控制作用的点即控制点，对控制点测定其平面位置的工作，称为平面控制测量。在罗盘仪导线测量中，可以将平差后的导线点作为控制点。

②*碎部测量*。在罗盘仪导线测量完成后，利用平差后的导线点作为控制点，用罗盘仪测绘其周围地物的碎部点(如房屋、河流、道路、绿地等轮廓的特征点)的过程，称为碎部测量。

为了限制误差的累积和传播，保证测图的精度及速度，测量工作必须遵循“从整体到局部，先控制后碎部”的原则。即先进行整个测区的控制测量，再进行碎部测量。

③*地物特征点*。地物是指地面上的不同类别和不同形状的物体。地物有天然的也有人工的，如房屋、道路、河流、通信线路、桥涵、草坪、苗圃、林地、塔、碑、井、泉、独立树等。测绘地物时，除独立物体是以物体的中心位置为准外，其他的地物都是先确定出组成地物图形的主要拐点、弯点和交点等平面位置，将相邻点连线，组成与实地物体水平投影相似的图形。这些主要拐点、弯点和交点等统称为地物特征点，也称地物碎部点。

④*地貌特征点*。地貌是指地球表面高低起伏的自然形态，包括山顶、鞍部、山脊、山谷、山坡、山脚、凹地等。地貌特征点是指山顶、鞍部、山脊、山谷、山脚等的地形变换点以及山坡坡度变换点，也称地貌碎部点。

(2)碎部测量的方法

经过平差的导线点作为依据进行罗盘仪碎部测量，最后绘制平面图。罗盘仪碎部测量的方法主要有极坐标法、方向交会法和导线法等。

①*极坐标法*。极坐标法是利用方位角和水平距离来确定碎部点的平面位置。此法适用于测站附近地形开阔，通视条件良好的情况，如草坪、道路等。

②*方向交会法*。此法适用于目标显著，量距困难或立尺员不易到达，并在两个测站均能看到特征点的情况，比如河流、峭壁等。应注意，交会角$\angle 3P_1 4$、$\angle 3P_2 4$不应小于30°或大于150°。

③*导线法*。当被测地物具有闭合轮廓，但由于内部不通视，不便进入其中施测碎部，如林地、果园、池塘等，可用罗盘仪闭合导线测定地物的位置和形状，只需单向测出各边的正方位角和边长。

对于河流、道路等较大线状物体的位置和形状测绘，可用罗盘仪的附合导线或支导线。进行碎部测量时，上述三种方法可以单独使用，也可相互配合进行，施测时可根据具体情况而灵活运用。

碎部测量结束之后，在铅笔底图上，应擦去展点时留下的各种辅助线，并保留好导线点的位置；然后用铅笔按先图内后图外、先注记后符号的顺序，正确使用图式描绘各种地面物体的轮廓、位置，并加以注记等，使底图成为一幅内容齐全、线条清晰、取舍合理、注记正确的平面图原图，以便于复制利用。

任务实施

平面图的测量

采用学生现场操作，以教师为引导、学生为主体的工学一体化教学方法，在校园实习场地内或林场森林中，由教师对林地面积量算过程进行讲解和演示，然后，学生分组根据教师演示操作和教材设计步骤逐步进行操作。各组完成外业测量后，提交外业成果，进一步整理形成林地平面图，量算面积，最后由教师对学生工作过程和成果进行评价和总结。不符合要求的，重新测量，最终每人提交一份林地平面图和相应数据表。

一、人员组织、材料准备

1. 人员组织

①成立教师实训小组，负责指导、组织实施实训工作。

②建立学生实训小组，4~5人为一组，并选出小组长，负责本组实习安排、考勤和仪器管理。

2. 材料准备

每组配备：森林罗盘仪1套，皮尺1条，标杆2根，记录板1块，标杆2根，皮尺1个，三角板2个，量角器1个，计算器1台，记录板1块(含记录表格)，方格纸，粉笔、铅笔等文具。

二、任务流程

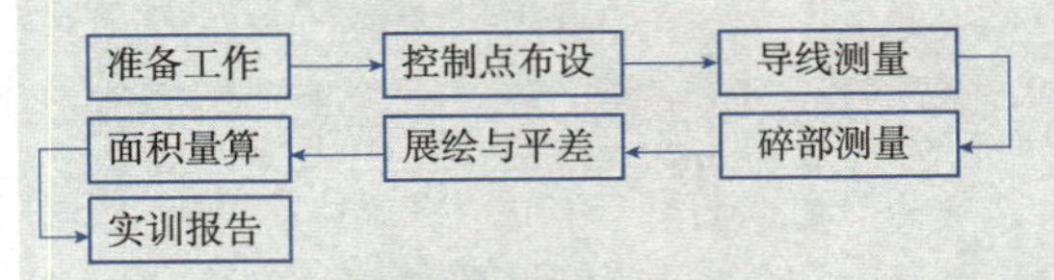

三、实施步骤

1. 林地边界测定

(1)选设导线点

在实训基地或实训林场，布设5个点组成闭合导线1-2-3-4-5-1，如图1-39所示。

布设导线之前，应对测区进行踏查，导线点应选在土质坚实、点位标志易于保存，方便安置仪器的地方，两点之间应通视，导线边长50~100 m。

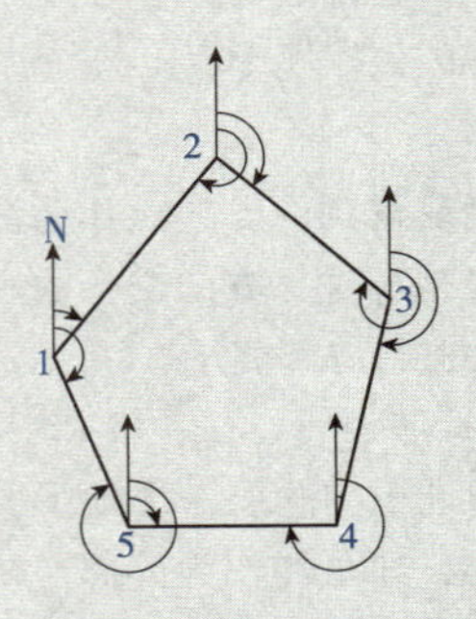

图1-39　罗盘仪观测磁方位角示意图

(2)测1-2边的正磁方位角和距离

将罗盘仪安置在1点，标杆立于2点上，罗盘仪经对中、整平后，旋松磁针固定螺丝放下磁针，瞄1-2直线的2点，待磁针静止后，读取磁针在刻度盘上的读数，即是1-2方向的磁方位角(正磁方位角)。用皮尺与测绳测量1-2边线的水平距离(即1-2边线的往测距离)，也可用视距量测水平距。

由于测区范围较小，因此，各导线点上的磁子午线方向可以认为是相互平行的。这样，同一导线边的正、反磁方位角应相差180°，若差值不等于180°，其不符值(即正反方位角之差值与180°相比较)不得大于±1°，并以平均方位角作为该导线边的方位角，即 $\alpha_{平均}=\dfrac{\alpha_{正}+(\alpha_{反}\pm180°)}{2}$；如果超出限差，应查明原因加以改正或重测。

当地面的倾斜角在5°以上(含5°)时，斜距需要改算为平距。

(3)测1-2边的反磁方位角和距离

旋紧磁针固定螺丝。将罗盘仪移到2点上，1点立标杆，罗盘仪经对中、整平后，旋松磁针固定螺丝放下磁针，瞄准1点，可测得2-1方向的磁方位角(即1-2方向的反磁方位角)。测量2-1边线的水平距离(即1-2边线的返测距离)。

(4)测2-3边的正磁方位角和距离

保持罗盘仪在2点，于3点上立标杆，同法

测量2-3边线的正磁方位角、往测距离；

(5)测其他边的磁方位角和距离

参照步骤(3)、(4)，直到将所有边线(包括1-2、2-3、3-4、4-5、5-1边线)的正、反磁方位角及往、返测距离测完。计算各边线正磁方位角的平均值，计算各边线的平均水平距离。

将所测得的数据填于表1-5、表1-6中。

2. 碎部测量

以控制测量得到的导线点作为测站点，根据现地情况从极坐标法、方向交会法和导线法中选用合适的方法进行碎部测量。

(1)极坐标法

①在林地周围，选取一个地形开阔，通视条件良好的地物，如草坪作为碎部，在地物轮廓上布设碎部点。

②选取就近的控制点，安置罗盘仪，分别在各碎部点竖立标杆。

③将罗盘仪对中、整平后，分别瞄准各碎部点，测得该控制点到各碎部点的磁方位角，用皮尺量距(或视距测量距离)。

④将测定结果记录于表1-7中。

(2)方向交会法

①在控制测量导线的一条边上，选取一个量距困难或立尺员不易到达，但在两个测站均能看到特征点的地物，如河流，作为碎部，选取其标志点作为碎部点。

②在该边线的一端控制点安置罗盘仪，经对中、整平后，瞄准碎部点，测得该控制点到碎部点的磁方位角。

③在该边线的另一端控制点安置罗盘仪，经对中、整平后，瞄准碎部点，测得该控制点到碎部点的磁方位角。

④将测定结果记录于表1-8中。

(3)导线法

①在林地周围，选取一个具有闭合轮廓的地物，如房屋，作为碎部，在地物轮廓上布设碎部点，碎部点1与控制点通视，便于测量距离。

②选取就近的控制点，在控制点上安置罗盘仪，在碎部点1上竖立标杆。

③罗盘仪经对中、整平后，瞄准碎部点1，测得该控制点到碎部点1的磁方位角，用皮尺量距(或视距测量距离)。

④将罗盘仪移到碎部点1，在碎部点2上竖立标杆，经对中、整平后，瞄准碎部点2，测得碎部点1到碎部点2的磁方位角，用皮尺量距(或视距测量距离)。

⑤将罗盘仪移到碎部点2，在碎部点3上竖立标杆，经对中、整平后，瞄准碎部点3，测得碎部点2到碎部点3的磁方位角，用皮尺量距(或视距测量距离)……重复下去，直到从碎部点n测到碎部点1，将全部碎部点测完。

⑥将测定结果记录于表1-9中。

3. 控制点展绘与平差

(1)展绘

选择坐标方格纸的纵轴作为磁北方向，在图纸左上角绘一条磁北方向线，在图纸上适当位置定出1点(确保整幅图位于图纸中央)，用量角器，按1-2边的平均磁方位角确定1-2边的方向线，在该方向线上根据1-2边的平均长度，按绘图比例尺缩小定出2点在图上的位置2′；再根据2-3边的平均长度及绘图比例尺定出3点在图上的位置3′；同法绘制其他各点的位置直至再绘出起点的位置1′为止。如图1-40(a)(虚线部分)所示。

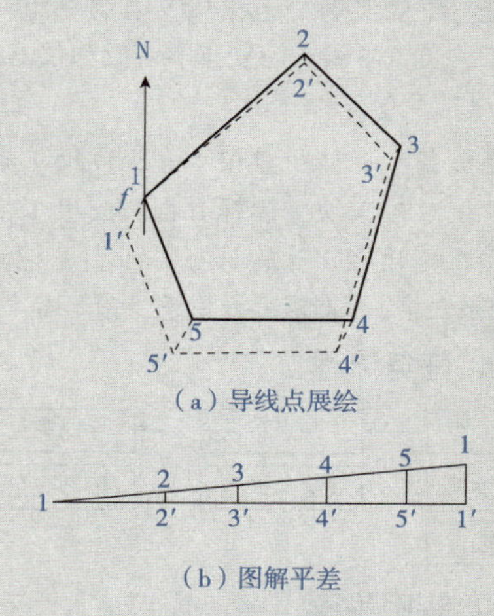

(a)导线点展绘

(b)图解平差

图1-40 导线点展绘与图解平差

(2)平差

①如1′与1点不重合，则产生了闭合差，连接点1′-1，量测1′-1的图面距离，其代表的实地距离即绝对闭合差f，绝对闭合差f与导线全长$\sum D$之比称为导线全长相对闭合差，以K表示，要求K不超过1/200，如在容许范围内时，则按图解平差的方法进行图上平差。如超限需检查展

绘和记录的错误，必要时进行外业返工重测。

②图解平差如图 1-40(b)所示，采用任一较小的比例尺画出等于导线全长的直线 1-1′，在其上按同一比例尺依次截取各边长得 2′、3′、4′、5′、1′各点，并在 1′点向上作 1′-1 的垂线，然后截取 1′-1 等于绝对闭合差的图上长度。连接 1′和 1 构成直角三角形 11′1，再分别从 2′、3′、4′、5′各点向上作 1-1′的垂线，与 1-1 相交得 2、3、4、5 各点。由相似三角形原理可知，线段 2′-2、3′-3、4′-4、5′-5 即为相应导线点的改正值。

在图 1-40(a)上，过 2′、3′、4′、5′各点，分别沿 1′-1 方向作闭合差 1′-1 的平行线，并从各点起分别在平行线上截取相应的改正值，得改正后的各导线点位置，如图 1-40(a)中的 1、2、3、4、5 点，再将它们按顺序连接，即得到平差后的闭合导线图形，如图 1-40(a)(实线部分)所示。

平差以后，将图 1-40(a)中的虚线部分擦掉，图面上最终只需保留图 1-40(a)中的实线部分。

4. 碎部点展绘

将碎部测量数据绘制在控制测量图解平差后的导线闭合图形上。

5. 林地面积量算

①将方格塑料膜覆盖在已经绘制好的平面图上，或将闭合导线测量的结果展绘在间隔为 1 mm 坐标方格纸上。

②先读出图形轮廓线包含的整格数 N，再读出轮廓线内不足一整格的读数值 n，并累和得 N' $(N'=N+n/2)$。

③按测图比例尺计算出 1 个方格所对应的实地面积 S，即：(方格边长×比例尺分母)^2。

④用累和的总格数 N'乘以 1 个方格所对应的实地面积 S，得实际总面积 A：

$$A=\left(\frac{d\times M}{1000}\right)^2\times N'\ \mathrm{m}^2$$

式中：A——实际总面积；

d——方格的大小，mm；

M——比例尺分母；

N'——总方格数。

四、实施成果

①每人完成实训报告一份，主要内容包括实训目的、内容、操作步骤、成果的分析及实训体会。

②每组完成表 1-5 至表 1-10 的填写和计算，要求字迹清晰、计算准确。

③林地平面图绘制数据表。

④将面积量算结果记录在报告纸上。

表 1-5 罗盘仪导线测量记录表

测量地点　　　　　　　　　　　　　　　　　　　　仪器编号

测站	目标	正方位角(°)	反方位角(°)	平均方位角(°)	竖角(°)	距离(m)		备 注
						斜距	平距	
								$K\leqslant1/200$

观测者　　　　　　　　　　　　记录者　　　　　　　　　　　　日期

表 1-6 罗盘仪视距测量记录表

测量地点　　　　　　　　　　　　　　　　　　　　仪器编号

测线	往测视距尺读数(m)			竖角(°)	平距(m)	返测视距尺读数(m)			竖角(°)	平距(m)	平均距离(m)	备 注
	上丝	下丝	间隔									

观测者　　　　　　　　　　　　记录者　　　　　　　　　　　　日期

表 1-7 罗盘仪碎部测量(极坐标法)记录表

测站	目标	方位角(°)	倾斜角(°)	距离(m)		备 注
				斜距	平距	

观测者　　　　　　　　　　记录者　　　　　　　　　　日期

表 1-8 罗盘仪碎部测量(方向交会法)记录表

测站	目标	方位角(°)	备 注

观测者　　　　　　　　　　记录者　　　　　　　　　　日期

表 1-9 罗盘仪碎部测量(导线法)记录表

测站	目标	方位角(°)	倾斜角(°)	距离(m)		备 注
				斜距	平距	

观测者　　　　　　　　　　记录者　　　　　　　　　　日期

表 1-10 林地平面图绘制数据表

测站	目标	平均方位角(°)	平距(m)	备 注
林地平面图				

观测者　　　　　　　　　　记录者　　　　　　　　　　日期

五、注意事项

①爱护、保管好仪器工具和有关资料。

②导线点的选择应具有代表性。

③调查数据真实准确。

任务分析

对照【任务准备】中的“特别提示”及在任务实施过程中出现的问题，讨论并完成表1-11中“任务实施中的注意问题”的内容。

表 1-11 标准地调查任务分析表

<table>
<tr><th colspan="3">任务程序</th><th>任务实施中的注意问题</th></tr>
<tr><td colspan="3">人员组织</td><td></td></tr>
<tr><td colspan="3">材料准备</td><td></td></tr>
<tr><td rowspan="7">实施步骤</td><td colspan="2">1. 布设导线点</td><td></td></tr>
<tr><td colspan="2">2. 磁方位角测定</td><td></td></tr>
<tr><td colspan="2">3. 距离丈量</td><td></td></tr>
<tr><td rowspan="2">4. 控制点展绘与平差</td><td>(1)展绘</td><td></td></tr>
<tr><td>(2)平差</td><td></td></tr>
<tr><td colspan="2">5. 碎部点展绘</td><td></td></tr>
<tr><td colspan="2">6. 林地面积量算</td><td></td></tr>
</table>

任务 1.2 地形图的应用

知识目标

1. 了解国家基本地形图的分类。
2. 了解国家基本地形图分幅与编号标准、方法。
3. 熟悉地形图的图外注记和作用。
4. 熟悉地理坐标的意义与作用。
5. 熟悉高斯平面直角坐标格网意义与作用。
6. 熟悉地物、地貌在地形图上的表示方法。

技能目标

1. 能在地形图上进行各种基本数据的求算。
2. 能实地对图读图、实地定向和确定站立点的位置。
3. 能利用地形图对坡勾绘确定某地境界界线。
4. 能在地形图上进行面积测算。

素质目标

1. 具有严格保密的良好习惯和自觉贯彻总体国家安全观。

2. 具备勤劳品质和强健体魄。
3. 具有严谨求实、不弄虚作假的品格。

任务准备

地形图是指地表起伏形态和地理位置、形状在水平面上的投影图。具体来讲，将地面上的地物和地貌按水平投影的方法，并按一定的比例尺缩绘到图纸上，这种图称为地形图。地形图具有文字和数字形式所不具备的直观性、一览性、量算性和综合性的特点，这就决定了地形图的独特功能和广泛的用途。在林业生产中，如森林资源清查、林业规划设计、工程造林、森林保护等，都是以地形图作为重要的基础资料开展工作的。本任务主要内容包括：地形图识图基础、地形图的分幅与编号、基本数据的求算、在地形图上进行境界线的勾绘、面积计算等。

1.2.1 地形图的识别

在林业生产中，如森林资源清查、林业规划设计、工程造林、森林环境保护等，都是以地形图作为重要的基础资料开展工作的，能识读地形图是林业工作者最基本的技能。

1.2.1.1 地形图分类

在林业工作中，一般将 1∶500、1∶1000、1∶2000、1∶5000 地形图称为大比例尺地形图，1∶1 万、1∶2.5 万、1∶5 万、1∶10 万地形图称为中比例尺地形图，1∶25 万、1∶50 万、1∶100 万地形图称为小比例尺地形图。

国家基本地形图是按国家测绘总局有关规定，规范测绘的标准图幅地形图，因其根据国家颁布的测量规范、图式和比例尺系统测绘或编绘，也称为基本比例尺地形图。各国所使用的地形图比例尺系统不统一，我国把 1∶100 万、1∶50 万、1∶25 万、1∶10 万、1∶5 万、1∶2.5 万、1∶1 万和 1∶5000 等 8 种比例尺的地形图规定为基本比例尺地形图。

1.2.1.2 地形图分幅与编号

地形图只是实地地形在图上缩影，不是直观的景物，我国地域辽阔，受绘图比例尺的限制，不可能在一张有限的纸上将其全部描绘出来，因此为了便于管理和使用地形图，需按一定方式将大区域的地形图划分为尺寸适宜的若干单幅图，称为地形图分幅。为了便于贮存、检索和使用系列地形图，按一定的方式给予各分幅地形图唯一的代号，称为地形图编号。我国地形图的分幅与编号的方法分为两类：一类是国家基本比例尺地形图采用的梯形分幅与编号（又称为国际分幅与编号）；另一类是大比例尺地形图采用的矩形分幅与编号。

（1）梯形分幅与编号

梯形分幅是以国际 1∶100 万地形图的分幅与编号为基础，因而也称国际分幅。它是以经线和纬线来划分的，一幅图的左、右以经线为界，上、下以纬线为界，图幅形状近似梯形，所以称为梯形分幅。现有两种，一种是1993年以前地形图分幅和编号标准产生的，称为旧分幅与编号；另一种是按2012年国家标准局修订发布的《国家基本比例尺地形图分幅和编号》(GB/T 13989—2012)国家标准，对于1993年3月以后测绘和更新的地形图采用的分幅和编号，称为新分幅与编号。

①旧分幅与编号方法。

a. 分幅与编号标准：具体内容如下。

1∶100万地形图的分幅采用国际分幅标准，按经差6°、纬差4°进行分幅，即由180°经线起算，自西向东，每经差6°为一列，把地球分为60纵列，依次用阿拉伯数字1，2，…，60表示；由赤道分别向北、南，按纬差4°为一行，分别分为22横行(分到北纬和南纬88°)，依次用字母A，B，C，…，V表示，其中每一格(梯形)为一幅1∶100万地形图。每一幅图的编号由其所在的“横行—纵列”的代号组成。如某地的经度为东经116°23′30″，纬度为39°57′20″，则所在地的1∶100万比例尺地形图的图号为J-50(图1-41)。1∶100万地形图的分幅是其他基本比例尺地形图分幅的基础。

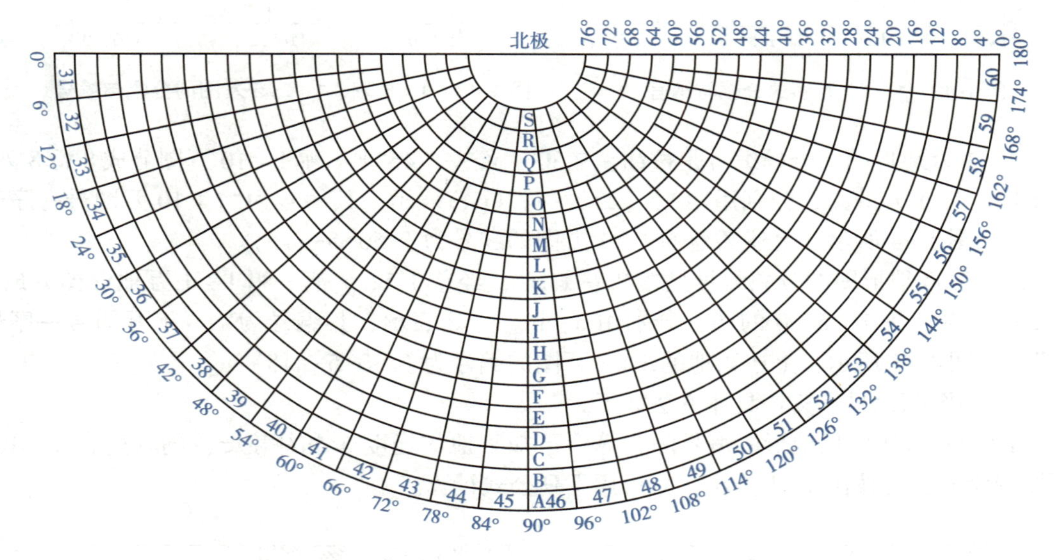

图1-41　北半球东侧1∶100万图的分幅编号

1∶50万地形图的分幅是按纬差2°，经差3°把一幅1∶100万地形图分成2行2列，共4幅1∶50万地形图，分别用A，B，C，D表示，其编号为“1∶100万图号—序号码”。如上述某地的1∶50万图的编号为J-50-A。

1∶25万地形图的分幅是按纬差1°，经差1°30′把一幅1∶100万地形图分成4行4列，共16幅1∶25万地形图，分别以[1]，[2]，[3]，…，[16]表示，其编号为“1∶100万图号—序号码”。如上述某地的1∶25万图的编号为J-50-[2]。

1∶10万地形图的分幅是按纬差20′，经差30′把一幅1∶100万地形图分成12行12列，共144幅1∶10万的图。分别以1，2，3，…，144表示，其编号为“1∶100万图号—序号码”。如图1-42，上述某地的1∶10万图的编号为J-50-5。

1∶5万地形图的分幅编号是按纬差10′，经差15′把一幅1∶10万地形图分成2行2

列，共4幅1∶5万的图，分别用A，B，C，D表示，其编号为“1∶10万图号—序号码”。如图1-43所示，上述某地的1∶5万图的编号为J-50-5-B。

1∶2.5万地形图的分幅编号是按纬差5′，经差7.5′把一幅1∶5万地形图分成2行2列，共4幅1∶5万的图，分别用1、2、3、4表示，其编号为“1∶5万图号—序号码”。如图1-43所示，上述某地的1∶2.5万图的编号为J-50-5-B-2。

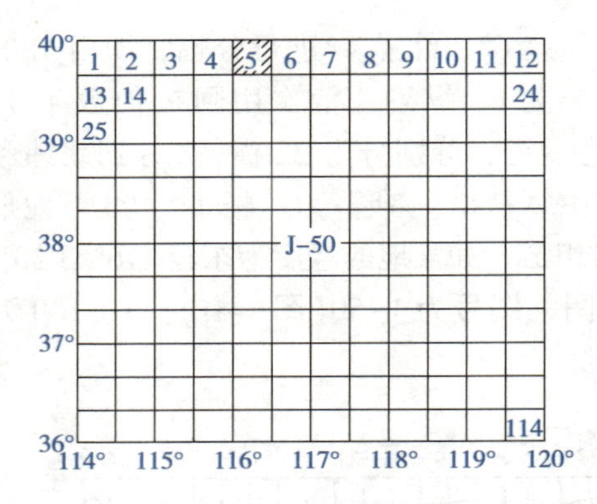

图1-42　1∶10万图的分幅与编号

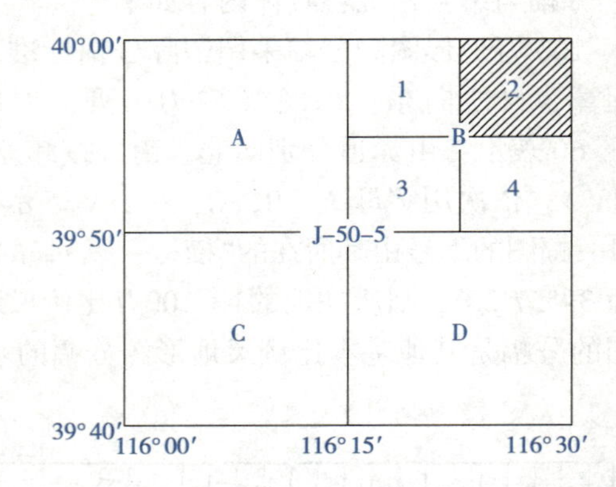

图1-43　1∶5万、1∶2.5万图的分幅与编号

1∶1万地形图的分幅编号是按纬差2′30″，经差3′45″把一幅1∶10万图分成8行8列，共64幅1∶1万的图，分别用(1)，(2)，…，(64)表示，其编号为“1∶10万图号—序号码”。如图1-44所示，上述某地的1∶1万图的编号为J-50-5-(15)。

1∶5000地形图的分幅编号是按纬差1′15″，经差1′52.5″把一幅1∶1万地形图分成2行2列，共4幅1∶5000的图，分别用a、b、c、d表示，其编号为“1∶1万图号—序号码”。如图1-45所示，上述某地的1∶1万图的编号为J-50-5-(15)-a。

b. 旧图幅编号查算：具体方法如下。

1∶100万比例尺地形图编号的查算，已知某地的经度λ和纬度φ，则其所在1∶100万图幅编号，可按图1-41查出，也可用下列公式计算。

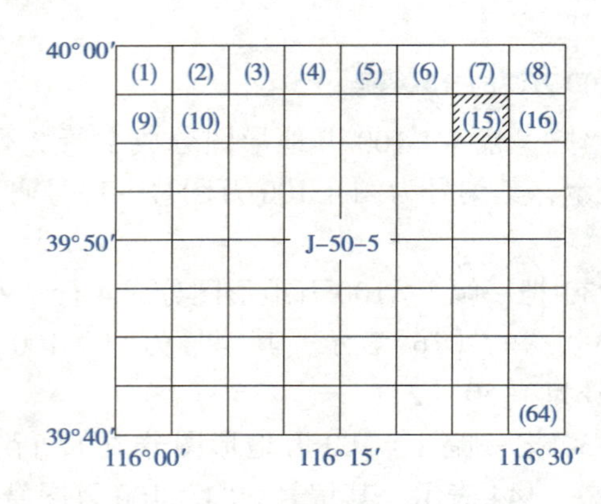

图1-44　1∶1万图的分幅与编号

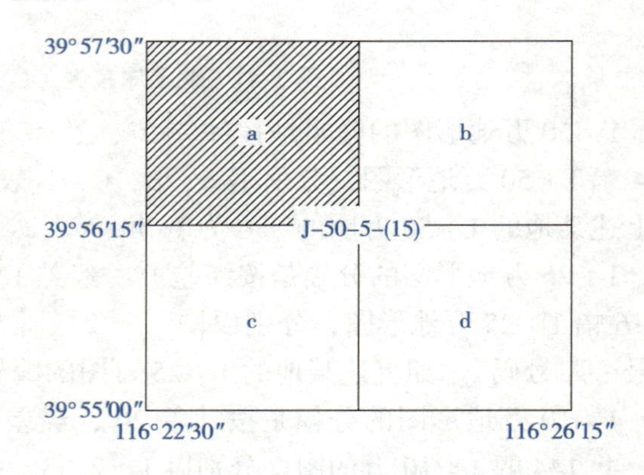

图1-45　1∶5000图的分幅与编号

$$行号=\frac{\varphi}{4^\circ}(取商的整数)+1$$
$$列号=\frac{\lambda}{6^\circ}(取商的整数)+31 \tag{1-20}$$

1∶50万~1∶5000地形图编号是在1∶100万比例尺地形图编号的基础上加序号进行，其序号可用下式算得

$$W=V-\left[\frac{\left(\frac{\varphi}{\Delta\varphi}\right)}{\Delta\varphi'}\right]\times n+\left[\frac{\left(\frac{\lambda}{\Delta\lambda}\right)}{\Delta\lambda'}\right] \tag{1-21}$$

式中：W——所求序号；

V——划分为该比例尺图幅后左下角一幅图的代码数；

[　]——取商的整数；

(　)——取商的余数；

n——划分为该比例尺的列数；

$\Delta\varphi$——作为该比例尺地形图分幅编号基础的前图之纬差；

$\Delta\lambda$——作为该比例尺地形图分幅编号基础的前图之经差；

$\Delta\varphi'$——所求比例尺地形图图幅的纬差；

$\Delta\lambda'$——所求比例尺地形图图幅的经差。

②新分幅与编号方法。

a. 分幅与编号标准：具体内容如下。

1∶100万地形图的仍采用国际分幅标准进行，其编号与旧编号方法基本相同，只是去掉字母和数字间的短线，行和列称呼相反，编号为“行号码列号码”，如某地所在1∶100万地形图的编号为J50。其他比例尺地形图的分幅均在1∶100万地形图的基础上加密来进行。另外，由过去的纵行、横列改成了现在的横行、纵列。

1∶50万地形图的分幅是按纬差2°，经差3°把一幅1∶100万地形图分成2行2列，共4幅，行(列)号从上到下(从左到右)依次为001、002。

1∶25万地形图的分幅是按纬差1°，经差1°30′把一幅1∶100万地形图分成4行4列，共16幅，行(列)号从上到下(从左到右)依次为001，002，003，004。

1∶10万地形图的分幅是按纬差20′，经差30′把一幅1∶100万地形图分成12行12列，共144幅，行(列)号从上到下(从左到右)依次为001，002，…，012。

1∶5万地形图的分幅是按纬差10′，经差15′把一幅1∶100万地形图分成24行24列，共576幅，行(列)号为001，002，…，024。

1∶2.5万地形图的分幅是按纬差5′，经差7.5′把一幅1∶100万地形图分成48行48列，共2304幅，行(列)号从上到下(从左到右)依次为001，002，…，048。

1∶1万地形图的分幅是按纬差2′30″，经差3′45″把一幅1∶100万地形图分成96行96列，共9216幅，行(列)号为001，002，…，096。

1∶5000地形图的分幅是按纬差1′15″，经差1′52.5″把一幅1∶100万地形图分成192行192列，共36864幅，行(列)号从上到下(从左到右)依次为001，002，…，192。

1∶50万~1∶5000地形图的新图幅编号是以1∶100万地形图的编号为基础，由十位

码组成，下接相应比例尺代码，及横行、纵列代码所构成，如图 1-46 所示；因此，所有 1：50 万~1：5000 地形图的图号均由 5 个元素 10 位代码组成，编码系列统一为一个根部，编码长度相同，便于计算机处理和识别。

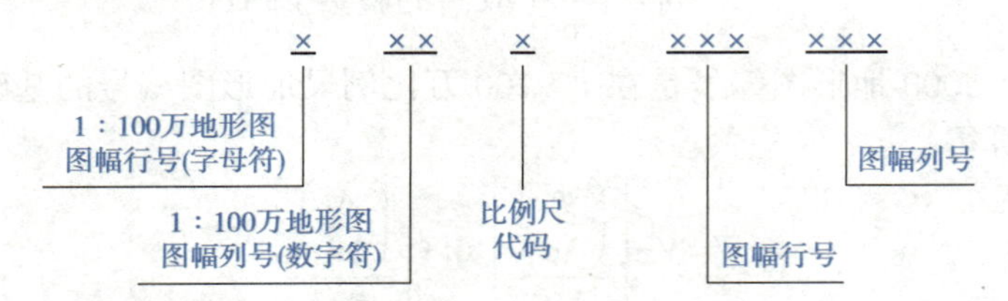

图 1-46　1：50 万~1：5000 地形图图号的构成

上述比例尺的图幅和编号可归纳为表 1-12。

表 1-12　国家基本比例尺地形图分幅编号表

比例尺		1：100 万	1：50 万	1：25 万	1：10 万	1：5 万	1：2.5 万	1：1 万	1：5000
分幅标准	经差	6°	3°	1°30′	30′	15′	7.5′	3′45″	1′52.5″
	纬差	4°	2°	1°	20′	10′	5′	2′30″	1′15″
行号范围		*A*，*B*，…，*V*	001，002	001，002，003，004	001，002，…，012	001，002，…，024	001，002，…，048	001，002，…，096	001，002，…，192
列号范围		1，2，…，60							
比例尺代码			*B*	*C*	*D*	*E*	*F*	*G*	*H*
图幅数量关系		1	4	16	144	576	2304	9216	36864

b. 图幅编号查算：具体方法如下。

1：100 万比例尺地形图编号的查算方法与旧编号相同。1：50 万~1：5000 地形图的编号可按下式进行计算：

$$
\begin{aligned}
\text{图幅行号} &= \frac{\varphi_{\text{左上}} - \varphi}{\Delta\varphi}(\text{取商的整数}) + 1 \\
\text{图幅列号} &= \frac{\lambda - \lambda_{\text{左上}}}{\Delta\lambda}(\text{取商的整数}) + 1
\end{aligned}
\tag{1-22}
$$

式中：$\varphi_{\text{左上}}$、$\lambda_{\text{左上}}$——该地所在 1：100 万地形图左上角图廓点的纬度和经度；

$\Delta\varphi$、$\Delta\lambda$——地形图分幅的纬差和经差。

例 1-6　某地经度 116°23′30″，纬度为 39°57′20″，其编号为 J50 的 1：100 万地形图，其左上角图廓点的纬度为 40°，经度为 114°，经计算可得各种比例尺地形图新图幅编号见表 1-13。

表 1-13　某地各种比例尺新图幅编号

比例尺	1：50 万	1：25 万	1：10 万	1：5 万	1：2.5 万	1：1 万	1：5000
编号	J50B001001	J50C001002	J50D001005	J50E001010	J50F001020	J50G002039	J50H003077

随着计算机使用的普及，基本比例尺地形图的图幅号都可通过编写相应的计算机程序，输入相应的经纬度很方便求得。

(2)矩形分幅与编号

①分幅标准。矩形分幅适用于1：5000~1：500的大比例尺地形图，它是按直角坐标的纵、横坐标线划分图幅的，图幅大小见表1-14。

表1-14　1：5000~1：500地形图图幅大小

比例尺	图幅大小(cm×cm)	实地面积(km^2)	每幅1：5000地形图所包含的幅数
1：5000	40×40	4	1
1：2000	50×50	1	4
1：1000	50×50	0.25	16
1：500	50×50	0.0625	64

②编号方法。矩形图幅的编号，一般可采用以下几种方法。

a. 按西南角坐标编号：西南角坐标编号是用该图幅西南角的x坐标和y坐标的公里数来编号，x坐标在前，y坐标在后，中间用短线连接。编号时，1：5000地形图，坐标取至1 km；1：2000和1：1000地形图，坐标取至0.1 km；1：500地形图，坐标取至0.01 km。如图1-47所示，某幅1：5000比例尺地形图，其西南角的坐标$x=28$ km，$y=18$ km，则其编号为28-18。某幅1：1000比例尺地形图西南角坐标$x=28\ 500$ m、$y=17\ 500$ m，则该图幅的编号为28.5-17.5。

b. 以1：5000比例尺图为基础编号：如果整个测区测绘1：5000~1：500等比例尺的地形图，为了地形图的测绘管理、图形拼接、存档管理和方便应用，则应以1：5000地形图为基础进行其他比例尺地形图的分幅与编号。在1：5000比例尺图号末尾分别加上罗马字Ⅰ、Ⅱ、Ⅲ、Ⅳ，作为1：2000比例尺图幅的编号，同样，在1：2000比例尺图号末尾分别加上罗马字Ⅰ、Ⅱ、Ⅲ、Ⅳ，作为1：1000比例尺图幅的编号，在1：1000比例尺图号末尾分别加上罗马字Ⅰ、Ⅱ、Ⅲ、Ⅳ，作为1：500比例尺图幅的编号。如图1-48所示，1：5000图幅的西南角坐标为$x=20$ km，$y=30$ km，编号为20-30；以编号20-30作为其他比例尺地形图的基础编号，各比例尺图幅编号方法如图1-48所示。

图1-47　西南角坐标编号

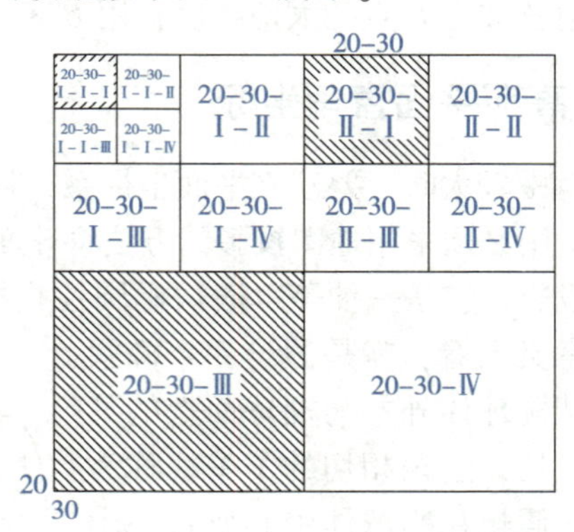

图1-48　以1：5000比例尺图为基础编号

c. 按数字顺序编号：小面积测区的图幅编号，可采用数字顺序或工程代号等方法进行编号。如图1-49所示，虚线表示测区范围，数字表示图幅编号，排列顺序一般从左到右、从上到下。

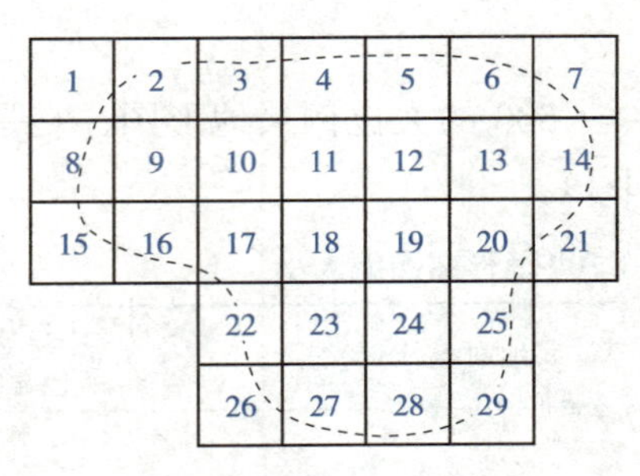

图 1-49　按数字顺序编号

A-1	A-2	A-3	A-4	A-5	A-6
B-1	B-2	B-3	B-4		
	C-2	C-3	C-4	C-5	C-6

图 1-50　按行列编号

d. 按行列编号：按行列编号一般以行代号（如 *A*，*B*，*C*，…）和列代号（如 1，2，3，…）组成，中间用短线连接，如图 1-50 所示。

大比例尺地形图常在城市规划、市政建设以及工程勘察设计，如林场场部、苗圃地等建设规划或施工中使用，在分幅编号上也可以从实际出发，根据用图要求，结合作业方便，以方便测图、用图和管理为目的，灵活掌握。

1.2.1.3　地理坐标

将地球视为球体，按经、纬线划分的坐标格网为地理坐标系，用以表示地球表面某一点的经度和纬度。以参考椭球面为基准面，地面点沿椭球面的法线投影在该基准面上的位置，称为该点的大地坐标，用大地经度和大地纬度表示。如图 1-51 所示，包含地面点 *P* 的法线且通过椭球旋转轴的平面称为 *P* 的大地子午面。过 *P* 点的大地子午面与起始大地子午面所夹的两面角就称为 *P* 点的大地经度，用 *L* 表示，其值分为东经 0°~180°和西经0°~180°。过点 *P* 的法线与椭球赤道面所夹的线面角就称为 *P* 点的大地纬度，用 *B* 表示，其值分为北纬 0°~90°和南纬 0°~90°。

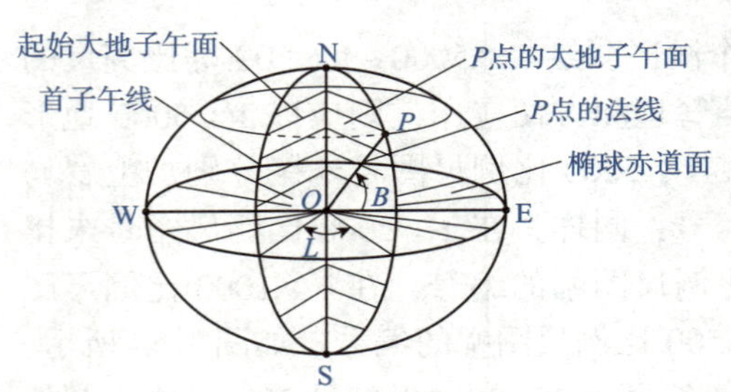

图 1-51　地理坐标系

1.2.1.4　高斯平面直角坐标

当测区范围较大时，要建立平面坐标系，就不能忽略地球曲率的影响。为了解决球面与平面的矛盾，则必须采用地图投影的方法将球面上的大地坐标转换为平面直角坐标。目前我国采用高斯投影，它是一种等角横切椭圆柱投影，该投影解决了将椭球面转换为平面的问题。从几何意义上看，就是假设一个椭圆柱横套在地球椭球体外并与椭球面上的某一条子午线相切，这条相切的子午线称为中央子午线。假想在椭球体中心放置一个光源，通过光线将椭球面上一定范围内的物象映射到椭圆柱的内表面上，然后将椭圆柱面沿一条母线剪开并展成平面，即获得投影后的平面图形，如图 1-52 所示。

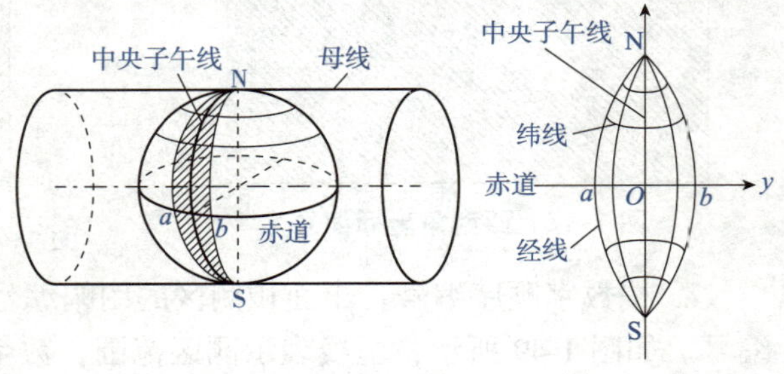

图 1-52　高斯投影

该投影的经纬线图形有以下特点：

(1)投影后的中央子午线为直线，无长度变化。其余的经线投影为凹向中央子午线的对称曲线，长度较球面上的相应经线略长。

(2)赤道的投影为一直线，并与中央子午线正交。其余的纬线投影为凸向赤道的对称曲线。

(3)经纬线投影后仍然保持相互垂直的关系，说明投影后的角度无变形。

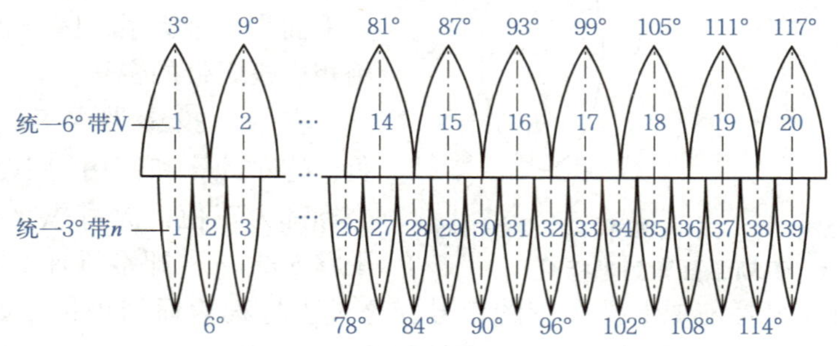

图 1-53　高斯投影带

高斯投影没有角度变形，但有长度变形和面积变形，离中央子午线越远，变形就越大。为了对变形加以控制，测量中采用限制投影区域的办法，即将投影区域限制在中央子午线两侧一定的范围，此范围称为投影带。对于 1∶50 万~1∶2.5 万地形图采用 6°分带，1∶1 万及更大比例尺地形图采用 3°分带，如图 1-53 所示。

6°带：是从首子午线开始，自西向东，每隔经差 6°分为一带，将全球分成 60 个带，其编号分别为 1，2，…，60。6°带每带的中央子午线经度可用下式计算：

$$L_6=6°\cdot n_6-3° \tag{1-23}$$

式中：L_6——为 6°投影带的中央子午线经度；

n_6——为 6°投影带的带号。

如果已知某地的经度 L，则其所在 6°投影带的带号为：

$$n_6=\left[\frac{L}{6°}\right]+1 \tag{1-24}$$

式中：“[ ]”内的值为取商后的整数。

3°带：是从东经 1°30′的子午线开始，自西向东每隔经差 3°为一带，将全球划分成 120 个投影带，其中央子午线在奇数带时与 6°带中央子午线重合。3°带每带的中央子午线经度为：

$$L_3=3°\cdot n_3 \tag{1-25}$$

式中：L_3——为 3°投影带的中央子午线经度；

n_3——为 3°投影带的带号。

如已知某地的经度 L，则其所在 3°投影带的带号为：

$$n_3=\left[\frac{L}{3°}\right] \tag{1-26}$$

式中：“[ ]”内的值为取商后的整数，但若余数大于 1°30′时，才需要加上 1。

我国领土位于东经 72°~136°，共包括了 11 个 6°投影带，即 13~23 带；22 个 3°投影带，即 24~45 带。

通过高斯投影，将中央子午线的投影作为纵坐标轴，用 x 表示；将赤道的投影作为横坐标轴，用 y 表示，两轴的交点作为坐标原点 O；由此构成的平面直角坐标系称为高斯平面直角坐标系。如图 1-54(a)所示，对应于每一个投影带，就有一个独立的高斯平面直角坐标系，区分各带坐标系则利用相应投影带的带号。

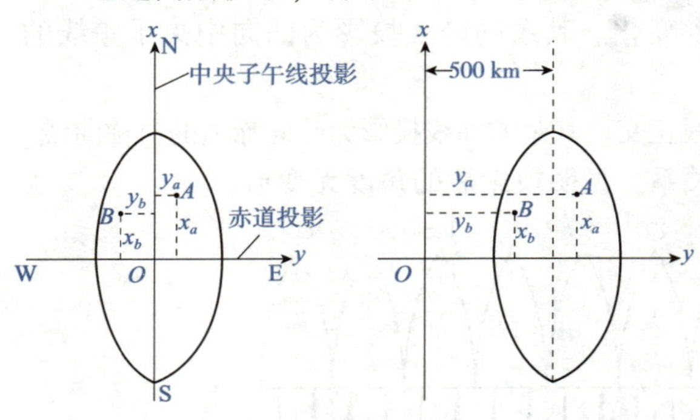

（a）高斯平面直角坐标系　（b）通用高斯平面直角坐标

图 1-54　高斯平面直角坐标系

在每一投影带内，y 坐标值有正有负，这对计算和使用均不方便，为了使 y 坐标都为正值，故将纵坐标轴向西（左）平移 500 km，即将所有点的 y 坐标值均加上 500 km，并在 y 坐标前加上投影带的带号，这种坐标称为通用坐标，如图 1-54(b)所示。例如，若 A 点位于第 19 带内，则 A 点的国家统一坐标表示为 y=19 123 456. 789 m。

1. 2. 1. 5　地物符号

地物是地面上天然或人工形成的物体，如湖泊、河流、房屋、道路等。在地形图中，地面上的地物和地貌都是用国家测绘总局颁布的《地形图图式》中规定的符号表示的，图式中的符号可分为地物符号、地貌符号和注记符号 3 种。表 1-15 是在国家测绘局统一制定和颁发的《1∶500、1∶1000、1∶2000 地形图图式》中摘录的一部分地物、地貌符号。图式是测绘、使用和阅读地形图的重要依据，因此，在识别地形图之前，应首先了解地物符号的分类方法。

(1)比例符号

有些地物轮廓较大，如房屋、运动场、湖泊、林分等，可将其形状和大小按测图比例尺直接缩绘在图纸上的符号称为比例符号。用图时，可在图上量取地物的大小和面积。

(2)非比例符号

有些地物很小，如导线点、井泉、独立树、纪念碑等，无法依比例缩绘到图纸上，只能用规定的符号表示其中心位置，这种符号称为非比例符号。

非比例符号上表示地物实地中心位置的点称为定位点。地物符号的定位点是这样规定的：几何图形符号，其定位点在几何图形的中心，如三角点、图根点、水井等；具有底线的符号，其定位点在底线的中心，如烟囱、灯塔等；底部为直角的符号，其定位点在直角的顶点，如风车、路标、独立树等；几种几何图形组合成的符号，其定位点在下方图形的中心或交叉点，如路灯、气象站等；下方有底宽的符号，其定位点在底宽中心点，如亭子、山洞等。地物符号的方向均垂直于南图廓。

(3)半比例符号

对于成带状的狭长地物，如道路、电线、沟渠等，其长度可依比例尺缩绘而宽度无法依比例尺缩绘的符号，称为半比例符号。半比例符号的中心线就是实际地物的中心线。

(4)注记符号

在地物符号中用以补充地物信息而加注的文字、数字或符号称为注记符号，如地名、高程、楼房结构、层数、地类、植被种类符号、水流方向等，见表 1-15。

表 1-15　地物符号摘录

编号	符号名称	图例	编号	符号名称	图例
1	三角点 凤凰山——点名 394.468——高程	 凤凰山 394.468 3.0	13	独立树 针　叶	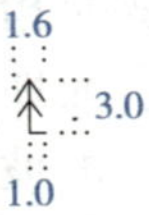 1.6 3.0 1.0
2	水准点 Ⅱ——等级 京石 5——点名点号 32.804——高程	 2.0 Ⅱ京石5 32.804	14	独立树 阔　叶	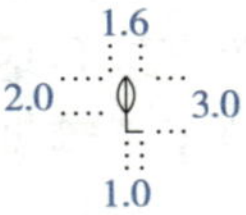 1.6 2.0 3.0 1.0
3	卫星定位等级点 B——等级 14——点号 495.267——高程	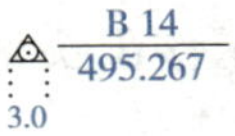 B 14 495.267 3.0	15	电力检修井孔	2.0
4	游泳池	 泳	16	电信检修井孔 a. 电信人孔 b. 电信手孔	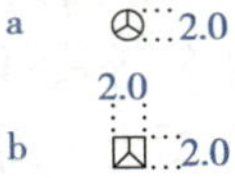 a 2.0 2.0 b 2.0
5	过街天桥	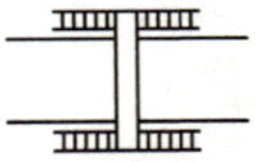	17	热力检修井孔	 2.0
6	乡村路 a. 依比例尺的 b. 不依比例尺的	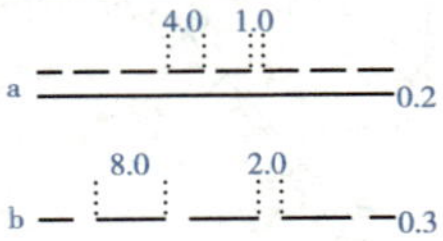 4.0 1.0 a 0.2 8.0 2.0 b 0.3	18	给水检修井孔	 2.0
7	小　路	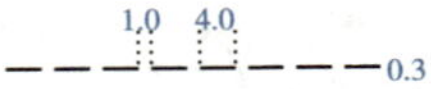 1.0 4.0 0.3	19	加油站	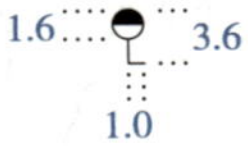 1.6 3.6 1.0
8	内部道路	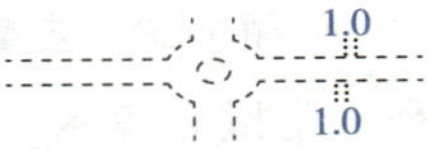 1.0 1.0	20	路　灯	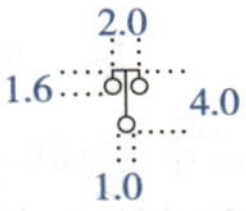 2.0 1.6 4.0 1.0
9	排水暗井	 2.0	21	独立树 棕榈、椰子、槟榔	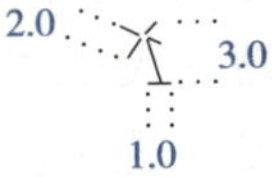 2.0 3.0 1.0
10	建筑中房屋	 建	22	排水(污水) 检修井孔	 2.0
11	破坏房屋	 破	23	等高线 a. 首曲线 b. 计曲线 c. 间曲线	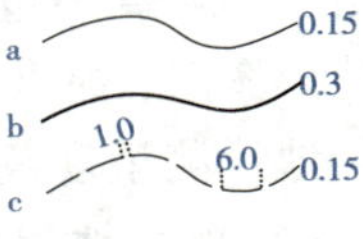 a 0.15 b 0.3 1.0 6.0 c 0.15
12	无看台的 露天体育场	 体育场	24	等高线注记	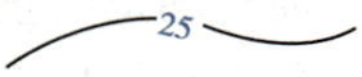 25

1.2.1.6 地貌符号

地貌是指地表面的高低起伏形态，它包括山地、丘陵和平原等。在图上表示地貌的方法很多，而地形图中通常用等高线表示，等高线不仅能表示地面的起伏形态，并且还能表示出地面的坡度和地面点的高程。

(1)等高线的概念

等高线是地面上高程相同的点所连接而成的连续闭合曲线。如图 1-55 所示，设有一座山位于平静湖水中，湖水涨到 P_3 水平面，随后水位分别下降 h 到 P_2、下降 $2h$ 到 P_1 水平面，3 个水平面与山坡都有一条交线，而且是闭合曲线，曲线上各点的高程是相等的。这些曲线就是等高线。将各水平面上的等高线沿铅垂方向投影到一个水平面 M 上，并按规定的比例尺缩绘到图纸上，就得到用等高线表示该山头地貌的等高线图。由图 1-55 可以看出，这些等高线的形状是由地貌表面形状来决定的。

(2)等高距和等高线平距

相邻等高线之间的高差称为等高距，常以 h 表示。图 1-56 中的等高距为 5 m。在同一幅地形图上，等高距是相同的。

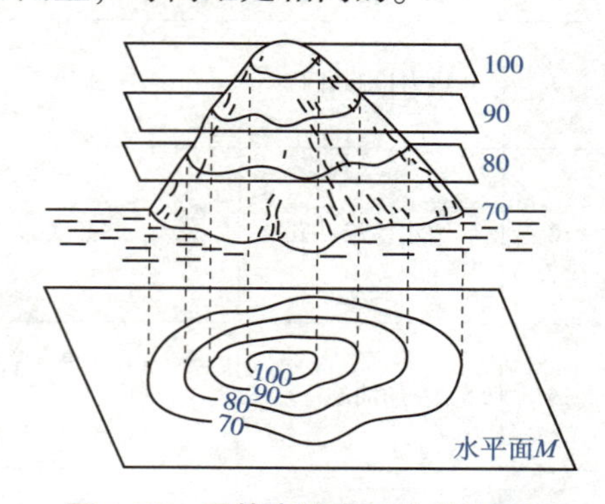

图 1-55 用等高线表示地貌的原理

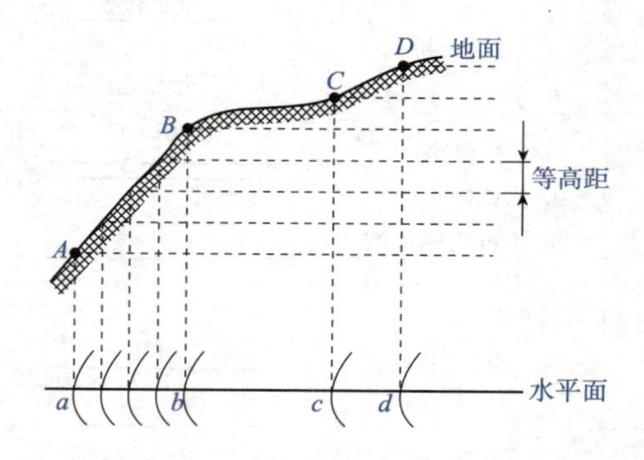

图 1-56 坡度大小与平距的关系

相邻等高线之间的水平距离称为等高线平距，常以 d 表示。因为同一张地形图内等高距是相同的，所以等高线平距 d 的大小直接与地面坡度有关。如图 1-56 所示，地面上 AB 段的坡度大于 CD 段，其 ab 间的等高线平距就比 cd 小。由此可见，等高线平距越小，地面坡度就越大；平距越大，则坡度越小；坡度相同(图上 AB 段)，平距相等。因此，可以根据地形图上等高线的疏、密来判定地面坡度。

同时还可以得知等高距越小，显示地貌就越详细；等高距越大，显示地貌就越简略。但是，当等高距过小时，图上的等高线过于密集，将会影响图面的清晰醒目。因此，在测绘地形图时，应根据测区坡度大小、测图比例尺和用图目的等因素综合选用等高距的大小。地形测量规范中对等高距的规定见表 1-16。

(3)典型地貌的等高线

地貌的形态虽错综复杂、变化万千，但不外乎由山头和洼地、山脊和山谷、鞍部、绝壁、悬崖和梯田等基本形态组合而成，了解和熟悉典型地貌的等高线特征，将有助于识读、应用和测绘地形图。典型地貌等高线形状描述如下：

表 1-16 基本等高距表 单位：m

比例尺	地形类别			
	平地（0°～2°）	丘陵（2°～6°）	山地（6°～25°）	高山地（>25°）
1：500	0.5	0.5	0.5，1	1
1：1000	0.5	0.5，1	1	1，2
1：2000	0.5，1	1	2	2

①山丘和洼地（盆地）。图 1-57 所示为山丘和洼地及其等高线。山丘和洼地的等高线都是一组闭合曲线。在地形图上区分山丘或洼地的方法是：凡是内圈等高线的高程注记大于外圈者为山丘，小于外圈者为洼地。如果等高线上没有高程注记，则用示坡线来表示。

示坡线是垂直于等高线的短线，用以指示坡度下降的方向。如图 1-57 所示，示坡线从内圈指向外圈，说明中间高，四周低，为山丘。而示坡线从外圈指向内圈，说明四周高，中间低，故为洼地。

②山脊和山谷。山脊是沿着一个方向延伸的高地。山脊的最高棱线称为山脊线。山脊等高线表现为一组凸向低处的曲线（图 1-58）。

山谷是沿着一个方向延伸的洼地，位于两山脊之间。贯穿山谷最低点的连线称为山谷线。山谷等高线表现为一组凸向高处的曲线（图 1-58）。

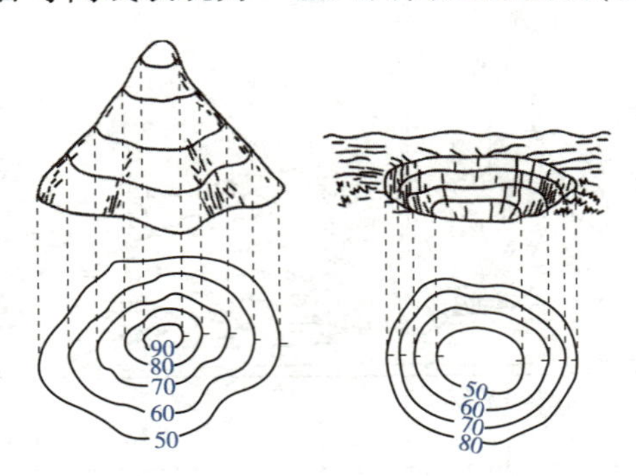

图 1-57 山丘、洼地及其等高线

图 1-58 山谷、山脊及其等高线

山脊附近的雨水必然以山脊线为分界线，分别流向山脊的两侧[图 1-59(a)]，因此，山脊又称分水线。而在山谷中，雨水必然由两侧山坡流向谷底，向山谷线汇集[图 1-59(b)]，因此，山谷线又称集水线。

（a） （b）

图 1-59 分水线和集水线

③鞍部。鞍部是相邻两山头之间呈马鞍形的低凹部位，如图 1-60 所示。鞍部（*K* 点处）往往是山区道路通过的地方，也是两个山脊与山谷会合的地方。鞍部等高线的特点是在一圈大的闭合曲线内，套有两组小的闭合曲线。

④壁和悬崖。近于垂直的陡坡称为峭壁，若用等高线表示将非常密集，所以采用峭壁符号来代表这一部分等高线，如图 1-61(a)所示。垂直的陡坡称为断崖，这部分等高线几乎重合在一起，故在地形图上通常用锯齿形的峭壁来表示，如图 1-61(b)。

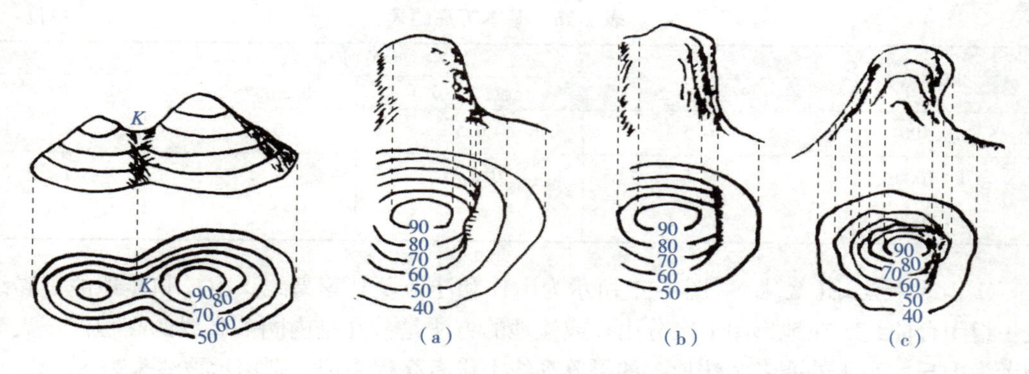

图 1-60　鞍部及其等高线

图 1-61　峭壁、悬崖及其等高线

悬崖是上部突出，下部凹进的陡坡，这种地貌的等高线如图 1-61(c)所示，等高线出现相交，俯视时隐蔽的等高线用虚线表示。

还有某些特殊地貌，如冲沟、滑坡等，其表示方法参见《地形图图式》。

了解和掌握了典型地貌等高线，就不难读懂综合地貌的等高线图。图 1-62 是某一地区综合地貌及其等高线图，读者可自行对照阅读。

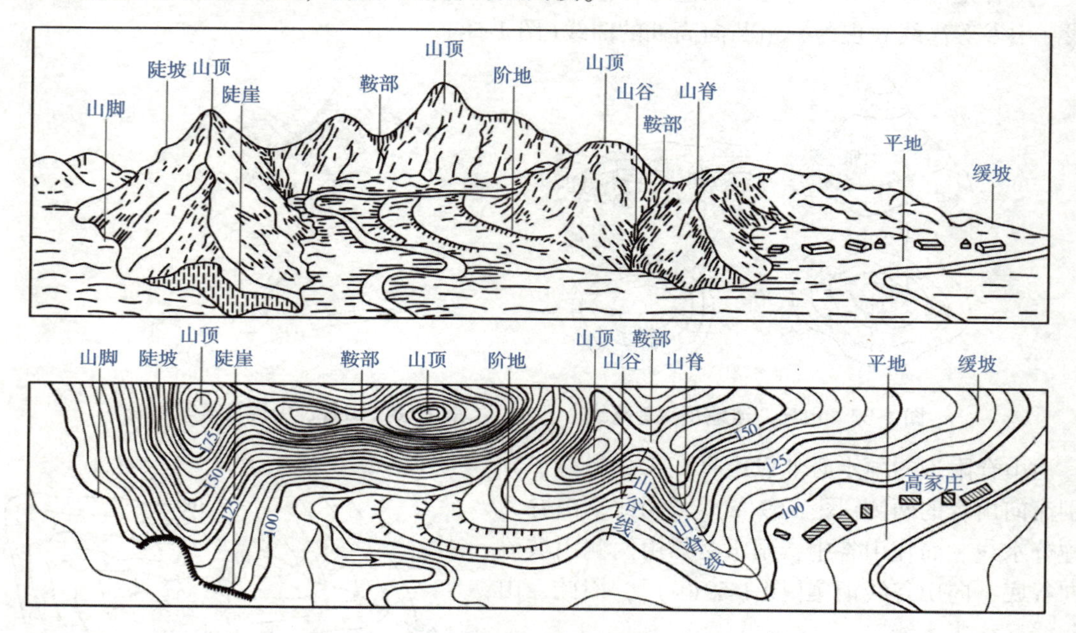

图 1-62　用等高线表示综合地貌

(4)等高线的分类

为了便于查看，地形图上的等高线常用不同的种类表现，其中最常见、地形图上都有的等高线是首曲线和计曲线，有些地形图在局部地形有时还用间曲线和助曲线表示。

①曲线。在同一幅图上，按规定的等高距描绘的等高线称首曲线；也称基本等高线。它是宽度为 0.15 mm 的细实线，如图 1-63 中的 9 m、11 m、12 m、13 m 等各条等高线。

②计曲线。为了读图方便，凡是高程能被 5 倍基本等高距整除的等高线加粗描绘，称

为计曲线，如图 1-63 中的 10 m、15 m 等高线。

③间曲线和助曲线。当首曲线不能显示地貌的特征时，按 1/2 基本等高距描绘的等高线称为间曲线，在图上用长虚线表示，如图 1-63 中的 11.5 m、13.5 m 等高线。有时为显示局部地貌的需要，可以按 1/4 基本等高距描绘的等高线，称为助曲线。如图 1-63 中 11.25 m 的等高线，一般用短虚线表示。

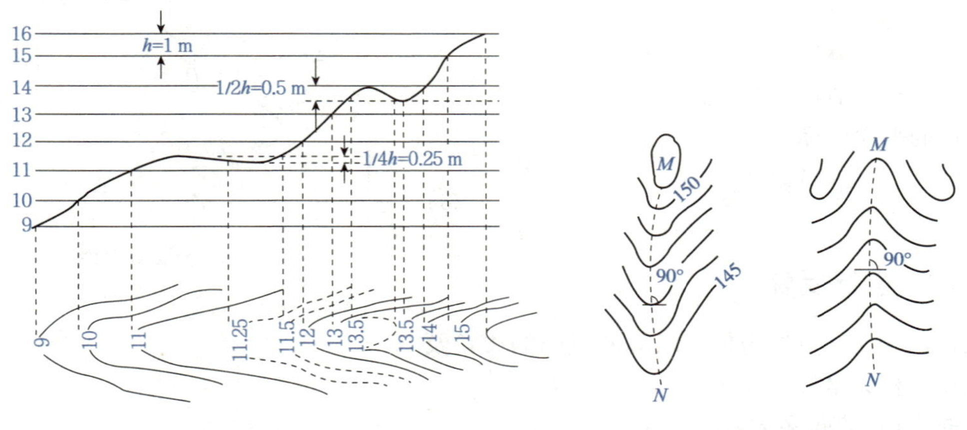

图 1-63 等高线的种类

图 1-64 等高线与地性线的正交性

(5) 等高线的特性

了解等高线的性质，目的在于能根据实地地形正确勾绘等高线或根据等高线正确判读实际地貌。等高线的特征主要有以下几点：

①等高性。在同一等高线上的各点，其高程相等。

②闭合性。等高线应是闭合曲线，不在图幅内闭合，就在图幅外闭合；在图幅内只有遇到符号或数字时才能人为断开。

③非交性。等高线一般不能相交，也不能重叠。只有悬崖和峭壁的等高线才可能出现相交或重叠，相交时交点成双出现。

④正交性。等高线与山脊线、山谷线(合称地性线)成正交，如图 1-64 所示。与山脊线相交时，等高线由高处向低处凸出；与山谷线相交时，等高线由低处向高处凸出。

⑤密陡稀缓性。同一幅地形图内，等高线越密，说明平距越小，表示地面的坡度越陡；反之，坡度越缓；等高线分布均匀，则地坡度也均匀。

1.2.2 地形图的基本应用

地形图上含有各项林业工程建设所需要的基础信息，在图上可准确、方便地确定地物的位置和相互关系以及地貌的起伏等情况。应用地形图求算各种基本数据，可以按照一定的顺序进行，例如，欲求算一线段(直线)的坡度，必须首先已知该线段两端点的高程大小，而高程则可由等高线的注记求得；若要得到一线段的距离和坐标方位角，事先就需根据地形图的直角坐标格网计算出两端点的直角坐标。

1.2.2.1 坐标正算

根据已知坐标、已知边长及该边的坐标方位角，计算未知点的坐标，称为坐标的正算。如图1-65所示，已知 A 点的坐标 X_a、Y_a 和 AB 边的边长 D_{AB} 及坐标方位 α_{AB}，则边长 AB 的坐标增量为：

$$\Delta X_{AB}=D_{AB}\cdot\cos\alpha_{AB}$$
$$\Delta Y_{AB}=D_{AB}\cdot\sin\alpha_{AB} \quad (1\text{-}27)$$

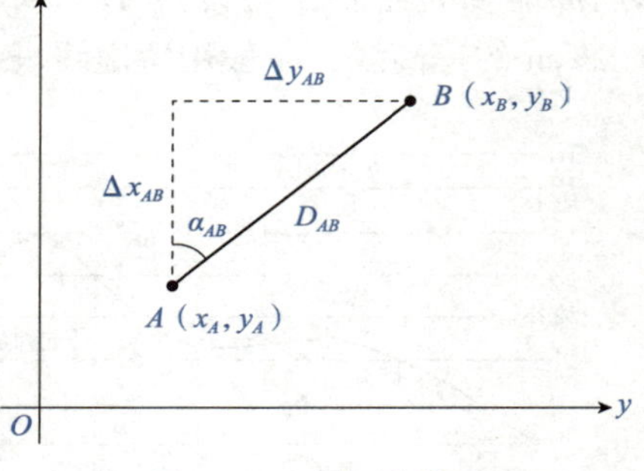

图1-65 坐标计算图

B 点的平面坐标为：

$$X_B=X_A+\Delta X_{AB}$$
$$Y_B=Y_A+\Delta Y_{AB} \quad (1\text{-}28)$$

1.2.2.2 坐标反算

根据两个已知点的坐标，求算两点间的边长及其方位角，称为坐标反算。

直线 AB 的方位角为：

$$\alpha_{AB}=\tan^{-1}\frac{(Y_B-Y_A)}{(X_B-X_A)}=\tan^{-1}\frac{\Delta Y_{AB}}{\Delta X_{AB}} \quad (1\text{-}29)$$

直线 AB 的长度为：

$$D_{AB}=\sqrt{(x_B-x_A)^2+(y_B-y_A)} \quad (1\text{-}30)$$

计算出的 α_{AB}，应根据 ΔX、ΔY 的正负，判断其所在的象限。

1.2.3 地形图地块勾绘与面积计算

地形图是野外调查的工作底图和基本资料，任何一种野外调查工作都必须利用地形图，野外应用是地形图在林业生产中应用的重要内容。森林资源调查中的境界线、森林区划线，土壤调查中的分类线、土地利用调查中的地类线等，一般在调查时都要持图到现场判读，实地填图勾绘界线，计算面积。

1.2.3.1 利用地形图进行图形面积测定

在地形图上利用区划勾绘的成果量算面积，是地形图在林业生产中的一项重要用途，下面介绍几种常用的测定方法。

(1)方格法和网点板法

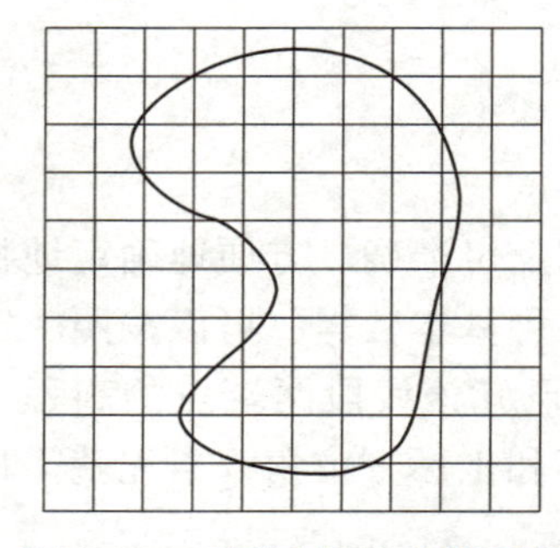

图1-66 透明方格法求算面积

该方法特别适用于不规则的林地面积测算。求面积时，把印有(或画上)间隔为2 mm(4 mm或其他规格)的透明方格网随意盖在图形上，如图1-66所示，分别查数图形内不被图形分割的完整方格数和被图形分割的不完整方格数，完整方格数加上不完整方格数的 1/2，即为总方格数，则图形面积 $A(\mathrm{m}^2)$ 为：

$$A=\left(\frac{d\times M}{1000}\right)^2\times n \tag{1-31}$$

式中：M——地形图比例尺分母；

d——小方格边长，mm；

n——总方格数。

(2) 平行线法

在透明模片上制作相等间隔的平行线，如图 1-67 所示。量测时把透明模片放在欲量测的图形上，使整个图形被平行线分割成许多等高的梯形，设图中梯形的中线分别为 L_1，L_2，…，L_n，量其长度大小，则所量测的面积为：

$$S=h(L_1+L_2+\cdots+L_n)=h\sum_{i=1}^{n}L_i \tag{1-32}$$

式中：S——实地面积，m^2；

L_i——被量测图形内平行线的线段长度，$i=1$，2，…，n；

h——制作模片时所用相邻平行线间的间隔，可根据被量测图形的大小而确定。

(3) 电子求积仪法

图 1-68 为 KP−90N 型电子求积仪，主要部件为动极臂、跟踪臂和微型计算机；微型计算机表面的功能键见表 1-17 所示；各功能键显示的符号在显示屏上的位置，如图 1-69 所示。电子求积仪的操作步骤为：

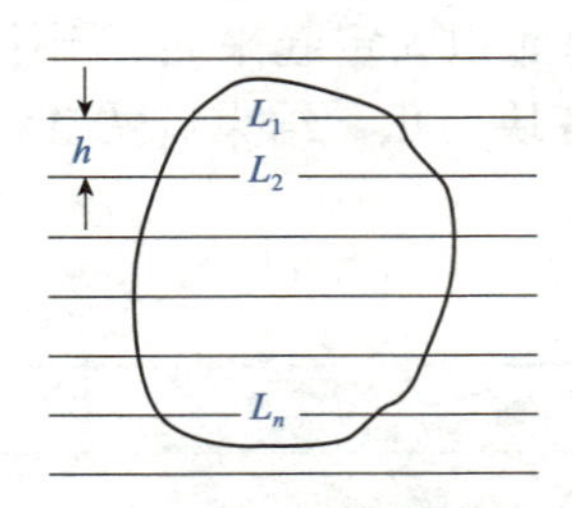

图 1-67 透明平行线法

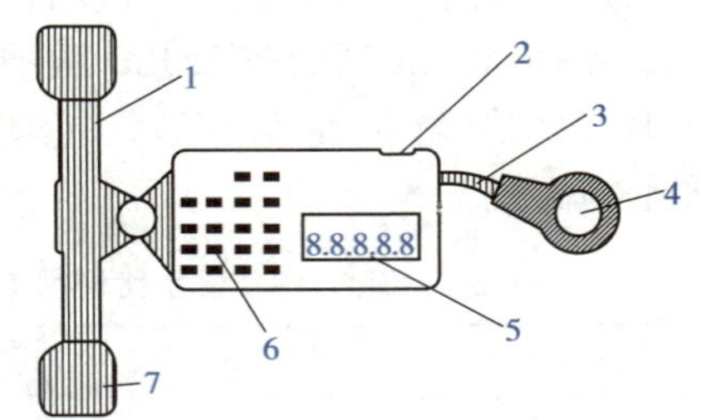

图 1-68 KP−90N 型电子求积仪

1. 动极臂 2. 交流转换器插座 3. 跟踪臂 4. 跟踪放大镜 5. 显示屏 6. 数字键和功能键 7. 动极轮

图 1-69 各功能键及显示符号的位置

①准备工作。将图纸固定在平整的图板上，把跟踪放大镜大致放在图的中央，使动极臂与跟踪臂约成90°角；用跟踪放大镜沿图形轮廓线试绕行2~3周，检查动极臂是否平滑移动。如果转动中出现困难，可调整动极臂位置。

②打开电源。按下ON键，显示屏上显示“0.”。

③设定面积单位。按UNIT键，选定面积单位；面积单位有米制、英制和日制。

④设定比例尺。设定比例尺主要使用数字键、SCALE键和R-S键。例如，当测图比例尺为1∶500时，其设定的操作步骤见表1-18。

⑤跟踪图形。在图形边界上选取一个较明显点作为起点，使跟踪放大镜中心与之重合，按下START键，蜂鸣器发出声响，显示窗显示“0.”；用右手拇指和食指控制跟踪放大镜，使其中心准确沿图形边界顺时针方向绕行一周，然后回到起点，按下AVER键，即显示所测图形的面积。

表1-17　KP-90N型电子求积仪的功能键

ON	电源键(开)	OFF	电源键(关)
0~9	数字键	·	小数点键
START	启动键	HOLD	固定键
MEMO	存储键	AVER	结束及平均值键
UNIT	单位键	SCALE	比例尺键
R-S	比例尺确认键	C/AC	清除键

⑥累加测量。如果所测图形较大，需分成若干块进行累加测量。即第一块面积测量结束后(回到起点)，不按AVER键而按HOLD键(把已测得的面积固定起来)；当测定第二块图形时，再按HOLD键(解除固定状态)，同法测定其他各块面积。结束后按AVER键，即显示所测大图形的面积。

表1-18　设定比例尺1∶1万的操作

键操作	符号显示	操作内容
10 000	cm^2 10 000	对比例尺进行置数10 000
SCALE	SCALE cm^2 0	设定比例尺1∶10 000
R-S	SCALE cm^2 10 000 000	$10\ 000^2 = 100\ 000\ 000$ 确认比例尺1∶10 000已设定，因为最高可显示八位数，故显示10 000 000而不是100 000 000
START	SCALE cm^2 0	比例尺1∶10 000设定完毕，可开始测量

⑦平均测量。为提高测量精度，可对一块面积重复测量几次，取平均值作为最后结果。即每次结束后，按MEMO键，数次测量全部结束时按AVER键，则显示这几次测量的平均值。

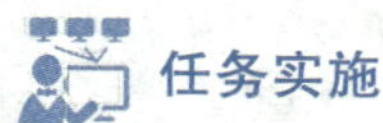

任务实施

地形图识别与应用

地形图识别是分析辨识地物与注记、地物与地物、地物与地貌、地貌与地貌之间的关系。通过实施熟悉地形图的各种注记、地物符号和地貌符号，建立地形图图式符号与表示对象的联系，掌握地形图识别的基本技能。

地形图上应用分为基本应用和野外应用，基本应用要求在图上准确地确定地物的位置和相互关系，野外应用要求在图上完成森林区划和面积计算。通过基本应用实施，学生能够掌握在地形图上求算坐标、高程、距离、方位角以及坡度等基本数据的方法，满足林业工程规划、设计和建设的需要。通过野外应用实施，学生能够掌握地形图的实地定向、确定站立点的位置、地形图与实地对照和实地填图与勾绘、面积计算等方法与技巧。

一、人员组织和材料准备

1. 人员组织

①成立教师实训小组，负责指导、组织实施实训工作。

②建立学生实训小组，4~5 人为一组，并选出小组长，负责本组实习安排、考勤和仪器管理。

2. 材料准备

每人配备：本地区 1：1 万或 1：2.5 万地形图 1 幅，国家测绘总局编印的《地形图图式》1 本、量角器 1 个、直尺 1 把、细绳 1 条、计算器 1 台、图板 1 块、手持罗盘 1 个、比例尺 1 把、记录板 1 块、记录表格若干、透明方格纸、电子求积仪 1 台、铅笔、橡皮、小刀等。

二、任务流程

1. 地形图识别流程

准备工作 → 对图判读 → 分析结论 → 实训报告

2. 地形图基本应用流程

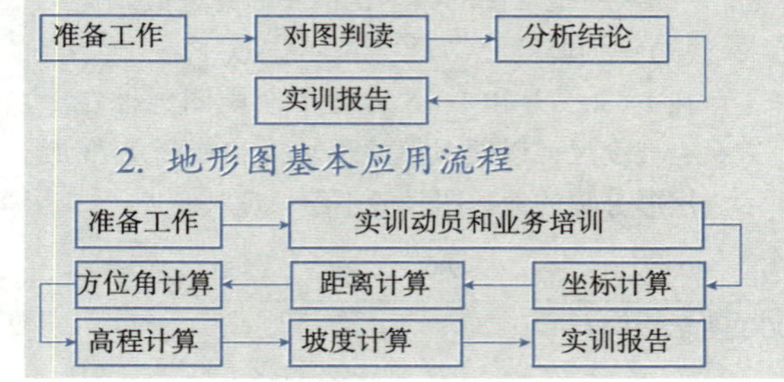

3. 地形图野外应用流程

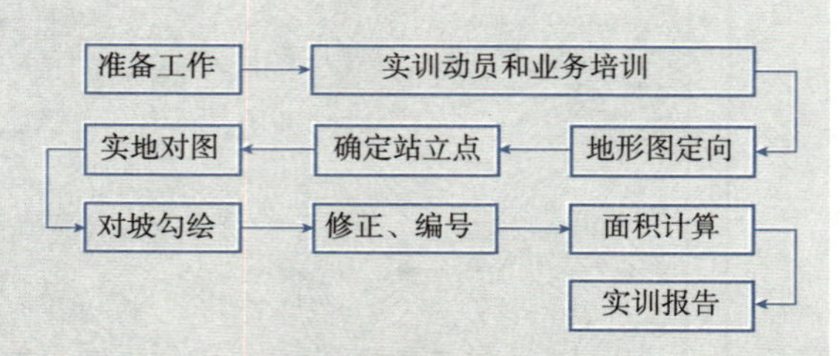

三、实施步骤

1. 地形图识别

(1)识别图名、图号和接图表

①图名。每幅地形图都以图幅内最大的村镇或突出的地物、地貌的名称来命名，也可用该地区的习惯名称等命名。每幅图的图名注记在北外图廓外面正中处。如图 1-70 所示，地形图的图名为“复兴”。

②图号。为便于保管、查寻及避免同名异地等，每幅图应按规定编号，并将图号写在图名的下方。如图 1-70 所示，地形图的图号为 K－51－82－(30)。

③接图表。为了方便检索一幅图的相邻图幅，在图名的左边需要绘制接图表。它由 9 个矩形格组成，中央填绘斜线的格代表本图幅，四周的格表示上下、左右相邻的图幅，并在每个格中注有相应图幅的图名。如图 1-70 所示。

(2)识别地形图图廓与坐标格网

①图廓。图廓是地形图的边界。1：10 万、1：5 万、1：2.5 万地形图图廓包括外图廓(粗黑线外框)、内图廓(细线内框)和中图廓(也称经纬廓)。外图廓是仅为装饰美观；中图廓上绘有黑白相间(或短划线)并表示经、纬差分别为 1 分的分度带，使用它可内插求出图幅内任意点的地理坐标；内图廓为图幅的边线，四角标注经度和纬度，表示地形图的范围。如图 1-71 中西图廓经线是东经 128°45′，南图廓线是北纬 46°50′。1：1 万地形图只有外图廓和内图廓。

图 1-70　图名、图号和接图表

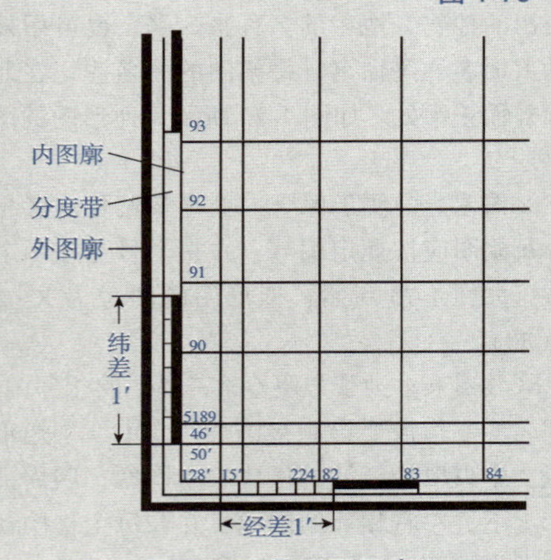

图 1-71　地形图图廓

1∶2000～1∶500 比例尺地形图图廓只有外图廓和内图廓，内图廓是地形图分幅时的坐标格网线，也是图幅的边界线。外图廓是距内图廓之外一定距离绘制的加粗平行线，仅起装饰作用。

②坐标格网。内图廓以内的纵横交叉线是坐标格网或平面直角坐标网，因格网长一般以公里为单位，故也称公里网。公里数注记在内外图廓线之间，注记的字头朝北，并规定第一条和最末一条格网注明全值，而中间的公里线只注明个位和十位公里数。使用坐标格网可求出图幅内任意点的平面直角坐标。如图 1-71 中的 5189 表示纵坐标为 5189 km（从赤道起算），向上的分别为 90、91 等，其公里的千、百位都是 51，故从略。横坐标为 22482，22 为该图幅所在的 6° 带投影带号，482 表示该纵线的横坐标公里数。

（3）识别测图比例尺

绘制在南图廓外正中央是图示比例尺和数字比例尺（图 1-72）。

用图示比例尺可直接量得图上两点间的实地水平距离；用数字比例尺可按式（1-33），计算图上两点间的实地水平距离。

$$D = d \times \frac{M}{100}\ \text{m} \qquad (1\text{-}33)$$

式中：D——相应的实地水平距离，m；

d——图上两点间的直线长，cm；

M——地形图的数字比例尺的分母值。

（4）识别坡度尺

在 1∶2.5 万和 1∶5 万地形图南图廓外左下方绘有坡度尺，以便量算地面坡度，如图 1-73 所示。矩形分幅的地形图一般不绘坡度尺。

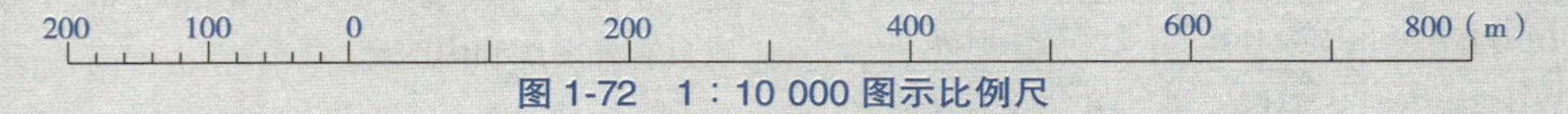

图 1-72　1∶10 000 图示比例尺

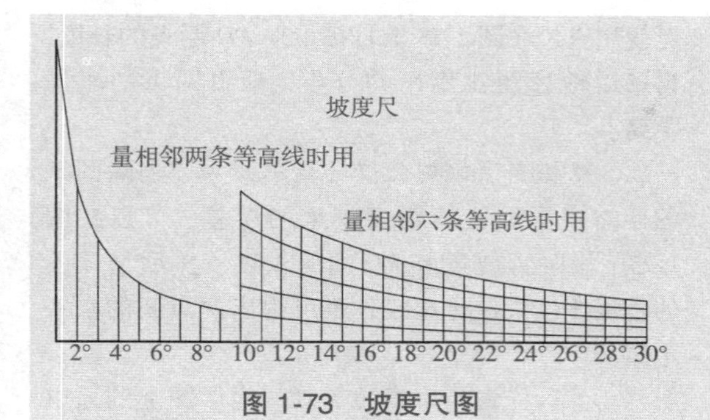

图 1-73 坡度尺图

(5)识别三北方向关系图

在中、小比例尺图的南图廓线的右下方，还绘有真子午线、磁子午线和坐标纵轴(中央子午线)方向这三者之间的角度关系，称为三北方向图，如图 1-74 所示。图上标注子午线收敛角γ和磁偏角δ的角值。此外，在南、北内图廓线上，还绘有标志点 P 和 P'，该两点的连线即为该图幅的磁子午线方向，有了它利用罗盘可将地形图进行实地定向。矩形分幅的地形图没有三北方向关系图。

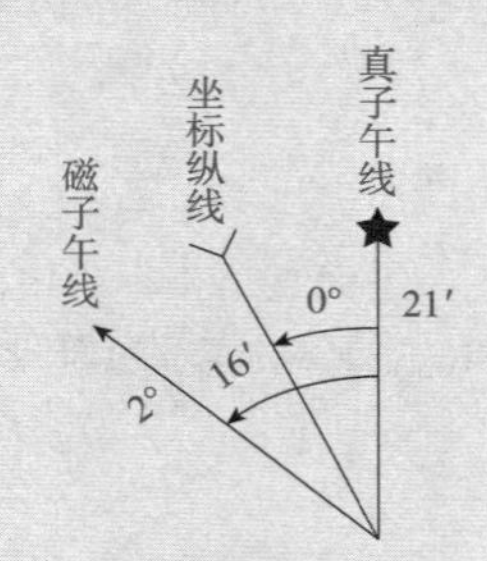

图 1-74 三北方向关系图

(6)测图说明与注记等

测图说明注记一般有以下内容。

平面坐标系：是独立(假定)坐标系还是 1954 年北京坐标系或 1980 年大地坐标系。

高程系：是假定高程系还是 1956 年黄海高程系或 1985 年国家高程基准。高程系之后注明图幅内所采用的等高距。

测绘单位、测图方法和测图时间：不同的测绘单位，其用途目的不同，地形图表现的重点内容会有所不同；测图方法不同，测图的精度也不同；测图时间(或调绘日期)可以判断地形图使用价值，离现在越远，现状与地形图不相符的情况越多，地形图的使用价值越低。

图式和图例：注明图幅内采用的图式是什么年版的，便于用图者参阅，另外在东图廓线右侧，把一些不易识别的符号作为图例列出，便于用图者使用。

(7)地物的判读

地形图上的地物主要是用地物符号和注记符号来表示，因此判读地物，首先要熟悉国家测绘总局颁布的相应比例尺的《地形图图式》中一些常用的符号，这是识读地物的基本工具；其次，区分比例符号、半比例符号和非比例符号的不同，要搞清各种地物符号在图上的真实位置，如表示一些独立物的非比例符号、路堤和路堑符号等，在图上量测距离和面积时要特别注意；第三，要懂得注记的含义，如表示林种、苗圃的注记，仅仅表明是那类植物，而并非表示树木(或苗木)的位置、数量或大小等；第四，应注意有些地物在不同比例尺图上所用符号可能不同(如道路、水流等)，不要判读错了。

另外，就是符号主次让位问题，例如铁路与公路并行，按比例绘制在图上有时会出现重叠，按规定以铁路为主，公路为次。所以图上是以铁路中心位置铁路符号，使公路符号让位。根据国家测绘总局颁布的《地形图图式》，认真识别地形图上地物符号，找出图中主要居民点、道路、河流及其他所有的地物，明确比例符号，非比例符号、半比例符号和注记符号的表达方式。完成本地形图中所有地物符号表的填写。

(8)地貌判读

地形图上主要是用等高线表示地貌，所以地貌判读，首先要熟悉等高线的特点，如等高线形状与实地地面形状的关系、地性线与等高线的关系、等高线平距与实地地面坡度的关系等；其次，要熟悉典型地貌的等高线表示方法，如山丘与凹地、山背与山谷、鞍部的等高线表示方法；最后，要熟悉雨裂、冲沟、悬崖、绝壁、梯田等特殊地貌的表示方法。在此基础上，判读地貌还应从客观存在的实际出发，分清等高线所表达的地貌要素及地性线，找出地貌变化的规律。由山脊线即可看出山脉连绵；由山谷线便可看出水系的分布；由山峰、鞍部、洼地和特殊地貌，则可看出地貌的局部变化。分辨出地性线(分水线和集水线)就可以把个别的地貌要素有机地联系起来，对整个地貌有个比较完整的概念。

要想了解某一地区的地貌，先要看一下总的地势。例如哪里是山地，哪里是丘陵、平地；主要山脉和水系的位置与走向，以及道路网的布设情况等。由大到小、由整体到局部地进行判读，就可掌握整体地貌的情况。

若是国家基本图，还可根据其颜色作大概的了解。蓝色用于溪、河、湖、海等水系，绿色用于森林、草地、果园等植被套色，棕色用于地貌、土质符号及公路套色，黑色用于其他要素和注记。

2. 地形图基本应用

(1)求地形图上一点的坐标

①求图上一点的平面直角坐标。如图 1-75 所示，平面直角坐标格网的边长为 100 m，P 点位于 a、b、c、d 所组成的坐标格网中，欲求 P 点的直角坐标，可以通过 P 点作平行于直角坐标格网的直线，交格网线于 e、f、g、h 点。用比例尺(或直尺)量出 ae 和 ag 两段长度分别为 27 m、29 m，则 P 点的直角坐标为：

$$x_p=x_a+ae=21\ 100\ \text{m}+27\ \text{m}=21\ 127\ \text{m}$$

$$y_p=y_a+ag=32\ 100\ \text{m}+29\ \text{m}=32\ 129\ \text{m}$$

若图纸伸缩变形后坐标格网的边长为 99.9 m，为了消除误差，P 点的直角坐标为：

$$x'_p=x_a+\frac{ae}{ab}\cdot l=21\ 100\ \text{m}+\frac{27\ \text{m}}{99.9\ \text{m}}\times 100\ \text{m}=21\ 127.03\ \text{m}$$

$$y'_p=y_a+\frac{ag}{ad}\cdot l=32\ 100\ \text{m}+\frac{29\ \text{m}}{99.9\ \text{m}}\times 100\ \text{m}=32\ 129.03\ \text{m}$$

式中：l——相邻格网线间距。

②求图上一点的大地坐标。在求某点的大地坐标时，首先根据地形图内、外图廓中的分度带，绘出经纬度格网，接着作平行于该格网的纵、横直线，交于大地坐标格网，然后按照求算直角坐标的方法即可计算出点的大地坐标，具体可参考求平面直角坐标的算例。

(2)求图上两点间的距离

①根据两点的平面直角坐标计算。欲求图 1-75中 PQ 两点间的水平距离，可先求算出 P、Q 的平面直角坐标(x_p, y_p)和(x_Q, y_Q)，然后再利用下式计算：

$$D_{PQ}=\sqrt{(x_Q-x_P)^2+(y_Q-y_P)^2} \qquad (1\text{-}34)$$

②根据数字比例尺计算。当精度要求不高时，可使用直尺在图 1-75 上直接量取 PQ 两点的长度，再乘以地形图比例尺的分母，即得两点的水平距离。

③根据测图比例尺直接量取。为了消除图纸的伸缩变形给计算距离带来的误差，可以在图 1-75上用两脚规量取 PQ 间的长度，然后与该图的直线比例尺进行比较，也可得出两点间的水平距离。

④量取折线和曲线的长度。地形图上的通讯线、电力线、上下水管线等都为折线，它们的总长度可分段量取，各线段的长度相加便可求得。曲线的长度，可将曲线近似地看作折线，用量测折线长度的方法量取；或先用伸缩变形很小的细线与曲线重合，然后拉直该细线，用直尺量取长度并计算出其实际距离；使用曲线仪也可方便量出曲线长度。

(3)求图上两点间的方位角

①根据两点的平面直角坐标计算。欲求图1-75中直线 PQ 的坐标方位角 α_{PQ}，可由 P、Q 的平面直角坐标(x_p, y_p)和(x_Q, y_Q)得：

$$\alpha_{PQ}=\arctan\frac{y_Q-y_P}{x_Q-x_P} \qquad (1\text{-}35)$$

求得的 α_{PQ}在平面直角坐标系中的象限位置，将由(x_Q-x_P)和(y_Q-y_p)的正、负符号确定。

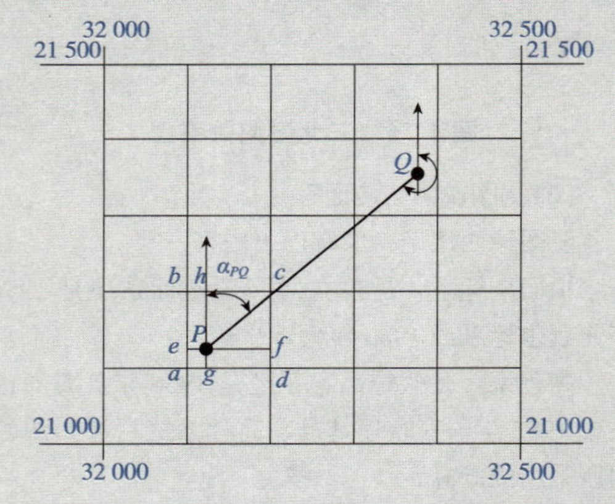

图 1-75 求图上一点的平面直角坐标

②用量角器直接量取。如图 1-75 所示，若求直线 PQ 的坐标方位角 α_{PQ}，当精度要求不高时，可以先过 P 点作一条平行于坐标纵线的直线，然后用量角器直接量取坐标方位角 α_{PQ}。

(4)求图上一点的高程

根据地形图上的等高线，可确定任一地面点的高程。如果地面点恰好位于某一等高线上，则根据等高线的高程注记或基本等高距，便可直接确定该点高程。如图 1-76 所示，p 点的高程为 20 m。

在图 1-76 中，当确定位于相邻两等高线之间的地面点 q 的高程时，可用目估法；当精度要求较高时，也可采用内插法计算，即先过 q 点作一条直线，与相邻两等高线相交于 m、n 两点，再依高差和平距成比例的关系求解。若图 1-76 中的等高线基本等高距为 1 m，mn、mq 的长度分别为 20 mm和 14 mm，则 q 点高程 H_q 为：

$$H_q = H_m + \frac{mq}{mn} \cdot h = 23 + \frac{14}{20} \times 1 = 23.7\ \text{m}$$

如果要确定图上任意两点间的高差，则可采用该方法确定两点的高程后相减即得。

(5) 求直线的坡度

①利用高程计算。如图 1-76 所示，欲求 a、b 两点之间的地面坡度，可先求出两点的高程 H_a、H_b，计算出高差 $h_{ab} = H_b - H_a$，然后再求出 a、b 两点的水平距离 D_{ab}，按下式即可计算地面坡度：

$$i = \frac{h_{ab}}{D_{ab}} \times 100\% \tag{1-36}$$

或

$$\alpha_{ab} = \arctan \frac{h_{ab}}{D_{ab}} \tag{1-37}$$

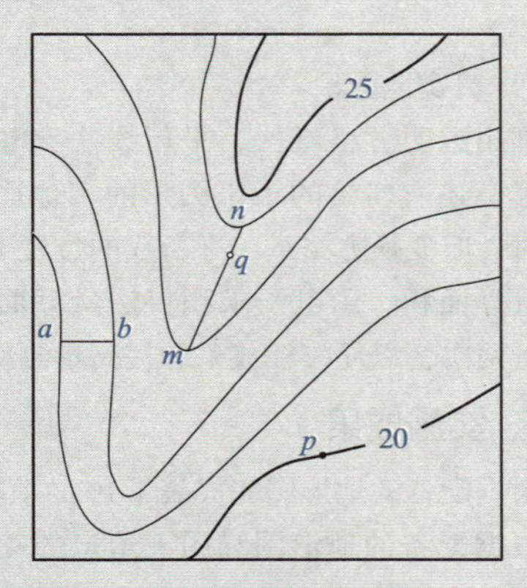

图 1-76 求图上一点的高程

②利用坡度尺量取。使用坡度尺，可在地形图上分别测定 2~6 条相邻等高线间任意方向线的坡度。量测时，先用两脚规量取图上 2~6 条等高线间的宽度，然后到坡度尺上比量，在相应垂线下面就可读出它的坡度值；如图 1-77 所示，所量两条等高线处地面的坡度为 2°。利用坡度尺量取，要求量测几条等高线就要在坡度尺上相应比对几条；当地面两点间穿过的等高线平距不等时，等高线间的坡度则为地面两点平均坡度。

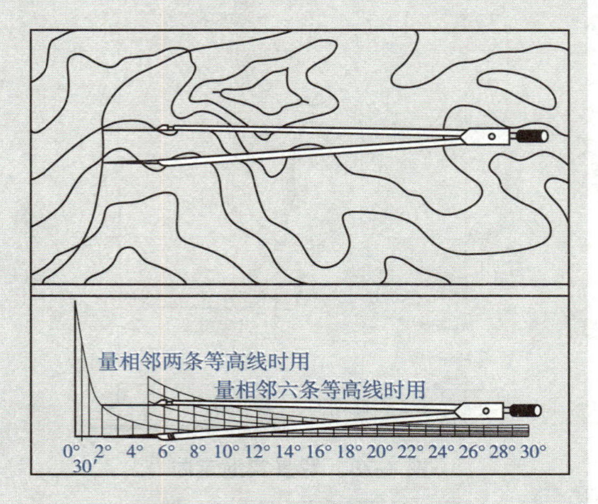

图 1-77 坡度尺的应用

3. 地形图野外应用

(1) 地形图的实地定向

地形图的实地定向是使地形图的方向与实地的方向相一致，图上线段与地面上的相应线段平行或重合。常用的方法有：

①根据直长地物定向。就是使图上的直长地物符号(直路、围墙、电线等)与实地直长地物方向一致。如当站在道路上时，可先在图上找到表示这段直长道路符号，然后将地形图展开铺平，并转动地形图，使图上的道路与实地的道路方向一致，此时地形图方向与实际方向就一致了，但必须注意使图上道路两侧地形与实地道路两侧地形相一致，以免地形图颠倒。

②根据明显地物或地貌特征点定向。定向前先找出与图上相应且具有方位意义的明显地物，如公路、铁路、水渠、河流、土堤、输电通信线路、独立房子、独立树、明显的山头等，然后转动地形图，使图上地物与实地对应的地物位置关系一致，此时地形图已基本定向。

③根据罗盘定向。如图 1-78 所示，把罗盘平放在地形图上，使度盘上零值径线(或南北线)与图上磁子午线(即磁南与磁北两点的连线)方向一致，转动地形图，使磁北针对准零(或“北”字)，此时，地形图方向与实际方向一致。

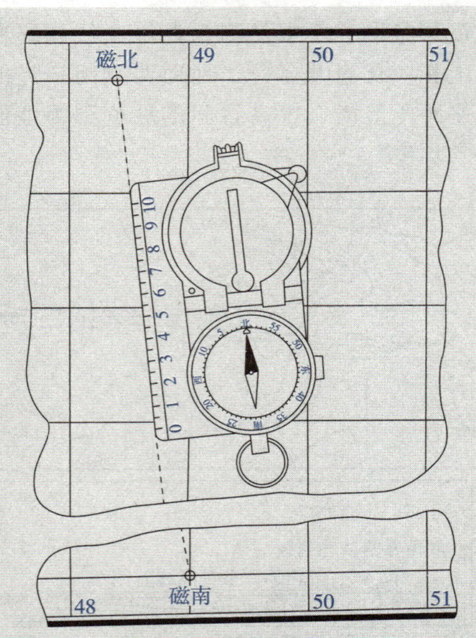

图 1-78　罗盘实地定向

(2)确定站立点在地形图上的位置

地形图经过定向后，需要确定站立点在图上的位置才能开展现场的调绘工作，确定站立点的主要方法如下：

根据明显地物或地貌特征点判定：当站立点位于明显地物或地貌特征点时，在图上找出该符号，就是实地站立点在图上的位置。当站立点在明显地物或地貌特征点附近时，可根据站立点周围明显地物点或地貌点的相对位置确定站立点位置。首先，观察站立点附近的明显地物、地貌(如尖山头、冲沟、湖泊、土堆、独立树、水塔、独立屋、桥梁、道路交叉点、池塘等)，并与图上相应的地物、地貌一一对照；然后目估站立点至各个明显地物、地貌的方位和距离，从而确定站立点在图上的位置；最后，寻找附近地物进行校核，这是确定站立点最简便、最常用的基本方法。

(3)地形图与实地对照

在确定了地形图的方向和地形图上站立点的位置之后，就可以依照图上站立点周围的地物、地貌的符号，在实地找出相应的地物、地貌，或者观察实地的地物、地貌，识别其在图上的位置。实地对照读图时，一般采用目估法，由近至远，先识别主要而明显的地物、地貌，再根据相关的位置关系识别其他地物、地貌。如因地形复杂较难确定某些地物、地貌时，可用直尺通过站立点和地物符号(如山顶等)照准，依方向和距离确定该地物的实地位置。对图时尽量站在视野开阔的高处，多走多看多比较，区别相似的地物、地貌，避免辨认错误。在起伏较大的地形对图时，可先找出较高的山顶(或制高点)，然后按照与其相连的山脊，逐次对照山脊线上的各山顶、鞍部，从而判明山脊、山谷的走向、起伏的特点，保证野外专业调查或规划设计的准确性。

(4)利用地形图进行实地勾绘

①对坡目测勾绘法。对坡目测勾绘法是调查者持图站在林地山坡的对面高处观测，进行区划线的勾绘填图的方法。根据对坡勾绘的原则，仔细观察正面视域范围内土地的分布情况和林分结构的特点找出地块特征点，根据由点到线、先易后难、由近及远的原则，运用参照法、比例法确定地块转折点在图上的位置，然后根据地块界线的走向及形状，连接各折点，构成一个闭合圈，得到地块边界图。

②走边界勾绘法。走边界勾绘法是沿着地块的边界定点勾绘的方法。此法适宜地势平缓，不通视的地块。

(5)修正

对已勾绘的地块界线进行多角度、多视点的详细观察和修正。

(6)编号注记

对已勾绘的小班进行简单注记。如：2 马，3 杉，4 农等

(7)求算实地面积

分别用透明方格纸法、平行线法、电子求积仪法测算上述所勾绘的小班图形的实地面积。量算面积时，应变换方格纸、平行线的位置 1~2 次，并分别量算面积，用电子求积仪法量算面积时至少要测量两次，以便校核成果和提高量测精度。

四、实施成果

①根据配备的地形图完成表 1-19 的填写。

②根据配备的地形图和图上给定的 4 个点完成表 1-20。

③地块区划成果图。

④根据地块区划成果图填写表 1-21。

⑤实训总结体会。

五、注意事项

①在地物识读时要注意区分比例符号和非比例符号。

表 1-19　地形图识别记录表

图外注记		作用或意义	地理概况描述	
图名			地形	
图号				
接图表				
比例尺			水系	
坡度尺				
图名	外		地形	
	中			
	内			
公里网			土地利用	
经纬网			居民点	
三北方向图			电力	

表 1-20　地形图基本应用记录表

点	*A*	*B*	*C*	*D*
平面坐标				
地理坐标				
高程				
水平距离				
倾斜距离				
坐标方位角				
磁方位角				
坡度				

表 1-21　地块属性记录表

地块号	地类	海拔	坡向	坡度	坡位	地块面积
1						
2						
3						
4						
5						
6						

②在地形图识读时要注意地物与地貌之间的联系。

③地形图属于国家机密资料，用完必须如数归还，严禁损坏和丢失。

④在地形图上，求算高程的点假如位于山顶或凹地上，处于同一等高线的包围中，那么，该点的高程等于最近首曲线的高程加上或减去 1/2 基本等高距；若是山顶应加半个等高距，若是凹

地应减去半个等高距。

⑤当求某地区的平均坡度时，首先按该区域地形图等高线的疏密情况，将其划分为若干同坡小区；然后在每个小区内绘一条最大坡度线，求出各线的坡度作为该小区的坡度；最后取各小区的平均值，即为该地区的平均坡度。

⑥野外读图，注意安全。

⑦为了保证量测面积的精度和可靠性，应将图纸平整地固定在图板或桌面上。当需要测量的面积较大时，也可以在待测的大面积内划出一个或若干个规则图形，如四边形、三角形等，用几何图形法求算面积，剩下的小块面积再用电子求积仪测量。

⑧电子求积仪不能放在太阳直射、高温、高湿的地方；表面有脏物时，应用柔软、干燥的布抹拭，不能使用稀释剂、挥发油及湿布等擦洗；电池取出后，严禁把电子求积仪和交流转换器连接使用。

任务分析

1. 地形图识别任务分析

对照【任务实施】中的注意事项和任务实施过程中出现的问题，总结地形图识别的经验（表 1-22）。各组根据配备的本地区的地形图，设计一条线路，沿设计好的路线进行实地对图，并对线路两边的地形、地貌、地物作详细的记载，每人提交一份记录报告。

表 1-22　地形图识别任务分析表

任务程序		任务实施中的注意问题
人员组织		
材料准备		
实施步骤	1. 识别图名、图号和接图表	
	2. 识别地形图图廓与坐标格网	
	3. 识别测图比例尺	
	4. 识别坡度尺	
	5. 识别三北方向关系图	
	6. 测图说明与注记等	
	7. 地物的判读	
	8. 地貌判读	

2. 地形图基本应用任务分析

对照【任务实施】中的注意事项和任务实施过程中出现的问题，总结地形图基本应用的经验（表 1-23）。图 1-79 所示为一幅某地森林旅游区地形图，根据该地形图所提供的信息，从游船码头 P 点至车站 Q 点修建一条林业道路，试为其选线（要求：坡度不大于 8%，并且线路最短）。

表 1-23 地形图基本应用任务反思表

任务程序		任务实施中的注意问题
人员组织		
材料准备		
实施步骤	1. 求地形图上一点的坐标	
	2. 求图上两点间的距离	
	3. 求图上两点间的方位角	
	4. 求图上一点的高程	
	5. 求直线的坡度	

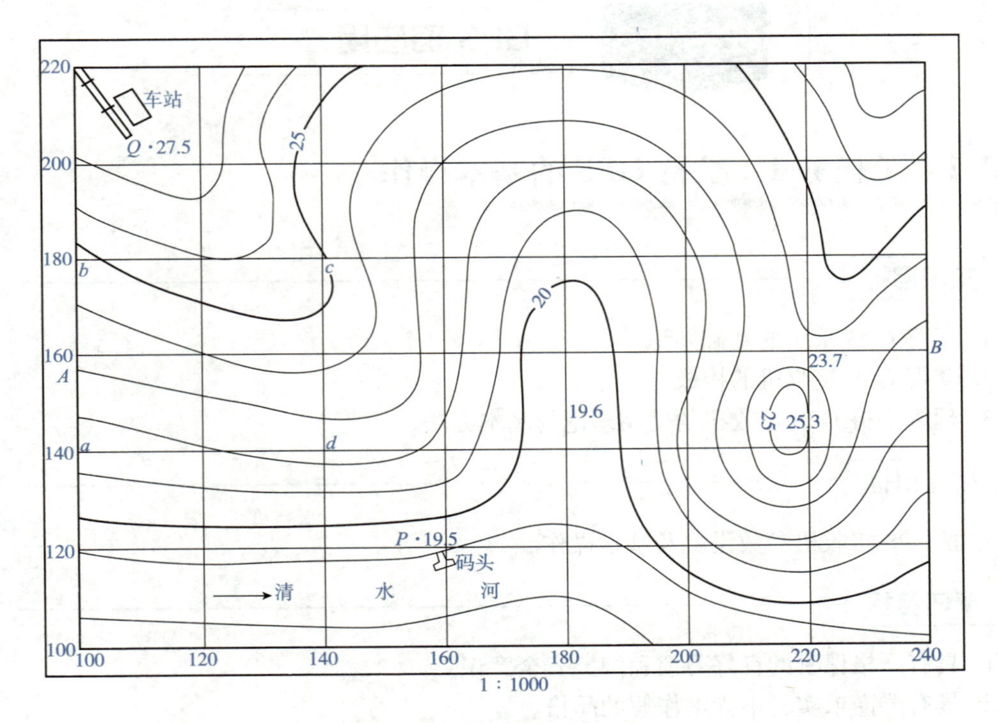

图 1-79 某森林旅游区

3. 地形图野外应用任务分析

对照【任务实施】中的注意事项和任务实施过程中出现的问题，总结地形图在森林调查中应用的经验(表 1-24)。每位同学利用假期实习的机会，参加当地林业局或相关林业单位的森林调查工作，每人提交一份森林资源调查成果。

表 1-24 地形图野外应用任务反思表

任务程序	任务实施中的注意问题
人员组织	
材料准备	

（续）

任务程序		任务实施中的注意问题
实施步骤	1. 地形图的实地定向	
	2. 确定站立点在地形图上的位置	
	3. 地形图与实地对照	
	4. 利用地形图进行实地勾绘	
	5. 修正	
	6. 编号注记	
	7. 量算面积	

任务 1.3 GPS 的应用

1.3.1 子任务 1 手持 GPS 的基本操作

知识目标

1. 了解 GPS 系统的基础知识。
2. 掌握 GPS 接收机的构成。
3. 理解手持 GPS 接收机的使用理论与基本方法。

技能目标

掌握 GPS 接收机参数设置及基本操作。

素质目标

1. 具有严格保密的良好习惯和国家安全意识。
2. 具有严谨求实、不弄虚作假的品格。

任务准备

1.3.1.1 GPS 系统与手持 GPS 接收机简介

(1)GPS 系统的组成

GPS 是利用 GPS 定位卫星，在全球范围内实时进行定位、导航的系统，称为全球卫星定位系统，简称 GPS。GPS 系统由以下 3 个独立的部分组成。

①空间站。由覆盖全球的 24 颗卫星组成的卫星系统，其中有 21 颗工作卫星和 3 个备用卫星。均匀地分布在 6 个卫星轨道上，备用卫星随时可替代发生故障的工作卫星。系统可以保证任意时刻、任意地点都能同时观测到 4 颗卫星，以保证卫星可以采集到该观测点

的经纬度和高度，以便实现导航、定位、授时等功能。

②地面站。由 1 个主控站、3 个注入站、5 个监控站组成。监测站均配装有精密的铯钟和能够连续测量到所有可见卫星的接收机。监测站将取得的卫星观测数据，传送到主控站。主控站从各监测站收集跟踪数据，计算出卫星的轨道和时钟参数送到 3 个地面控制站。地面控制站在每颗卫星运行至上空时，把这些导航数据及主控站指令注入到卫星。

③用户接收机。接收 GPS 卫星发射信号，以获得导航和定位信息，经数据处理，完成导航和定位工作。接收机由主机、天线和电源组成。

(2) GPS 系统的特点

①全球、全天候、全天时工作。能为用户提供连续、实时的三维位置、三维速度和精密时间。不受天气的影响。

②定位精度高。单机定位精度优于 10 m，如果采用差分定位，精度可达厘米级和毫米级。

③应用范围广。在测量、导航、测速、测时等方面广泛应用，其应用领域不断扩大。

(3) 手持 GPS 接收机简介

GPS 卫星接收机种类很多，根据型号分为测地型、全站型、定时型、手持型、集成型；根据用途分为车载式、船载式、机载式、星载式、弹载式。

其中手持 GPS 接收机与林业关系密切，主要用于坐标转换、面积测量和坐标准确定位等工作。手持 GPS 接收机的产品型号也很多，常见的有佳明 Garmin、麦哲伦 Magellan、集思宝等系列产品，现仅以 Garmin GPS 72 手持接收机（以下简称为 GPS 72）（图 1-80）为例进行介绍。

图 1-80　手持 GPS 72 接收机外形

GPS 72 屏幕较大，可以更加清晰、方便地看到显示的内容。具有 12 通道的手持式 GPS 接收机。位于前面板上具有 9 个按键；可存储 3000 个中文命名的航点；自动记录航迹，并可以另外存储 9 条航迹；可编辑 50 条航线，每条航线可包含 50 个航点；可提供里程表、平均速度、最大速度等数据。

1.3.1.2　手持 GPS 接收机常用名词及按键功能

(1) 手持 GPS 接收机常用名词

①航点。GPS 接收机所有的点，都可以称为航点。

②航路点。由使用者自行设定的航路点。

③航线。依次经过若干航点的由使用者自行编辑的行进路线。

④航迹。使用者已经行进过路线的轨迹。航迹是以点的形式储存在接收机中，这些点称为航迹点。

(2) 手持 GPS 接收机按键及其功能

GPS 72 按键如图 1-81 所示。

图 1-81　GPS 72 按键

①电源键。按住 2s 钟开机或关机。按下即放开将打开调节

亮度和对比度的窗口。

②退出键。按此键反向循环显示 5 个主页面，或者终止某一操作退出到前一界面。

③输入键。确认光标所选择的选项功能。按住此键 2s 将会存储当前的位置。

④菜单键。按此键打开当前页面的选项菜单。连续按下两次将打开主菜单。

⑤翻页键。按此键可循环显示 5 个主页面。

⑥缩放键。按此键“+”(或“-”)可在地图页面放大(或缩小)显示地图的范围。

⑦导航键。按此键用于开始或停止导航。按住 2s，将会记录下当前位置，并立刻向这个位置导航。

⑧方向键。键盘中央的圆形按键，用于上下左右移动黑色光标或者输入数据。

(3) 手持 GPS 接收机主要页面介绍

GPS 72 有 5 个主页面，分别是 GPS 信息页面、地图页面、罗盘导航页面、公路导航页面和当前航线页面。按翻页键或者退出键就可以正向或者反向循环显示这些页面。

①GPS 信息页面及内容。在 GPS 信息页面的上方是数据区(图 1-82)，显示了当前的高度和精度的数值。在数据区的下面是一个状态栏，用于显示当前 GPS 接收机的工作状态。页面中部的左边是 GPS 卫星分布图，该图描绘了所处位置仰望天空能看到的 GPS 卫星。在 GPS 卫星分布图的右边是卫星的信号强度图，信号强度以竖条的形式显示，信号越强竖条就会越长。竖条空心表示刚捕捉到这颗卫星。要确定当前位置，手持 GPS 72 接收机必须接收到 3 颗以上的 GPS 卫星信号才行。一旦完成定位，当前位置的坐标将显示在页面的底部。在位置坐标的上方还有一个区域用来显示日期和时间，接收机在定位后将自动从卫星数据中获取精确的时间信息。

②地图页面及内容。该区域与 GPS 信息页面的数据区是一样的(图 1-83)。向任意方向按动方向键，在地图页面上都将出现一个箭头。可以通过方向键来控制箭头的位置，从而可以向各个方向移动地图，进行浏览地图的操作。移动箭头时，地图的上方将会出现一个显示栏，其中说明了箭头的位置坐标，以及与当前位置的距离和方位。按下退出键则退出移动地图的状态。向任意方向按动方向键，将箭头移动到希望保存的位置处，再按一下输入键确认，就将出现标记航点的页面。将光标移动到屏幕上的“确定”按钮，再按一次输入键将该点位置保存到接收机，此方式保存为没有高度信息的航点。地图的左下角是当前的比例尺，可以按动缩放键“+”或“-”来改变比例尺的大小。

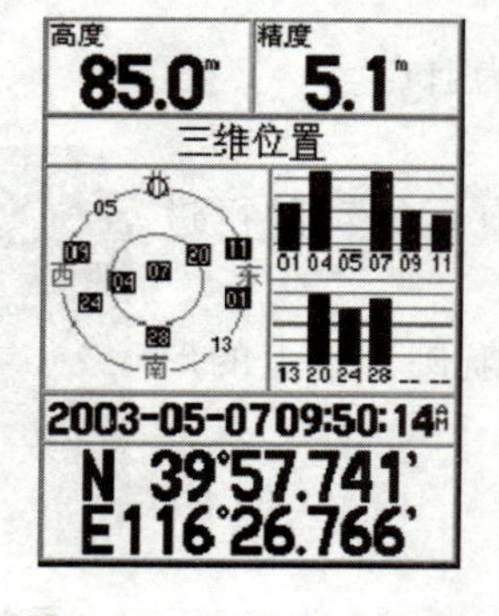

图 1-82　GPS 信息页面

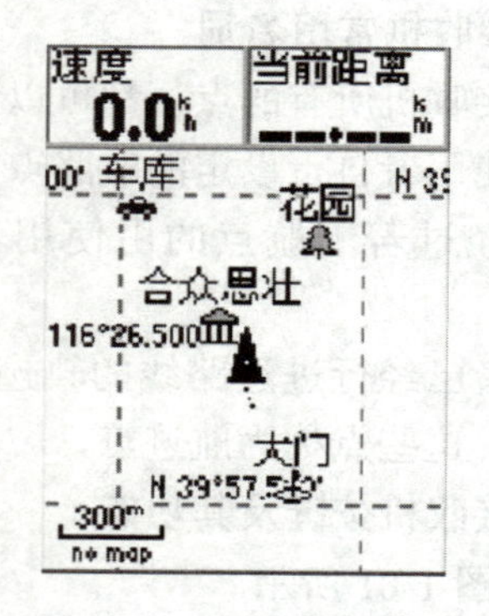

图 1-83　GPS 地图页面

③罗盘导航页面及内容。该页面包括一个数据区、一个状态栏和一个罗盘(图1-84)。数据区与前面介绍过的GSP信息页面的数据区完全一样；在数据区的下面是状态栏，当处在导航状态时，此处显示当前目的地的名称；页面下部可以看到一个罗盘，罗盘的正上方表示当前运动方向(航向)，若已经选择了目的地进行导航，在罗盘中还会出现一个方向指针，它始终指向目的地的方向(方位)，操作者可按照指针方向调整前进的方向，直到箭头指向罗盘的顶部，当它指向右边，表明目标的位置在右边，当它指向左边，表明目标的位置在左边，如果它指向上方，说明正在去目的地的路上。

④公路导航页面及内容。该页面融合了地图页面和罗盘导航页面的许多特性。与罗盘导航页面一样，在页面的上部有一个数据区和一个状态栏；与地图页面一样，页面下部的公路图形上也可以显示表示当前位置的三角、表示航迹的虚线以及表示航点的路牌等(图1-85)。

图1-84　罗盘导航页面

图1-85　公路导航页面

⑤当前航线页面及内容。该页面显示了正在用于导航的航线信息。当从航线表中建立一条新航线，并使用它导航，则在当前航线的页面中可看到相关信息，按下菜单键后，将打开本页的选项菜单(图1-86)。主要包括使用地图、添加航点/插入航点、移出航点、航线反向、设计航线、停止导航和面积计算等选项，这些选项主要可以达到相应的目的。如果光标停留在某个航点中，该处将显示“插入航点”，否则将显示“添加航点”，选择该选项后，将打开航点窗口，可以到航点表中寻找要添加的航点；从航线中去掉光标所选中的航点，但该航点将仍然保存在航点表中；自动计算出航线当前所围成的多边形的面积，可以计算出多达50边形的面积，但多边形的各边之间都不能有相交的现象，否则需要调整航线中航点的顺序。

⑥主菜单页面及内容。除了上述5个主页面之外，连续两次按下菜单键将打开主菜单页面，其中又分为旅行计算机、航迹、航点、航线表、警告航点、天文、系统信息和设置等8个页面(图1-87)。在系统设置的页面中还包括了6个子页面(详见本任务的任务实施相关内容)。

GPS 72默认将航点按照名称进行排列的，可以输入要查找的航点的名称，找到该航点。如果不输入任何名称就按下翻页键，光标将直接进入到航点列表中，可以上下移动方向键来查找航点，也可以按照与当前位置的距离远近来排列航点。

如果在这些子页面中迷了路，按下翻页键就可以直接返回到主页面了，也可以连续按下退出键一步一步退回到主页面。此外，这两个键还可以结束当前的选项操作。

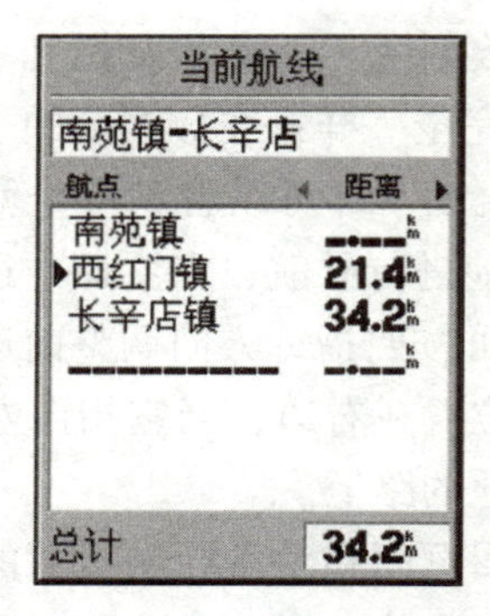

图 1-86　当前航线页面

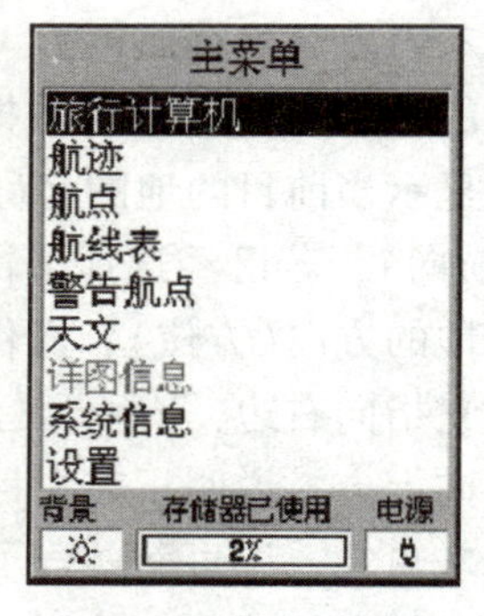

图 1-87　主菜单页面

特别提示

①手持 GPS 使用时，必须输入所在地区的中央经线。

②至少保证有 4 颗以上卫星信号才能定位。

任务实施

GPS 接收机参数设置及基本操作

手持 GPS 使用前要进行参数的设置，同时还要掌握 GPS 的基本操作。

一、人员组织、材料准备

1. 人员组织

①成立教师实训小组，负责指导、组织实施实训工作。

②建立学生实训小组，5~6 人为一组，并选出小组长，负责本组实习安排、考勤和仪器管理。

2. 材料准备

每组配备手持 GPS 每组 1 台。

二、任务流程

认识手持 GPS 构造及用途 → 手持 GPS 基本操作 → 手持 GPS 参数设置

三、实施步骤

调查队长每一操作步骤演示后，要等待所有调查员操作正确后，再进行下一步骤的演示，直至每位调查员学会全部操作过程为止，然后各调查员以小组为单位，反复练习此项操作过程。

1. 手持 GPS 接收机基本操作

(1)认识手持 GPS 接收机按键

调查员拿着手持 GPS 接收机实物，认识各个按键名称，体会各自功能。

(2)手持 GPS 接收机基本操作

调查队长首先对手持 GPS 接收机按如下步骤进行基本操作的演示。

①开机。按住红色的电源键并保持至开机，屏幕首先显示开机欢迎画面和警告页面。开机后，按下翻页键后将进入 GPS 信息页面。

②无操作。工作状态在进入 GPS 信息页面后，如果没有进行任何的按键操作，机器在定位后将自动切换到地图页面。

③关机。按住红色的电源键并保持至关机。

④接收信号。把接收机拿到室外开阔的地点，尽量将机器竖直放置，同时保证天线部分不受遮挡，并能够看到开阔的可视天空。开机后，当有足够的卫星(一般需要 3 颗以上的卫星)被锁定时，接收机将计算出当前的位置。第一次使用大约需要 2 min 左右定位，以后将只需要 15~45 s 就可以定位。定位后，页面上部的状态栏中将显示“二维位置”或“三维位置”，页面下部将显示当前的坐标数值。

⑤调节屏幕亮度和对比度。在任意页面中按一下电源键，将出现调节显示的窗口。上下按动方向键将打开或者关闭背景光；左右按动方向键

将调节显示的对比度。调节结束后，按一下输入键确认，关闭调节窗口，若不进行任何操作，5 s后该窗口将自动关闭。

⑥模拟状态。开机后，按下翻页键后将进入GPS信息页面；按菜单键打开选项菜单；上下移动方向键选择“进入模拟状态”，再按下输入键确认进入模拟状态。进入模拟工作模式后，在GPS信息页面上部的状态栏中将显示“模拟状态”。

2. 手持GPS接收机系统设置

调查队长首先对手持GPS接收机进行系统设置的演示操作。

(1)综合设置

①GPS工作模式可选择“正常模式”“省电模式”或“模拟模式”。选择“省电模式”将减小更新速率从而减少耗电；选择“模拟模式”将终止接收GPS信号，同时进行模拟导航。

②背景光时间可选择“常开”或开启15 s、30 s、1 min和2 min。

③声响可选择“按键和信息”“只是信息”或“关闭”。选择“关闭”将没有任何声响；选择“只是信息”将无按键的声响；选择“按键和信息”，在机器有信息提示时和按键的时候都有声响。

(2)时间设置

①时间格式以12 h或24 h来表示当前的时间。

②时区默认为北京时间，如果在别的时区使用，可以选择“其他”，然后在出现的“UTC时差”选项中输入当地与格林尼治时间的实际时差。

(3)单位设置

①高度米或英尺。

②距离和速度公制、英制或航海。

③方向显示度数或文字。选择“文字”则所有的方向数据都将用文字来表示，例如“北”“东北”等；选择“度数”则所有的方向数据都将用度数来表示。

(4)坐标设置

①坐标格式。28种坐标格式，默认为“度分”来显示经纬度。

②坐标系统。110种坐标系统，默认为“WGS84”坐标系。

③北基准。有真北、磁北、网格北(坐标纵线北方向)和用户自定义四种。选择“真北”，则以真北为北的基准；选择“磁北”，则以地磁场的北极作为北的基准；选择“网格北”则以当地地图的网格北作为北的基准；选择“用户自定义”，就可以修改磁偏角的数值。

④磁偏角。显示当前磁偏角，如果将“北基准”定义为“用户自定义”，就可以在这里输入自定义的北基准的角度。

3. 手持GPS接收机的坐标系统转换

调查队长首先对手持GPS接收机进行坐标系统转换的演示操作。

(2)坐标格式设定

GPS导航系统所提供的坐标格式是以WGS84坐标系为根据而建立的，我国目前应用的许多地图却属于北京54坐标系或西安80坐标系。不同坐标系之间存在着平移和旋转关系，如果不使用WGS84的经纬度坐标，必须进行坐标转换，输入相应的转换参数。

①选择设置坐标在主菜单页面中，选择“设置”，然后左右按动方向键选择“坐标”子页面。

②选择坐标格式用方向键将光标移动到“坐标格式”下的输入框中。

③选择“User UTM Grid”(用户自定义格式)按下输入键打开坐标格式列表，上下移动方向键选择“User UTM Grid”，并按下输入键确认。

④输入相关参数在出现的“自定义坐标格式”页面中，输入相关的参数，包括中央经线(当地坐标带的中央经度值)，投影比例(该数值为1)，东西偏差(该数值为500 000)，南北偏差(该数值为0)

⑤保存设定用方向键将光标移动到“存储”按钮上，并按下输入键确认。

(2)坐标系统设定

调查队长每一操作步骤演示后，等待调查员按此步骤操作正确后，再进行下一步骤的演示，直至每位调查员正确操作全过程为止，然后各调查员以小组为单位，反复练习此项操作过程。

①进入坐标系统设置子页面用方向键将光标移动到“坐标系统”下的输入框中。

②选择“User”(用户)按下输入键打开坐标系统列表，上下移动方向键选择“User”，并按下输入键确认。

③输入相关参数在“自定义坐标系统”页面中，输入相关的参数，包括DX，DY，DZ，DA和

DF。对于北京 54 坐标来说，DA =“-108”，DF =“0.0000005”；对于西安 80 坐标来说，DA =“-3”，DF =“0”；DX，DY，DZ 三个参数因地区而异。DX，DY，DZ 是同一点在不同坐标系统中空间直角坐标系的对应坐标值的差值；DA、DF 是相应椭球对应的长半轴长度差值、扁率差值。北京 54 坐标系 DA 的数值为-108、DF 的数值为 0.0000005；西安 80 坐标系 DA 的数值为-3、DF 的数值为 0。

④保存设定用方向键将光标移动到“存储”按钮上，并按下输入键确认，完成修改。

四、实施成果

熟悉手持 GPS 接收机的参数设置及基本操作。

五、注意事项

①手持 GPS 接收机后面板的电源接口具有方向性，接电缆线使注意拔插。

②不要摔打，敲击或者剧烈震动手持 GPS 72 接收机，避免损坏其中的电子器件。

③质量差的电池会影响 GPS 的性能与数据准确，一定要使用正品电池。

任务分析

对照【任务准备】中的“特别提示”及在任务实施过程中出现的问题，讨论并完成表1-25 中“任务实施中的注意问题”的内容。

表 1-25　手持 GPS 的基本操作任务分析表

任务程序			任务实施中的注意问题
人员组织			
材料准备			
实施步骤	1. 所在地区中央经线	(1)3 度分带	
		(2)6 度分带	
	2. 定位卫星数量		
	3. 系统设置	(1)单位设置	
		(2)坐标格式设置	
		(3)坐标系统设置	
		(4)北基准设置	
	4. 坐标系统设定		

1.3.2　子任务 2　手持 GPS 在林地调查中的应用

知识目标

1. 手持 GPS 定位、导航。
2. 手持 GPS 测量林地面积的方法。

技能目标

1. 会用 GPS 接收机定位、导航的方法。
2. 能用 GPS 接收机测量林地面积的方法。

素质目标

1. 培养学生规范使用仪器，安全操作习惯；热爱专业，开阔学生视野。
2. 培养学生认真求实的科学态度。

任务准备

1.3.2.1　手持 GPS 接收机定位

(1)手持 GPS 接收机定位的含义

开机后，有足够卫星(一般需 3 颗以上)被锁定时，GPS 72 将计算出当前位置，这就是定位。定位后，页面上部状态栏中将显示“二维位置”或“三维位置”，页面下部显示当前坐标值。手持 GPS 72 接收机完成定位后，可以记住任何一处的位置坐标。

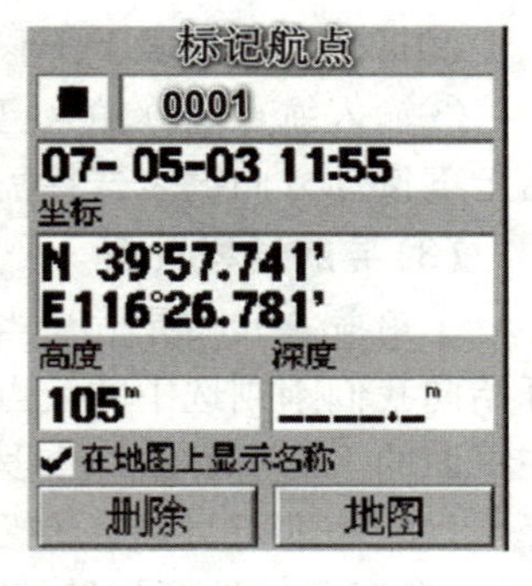

图 1-88　标记航点页面

(2)手持 GPS 接收机定位的方法

在任何页面中，只要按住输入键 2 秒钟，GPS 72 都将立刻捕获当前位置，并显示“标记航点”页面(图 1-88)。页面左上角的黑色方块是机器为航点所设定的默认图标，此外机器还会从数字 0001 开始为航点分配一个默认的名称。如果不想用这个名称，可通过修改航点名称来操作。当前光标就显示在屏幕右下角的“确定”按钮上，若按下输入键确认，则当前位置将被存储到机器当中。GPS 72 必须在“三维位置”的状态下才能保存当前位置的正确坐标。

(3)修改航点的名称

①选择输入位置用方向键将光标移动到需要输入文字的输入框中(例如以数字表示的航点名称)，按下输入键后，屏幕上将显示出一个输入键盘。

②输入航点名称键盘默认的输入字符是拼音，按动方向键将光标移动到相应的拼音字符上。按下输入键确认，键盘下方的黑色拼音显示框中将显示出一个拼音的声母，同时键盘上方的文字显示框中会显示出对应声母的文字。用方向键将光标移动到所需的文字上，再按下输入键确认，这个字就会出现在相应的文字输入框中。

③修改或删除输入错误的字如果选择键盘中的“后退”，将会从输入框中删除刚刚输入的字；如果选择“空白”，将会在输入框中输入一个空格；如果选择“◂”或“▸”，将可以调整输入框中要输入文字的位置；如果选择“确定”，将结束当前的输入操作。在选择以上几个功能之后，需要按下输入键确认方能生效。

④输入英文字符或数字如果希望输入英文字符或者数字，可以按下缩放键“+”或“-”

就可以将拼音键盘换成英文数字键盘，输入方法与上面输入文字是一样的，“back”表示删除，“space”表示输入空格，“ok”表示结束输入的操作。

1.3.2.2 手持 GPS 接收机导航

导航是指手持 GPS 接收机能够显示当前所在的位置，通过选择机器中所存的航点或输入指定坐标作为目的地，然后按相应操作键可进行带领持机者到达目的地的过程。

(1) 设置导航目标

①用航点导航到达地图上某点的直接路径。

②用航迹导航重复已记录或存储在机器中的曾经行进过的路线。

③用航线导航编辑一条包括沿路各路标(以航点的形式存储在机器中)的到达目的地的路线。

本教材以选用航点导航为例进行介绍导航过程。

(2) 查找

①打开导航窗口按导航键打开。

②打开航点列表上下移动方向键选择“航点”，再按下输入键确认，打开航点列表。

③输入航点名称输入已存的航点的名称，也可以按下翻页键使光标进入航点列表，然后上下按动方向键来选择需要找的航点名称。

(3) 导航过程页面

①用航点开始导航。当光标停留在所要找的航点名称上时，按下输入键确认，机器将开始向我们刚刚选中的航点进行导航。设定导航目标后，选择导航则进入罗盘导航页面。在页面的下部可看到一个罗盘。罗盘的正上方就表示当前的运动方向(航向)。如果已经选择了目的地进行导航，在罗盘中还会出现一个方向指针，它始终指向目的地的方向(方位)。此时可以按照指针的方向调整前进的方向，直到箭头指向罗盘的顶部。如果它指向右边，表明目标的位置在右边；如果它指向左边，表明目标的位置在左边；如果它指向上方，说明正在去目的地的路上。

②导航过程中的显示信息。当再次按下导航键后，菜单中将在最上方显示当前正在导航的航点名称“样地 6”。也可以在这里将当前的导航终止。

特别提示

在林地内必须要有足够卫星数量才能保证定位精度。

任务实施

GPS 接收机的林地面积确界与面积测量

在森林调查中，经常用手持 GPS 进行林地边界的确认及面积测量。

一、人员组织、材料准备

1. 人员组织

①成立教师实训小组，负责指导、组织实施实训工作。

②建立学生实训小组，4~5 人为一组，并选出小组长，负责本组实习安排、考勤和仪器管理。

2. 材料准备

每组配备手持 GPS 每小组各 1 台。

二、任务流程

GPS 开机接收卫星信号 → GPS 参数设置 → GPS 求算面积

三、实施步骤

1. 用手持 GPS 接收机进行样点定位与导航

(1)开机启动

按住电源键并保持至开机，然后会看到欢迎画面，进入 GPS 信息页面。

(2)新样点定位

走到需要定位的样点，按住“输入”键 2s，手持 GPS72 接收机都将立刻捕获当前的位置，并显示“标记航点”页面，按下“确定”按钮即可记录并保存一个航点。

(3)已知样点定位与导航

①查找。在手持 GPS 接收机内存中，通过查找功能找到已存的航点(输入航点名或从列表中找，已在前面叙述过)。

②导航。按提示行进，到过目的地时，提示“目的地已到达”信息。在航点选项菜单中，还有“删除航点”和“加入航线”2 个选项。选择“删除航点”将会把当前的航点从机器中删除；选择“加入航线”，机器将会询问要加入航线的名称，选择某条航线后再按下输入键，航点就将加入该航线的末端，如果选择“创建新航线”，在航线表中将会增加一条仅包含当前航点的航线。

2. 用手持 GPS 接收机进行林地面积测量

(1)开机启动

按住电源键并保持至开机，然后会看到欢迎画面，进入 GPS 信息页面。

(2)利用航迹求面积

通过按翻页键或退出键，进入到地图页面按航迹进行面积计算。

①确定起点。抵达待测地块边界起点。

②进入面积计算页面。在 GPS 72 主菜单中，选择“天文”选项，再选择“面积计算”选项，进入“面积计算”页面。

③开始测量。通过方向键选择屏幕中间显示的“开始”，按输入键开始测量，此时屏幕中间的“开始”将自动变为“停止”。可以沿着待测区域的边界行进至起点处。

④停止测量。返回起点时，无其他操作光标已经选择在屏幕中间的“停止”上，再次按下输入键停止测量，屏幕显示该地块边界(航迹)的图形及面积数字，同时屏幕中间出现的“存储”。

⑤面积计算。按下输入键将进入航迹信息页面，如果再次按下输入键确认，将会把刚刚所测量区域的边界航迹保存在机器中。如果不希望存储此航迹，可以在选择“存储”前按下菜单键，再按下输入键就可以重新开始新的测量。如果没有走完待测区域的边界，就选择“停止”，机器将会自动将首尾的位置连接起来再计算面积。此处计算的面积就是航迹所围区域的面积。

(3)利用航线求面积

此方法是在地块边界的转折点处记录并保存航点，并将各个航点加入航线，形成闭合的地块边界并计算面积。主要操作步骤是：

①保存航点。沿地块边界行进，在起点、中间转折点及终点处保存航点，并记录构成该地块的所有航点包括起点和终点的编号。

②进入航线表页面。从 GPS 72 主菜单进入“航线表”页面，页面上方是“新的”按钮，右边显示可用的航线个数，下方是已存航线列表。

③新建航线。在航线表的页面中，用方向键将光标移动到“新的”按钮上；按下输入键确认将进入航线页面；为航线命名，如果不输入名称，默认把航线首尾航点名称作为航线的名称。

④输入参与航线的航点。用方向键将光标移动到“航点”下面的空格中，按下输入键将打开航点列表窗口，选择希望加入航线的航点；在输入完所有要使用的航点后，按退出键退出航线页面，会看到刚刚新建的航线已经出现在航线表中了。

⑤面积计算。在航线页面中按下菜单键，将出现航线页面的选项菜单。在航线表页面中按下菜单键，将出现航线表的选项菜单。选择“面积计算”，在屏幕上显示面积数值。

⑥删除航线。选择“删除航线”，将会把当前光标所在的航线从机器中删除；选择“删除所有航线”，将会把航线表中的所有航线都删除。

四、实施成果

利用手持 GPS 进行定位、导航及面积测算。

五、注意事项

①要有足够的电量，当电量不足时要及时同时更换两节同型号电池。

②当仪器提示 GPS 信号不好时，要等待信号满足条件时再继续工作。

③当按航迹测量时，要严格按需要测量的地块边界走，尽量减小人为误差。

④当按航点测量时，要选择合适的点(边界拐弯处)作为航点，小弯适当取舍。

任务分析

对照【任务准备】中的“特别提示”及在任务实施过程中出现的问题，讨论并完成表1-26中“任务实施中的注意问题”的内容。

表 1-26 手持 GPS 在林地调查中的应用任务分析表

任务程序			任务实施中的注意问题
人员组织			
材料准备			
实施步骤	1. 卫星数量		
	2. 定位精度		
	3. 定位与导航	(1)定位与存点	
		(2)查找与导航	
	4. 林地面积测量	(1)航迹求面积	
		(2)航线求面积	

项目小结

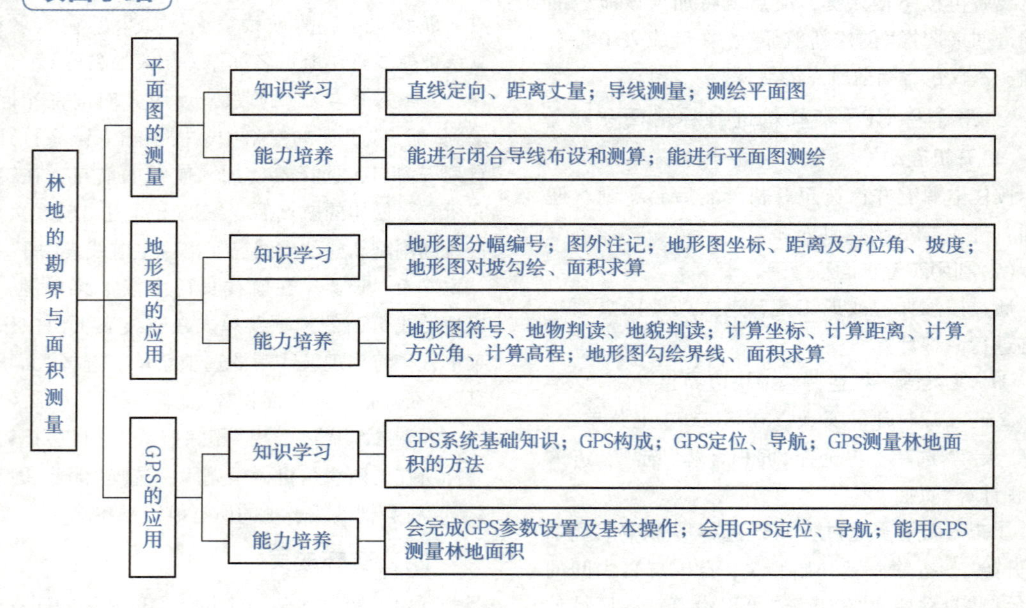

自测题

一、名词解释

1. 直线定向；2. 磁子午线方向；3. 方位角；4. 视距测量；5. 直线定线；6. 比例尺；7. 比例尺精度；8. 磁偏角；9. 地形图；10. 地物；11. 地貌；12. 等高线；13. 等高距；14. 等高线平距；15. GPS；16. 航点；17. 航路点；18. 航线；19. 航迹。

二、填空题

1. 罗盘仪主要是由(　　　)、(　　　)、(　　　)和(　　　)等部分组成。
2. 罗盘仪导线按照布设形式可分为(　　　)、(　　　)和(　　　)三种。
3. 望远镜是罗盘仪的瞄准设备，它由(　　　)、(　　　)和(　　　)三部分构成。
4. 在森林调查种，罗盘仪导线全长相对闭合差不应大于(　　　)。
5. 罗盘仪测磁方位角的步骤是(　　　)、(　　　)、(　　　)和(　　　)。
6. 常用的距离丈量方法有(　　　)、(　　　)、(　　　)和(　　　)等。
7. 测量时瞄准目标不清晰，调节(　　　)螺旋，十字丝不清楚，调节(　　　)螺旋。
8. 罗盘仪磁针(　　　)针绕有铜线。
9. 某点 A 的磁偏角 $\delta=-50°$，直线 AB 的磁方位角为 123°，则直线 AB 的真方位角为(　　　)。
10. 在测量工作中，常把直线的前进方向称为(　　　)，反之，称为(　　　)。同一直线的正方位角与反方位角相差(　　　)。
11. 山脊的最高棱线称为(　　　)，山谷内最低点的连线称为(　　　)。
12. 根据地物的形状大小和描绘方法的不同，地物符号可分为(　　　)、(　　　)、(　　　)和(　　　)四种，对于成带状的狭长地物，如道路、电线、小河等其长度可依比例尺表示，宽度不能依比例尺表示，这种符号称(　　　)。
13. 由山顶向某个方向延伸的凸棱部分称为(　　　)，近乎垂直的陡坡称为(　　　)，垂直的陡坡称为(　　　)。
14. 地形图上主要采用的等高线种类(　　　)、(　　　)、(　　　)和(　　　)。
15. 相邻等高线间的水平距离，称为(　　　)。
16. 地形图的分幅方法有两种，一种是(　　　)，另一种是(　　　)。
17. 1∶1 万地形图图幅纬度差分别是(　　　)，经度差分别是(　　　)。
18. 手持 GPS72 接收机的页面由(　　　)等组成。
19. 手持 GPS72 接收机求面积的方法，有(　　　)和(　　　)。

三、选择题

1. 罗盘仪长期存放不使用时，磁针应(　　　)。

A. 固定　　B. 放松　　C. 固定或放松均可　　D. 一般固定

2. 有一测量员测得 BC 测线正磁方位角为 251°，反磁方位角 70. 5°，这个测量结果可认为(　　)。

A. 合格　B. 不合格　C. 不能判断　D. 可能不合格

3. 罗盘仪搬站时，磁针应(　　)。

A. 固定　B. 放松　C. 固定或放松均可　D. 一般固定

4. 罗盘仪刻度盘注记是(　　)。

A. 顺时针的　B. 逆时针的　C. 一般是顺时针的　D. 不能判断

5. 坐标纵线方向与磁子午线方向是不一致的，其间的夹角称为(　　)。

A. 磁倾角　B. 磁偏角　C. 子午线收敛角　D. 磁坐偏角

6. 罗盘仪刻度盘的东西注记与实地(　　)。

A. 一致　B. 可能一致　C. 一般相反　D. 相反

7. 下列情况钢尺丈量结果比实际距离短(　　)。

A. 钢尺实际长比标准尺短　B. 定线不准

C. 钢尺拉得不水平　D. 钢尺实际长比标准尺长

8. 在测量中所指的距离是指地面两点间的(　　)。

A. 空间距离　B. 倾斜距离　C. 水平距离　D. 竖直距离

9. 测量 *AB* 直线长度为 120 m，其往返测误差为 0. 12 m，又测得 *CD* 直线长度为 180 m，其往返测误差为 0. 12 m，则两直线测量的相对误差值(　　)。

A. 一定相等

B. 可能相等

C. *AB* 的相对误差大于 *CD* 的相对误差

D. *AB* 的相对误差小于 *CD* 的相对误差

10. 量距时，钢尺拉得不够水平，则测量结果与真实值比较(　　)。

A. 偏大　B. 偏小　C. 偏大或偏小　D. 一样

11. 量距时，钢尺实际长比标准尺短，则测量结果与真实值比较(　　)。

A. 偏大　B. 偏小　C. 偏大或偏小　D. 一样

12. 斜坡上丈量距离要加倾斜改正，其改正数符号(　　)。

A. 恒为负　B. 恒为正

C. 上坡为正，下坡为负　D. 根据高差符号来决定

13. 由于直线定线不准确，造成丈量偏离直线方向，其结果使距离(　　)。

A. 偏大　B. 偏小

C. 无一定的规律　D. 忽大忽小相互抵消结果无影响

14. 罗盘仪磁针南北端读数差在任何位置均为常数，这说明(　　)。

A. 磁针有偏心　B. 磁针无偏心，但磁针弯曲

C. 刻度盘刻划有系统误差　D. 磁针既有偏心又有弯曲

15. 所谓罗盘仪罗差是(　　)。

A. 望远镜视准轴铅垂面与刻度盘零直径相交

B. 望远镜视准面与零直径不重合而相互平行

C. 磁针轴线与刻度盘零直径相交

D. 磁针轴线与零直径不重合而相互平行

16. 两台罗盘仪测量同一条直线的方位角相差较大，且为常数，这说明(　　)。

A. 其中一台磁针偏心很大　　B. 其中一台磁针弯曲了

C. 其中一台或两台视准轴误差大　　D. 两台罗盘仪的罗差不同

17. 在图上不但表示出地物的平面位置，而且表示地形高低起伏的变化，这种图称为(　　)。

A. 平面图　　B. 地图　　C. 地形图　　D. 断面图

18. 同一等高线上所有点的高程(　　)，但高程相等的地面点(　　)在同一条等高线上。

A. 相等，不一定　　B. 相等，一定

C. 不等，不一定　　D. 不等，一定

19. 等高线通过(　　)才能相交。

A. 悬崖　　B. 雨裂　　C. 陡壁　　D. 陡坎

20. 相邻两条等高线之间的高差称为(　　)。

A. 等高线　　B. 等高距　　C. 等高线平距

21. 地形图上的等高线的"V"字形其尖端指向高程增大方向的则为(　　)。

A. 山谷　　B. 山脊　　C. 盆地

22. 接收机在模拟状态，可以实现(　　)。

A. 二维差分　　B. 测面积

C. 三维差分　　D. 没有真正接收 GPS 卫星信号

23. 接收机至少捕捉到(　　)颗 GPS 卫星，可以确定当前的位置和高度。

A. 1　　B. 2　　C. 3　　D. 4

四、判断题

1. 采用磁子午线方向作为基本方向，其精度比较低。(　　)

2. 一条直线的磁方位角等于其真方位角加上磁偏角。(　　)

3. 一条直线的正、反磁方位角并非相差 180°。(　　)

4. 象限角不但要写出角值，还要在角值之前注明象限名称。(　　)

5. 某钢尺经检定，其实际长度比名义长度长 0.01 m，现用此钢尺丈量 10 个尺段距离，如不考虑其他因素，丈量结果将必比实际距离长了 0.1 m。(　　)

6. 视距测量作业要求检验视距常数 K，如果 K 不等于 100，其较差超过 1/1000，则需对测量成果加改正或按检定后的实际 K 值进行计算。(　　)

7. 在测量工作中采用的独立平面直角坐标系，规定南北方向为 X 轴，东西方向为 Y 轴，象限按反时针方向编号。(　　)

8. 一条直线的正反坐标方位角永远相差 180°，这是因为作为坐标方位角的标准方向线是始终平行的。(　　)

9. 如果考虑到磁偏角的影响，正反方位角之差不等于 180°。(　　)

10. 磁方位角等于真方位角加磁偏角。(　　)

11. 地形图中，山谷线为一组凸向高处的等高线。（　）
12. 地形图中，山脊线为一组凸向高处的等高线。（　）
13. 地形图比例尺越大，反映的地物、地貌越简单。（　）
14. 同一幅地形图上，等高线平距是固定的。（　）
15. 同一幅地形图上，等高距是固定的。（　）
16. 一幅地形图上，等高距是指相邻两条等高线间的高差。（　）
17. 不同高程的等高线，不能相交或重合。（　）
18. 测图比例尺越大，图上表示的地物地貌越详尽准确，精度越高。（　）
19. 衡量比例尺的大小是由比例尺的分母来决定，分母值越大，比例尺越小。（　）

20. 已知某一点 *A* 的高程是 102 m，*A* 点恰好在某一条等高线上，则 *A* 点的高程与该等高线的高程不相同。（　）

21. 如果等高线上设有高程注记，用示坡线表示，示波线从内圈指向外圈，说明由内向外为下坡，故为山头或山丘，反之，为洼地或盆地。（　）

22. 在测绘地形图时，等高距的大小是根据测图比例尺与测区地面坡度来确定。（　）

23. 在地形图上区分山头或洼地的方法是：凡是内圈等高线的高程注记大于外圈者为洼地，小于外圈者为山头。（　）

24. 等高线的疏密反映了该地区的坡度陡、缓、均匀。（　）
25. 手持 GPS 接收机只能通过已存的航点来求面积。（　）
26. 手持 GPS 接收机接收到 2 颗卫星就能定位。（　）

五、简答题

1. 试述用罗盘仪如何测定一直线的磁方位角？
2. 简述直线方向的表示方法？
3. 钢尺量距精度受到哪些误差的影响？在量距过程中应注意些什么问题？
4. 如何区别磁针的指南与指北端？
5. 简述过山岗定线的步骤？
6. 叙述倾斜地用水平尺法进行距离丈量的步骤？
7. 地形图的图名通常是怎样取的？
8. 地物符号可分为哪几类？试举例说明。
9. 等高线有哪些特性？
10. 等高线平距与地面坡度之间有何关系？
11. 如何区分地形图上的山丘和洼地？
12. 典型地貌有哪些？其等高线各有什么特点？
13. 地形图应用的基本内容有哪些？
14. 野外用图时，如何用罗盘进行地形图实地定向？如何确定站立点在图上的位置？
15. 简述利用地形图进行小班面积勾绘的操作要点？
16. 在地形图上量算面积方法有哪些？

17. 手持 GPS 在林业调查中有哪些应用？
18. 手持 GPS 有几种求面积的方法？

六、计算题

1. 已知 A 点的磁偏角为东偏 120，AB 直线的磁方位角为 27°30′，求 AB 直线的真方位角。
2. 已知 AB 边的坐标方位角为 120°，BC 边的象限角为 SW60°，试求 $\angle CBA$ 的角值。
3. 已知直线 AB 的坐标方位角为 289°30′，求它的反方位角及反象限角。
4. 测绘 1∶2000 地形图时，测量距离的精度只需精确至多少即可？设计时，若要求地形图能表示出地面 0.1 m 长度的物体，则所用地形图的比例尺不应小于多少？
5. 地面上 A、B 两点间平距为 89.735 m，在 1∶500 和 1∶1000 地形图上，它的长度分别为多少？
6. 在 1∶10 000 地形图上，测得某小班图上面积为 3.4 cm^2，试求实地面积为多少公顷？
7. 如图 1-89 所示，绘图比例尺为 1∶2000，完成以下项目计算：

①求 A、B、C、D、E 点的坐标。

②计算 AB 的水平距离和方位角。

③求 A、C 两点的高程及其连线的坡度。

④别用方格法和网点板法、平行线法，求算 A-B-D-E-C-A 所围的面积。

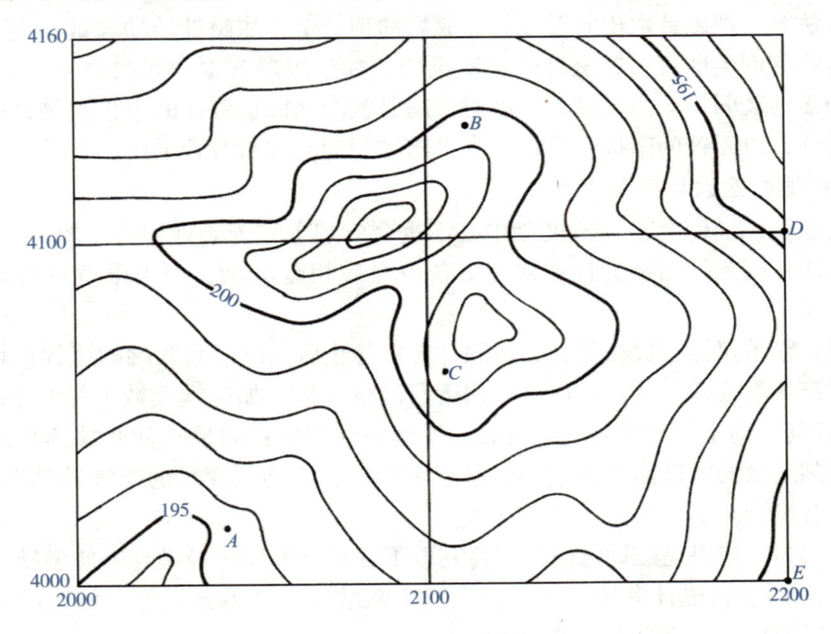

图 1-89 1∶2000 比例尺地形图

8. 手持 GPS 测得某林分面积 8.5 hm^2，相当于多少亩？
9. 某地为北纬 42°31′05″，东经 124°08′16″，请问中央经线如何设置。

拓展知识

一、罗盘仪的检验与校正

罗盘仪在使用之前，应进行检验与校正，以使其满足应具备的条件。罗盘仪需要检验与校正的主要内容有以下几个方面。

1. 磁针的检验与校正的方法

（1）磁针平衡检验与校正

将罗盘仪整成水平状态，松开磁针，等磁针自由静止后，应平行于刻度盘的平面，如不平行，则需校正。此时，移动缠绕在磁针南端的铜丝圈的位置，使磁针两端平衡即可。

（2）磁针转动灵敏检验与校正

灵敏性检验时，整平罗盘仪，放松磁针，待磁针静止后，读记其北端（或南端）的读数，然后用一铁质物体将磁针吸离原来位置。当迅速拿开铁质物体后，如磁针经过幅度较大的摆动，能很快静止且仍指向原来的读数，则表明磁针的灵敏度高；若磁针要经过较长时间的摆动后才能停在原来的位置，表示磁针的磁性已衰弱；如果磁针在每次摆动后停于不同的位置，则说明是顶针或玛瑙磨损。

校正方法为：把磁针取出并置于另一完好的顶针上，如磁针转动灵敏，说明原顶针磨损，用油石将其磨尖即可；若磁针转动不灵敏，则是玛瑙磨损，无法修复，需另换磁针；如果磁针的磁性衰弱，应当充磁。充磁时，用磁铁的北极从磁针的中央向磁针的南端顺滑若干次；同样，以磁铁的南极自磁针的中央向磁针的北端顺滑若干次。

（3）磁针偏心检验与校正

磁针的顶针（旋转中心）与刻度盘中心不重合的现象称为磁针偏心。假若磁针无偏心，同时也不弯曲，则磁针两端的读数对于方位罗盘应相差 180°，而象限罗盘两端的读数应相等。

检验时，整平仪器，放松磁针，待磁针自由静止后，读记其两端的读数；轻轻转动仪器，不断读记两端读数，就可对该一系列读数进行分析。如两端读数不相差 180°（或不相等），并在任何方向上其差数是一个常数，说明磁针弯曲；如果磁针两端读数之差为一变数，并且随刻度盘的转动而逐渐缩小，直至为零后，又随刻度盘的继续转动而不断增大，则表明磁针有偏心。

校正方法为：如果是磁针弯曲，可将其取下并用小木棒轻轻敲直，使磁针两端读数恰为 180°（或相等）；若磁针有偏心，可首先找出两端读数之差最大处，然后用扁嘴钳夹住顶针向中心仔细校正，直至无误差为止。

磁针偏心对读数的影响，也可用计算的方法予以消除。如图 1-90 所示，O 为刻度盘中心，O_1 为顶针中心，此时两者不重合。若磁针北端读数为 a_1，正确读数为 a，则 a_1 较 a 大了 x 值，即 $a=a_1-x$；而磁针南端读数为 b_1，正确读数应为 b，b_1 较 b 则小了 x，即 $b=b_1+x$，将上述两式相加得：

因为 $$a+b=a_1+b_1$$

所以

$$a=\frac{a_1+(b_1\pm180°)}{2} \tag{1-38}$$

式(1-38)中，当磁针北端读数大于180°时取"+"号，反之取"−"号。由此也说明，取磁针南、北端读数的平均值，可消除偏心对读数的影响。

2. 十字丝的检验与校正的方法

检验时，安置罗盘仪于某点，并在其前方20～30 m处悬挂一垂球(为不让垂球摆动，可将它浸入水中)；整平后转动仪器，用望远镜十字丝的纵丝对准垂球线，看两者是否完全重合，若不重合则需校正。如图1-91所示。

校正方法为：松开十字丝环上任意两个相邻的校正螺钉，转动十字丝环，直至纵丝与垂球线完全重合，再旋紧十字丝环上的校正螺钉即可。

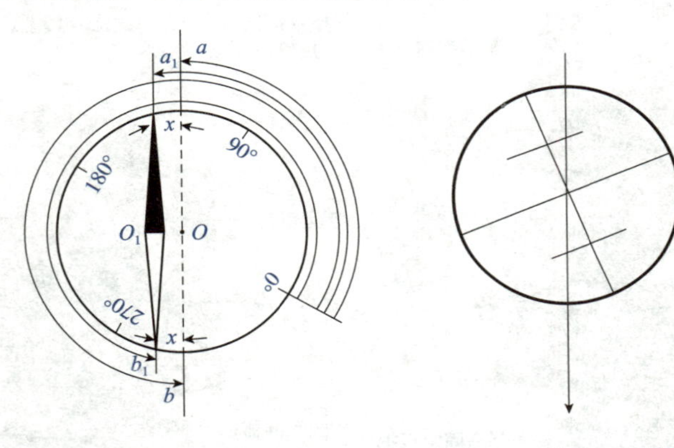

图1-90 磁针偏心校正　　　　图1-91 十字丝的检验

3. 视准轴和度盘的检验与校正的方法

罗盘仪视准轴与度盘的0°～180°直径线应位于同一竖直面内，否则会产生视准差(读数误差)，在森林调查中称为罗差。检验有无罗差时，可取一根约1 m长的细线，将其两端分别系一垂球后挂于罗盘上，并使细线与0°～180°的连线重合；用望远镜瞄准20～30 m处竖立的标杆后，拧紧水平制动螺旋；再经过两根铅垂细线瞄准此标杆，如果方向一致，表明该仪器无罗差，否则需校正。

校正时，一般需要求出罗差的大小，然后在观测值中进行改正。具体方法为：先用望远镜瞄准标杆，读取磁针北端的读数a，松开水平制动螺旋，微微转动仪器并使两根铅垂细线瞄准同一标杆，再读出磁针北端的读数b，若罗差用x表示，则

$$x=b-a \tag{1-39}$$

当使用带有罗差的罗盘仪测定某一直线的磁方位角时，将实测读数(观测值)加上罗差，即可得到改正后的正确数值；改正时，应注意罗差的正、负号。

二、全站仪在测绘平面图的应用

全站仪是测量工作中最基本和最常用的一种仪器，在森林资源调查过程中主要用于进行林地边界测量、林地面积测量等。本项目主要内容包括：全站仪的构造、参数设置

与输入、基本测量模式、数据采集与数据传输以及利用南方 CASS 软件绘制平面图等内容。

1. 全站仪的构造

全站仪，即全站型电子速测仪。是一种集光、机、电为一体的高技术测量仪器，是集水平角、垂直角、距离(斜距、平距)、高差测量功能于一体的测绘仪器系统。因其一次安置仪器就可完成该测站上全部测量工作，所以称之为全站仪。

全站仪主要由基座和照准部组成。其中照准部由望远镜、水平制微动、垂直制微动、对点器、操作面板(含电源开关、显示屏、操作键、功能键)等。下面以北京博飞仪器公司生产的 BTS-6082 全站仪为例说明全站仪结构组成及部件名称。如图 1-92 至图 1-94 所示。

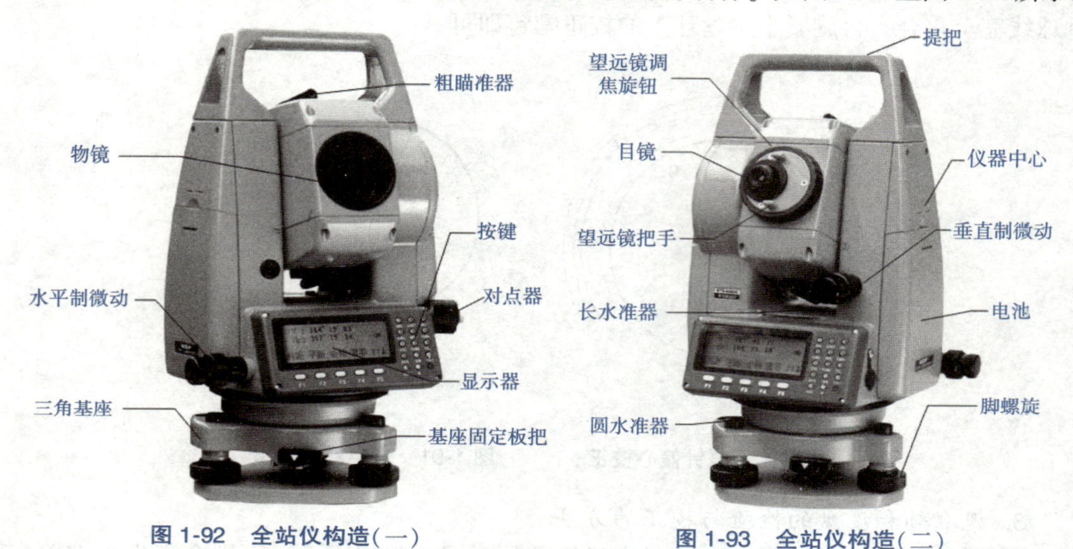

图 1-92　全站仪构造(一)　　　图 1-93　全站仪构造(二)

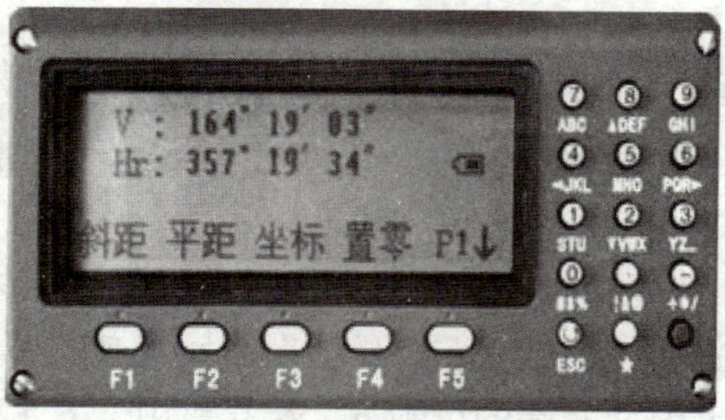

图 1-94　全站仪操作面板

2. 操作面板各键的用途

(1)操作键及功能

①★星键。显示器照明开闭，设置棱镜常数。

②◎电源键。电源接通或关闭。

③F1 ~ F5 功能键。功能参见各模式所显示信息。

④▲ ▼翻页键。文件或数据列表时翻页。

⑤◀ ▶平移键。设置通讯波特率时平移。

⑥0~9 数字键。输入数字。

⑦A~Z 字母键。输入字母。

⑧_ ~/符号键。输入符号。

⑨ESC 退出键。返回前一模式或前一显示状态，进入主菜单。

(2)功能键

全站仪的主要功能有角度测量、距离测量、坐标测量、放样测量、悬高测量、对边测量、偏心测量。前三个属于标准测量、后三个属于应用测量。这些功能主要通过功能键来操作，功能键信息显示在显示屏的底行，不同模式显示的信息不同，按下对应的功能键则执行相应显示信息命令。

3. 用全站仪测某两条直线的水平角

水平角是指空间相交的两条直线在水平面上的投影所夹的角度，称为水平角，用β表示。测水平角的方法很多，本次采用测回法，即用盘左观测左目标，再观测右目标，称为上半测回；用盘右观测右目标，再观测左目标，称为下半测回。两个半测回称为一测回。

采用测回法的水平角计算方法是，用右手边的读数 b 减去左手边读数 a，不够减加 360°。

$$\beta=b-a \tag{1-40}$$

式中：β——水平角；

a——右目标读数；

b——左目标读数。

某两条道路 l_1 与 l_2 交于 O 点，在道路 l_1 上有一点 M，在道路 l_2 上有一点 N，用全站仪测出$\angle MON$ 的水平角 β，如图 1-95 所示。

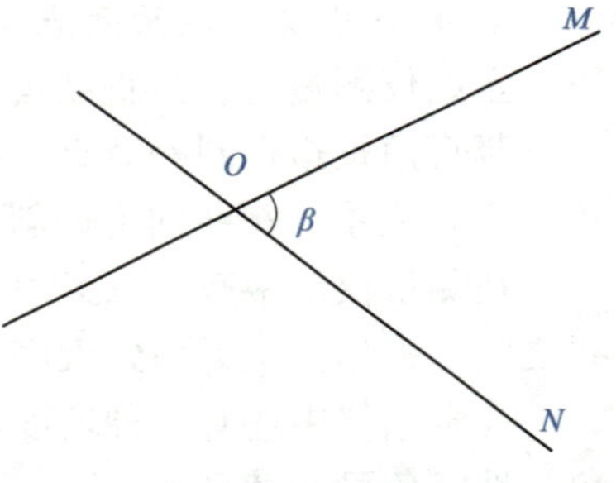

图 1-95　水平角测量示意图

测回法适用于观测两个方向之间的单角，为采用测回法观测水平角$\angle MON$ 操作步骤：

(1)全站仪安置

全站仪安置于两条道路交叉点 O，对中与整平。对中整平可采用常规方法进行，对中也可利用仪器本身的激光对点器对中。按下开关键使电源接通(开机)后，旋转望远镜，垂直角读数过零，屏幕进入标准测量模式(含角度测量、距离测量、坐标测量)的角度测量模式，默认显示为右旋增量(再次按下开关键使电源关闭，即关机)。

(2)设置目标

测杆分别立于左目标点 M 与右目标点 N。目镜调焦，然后松开水平制动钮和垂直制动钮，用粗瞄准器瞄准目标，使其进入视场后固定两制动钮，物镜调焦，用垂直微动和水平微动钮使十字丝精确瞄准目标中心。

(3)盘左观测(测回法的上半测回)

盘左，即仪器竖起度盘在望远镜的左侧，盘左观测，又称正镜观测。

①设置水平角增量。默认为右旋增量。

②水平角置零转动照准部。观测左目标点 M，按 F4(置零)进入置零模式，如图 1-96

所示。按 F5(确认)键返回角度测量模式。此时，目标 *M* 的水平角显示为 0°00′00″。

③读取水平角。瞄准右目标点 *N*，显示的 Hr 值即为上半测回的水平角，如图 1-97 所示。

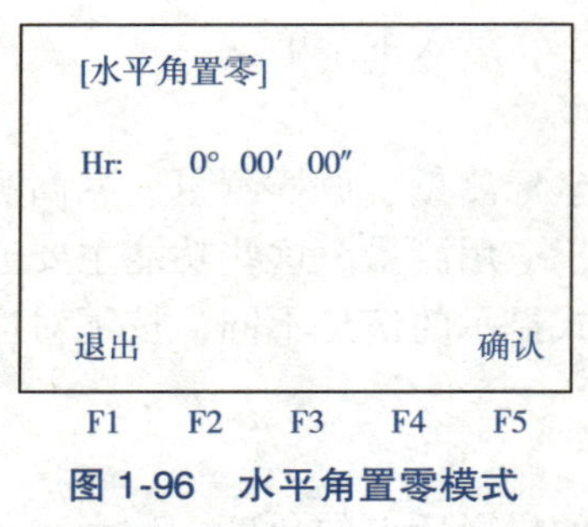

图 1-96 水平角置零模式

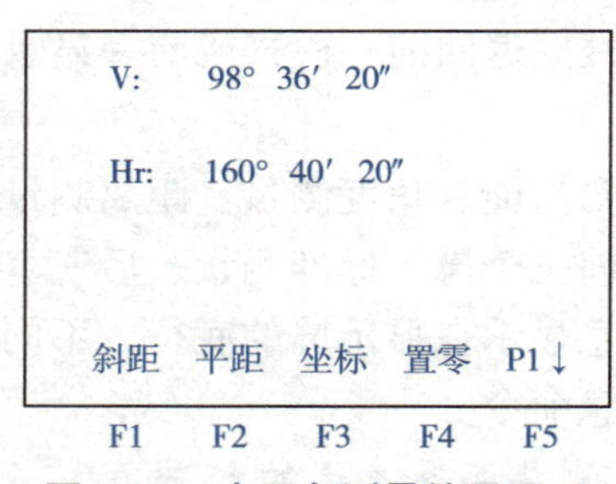

图 1-97 水平角测量结果显示

(4)盘右观测(测回法的下半测回)

盘右，即仪器竖直度盘在望远镜的右侧，盘右观测，又称倒镜观测。

①设置水平角增量。按 R/L 对应的功能键 F3，设置水平角为左旋增量，由 Hr 转为 Hl。

②水平角置零。转动照准部，观测右目标点 *N*，置零。

③读取水平角。瞄准左目标点 *M*，显示值 Hl 即为下半测回的水平角。

(5)计算水平角

上半测回的水平角与下半测回的水平角之平均值即为要测的水平角值。

4. 用全站仪测地面两点间的坡度(竖直角)

全站仪测量时，竖直度盘读数与竖直角统称为垂直角。

竖直角是指在同一竖直面内倾斜视线与水平线之间的夹角，简称为竖角，又称为倾斜角，用 α 表示，视线向上倾斜为正，视线向下倾斜为负。竖直角的角值从 0°~±90°。

在测量仪器中有时以天顶角表示。天顶角是指在同一铅直面内，从天顶方向与倾斜视线之间的夹角。从天顶到天底，角值为 0°~180°。天顶角一般用 *Z* 表示。

在全站仪中还有一种坡度角，即高差与平距的百分比值。按 F4(V%)功能键时，垂直角与坡度角可交替显示。

下面以全站仪测地面上某段直线 *MN* 的坡度为例，介绍测竖直角的操作步骤。

全站仪测竖直角时，默认以竖直度盘读数显示，即天顶方向为 0°，盘左水平观测时显示 90°，盘右水平观测时显示 270°，当每按一次 F2(CMPS)键，竖直度盘显示与竖直角显示依次转换。

(1)设置测站

仪器设置于 M 点，对中与整平，量测仪器高。仪器操作面板处于角度测量页面。

(2)立测杆

测杆立于 *N* 点，仪器照准测杆上等于仪器高的位置。

(3)计算竖直角

①盘左观测目标。转动照准部，盘左观测目标点 *N* 点测杆距地面高等于仪器高位置，此时默认显示的为 *MN* 线段的竖盘读数(天顶角 V_L)。

如果望远镜放在大致水平位置时读数为90°左右，且望远镜上倾时，竖盘读数减少，则竖直角 α_L 可用下式计算。

$$\alpha_L = 90° - V_L \tag{1-41}$$

式中：α_L——盘左计算的竖直角；

V_L——盘左观测竖盘读数。

当按F2(CMPS)功能键直接显示竖直角(倾斜角)α_L。

②盘右观测目标。转动照准部，盘右观测目标点 N 点测杆距地面高等于仪器高位置，此时默认显示的为 MN 线段的竖盘读数(天顶角 V_R)。如果望远镜放在大致水平位置时读数为270°左右，且望远镜上倾时，竖盘读数增加，则竖直角 α_R 可用下式计算。

$$\alpha_R = V_R - 270° \tag{1-42}$$

式中：α_R——盘右计算的竖直角；

V_R——盘右观测竖盘读数。

当按F2(CMPS)功能键直接显示竖直角(倾斜角)α_R。

③计算倾斜角的平均值(α)取盘左与盘右两次竖直角的平均值。

$$\alpha = \frac{1}{2}(\alpha_L + \alpha_R) = \frac{1}{2}[(V_R - V_L) - 180°] \tag{1-43}$$

(4)用全站仪测地面两点间距离与高差

测距模式的转变的操作如下：使仪器处于测距模式，显示如图1-98所示。按F5(P1↓)键进入测距模式第二页功能，显示如图1-99所示。按F1(模式)键进入测距模式选择，显示如图1-100所示。按ESC键，可取消测距模式设置。

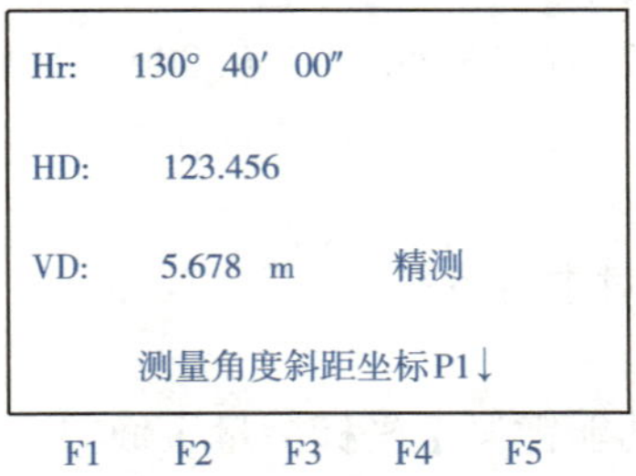

Hr: 130° 40′ 00″
HD: 123.456
VD: 5.678 m 精测
测量角度斜距坐标P1↓
F1 F2 F3 F4 F5
图1-98　距离测量模式第一页

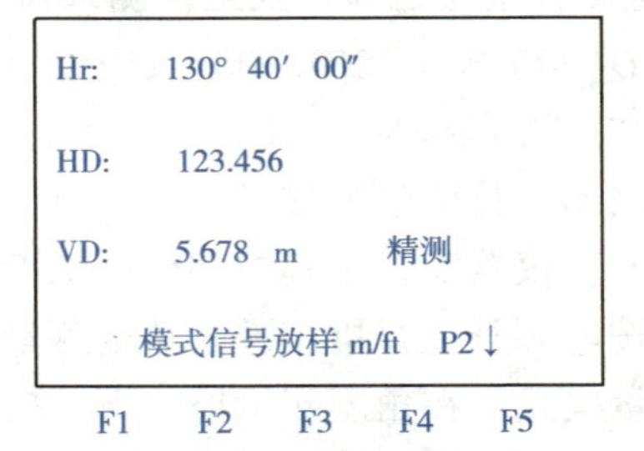

Hr: 130° 40′ 00″
HD: 123.456
VD: 5.678 m 精测
模式信号放样 m/ft P2↓
F1 F2 F3 F4 F5
图1-99　距离测量模式第二页

下面以全站仪测某块山地最高点 M 与最低点 N 间的斜距、平距和高差为例，介绍其操作步骤。

①设置测站。仪器设置于 M 点，对中与整平，量测仪器高。仪器操作面板处于角度测量模式。

②设置棱镜。棱镜立于 N 点，设置棱镜高等于仪器高(若不与仪器高相等，测得的斜距是指仪器中心至棱镜中心的斜距，平距与仪器高和棱镜高无关)。

③仪器操作。具体操作如下。

a. 斜距测量模式：转动照准部，正镜(盘左)观测目标点 N 处的棱镜中心，按F1(斜距)键进入斜距测量模式，如图1-101所示。

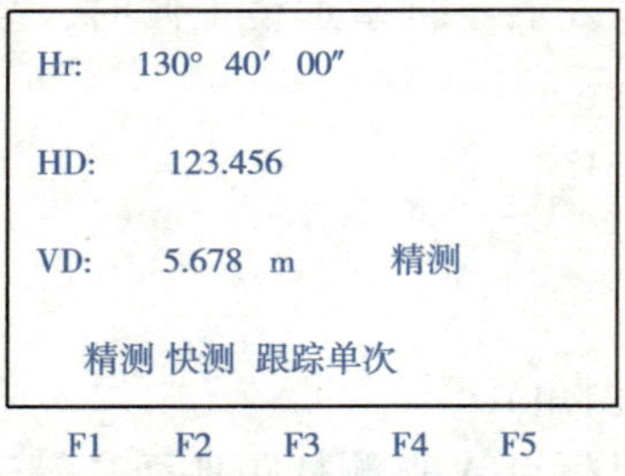

Hr:　130°　40′　00″
HD:　123.456
VD:　5.678　m　精测
精测 快测 跟踪单次
F1　F2　F3　F4　F5

图 1-100　测距模式选择

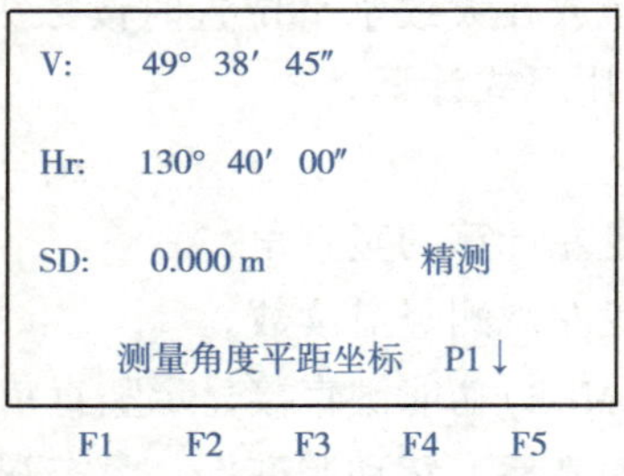

V:　49°　38′　45″
Hr:　130°　40′　00″
SD:　0.000 m　精测
测量角度平距坐标　P1↓
F1　F2　F3　F4　F5

图 1-101　斜距测量模式

b. 进行斜距测量：通过水平制微动和垂直制微动使十字丝中心精确照准棱镜中心，按 F1(测量)键进行距离测量，显示垂直角、水平角和斜距，如图 1-102 所示。

c. 进行平距测量：按 F3(平距)可转至平距观测，显示水平角、水平距离和高差，如图 1-103 所示。

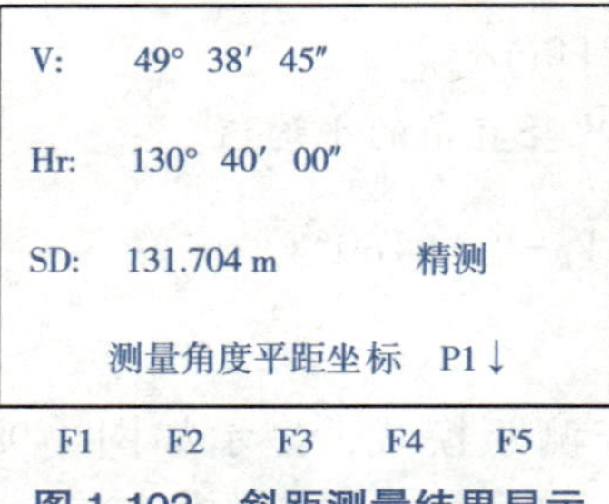

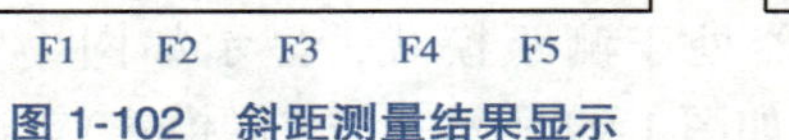

V:　49°　38′　45″
Hr:　130°　40′　00″
SD:　131.704 m　精测
测量角度平距坐标　P1↓
F1　F2　F3　F4　F5

图 1-102　斜距测量结果显示

Hr:　130°　40′　00″
HD:　123.456
VD:　45.502 m　精测
测量角度斜距坐标　P1↓
F1　F2　F3　F4　F5

图 1-103　平距测量结果显示

(5)用全站仪根据已知两点坐标测未知点坐标

已知点 O(200.000，234.500，210.000)，点 M(123.400，150.000，213.400)，用全站仪测出未知点 N 的坐标。

①设置测站。具体步骤如下。

安置仪器：仪器安置于其中一个已知点 O，对中与整平。

开机：按电源开关开机，进入角度测量模式。

坐标测量模式：在角度测量模式下，按 F3 功能键调至坐标测量页面。

②设置(测站点、后视点、仪器高、棱镜高)。坐标测量前必须先设置测站坐标、后视点、仪器高及棱镜高。

a. 设置测站点：测站点坐标可利用内存中的坐标数据来设定，也可直接由键盘输入。

以直接由键盘输入为例，设置测站点的步骤如下：由测角模式，按 F3(坐标)键进入坐标测量第一页(图 1-104)，按 F5(P1↓)键进入坐标测量第二页(图 1-105)，按 F3(设置)进入设置菜单(图 1-106)，按 F1(测站点设置)显示如图 1-107 所示，按 F1(输入)显示如图 1-108 所示，输入仪器所在已知点 O 的坐标数据(200.000，234.500，210.000)，依次按“2”、“0”、“0”、“.”、“0”、“0”、“0”数字键和小数点键，输入 x 坐标，按 F5(确定)。同法输入 y 和 z 的坐标；每输入一行按 F5(确认)一次。坐标数据输完后，按 F5(确认)显示如图 1-109 所示。按 F5(确认)测站点设置完成，返回设置菜单。

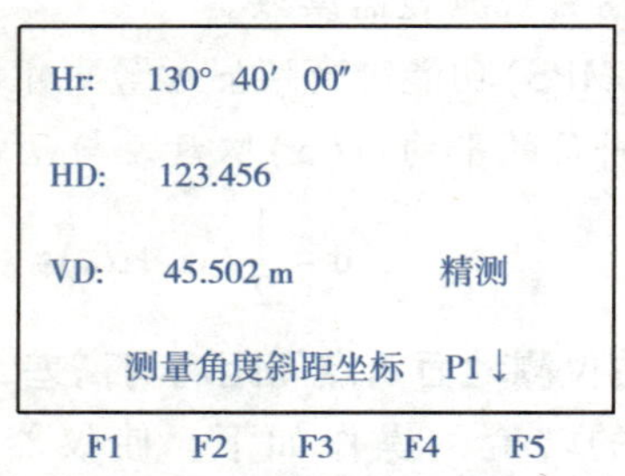

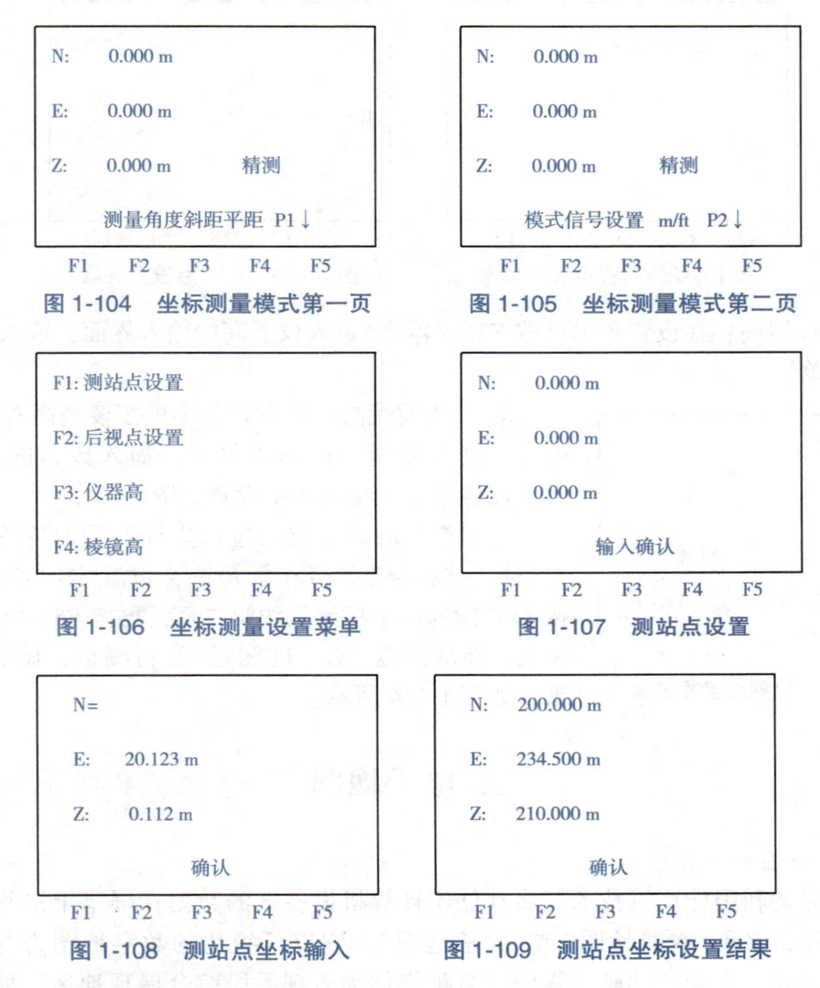

图 1-104 坐标测量模式第一页

图 1-105 坐标测量模式第二页

图 1-106 坐标测量设置菜单

图 1-107 测站点设置

图 1-108 测站点坐标输入

图 1-109 测站点坐标设置结果

b. 设置后视点：还是以直接由键盘输入为例，设置后视点的步骤如下：在设置菜单里按 F2 键(后视点设置)进入后视点设置的输入界面，如图 1-110 所示，按 F1(输入)显示等待输入坐标 N 数值，如图 1-111 所示；输入点 M 坐标数据(123.400，150.000)，后视点不需输入高程坐标(Z)，显示如图 1-112 所示；按 F5(确认)进入方位角设置，显示如图 1-113所示；在后视点立棱镜，照准后视点，按 F5(确认)返回设置菜单。

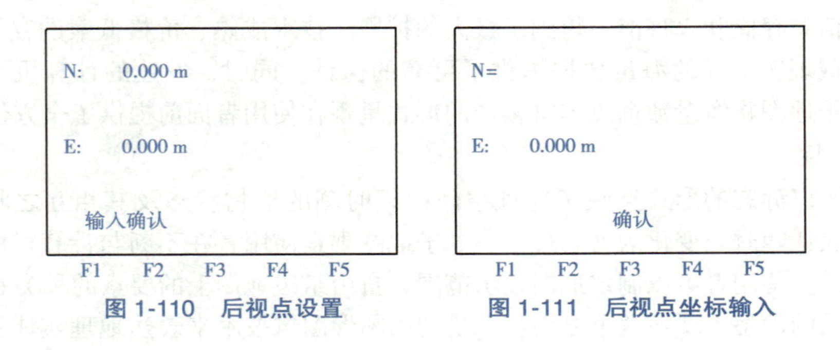

图 1-110 后视点设置

图 1-111 后视点坐标输入

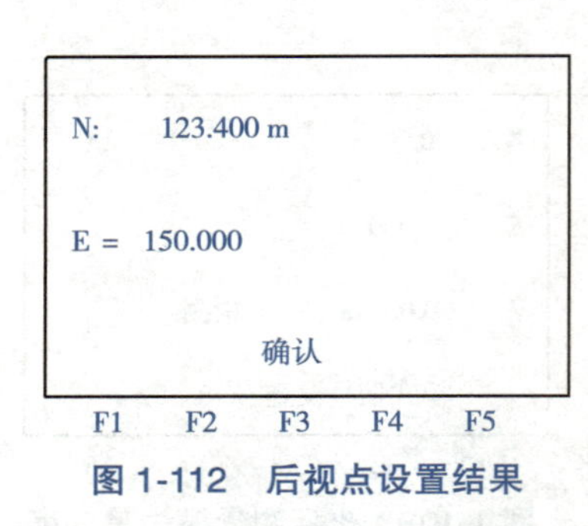

N:　123.400 m
E =　150.000
确认
F1　F2　F3　F4　F5
图 1-112　后视点设置结果

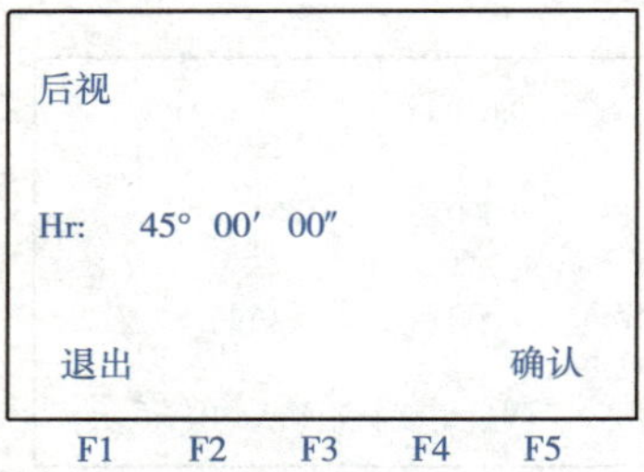

后视
Hr:　45°　00′　00″
退出
确认
F1　F2　F3　F4　F5
图 1-113　后视点设置完成

c. 设置仪器高：在设置菜单里按 F3(仪器高)进入仪器高的输入界面，输入仪器高后，返回设置菜单。

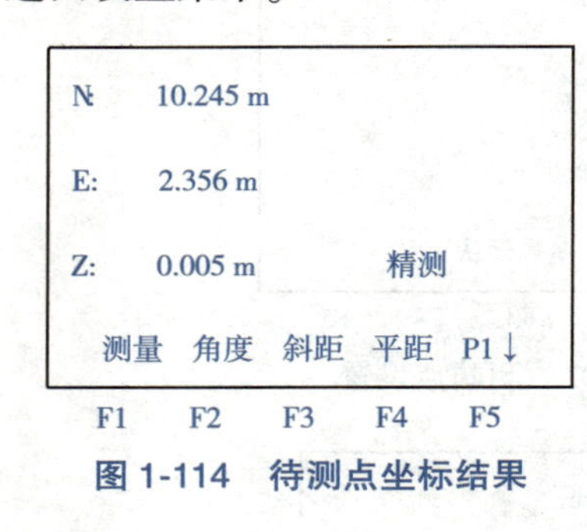

N:　10.245 m
E:　2.356 m
Z:　0.005 m
精测
测量　角度　斜距　平距　P1↓
F1　F2　F3　F4　F5
图 1-114　待测点坐标结果

d. 设置棱镜高：在设置菜单里按棱镜高对应的 F4 功能键，进入棱镜高的输入界面，输入棱镜的实际高后，返回设置菜单，至此测站设置完毕。

③测量待测点坐标。进行坐标测量时应先设置测站点坐标、输入仪器高和棱镜高，设置定向点的方位角。按 ESC 键返回坐标测量的第二页，再按 F5(P2↓)返回第一页。照准棱镜，按 F1(测量)进行测量，显示出测量结果，如图 1-114 所示。

三、电子地图

1. 电子地图的概念

电子地图是利用计算机技术，将存储于计算机设备上的数据在屏幕上进行可视化表现的地图产品，又称“瞬时地图”或“屏幕地图”。它以可视化的数字地图为背景，用文本、图片、图表、声音、动画、视频等多种媒体为表现手段综合展现地区、城市、旅游景点等区域综合面貌的现代信息产品，是数字化技术与古老地图学相结合而产生的新地图品种。

2. 电子地图的优点

(1)信息量大

纸质地图由于存储介质单一，限制了其信息量和表现手法。而电子地图以计算机技术为支撑，其信息存储和表现能力得到了极大的扩展。技术成熟、价格低廉的存储设备，为电子地图承载现实世界的海量数据提供了可靠的保证。同时，发达的计算机图像处理技术，又为电子地图将海量数据以丰富多彩的形式呈现在使用者面前提供了全方位的支持。

(2)动态性

纸质地图以静态的形式反映了地理空间中某时刻的地物状态及其相互之间静态的联系，而难以表达随时间变化的动态过程。电子地图则是使用者在不断与计算机的对话过程中动态生成的，使用者可以制定地图显示范围，自由组织地图上的要素的种类和个数。

电子地图的动态表现在两个方面：一是利用图形图像技术来表达地理实体及现象随时

间连续变化的整个过程，并通过分析来总结事物变化的规律，预测未来的发展趋势；二是利用计算机动态显示技术突出表达地物以表达到强调的目的，例如利用闪烁、渐变、动画等虚拟动态显示技术表示没有时间维的静态现象来吸引读者。

(3) 交互性

电子地图的数据存储与数据显示相分离，地图的存储是基于一定的数据结构以数字化的形式存在的。因此，当数字化数据进行可视化显示时，地图用户可以对显示内容及显示方式进行干预，如选择地图符号和颜色，将制图过程和读图过程在交互中融为一体。不同的使用者由于使用的目的不同，在同样的电子地图系统中会得到不同的结果。

(4) 无级缩放

纸质地图必须经过地图分幅处理，才能完成表达整个区域的内容；且一旦制作完成，其比例尺是一成不变的。电子地图具有数据存储和显示技术的独特优势，可以任意无级缩放和开窗显示。

(5) 无缝拼接

电子地图是不需要进行地图分幅，所以是无缝拼接，利用漫游和平移阅读整个地区的大地图。

(6) 多尺度显示

由于计算机按照预先设计好的模式，动态调整好地图载负量。比例尺越小，显示地图信息越概略；比例尺越大，显示地图信息越详细。

(7) 多维性

电子地图利用计算机图形图像处理技术可以直接生成三维立体影像，并可对三维地图进行拉近、推远、三维漫游及绕 x、y、z 三个轴方向旋转，还能在地形三维影像上叠加遥感图像，逼真的再现地面情况。此外，运用计算机动画技术，还可产生飞行地图和演进地图。飞行地图能按一定高度和路线观测三维图像，演进地图能够连续显示事物的演变过程。

(8) 超媒体集成

电子地图以地图为主体结构，将图像、图表、文字、声音和数据多媒体集成，把图形的直观性、数字的准确性、声音的引导性和亲切感相结合，充分利用了读者的各种感官，使地图信息得到充分的表达。

(9) 共享性

数字化使信息容易复制、传播和共享。信息的存储、更新以及通信方式较为简便，便于携带与交流。在数字技术的支持下，电子地图能够方便快捷地大批量无损复制，利用磁盘、光盘等设备存储地图已经相当广泛。而利用日益普及的因特网，电子地图的传输变得十分高效，多人共享使用电子地图已成为可能。

(10) 空间分析功能

电子地图拥有较强的表达与显示空间信息的功能。因此电子地图具备地理信息系统的基本功能，并且具有在电子媒体上应用各种不同的格式来创建、存储和表达地图空间信息的功能，可进行路径查询分析、量算分析和统计分析等空间分析。

3. 电子地图的应用

电子地图不仅具备了地图的基本功能，在应用方面还有其独特之处，因而广泛应用于政府宏观管理、科学研究、经济建设、规划、预测、大众传播媒介信息服务和教学等领域。另外它与全球定位系统(GPS)相连，在军事、航天、航空以及汽车导航等领域中也有广泛的应用。

(1)在地图量算和分析中的作用

在地图上量算坐标、角度、长度、距离、面积、体积、高度、坡度等是地图应用中常遇到的作业内容。这些工作在纸质地图上实施时，需要使用一定的工具和手工方法，操作比较烦琐，精度也不易保证。但在电子地图上，可通过直接调用相应的算法，操作简单方便，精度仅取决于地图比例尺。生产和科研部门经常利用地图进行问题的分析研究，若利用电子地图进行更能显示其优越性。

(2)在导航中的应用

地图是开车行路的必备工具。一张 CD-ROM 电子地图能储存全国的道路数据，可供随时查阅。电子地图可帮助选择行车路线，制定旅行计划。电子地图能在行进中接通全球定位系统(GPS)，将目前所处的位置显示在地图上，并指示前进路线和方向。在航海中，电子地图可将船的位置实时显示在地图上，并随时提供航线和航向，可为船实时导航。在航空中，可将飞机的位置实时显示在地图上，也可随时提供航线、航向信息。

(3)在公共旅游交通中的应用

电子地图可将与旅游交通有关的空间信息通过网络发布给用户，也可以通过机场、火车站、广场、商场等公共场所的电子地图触摸屏，提供交通、旅游、购物信息。了解旅游点基本情况，选择旅游路线，制定最佳的旅游计划，为旅游者节约时间和金钱。

(4)在军事指挥中的作用

在军队自动化指挥系统中，电子地图与卫星系统连接，指挥员可从屏幕上观察战局变化，指挥部队行动。作为现代化武装力量的标志，在现代的飞机、战舰、装甲车、坦克上都装有电子地图系统，随时将其所在位置实时显示在电子地图上，供驾驶人员观察、分析和操作，同时将其所在位置实时显示在指挥部电子地图系统中，供指挥员随时了解和掌握战况，为指挥决策服务。电子地图还可以模拟战场，为军事演戏、军事训练服务。

(5)在规划管理中的作用

规划管理需要大量信息和数据支持，而电子地图作为信息的载体和最有效的可视化方式，在规划管理中是必不可少的。电子地图不仅能覆盖其规划管理的区域，内容现势性很强，并有与使用目的相适宜的多比例尺的专题地图。电子地图检索调阅方便，可在电子地图上进行距离、面积、体积、坡度等指标的量算分析，可进行路径查询分析和统计分析等空间分析，利于辅助决策，完全能满足现代化规划管理对地图的需求。

(6)在防洪救灾中的作用

防洪救灾电子地图可显示各种等级堤防分布、险段分布和交通路线分布等详细信息，为各级防汛指挥部门具体布置抗洪抢险方案，如物资调配、人员转移、安全救护等方面提供科学依据，基于“3S”技术的防汛电子地图是集 GIS、RS 和 GPS 技术功能于一体，高度自动化、实时化和智能化的全新防洪救灾信息系统，是空间信息实时采集、处理、更新及动态过程的现势性分析与决策辅助信息的有力手段。防汛电子地图可为各级领导和防汛指挥部门防汛指挥和抗灾抢险的决策提供科学依据，避免决策失误。同时，可对洪涝灾害造成的损失作为较为准确的评估，为救灾工作提供依据；还可为各级防汛指挥办公室的堤防建设规划、防汛基础设施建设规划服务，更加合理规划防汛设施建设，把洪涝灾害减小到最低限度。

(7)在其他领域的应用

电子地图的应用领域非常广泛，各种与空间信息有关的系统中都可以应用电子地图。农业部门可用电子地图表示粮食产量、各种经济作物产量情况和各种作物播种面积分布，为各级政府决策服务；气象部门将天气预报电子地图与气象信息处理系统相链接，把气象信息处理结果可视化，向人们实时的发布天气预报和灾害性的气象信息，为国民经济建设和人们日常生活服务。

四、北斗卫星导航系统简介

Compass 系统是北斗卫星导航系统的英文名称，是中国卫星导航系统的总称。

从目前来说，可以将 Compass 建设过程分为两个阶段，第一阶段是试验系统，即北斗卫星导航试验系统，又称为双星定位系统，或者有源定位系统，因为它是通过双向通信方式来实现中心定位。从 2005 年开始，我国实施新一代卫星导航系统的建设，这是与国际上 GPS/GLONASS/Galileo 系统类似的系统，称为无源定位系统，接收机接收到是卫星广播的导航信号，由接收终端来实现位置结算。该系统搭建形成能够覆盖我国和周边地区的区域服务能力的星座，并根据需要逐步拓展为全球服务的星座。其全球星座由 35 个卫星构成，其中 5 个是地球静止轨道(GEO)卫星、3 个是地球同步倾斜轨道(IGSO)卫星，还有 27 个地球中轨道(MEO)卫星。

这个系统具备在中国及其周边地区范围内的定位、授时、报文和 GPS 广域差分功能，目前正在建设的北斗卫星导航系统的空间段由地球静止轨道卫星和非地球静止轨道卫星组成，提供两种服务方式，即开放服务和授权服务。

(1)概述

北斗卫星导航系统是中国正在实施的自主发展、独立运行的全球卫星导航系统，是十八大以来中国基础研究和原始创新领域重大成果，是标志中国进入创新型国家行列的关键核心技术之一。系统建设目标是：建成独立自主、开放兼容、技术先进、稳定可靠的覆盖全球的北斗卫星导航系统，促进卫星导航产业链形成，形成完善的国家卫星导航应用产业支撑、推广和保障体系，推动卫星导航在国民经济社会各行业的广泛应用。北斗卫星导航系统由空间段、地面段和用户段三部分组成，空间段包括 5 颗静止轨道卫星和 30 颗非静止轨道卫星，地面段包括主控站、注入站和监测站等若干个地面站，用户段包括北斗用户终端以及与其他卫星导航系统兼容的终端。

(2)发展历程

卫星导航系统是重要的空间信息基础设施。中国高度重视卫星导航系统的建设，一直在努力探索和发展拥有自主知识产权的卫星导航系统。2000 年，首先建成北斗导航试验系统，使我国成为继美、俄之后的世界上第三个拥有自主卫星导航系统的国家。该系统已成功应用于测绘、电信、水利、渔业、交通运输、森林防火、减灾救灾和公共安全等诸多领域，产生显著的经济效益和社会效益。特别是在2008年北京奥运会、汶川抗震救灾中发挥了重要作用。为更好地服务于国家建设与发展，满足全球应用需求，我国启动实施了北斗卫星导航系统建设。

(3)建设原则

北斗卫星导航系统的建设与发展，以应用推广和产业发展为根本目标，不仅要建成系统，更要用好系统，强调质量、安全、应用、效益，遵循以下建设原则：

①开放性。北斗卫星导航系统的建设、发展和应用将对全世界开放，为全球用户提供高质量的免费服务，积极与世界各国开展广泛而深入的交流与合作，促进各卫星导航系统间的兼容与互操作，推动卫星导航技术与产业的发展。

②自主性。中国将自主建设和运行北斗卫星导航系统，北斗卫星导航系统可独立为全球用户提供服务。

③兼容性。在全球卫星导航系统国际委员会(ICG)和国际电信联盟(ITU)框架下，使北斗卫星导航系统与世界各卫星导航系统实现兼容与互操作，使所有用户都能享受到卫星导航发展的成果。

④渐进性。中国将积极稳妥地推进北斗卫星导航系统的建设与发展，不断完善服务质量，并实现各阶段的无缝衔接。

(4)发展计划

目前，我国正在实施北斗卫星导航系统建设。根据系统建设总体规划，2012年左右，系统将首先具备覆盖亚太地区的定位、导航和授时以及短报文通信服务能力；2020年左右，建成覆盖全球的北斗卫星导航系统。

(5)服务

北斗卫星导航系统致力于向全球用户提供高质量的定位、导航和授时服务，包括开放服务和授权服务两种方式。开放服务是向全球免费提供定位、测速和授时服务，定位精度10 m，测速精度0.2 m/s，授时精度10 ns。授权服务是为有高精度、高可靠卫星导航需求的用户，提供定位、测速、授时和通信服务以及系统完好性信息。

为使北斗卫星导航系统更好地为全球服务，加强北斗卫星导航系统与其他卫星导航系统之间的兼容与互操作，促进卫星定位、导航、授时服务的全面应用，中国愿意与其他国家合作，共同发展卫星导航事业。

项目2 单株树木测定

项目导入

某林场为弄清某一树木的生长情况，场长把这一调查任务交给了林场的技术员小李。小李看到该树木，犯愁了。可以用哪些因子才能准确清楚的说明该树的生长情况呢？为了解决小李的这些问题，从本项目开始，讲授树木测定的相关知识。

树木是林分调查、测定的基本对象，按照其存在的状态，树木分为伐倒木和立木两类。树木伐倒后分为三部分：树根、树干与树冠(枝条)。其中，树干的材积一般占全树干的60%以上，是树木经济价值最大的部分，也是树木经济利用的主要部分。根、枝条、叶、花、果实等部分除了有特殊的经济用途外，一般很少利用。在森林生态学中测定树木生物量时，通常是全株采用(包括根、茎、叶、花、果实在内)。

不论是伐倒木还是立木，要测算的基本因子是相同的。那么它们的测算因子都有哪些？用什么样的字母表示，分别在树木的什么位置？不论是那种树木，其要测定的调查因子有：直径、树高、断面积、材积等。本项目主要内容包括：直径、树高的测定，伐倒木、立木材积的测定、生长量的测定。

任务2.1 直径的测定

知识目标

1. 了解树干直径的概念。
2. 了解树干直径的分类。
3. 熟悉直径测定工具，了解胸径测定先进技术与仪器。
4. 掌握树干直径的测定方法。
5. 熟悉直径整化的方法。

技能目标

1. 能熟练操作测定直径的工具，并能正确读数。
2. 能熟练使用直径测定工具进行胸径的测定。

素质目标

1. 培养学生严谨认真的工作态度，爱护工具、保护工具的意识。
2. 培养学生工作中团队协作和吃苦耐劳的精神。
3. 培养学生对于祖国林业的热爱，树立民族自豪感。
4. 培养学生人与自然和谐共生的意识。

任务准备

2.1.1 树干直径的定义

树干直径是指树干横断面外缘两条相互平行切线间的距离。树干直径是反映树干粗度的指标，用 D 或 d 表示，测定单位是厘米(cm)，一般要求精确至0.1 cm。树干直径在测算时分为带皮直径和去皮直径两种。

胸径距根颈向上1.3 m处(即距离地面1.3 m)的直径，称为胸高直径，简称为胸径。1/4处直径：距离根颈1/4树高处的直径；1/2处直径：距离根颈1/2树高处的直径；3/4处直径：距离根颈3/4树高处的直径；小头直径：指的木材小头的直径。

2.1.2 树干直径测定的工具

2.1.2.1 轮尺

(1)轮尺的构造

轮尺又称卡尺，是测定树木直径的主要工具，应用广泛。由木质或铝合金制成。其构造如图2-1所示，由固定脚、滑动脚和测尺三部分组成。固定脚固定在测尺的零端，滑动脚套在测尺上，可以自由滑动。测尺的刻度采用米制，最小刻划单位为厘米，估读到毫米。根据滑动脚在测尺上的位置读出树干的直径。

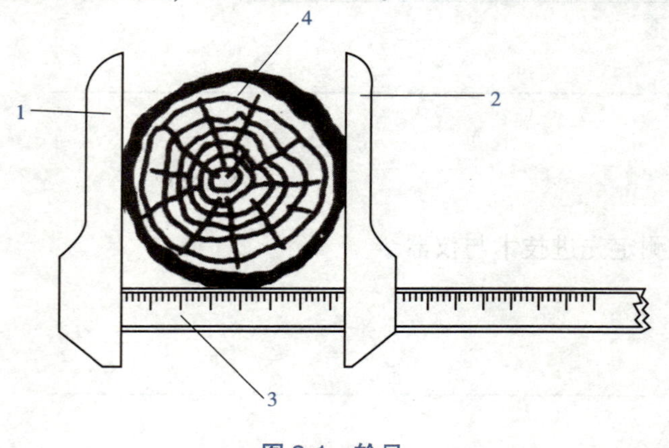

图2-1 轮尺

1. 固定脚 2. 滑动脚 3. 尺身 4. 树干横断面

一把符合要求的轮尺，除具有以上的构造外，还必须满足以下的条件：

①固定脚、滑动脚必须垂直于测尺。

②固定脚、滑动脚的长度应大于测尺最大长度的1/2。

③测尺刻度要准确、清晰。

④轮尺要轻便、坚固耐用，易于携带。

使用轮尺测径时，必须做到轮

尺平面与树干垂直，固定脚和滑动脚与测尺要紧贴树干，然后读靠近滑动脚内缘的刻划值。若测定部位断面形状不规则时，测定相互垂直的两个直径取平均值。测定部位长有节、瘤时，应在其上下等距位置测定直径取平均值。

(2)测尺刻度

轮尺不仅用于测定单株树木的直径，也可作为森林调查中测定大量立木直径的工具，因而在测尺上一般都有两种刻度。一种是从固定角内侧从零开始，按厘米刻划。可精确到0.1 cm，用以量测实际直径。另一种是径阶刻划，即在森林调查时，用于大量树木直径的测定，为了读数、统计和计算方便，一般是按1 cm、2 cm、4 cm进行整化分组，所分的直径组称为径阶，用各径阶的中值来表示直径。这种将实际直径按径阶划分的方式称直径整划。当按1 cm、2 cm、4 cm分组时，其最小径阶的中值分别为1 cm、2 cm、4 cm。径阶整化常采用上限排列法，见表2-1。

表2-1 径阶范围表

径阶(cm)	1 cm径阶范围(cm)	径阶(cm)	2 cm径阶范围(cm)	径阶(cm)	4 cm径阶范围(cm)
1	0.5~1.4	2	1.0~2.9	4	2.0~5.9
2	1.5~2.4	4	3.0~4.9	8	6.0~9.9
3	2.5~3.4	6	5.0~6.9	12	10.0~13.9
4	3.5~4.4	8	7.0~8.9	16	14.0~17.9
5	4.5~5.4	10	9.0~10.9	20	18.0~21.9
6	5.5~6.4	12	11.0~12.9	24	22.0~25.9
…	…	…	…	…	…

轮尺整化的刻度方法是把各径阶中值刻化在该径阶的下限位置上。例如，若按1 cm整化，则8 cm径阶的位置在7.5 cm处刻划；若按2 cm整化，则8 cm径阶的位置在7 cm处刻划；若按4 cm径阶整化，则8 cm径阶的位置在6 cm处刻划，其余依此类推，如图2-2所示。采用这种整化刻度的轮尺测定直径时，最靠近滑动脚内缘的刻度值，就是被测树木直径。

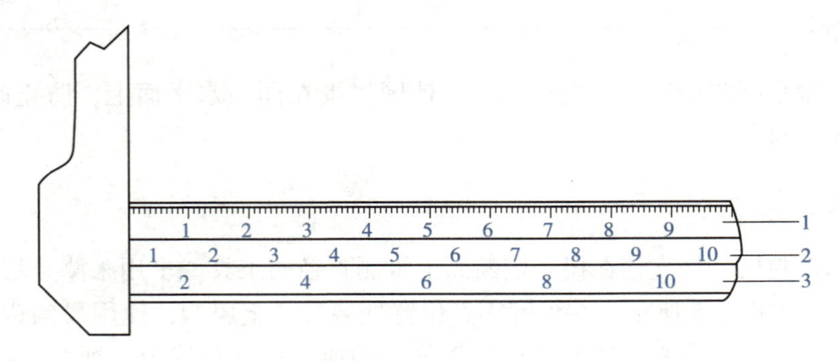

图2-2 轮尺的刻划

特别提示

①在测定前，首先检查轮尺，必须注意，固定脚与滑动脚应当平行，且与尺身垂直。

②测径时应使尺身与两脚所构成的平面与干轴垂直，轮尺的三个面必须紧贴树干。

③测径时，读出数据后，才能从树干上取下轮尺。

④树干横断面不规则时，应测定其互相垂直两直径，取其平均值为该树干直径。

⑤若测径部分有节瘤或畸形时，可在其上、下等距处测径取其平均值。

2.1.2.2 围尺

围尺又称直径卷尺，根据制作材料的不同，又有布围尺、钢围尺之分（图 2-3、图 2-4）。通过围尺量测树干的圆周长，换算成直径。一般长 1~3 m。围尺采用双面（或在一面的上、下）刻划，一面刻普通米尺；另一面刻上与圆周长相对应的直径读数，也就是根据 $C=\pi D$ 的关系（C 为周长，D 为直径）进行刻划。围尺携带方便，使用简单，在测径位置树干横断面形状不规则时不必测两次。使用时，围尺要在测径位置左右拉紧并与树干保持垂直。用围尺量树干直径换算的断面积，一般稍偏大。

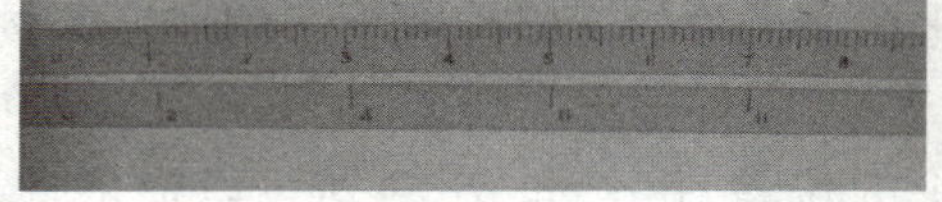

图 2-3 布围尺

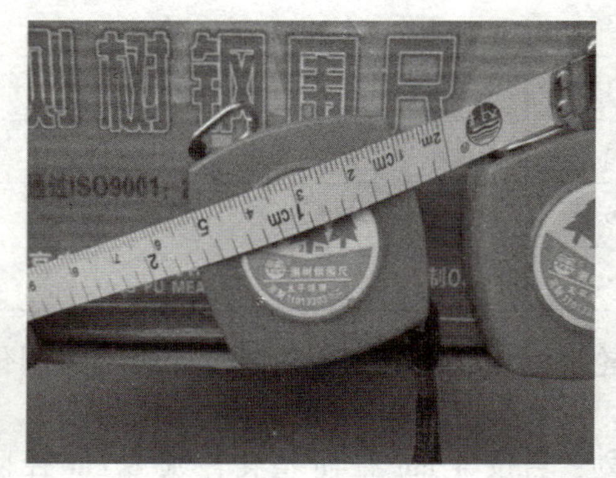

图 2-4 钢围尺

特别提示

将围尺拉紧平围树干后，才能读数，应使围尺围在同一水平面上，防止倾斜，否则，易产生偏大的误差。

2.1.2.3 钩尺

钩尺又称检验尺，是直接在树干横断面上量测直径的工具，多用来测定堆积原木的小头直径。其构造如图 2-5 所示。在刻度零点位置处装有一金属钩，使用尺钩钩住所测断面的边缘，尺身通过断面中心，然后读出断面另一面所对应的刻度值，即为所测断面直径。在钩尺上有按照 2 cm 整化的径阶刻划。

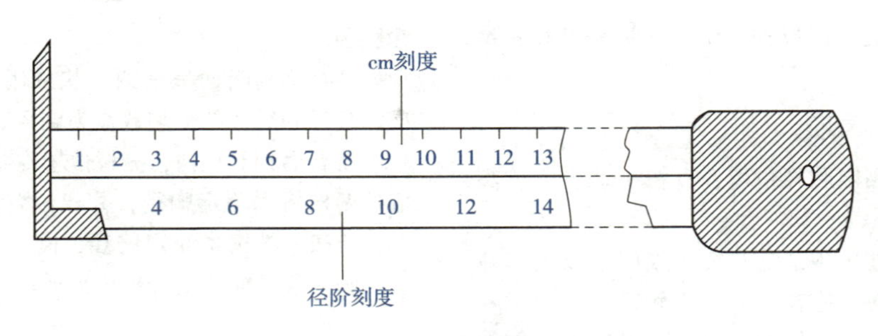

图 2-5 钩尺(检径尺)

任务实施

测定直径工具的使用

直径测定是单株木调查及林分调查最基本的工作，在单株木材积测定、树种组成计算、林分蓄积量调查等方面都能用到。因此需要熟悉直径测定工具、掌握直径测定的方法和测量数值的记录方法。

一、人员组织、材料准备

1. 人员组织

①成立教师实训小组，负责指导、组织实施实训工作。

②建立学生实训小组，4~6 人为一组，并选出小组长，负责本组实习安排、考勤和工具材料管理。

2. 材料准备

每组配备围尺 2 个，轮尺 2，皮尺 2 个，计算器 2 台，记录夹 1 套(含胸径记录表格)。

二、任务流程

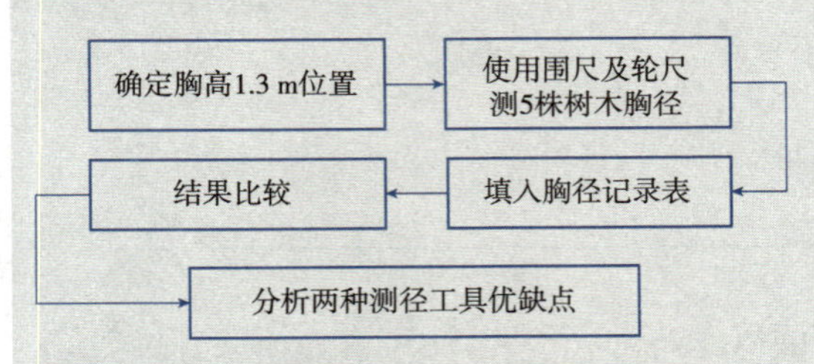

三、实施步骤

1. 胸高位置确定

胸高是测定立木时，常用的测量树干直径的位置，各国对此位置的规定略有差异。在我国和欧洲胸高是指树干距离地面 1.3 m 处的高度。

为了提高测径精度，必须准确确定胸径位置。在实际工作中，调查人员可事先量出自身 1.3 m 处并做记号，在每次测胸径时将卡尺或围尺举到此高度即可。

2. 直径量测

(1)围尺量测

①皮尺(米尺)量取树干 1.3 m 处，并做出标记。

②用围尺测量每株树木胸径的实际值，并按 2 cm径阶进行整化。

③将测得的每株胸径数据填入表 2-2 中。

表 2-2 胸径记录表

树号	围尺(直径卷尺)		轮尺(卡尺)	
	胸径(cm)	径阶(cm)	胸径(cm)	径阶(cm)
1				
2				
3				
4				
5				

(2)轮尺量测

①皮尺(米尺)量取树干 1.3 m 处，并做出标记。

②用围尺测量每株树木胸径的实际值，并按 2 cm径阶进行整化。

③将测得的每株胸径数据填入表 2-2 中。

四、实施成果

①将任务结果填入表 2-2 中。

②每组上交实训报告一份，分析围尺和轮尺测径的优缺点。

五、注意事项

①在坡地测定胸径位置，以树干坡上方胸高(1.3 m)处为准。

②当胸高处出现节疤、突出或凹陷以及其他不规则的形状时，应在胸高上下距离相等而横断面形状较正常处，测取两个直径，取其平均数作为胸径。

③当胸高断面呈扁圆形状采用轮尺测时，则应测长径和短径的平均数作为胸径。

④若遇到双杈树，分杈位置在1.3 m以下时，应按两株树木测定胸径；分杈位置在1.3 m以上时，应按一株树木测定胸径；刚好在1.3 m处分杈，则上移至能测量分杈树为准。

任务分析

对照【任务准备】中的“特别提示”及在任务实施过程中出现的问题，讨论并完成表2-3中“任务实施中的注意问题”的内容。

表2-3 直径的测定任务分析表

任务程序			任务实施中的注意问题
人员组织			
材料准备			
实施步骤	1. 胸高位置确定		
	2. 直径量测	(1)围尺量测	
		(2)轮尺量测	

任务2.2 树高的测定

知识目标

1. 熟悉树高测定工具的使用。
2. 理解测高原理。
3. 掌握树高的测定方法。

技能目标

1. 能正确使用树高的测定工具，并能正确读数。
2. 能使用树高测定工具进行树高的测定。

素质目标

1. 加强生态文明宣传教育，爱好林区一草一木，做绿水青山金山银山的守护者和践行者。

2. 培养学生科学求实的态度，爱护仪器、保护仪器的意识。
3. 提高学生森林调查的兴趣，培养学生敬业精神，坚定学林爱林、献身林业的理想信念。
4. 培养学生辩证思维能力及因地制宜选用适合方法的素质。

任务准备

2.2.1 树木高度

树干的根颈处至主干梢顶的高度称为树高，单位是米(m)，一般要求精确至 0.1 m。树高通常 H 或 h 表示。树高是主要的立木测定因子之一，也是重要的林分调查因子之一。其常见的种类有：全高、任意干高、全长等。伐倒木的任意长度均可以用皮尺测定，而立木的高度在 2.0 m 以下，可以随便测定。超过 2.0 m 以上的高度，必须借助一定的测高仪器来测定。

2.2.2 树高测定仪器

对于树高的测定，除幼树和低矮树木用测杆直接测定外，一般都通过测高器来测定。测高器的种类很多，但其测高原理均比较简单，大体可以分为两类。一类是以三角函数原理设计的测高器，如勃鲁莱斯测高器；另一类是利用有几何学的相似三角形原理设计，如克里斯登测高器。

2.2.2.1 勃鲁莱斯测高器

(1)构造

勃鲁莱斯测高器是目前我国最常用的测高器，其构造如图 2-6 所示。

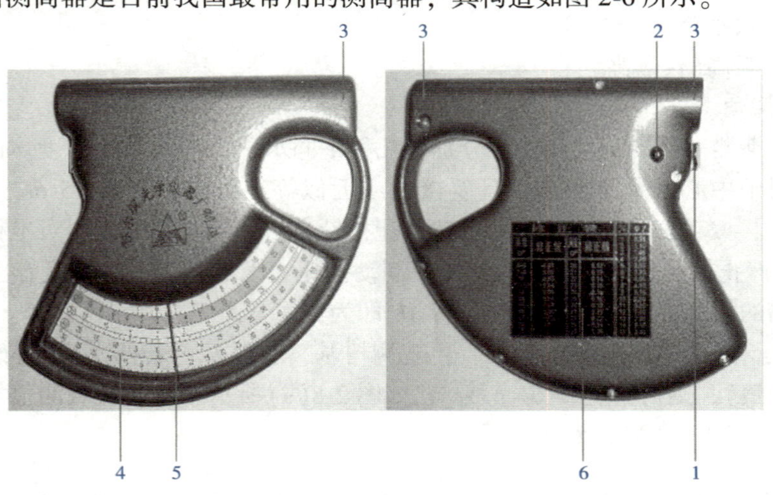

图 2-6 勃鲁莱斯测高器的构造

1. 制动按钮 2 启动按钮 3. 瞄准器 4. 刻度盘 5. 摆针 6. 修正表

(2) 测高原理

勃鲁莱斯测高原理如图 2-7 和图 2-8 所示。

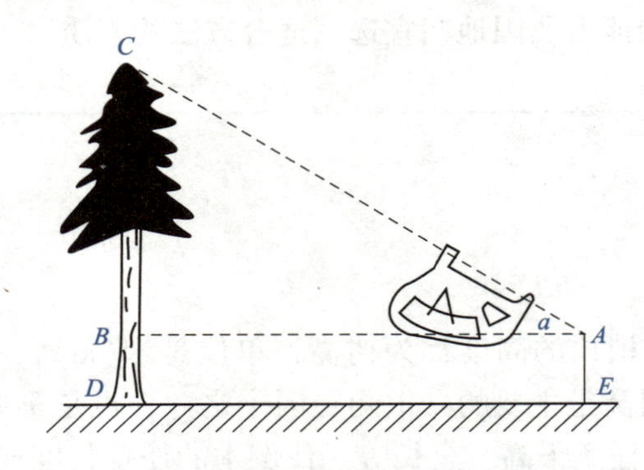

图 2-7　勃鲁莱斯平地测高原理

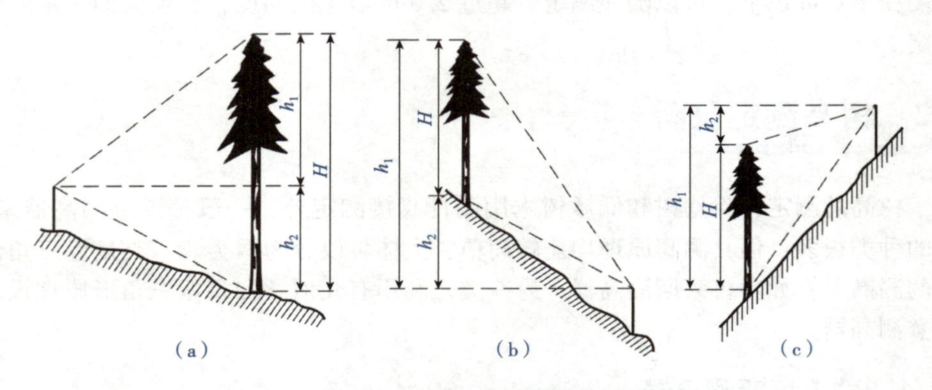

图 2-8　勃鲁莱斯坡地测高原理

由图 2-7 可得，全树高 H 为：

$$H=CB+BD=AB\tan\alpha+AE \tag{2-1}$$

式中：AB——水平距；

　　AE——眼高（仪器高）；

　　α——仰角。

在勃鲁莱斯测高器的指针盘上，分别有几种不同水平距离的高度刻度。使用时，先要测出测点至树干中心的水平距离，且要接近或近似等于树高的整数 15 m、20 m、30 m、40 m。测高时，按动仪器背面的启动按钮，让指针自由摆动，用瞄准器对准树梢后，稍停 2~3 s 待指针停止摆动呈铅锤状态后，按下制动按钮，固定指针，在刻度盘上读出对应于所选水平距离的树高值，再加上测者眼高 AE 即为树木全高 H。

在坡地上，先观测树梢，求得 h_1；再观测树基，求得 h_2。若两次观测符号相反（仰视为正，俯视为负），则树木全高 $H=h_1+h_2$，如图 2-8(a) 所示；若两次观测值符号相同，则 $H=h_1-h_2$，如图 2-8(b) 和图 2-8(c) 所示。

特别提示

①选择测高的水平距离应尽量接近树高，在这种条件下测高误差比较小。

②树高小于5 m时，不宜用勃鲁莱斯测高，可采用测杆直接测定树高。

③对于阔叶树应注意确定主干树梢位置，以免测值偏高或偏低。

④坡地测高时，分别观测树梢和树根，求出两次读数之和(差)。

⑤在各种位置测高时，可归纳为：以指针在刻度盘0的位置为准，“同侧相减，异侧相加”。

这种测高器的优点是操作简单，易于掌握，在视角等于45°时，精度较高，其测高精度可达±5%。但需要测点至树干中心的水平距离约等于树高。

2.2.2.2　克里斯登测高器

(1)仪器构造

克里斯登测高器为一个长度35~60 cm，宽2~3 cm的金属片，其两端有直角拐角，上面刻有树高刻划，如图2-9所示。

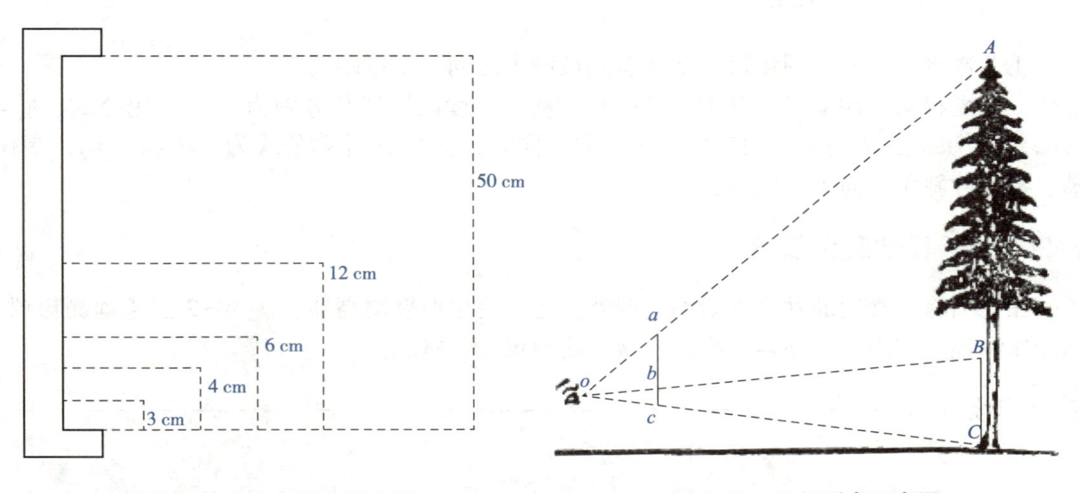

图2-9　水平角测量示意图　　图2-10　几何测高示意图

(2)仪器构造

克里斯登测高器的原理是几何原理，如图2-10所示。是根据数学中“通过一点的许多直线把两平行线截成线段时，其相应的直线呈比例”。在图2-10中，ac为克里斯登测高器，AC为树木，BC为立在树干上2 m的标尺，O为眼睛的视点。

当$ab//AB$时，过O点的三条直线，即视线OA、OB、OC将两条平行线(ac、AC)截成相应的线段，所截的线段呈比例。

因为$ac//AC$，所以$AC:ac=BC:bc$。

则

$$AC=\frac{ac \cdot BC}{bc} \tag{2-2}$$

式中：bc——下拐角到某一树高刻划的距离；

ac——两拐角间的距离；

BC——测杆的长度；

AC——树高。

从式(2-2)可以看出，由于 ac、BC 是常量，因此 bc 和 AB 互为反比关系，其中 AB 越大，bc 越小，即树高越高，树高刻划距离下拐角越近，刻划越密。

若仪器长 $ac=30$ cm，固定标尺 $BC=2$ m，将不同树高代入式(2-2)中，即可求得树高尺的刻度。例如树高时 $H=5$ m，刻度 $bc=2\times\frac{0.3}{5}=12$ cm，其树高刻度类推见表 2-4。

表 2-4　克里斯登测高器刻度

树高(m)	刻度位置(cm)	树高(m)	刻度位置(cm)
5	12	15	4
10	6	20	3

2.2.2.3　罗盘仪测树高

①量测水平距离。用皮尺测定测者到被测木之间的水平距离 l。

②测定树高。用罗盘仪分别瞄准树梢、树基，读取倾斜角分别为 a、b，用公式：$h_1=l\tan a$，$l_2=l\tan b$，当树梢、树基倾斜角方向相同时，树高 H 计算公式为：$H=h_1=h_2$，当树梢、树基倾斜角方向不相同时，$H=l_1+l_2$。

2.2.2.4　其他测树仪器

在我国除了常用的勃鲁莱斯测高器外，还有克里斯登测高器、DQW-2 型望远测树仪、林分速测镜、超声波测高器、高精度激光测距仪/测高仪等。

任务实施

树高的测定

正确熟练使用勃鲁莱斯测高器、克里斯登测高器，掌握其树高的测定方法。能够使用罗盘仪准确获取树高值，并比较勃鲁莱斯测高器和克里斯登测高器的测高精度。

一、人员组织、材料准备

1. 人员组织

①成立教师实训小组，负责指导、组织实施实训工作。

②建立学生实训小组，4~6 人为一组，并选出小组长，负责本组实习安排、考勤和工具材料管理。

2. 材料准备

每组配备勃鲁莱斯测高器 1 个，皮尺 1 个，克里斯登测高器 1 个，2 m 长测杆 1 根，罗盘仪 1 套，计算器 1 台，记录夹 1 套(含树高测定表)。

二、任务流程

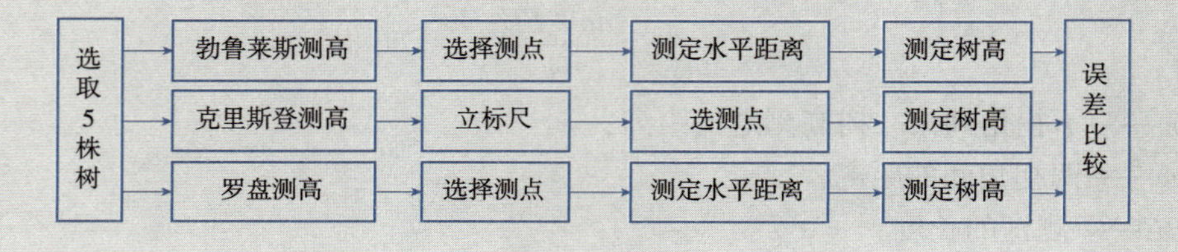

三、实施步骤

1. 勃鲁莱斯测高器测高

①选择测点。测点即测者所站位置，应能同时通视树顶和树基。测点到被测树木的距离约与所测树木的高度相近。

②测定水平距离。用皮尺或视距器实测测点到被测树木水平距离。为了便于读树高，所测水平距离应为度盘上所标水平距离（如 15 m、20 m、30 m、40 m）。

③测定树高。按动仪器背面启动按钮，让指针自由摆动，用瞄准器分别对准树梢和树基后，稍停 2~3 s，待指针停止摆动呈铅锤状态后，按下制动钮，固定指针，在刻度盘上读出对应于所选水平距离的树高值，得出水平视线到树顶的高度 h_1 及水平视线到树基的高度 h_2（图 2-8）。若两次观测符号相反（仰视为正，俯视为负），则树木全高 $H=h_1+h_2$［图 2-8（a）］；若两次观测符号相同，则 $H=h_1-h_2$［图 2-8（b）、（c）］。

④记录。将测量值记录在表 2-5 中。

特别提示

使用勃鲁莱斯测高器，其测高误差为。为获得比较正确的树高值，应注意以下几点：

①选择的水平距离应尽量接近树高，在这种条件下测高误差较小；

②当树高太小（小于 5 m）时，不宜用勃鲁莱斯测高器，可采用长杆直接测高；

③对于阔叶树应注意确定主干梢头位置，以免测高值偏高或偏低。

2. 克里斯登测高器测高

①立标尺。先把 2 m 长的标尺垂直立于被测树干基部（或在被测树干 2 m 高处标以记号）。

②选测点。然后选定能同时看到树顶和树基的位置，测者伸出左手，持测尺上端使其自然下垂，再借人的进退或手臂的伸屈调节，使视线恰能通过上拐脚瞄准树顶，同时通过下拐脚瞄准树基，使两拐角之间刚好卡住被测树干全高。

③测定树高。测者头部不动，迅速移动视线看标尺顶端（或树干上 2 m 标记），读出该点树高值。

④记录。将测量值记录在表 2-5 中。

特别提示

克里斯登测高器的优点是不需要测量测者到被测木的水平距离，一次性就可以测得树高，使用熟练后可以提高工作效率。缺点是观测时要求视线同时卡住三点，掌握比较困难。另外，由于树高越高，在测尺上刻划越密，分划越粗放。因此，在测定 20 m 以上的树高时，误差较大，故此仪器适合于测定树高在 20 m 以下较低矮的树木，超过 20 m 以后，读数准确性会降低。

3. 罗盘仪测树高

①量测水平距离。

②测定树高。

③记录。

4. 测量误差比较

①计算。以罗盘仪测定的树高为实测值，计算其他测高方法的误差率。

$$误差率(\%)=\frac{测定值-实际值}{实际值} \tag{2-3}$$

②记录。将测量值记录在表 2-6 中。

表 2-5 不同工具测定树高记录表

树号	勃鲁莱斯测高器				克里斯登测高器	罗盘仪			
	水平距	仪器读数		树高		水平距	测定高度		树高
		树顶	干基				树顶	干基	
1									
2									
3									
4									
5									

观测者： 记录者： 计算者：

表 2-6　不同工具测定树高精度比较表

树号	勃鲁莱斯测高器(m)	克里斯登测高器(m)	罗盘仪测高(m)	误差率(%)

观测者：　　　　　　　　　　　　记录者：　　　　　　　　　　　　计算者：

四、实施成果

①每人完成实训报告一份，主要内容包括实训目的、内容、操作步骤、成果的分析及实训体会。

②将任务结果填入表 2-5 和表 2-6 中，要求字迹清晰、计算准确。

五、注意事项

①测高时测点必须同时看见树顶和树基，同时要注意正确选择和看清树顶(树顶应该指树木最高处的顶芽，而非直立的树叶顶端)。对于平顶树木不要把树冠边缘当作树顶。

②测者与被测树木距离不宜过大或过小，一般是水平距离与树高大约相等或稍远些。否则会产生较大的误差。

③可从 2~3 个不同方向观测测定树高，取其平均值作为树高，可以减少误差。

④在坡地上测高，测者最好与被测树木在等高位置或稍高些地方，并宜采用仰俯各测一次计算树高的方法。

任务分析

对照【任务准备】中的“特别提示”及在任务实施过程中出现的问题，讨论并完成表 2-7 中“任务实施中的注意问题”的内容。

表 2-7　树高的测定任务分析表

任务程序		任务实施中的注意问题
人员组织		
材料准备		
实施步骤	1. 勃鲁莱斯测高器测高	
	2. 克里斯登测高器测高	
	3. 罗盘仪测树高	
	4. 不同测高方法的比较	

任务 2.3　伐倒木材积测算

知识目标

1. 了解树干横断面形状、纵断面形状。
2. 掌握材积测算的原理。
3. 掌握伐倒木材积的测定方法。

技能目标

1. 能正确进行伐倒木直径、长度测定和整化。
2. 能正确测定伐倒木的材积。

素质目标

1. 培养学生团队协作能力。
2. 培养学生吃苦耐劳的精神。
3. 培养学生坚持问题导向，善于观察问题、发现问题、分析问题和解决问题的能力。

任务准备

2.3.1 树木形状

树干的形状通称干形，一般有通直、饱满、弯曲、尖削和主干是否明显之分。树木的干形，除受遗传性、年龄和枝条着生情况等内因的影响外，还受环境条件，如立地条件、气候因素、林分密度和经营措施等外因的影响。

树干的形状变化，反应在其粗度(或称直径)自下而上逐渐减小，形成近似某种特定的几何体。几何体形状不同，体积的计算公式是不同的。要想求得树干的体积(材积)，就必须知道树干的形状。

研究干形的目的就是要通过对树干形状的分析研究，找出适合计算树干材积的公式，并寻找精确与合理地计算树干材积的方法和途径。

树干形状尽管变化多样，但可归纳为由树干横断面形状和纵断面形状综合构成。

2.3.1.1 树干横断面

(1)树干横断面的形状

假设过树干中心有一条纵轴线，称为干轴，树干横断面即为与干轴垂直的横切面。树干横断面的形状是指树干横断面的闭合曲线的形状。树干横断面的形状一般不是规整的几何体，它随着所在部位不同而异。树干基部因受根部扩张的影响，树干横断面的形状不规则，沿树干逐渐向上，其形状逐渐近似于椭圆形或圆形，如图 2-11 所示。

图 2-11 树干横断面形状

影响树干横断面形状的因子很多。与树皮厚薄、粗细和开裂程度有关，去皮的树干横断面形状较带皮的规整些；与树干部位有关，一株树自下而上，靠近基部多呈不规整形状，往上近似圆形或椭圆形；此外与树种和年龄也有一定关系。

(2)树干横断面面积计算

大量观测表明，横断面的形状接近于圆形和椭圆形。树干横断面的面积简称为断面积，记为 g。在实际工作中不论用圆或椭圆公式求算树干断面积都只能得到近似的结果。为了便于树干断面积和树干材积计算，通常把树干横断面看作圆形，用圆面积公式计算树干断面积。因此树干断面积的计算公式为：

$$g = \pi d^2/4 \tag{2-4}$$

式中：g——树干横断面面积；

d——树干直径。

特别提示

注意公式中 g、d 使用单位的统一与换算。

研究结果表明，按照圆和椭圆计算面积的公式求得的面积均有误差，其计算误差受树皮的影响较大，其误差一般不超过±3%，这样的误差在森林调查工作中是允许的。

2.3.1.2 树干纵断面

沿树干中心假想的干轴将其纵向剖开，即可得树干纵断面。以干轴作为直角坐标系的 x 轴，以横断面的半径作为 y 轴，并取树梢为原点，按适当的比例作图即可得出表示树干纵断面轮廓的对称曲线，这条曲线通常称为干曲线。干曲线是描述树干纵断面形状的曲线。

树干纵断面形状实际上就是干曲线的类型。根据研究表明，干曲线自基部向梢端的变化大致可归纳为：凹曲线、平行于 x 轴的直线、抛物线和相交于 y 轴的直线这 4 种曲线类型，如图 2-12 中的Ⅰ、Ⅱ、Ⅲ、Ⅳ各段曲线。

如果把树干当作干曲线以 x 轴为轴的旋转体，则相应于上述 4 种曲线的体型依次分别近似于顶凹曲线体、圆柱体、抛物线体和圆锥体，如图 2-13 所示。这 4 种体型在各树干上的相对位置基本是一致的，其变化是逐渐的，且因树种、年龄、立地条件不同所占的比例有所差异。一般生长正常的树干以圆柱体和抛物线体占全树干的绝大部分，凹曲线体和圆锥体所占比例很小。据此特点，基本上可以按抛物线体和圆柱体的求积公式计算树干材积。

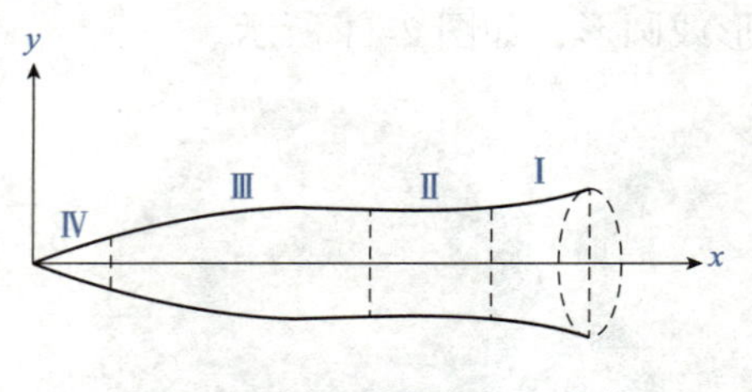

图 2-12 树干纵断面与干曲线

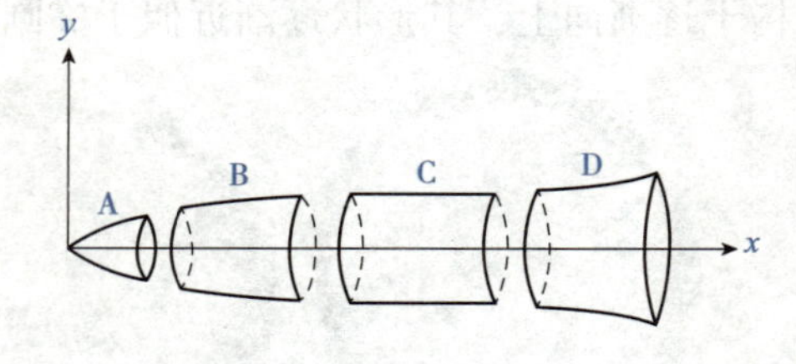

图 2-13 树干不同部位的旋转体

A. 圆锥体 B. 抛物线体

C. 圆柱体 D. 凹曲线体

特别提示

①树干的干形比较复杂，从干基到梢端可以近似看成是由凹曲线体、圆柱体、抛物线体、圆锥体四种几何体组成。

②这四种几何体在同一株树木上的相对位置是一致的。

③各种分段干形的相对位置没有明显的界线，因此按不同几何体分段求积实际上不可能。

④圆柱体、抛物线体在树干中所占比例最大，因而将圆柱体、抛物线体的计算公式作为求算伐倒木材积的公式。

2.3.2 伐倒木求积公式

生长的树木伐倒后打去枝杈所剩余的主干称为伐倒木。计算伐倒木材积的公式很多，下面介绍几种最常用的伐倒木求积公式。

(1)平均断面求积式

此式由司马林于1806年提出，又称司马林公式。一般用于截顶木段，它是将树干当作截顶抛物线体。由于采用了形状不规则的干基横断面，误差较大，平均误差可达±10%，底断面离干基越远，误差越小。此公式一般用于非基部木段和堆积材材积的计算。

$$V=\frac{1}{2}(g_0+g_n)L=\frac{\pi}{4}\left(\frac{d_0^2+d_n^2}{2}\right)L \tag{2-5}$$

式中：V——伐倒木树干材积；

g_0——伐倒木大头断面积；

g_n——伐倒木小头断面积；

L——伐倒木长度；

d_0——伐倒木大头直径；

d_n——伐倒木小头直径。

(2)中央断面求积式

此式由胡伯尔于1825年提出，又称胡伯尔公式。此公式是将树干看作抛物线体，采用中央断面计算伐倒木树干材积。尖削干形常出现负误差，干形圆满出现正误差，范围一般在±5%。因测算工作简单易行，在森林调查工作中应用广泛，是计算单株伐倒木树干材积的基本公式。

$$V=g_{1/2}L=\frac{\pi}{4}d_{1/2}^2L \tag{2-6}$$

式中：V——伐倒木树干材积；

$g_{1/2}$——伐倒木中央断面积；

L——伐倒木长度；

$d_{1/2}$——伐倒木中央直径。

(3)区分求积式

用上述两种求积式来计算树干材积时，由于干形的多变性，所得的结果并不是很精确，一般产生系统偏小或偏大的误差。为了提高木材材积的测算精度，根据树干形状变化的特点，可将树干区分成若干等长或不等长的区分段，使各区分段干形更接近于正几何体，分别用近似求积式测算各分段材积，再把各段材积合计可得全树干材积。该法称为区分求积法。

在树干的区分求积中，梢端不足一个区分段的部分视为梢头，用圆锥体公式计算其材积。$V'=\frac{1}{3}g'l'$。式中 g' 为梢头底断面积；l' 为梢头长度。

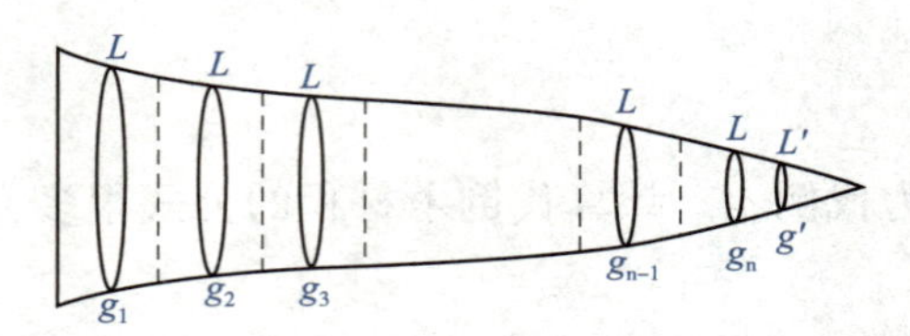

图 2-14　中央断面区分求积法示意图

由于各区分段材积的计算方法不同，因而有中央断面区分求积式和平均断面区分求积式等，在我国林业生产和科研工作中多采用中央断面区分求积式精确计算伐倒木树干材积。下面介绍中央断面区分求积式的计算公式。将树干按一定长度(通常 1 m 或 2 m)分段，量出每段中央直径和最后不足一个区分段梢头底端直径，如图 2-14 所示。

当把树干区分成 n 个分段，利用中央断面近似求积式求算各分段的材积时，其总材积为：

$$
\begin{aligned}
V &= V_1 + V_2 + V_3 + \cdots + V_n + V' \\
&= g_1 l + g_2 l + g_3 l + \cdots + g_n l + \frac{1}{3}g'l' \\
&= l\sum_{i=1}^{n} g_i + \frac{1}{3}g'l'
\end{aligned}
\tag{2-7}
$$

式中：g_1，g_2，…，g_n——各区分段中央断面积；

g_i——第 i 区分段中央断面积；

l——区分段长度；

g'——梢头底端断面积；

l'——梢头长度；

n——区分段个数。

中央断面区分求积式精度较高，一般材积误差在±2%以内。在同一树干上，某个区分求积式的精度主要取决于分段个数的多少，段数越多，则精度越高。为了满足精度要求，区分段数一般以不少于 5 个为宜。

任务实施

伐倒木材积测算

伐倒木材积测定是确定伐区出材量、林业科学研究等工作的重要方法。伐倒木易于测量其各部分的长度和横断面直径，能使树干材积测算的结果更加接近树干真实的材积，因此需要掌握伐倒木材积的测定方法。

一、人员组织、 材料准备

1. 人员组织

①成立教师实训小组，负责指导、组织实施实训工作。

②建立学生实训小组，4~6 人为一组，并选出小组长，负责本组实习安排、考勤和工具材料管理。

2. 材料准备

每组配备轮尺 1 个，围尺 1 个、皮尺 1 个，伐倒木树干，记录夹 1 套(含记录表)。

二、任务流程

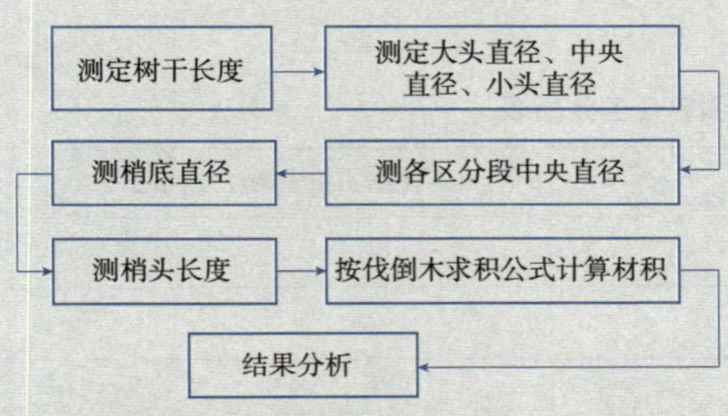

三、实施步骤

1. 平均断面求积法

①实测伐倒木树干长度、树干大头直径和小头直径。将测定结果填入表 2-8 中。

②按公式 $V=\frac{1}{2}(g_0+g_n)L=\frac{\pi}{4}\left(\frac{d_0^2+d_n^2}{2}\right)L$ 计算伐倒木树干材积。

2. 中央断面积求积法

①实测伐倒木树干长度和树干中央直径。将测定结果填入表 2-8 中。

②按公式 $V=g_{1/2}L=\frac{\pi}{4}d_{1/2}L$ 计算伐倒木树干材积。

3. 中央断面积区分求积法

①按 2 m 或 1 m 区分段要求，标出各区分段中央直径和梢底直径位置。

②测定区分段中央直径、梢底直径和梢头长度。将测定结果填入表 2-8 中。

③按公式 $V=g_1l+g_2l+g_3l+\cdots+g_nl+\frac{1}{3}g'l'$

$=l\sum_{i=1}^{n}g_i+\frac{1}{3}g'l'$ 计算伐倒木树干材积。

4. 中央断面积区分求积法

将利用上面三个公式计算的结果填入表 2-9 中，以中央断面区分求积法计算的材积为准，分别计算平均断面求积法和中央断面求积法的误差率，并进行结果分析。

$$\text{误差率}=\frac{\text{测定值}-\text{实际值}}{\text{实际值}}\times100\%$$

表 2-8 伐倒木测定记录表

距根径距离(m)	各区分段中央直径(cm)	各区分段中央断面积(m^2)	各区分段材积(m^3)	其他数据
1 2 3 …				伐倒木长度 L= 大头直径 d_0= 小头直径 d_n= 中央直径 $d_{1/2}$= 区分段长度 l=
梢 头	梢头底径 d'=	梢头断面积 g'=	梢头材积 V'=	梢头长度 l'=

表 2-9 不同方法计算伐倒木材积比较表

测算方法	项 目		
	材 积(m^3)	误差率(%)	备 注
中央断面区分求积法			以中央断面区分求积法计算的材积为准
平均断面求积法			
中央断面求积法			

四、实施成果

①每人完成实训报告一份，主要内容包括实训目的、内容、操作步骤、成果的分析及实训体会。

②将任务结果填入表2-8和表2-9中，要求字迹清晰、计算准确。

五、注意事项

①区分段要正确，并且在各区分段处作标记。

②量测的直径要准确，读到毫米(mm)。

③不同公式在计算材积时，输入的数据不能出错，计算要认真仔细，保留4位小数。

④中央直径处出现节疤、突出或凹陷以及其他不规则的形状时，应在中央直径上下距离相等而横断面形状较正常处，测取两个直径，取其平均数作为胸径。

⑤当伐倒木断面、区分段断面呈扁圆形状采用轮尺测时，则应测长径和短径的平均数作为胸径。

任务分析

对照【任务准备】中的“特别提示”及在任务实施过程中出现的问题，讨论并完成表2-10中“任务实施中的注意问题”的内容。

表2-10　伐倒木材积测算任务分析表

任务程序			任务实施中的注意问题
人员组织			
材料准备			
实施步骤	1. 测定树干长度		
	2. 测定树干大头直径、中央直径、小头直径		
	3. 测各区分段中央直径		
	4. 测梢底直径		
	5. 测梢头长度		
	6. 按伐倒木求积公式计算材积	(1)平均断面求积法	
		(2)中央断面求积法	
		(3)中央断面区分求积法	

任务2.4　材种材积测算

知识目标

1. 掌握原条、原木的长度及直径检量方法。
2. 掌握检量进位规则。
3. 熟练原条、原木材积的计算方法。

技能目标

1. 能根据木材标准正确合理地造材。
2. 能正确测算不同材种的材积。

素质目标

1. 培养学生一丝不苟、精益求精的工作态度。
2. 树立林业工作中尊重标准、遵守规程的工作意识。
3. 培养学生观察能力和解决生产实际问题的能力。

任务准备

材种材积测算是制定木材采伐限额、生产计划及营林技术措施的重要依据，在合理使用和正确计量木材等方面发挥重要作用。因此需要熟悉原条、原木等材种标准，掌握原条、原木等材种材积的测算方法。

2.4.1 木材标准

2.4.1.1 木材标准的概念

国家为了合理使用和正确计量木材，对不同材种的尺寸大小、适用树种、材质标准(材质等级)以及木材检验规则和用于计算材种材积的公式或数表等都做了统一规定，这种规定称为木材标准。我国在1958年11月，首次正式颁布了木材标准，又于1984年12月经国家科学技术委员会再次进行修改，并于1985年12月实施。此外，各自治区或直辖市根据地方用材需要，制定了地区性的木材标准(即地方木材标准)作为国家木材标准的补充规定。进入20世纪90年代，我国的木材需求和消费逐年增加，对木材及其制品的低碳、循环、合理利用以及产业规范化管理等提出了更高的要求，木材标准化技术委员会又组织了新一轮的木材标准的修订工作，这为低碳转型奠定了基础，推进了碳达峰、碳中和目标的实现。近年来，我国一直在不断补充、完善和修订木材标准，颁布实施了很多新的国家、行业及地方木材标准。到2006年已有包括《原木缺陷》《锯材缺陷》《原木检验》《杉原条》《锯材检验》等40多项标准正式发布实施。此间还制定了《红木》《中国主要木材名称》《中国主要进口木材名称》《实木地板》等38项新标准并发布实施。新制或修订后的木材标准，结构更趋合理，内容及技术指标更加完善和科学，标准水平有了新的提高，使木材标准更适应生产管理和市场经济以及国标标准发展的需要，这标志着我国木材标准化工作和标准水平提高到一个新的发展高度。

2.4.1.2 木材标准的种类

根据《中华人民共和国标准化法》《中华人民共和国标准化法实施条例》，将我国的木材标准分为国家标准、行业标准、地方标准和企业标准四级。按标准的约束性(标准的属性）分类，标准可分为强制性标准和推荐性标准两类。强制性标准是指在一定范围内，国家运用行政的和法律的手段强制实施的标准；推荐性标准是指并不强制厂商和用户采用，而是通过经济手段或市场调节促使他们自愿采用的标准。

（1）国家标准

国家标准是指对关系到全国经济、技术发展的标准化对象所制定的标准，它在全国各行业、各地方都适用。《中华人民共和国标准化法》规定："对需要在全国范围内统一的技术要求，应当制定国家标准。"国家标准由国务院标准化行政主管部门制定发布，以保证国家标准的科学性、权威性、统一性。

现行木材国家标准目录见表2-11。

（2）行业标准

行业标准是指对没有国家标准而又需要在全国某个行业范围内统一的技术要求所制定的标准。行业标准不得与有关国家标准相抵触，有关行业标准之间应保持协调、统一，不得重复。现行木材林业行业标准见表2-12。

（3）地方标准

地方标准是指对没有国家标准和行业标准而又需要有省、自治区、直辖市范围内统一的技术要求所制定的标准。

2.4.1.3　木材标准的代号及编号

（1）我国国家标准号的组成

①国家标准代号的类型。工农业方面的国家标准代号为"GB"（"国标"二字汉语拼音的第一个字母的组合）。其读音不是英文而是汉语拼音，含义是"中华人民共和国强制性国家标准"；工程建设方面的国家标准代号为"GBJ"（即"国标建"三字的汉语拼音第一个字母的组合）。国家标准代号为"GB/T"含义是"中华人民共和国推荐性国家标准"；国家标准代号为"GB/Z"含义是"中华人民共和国国家标准化指导性技术文件"。

②国家标准的顺序编号。我国的国家标准，其标准号由标准代号，顺序编号及年代组成。标准号=标准代号"+"顺序编号"+"连接号"+"年份。如《针叶树锯材》（GB/T 153—2009），含义是国标编号为153，发布于2009年。有时会出现有些同一家族的国标不能同时制定，审批发布时，按这种方法就会被其他标准占据其中一些标准号，不能保持同家族标准号的连续。为克服这些缺点，对这类标准采用总号和分号相结合的方法。即同家族的标准用同一总号，不同的标准采用不同的分号。在同一总号和不同分号之间用一圆点隔开。如《锯材批量检查抽样、判定方法》（GB/T 17659. 2—1999）。

③国家标准年代表示法。标准的年代用两位阿拉伯数字表示，与标准顺序号用一横线连接，如《原木检验、尺寸检量》（GB 144. 2—1984），1984年批准发布的。从1995年起，国家标准年代号用四位数字表示。

（2）行业标准号

行业标准的编号由代号，标准顺序号及年号组成。各行业标准代号各不相同，如教育行业标准代号为JY，行业标准主管部门是国家教育委员会，……林业行业标准代号为LY，行业标准主管部门是国家林业和草原局。

(3)地方标准的代号

地方标准代号是汉语拼音字母“DB”加上省，自治区，直辖市行政区划代码前两位数再加斜线，组成强制性地方标准代号(表 2-11、表 2-12)。“DB/T”，为推荐性地方标准代号。省、自治区、直辖市代码见相应的表格。地方标准的编号，是由地方标准代号，地方标准顺序号和年号如《建筑用原木(梁材、檩材、柱材、椽材)》，含义是陕西省地方标准编号 25，于 1964 年发布。如黑龙江省强制性地方标准的编号表示为 DB23/＊＊＊＊—××××。DB23/是黑龙江省强制性地方标准代号、＊＊＊＊是标准顺序号、—是标准顺序号与年份连接号、××××是标准批准年号。黑龙江省推荐性地方标准的编号表示为 DB23/T＊＊＊＊—××××。DB23/T 是黑龙江省推荐性地方标准代号，其他符号表示内容同上。

表 2-11　现行木材国家标准目录(摘录)

序号	标准编号	标准名称
1	GB 142—2013	坑木
2	GB 154—2013	木枕
3	GB 142—2013	坑木
4	GB 4814—2013	原木材积表
5	GB 4820—2013	罐道木
6	GB/T 143—2017	锯切用原木
7	GB/T 144—2013	原木检验
8	GB/T 155—2017	原木缺陷
9	GB/T 4812—2016	特级原木
10	GB/T 4815—2009	杉原条材积表
11	GB/T 5039—1999	杉原条
12	GB/T 11716—2018	小径原木
13	GB/T 11717—2018	造纸用原木
14	GB/T 15106—2017	刨切单板用原木
15	GB/T 15779—2017	旋切单板用原木
16	GB/T 15787—2006	原木检验术语
17	GB/T 18000—1999	木材缺陷图谱
18	GB/T 17659. 1—2018	原木锯材批量检查抽样、判定方法　第 1 部分：原木批量检查抽样、判定方法
19	GB/T 17659. 2—2018	原木锯材批量检查抽样、判定方法　第 2 部分：锯材批量检查抽样、判定方法
20	GB/T 18107—2017	红木
21	GB/T 16734—1997	中国主要木材名称

(续)

序号	标准编号	标准名称
22	GB/T 18513—2001	中国主要进口木材名称
23	GB/T 18959—2003	木材保管规程
24	GB/T 153—2019	针叶树锯材
25	GB 449—2009	锯材材积表
26	GB/T 4817—2019	阔叶树锯材
27	GB/T 4822—2015	锯材检验
28	GB/T 4823—2013	锯材缺陷
29	GB/T 6491—2012	锯材干燥质量
30	GB/T 7909—2017	造纸木片
31	GB/T 11917—2009	制材工艺术语

表 2-12 现行木材林业行业标准目录(摘录)

序号	标准编号	标准名称
1	LY/T 1002—2012	车立柱
2	LY/T 1079—2015	小原条
3	LY/T 1156—2012	木板皮
4	LY/T 1157—2018	檩材
5	LY/T 1158—2018	椽材
6	LY/T 1200—2012	机台木
7	LY/T 1184—2011	橡胶木锯材
8	LY/T 1294—2012	直接用原木 电杆
9	LY/T 1295—2012	铁路货车锯材
10	LY/T 1296—2012	载重汽车锯材
11	LY/T 1285—2011	船舶锯材
12	LY/T 1352—2012	毛边锯材
13	LY/T 1293—1999	原条材积表
14	LY/T 1369—2011	次加工原木
15	LY/T 1370—2002	原条造材
16	LY/T 1502—2008	马尾松原条
17	LY/T 1503—2011	加工用原木枕资
18	LY/T 1504—2013	脚手杆

（续）

序号	标准编号	标准名称
19	LY/T 1506—2018	短原木
20	LY/T 1507—2018	木杆
21	LY/T 1509—2019	阔叶树原条
22	LY/T 1510—1999	剖开材检验
23	LY/T 1511—2002	原木产品 标志 号印
24	LY/T 1513—2012	乐器锯材 钢琴锯材
25	LY/T 1717—2007	人造板抽样检验指导通则
26	LY/T 1718—2017	低密度和越低密度纤维板
27	LY/T 1793—2008	木纤维用原木
28	LY/T 1794—2019	人造板木片

2.4.2 材种的划分和造材

2.4.2.1 材种的划分

材种指木材根据商品学上的分类而分的种别，即木材产品种类，简称材种。材种指木材按照各种用途要求、规定所划分的品种名称。从我国木材产品的结构来看，现行新标准所列的木材材种有：原条、原木、锯材、人造板、其他(工艺木片、木纸浆、单板、薄木、杂木杆等)。

(1)原条

伐倒木经过打枝(有的也经过剥皮)，但未按一定尺寸(长级和径级)横截加工造材的树干称为原条。原条是一种比较原始的产品，到具体使用时还需要根据用途不同而进行横截。我国国标中的原条长度范围为5~35 m。我国现行的原条产品主要有杉原条、马尾松原条、阔叶树原条和小原条。

现行的原条国家及行业标准主要有：《杉原条》(GB/T 5039—1999)、《杉原条材积表》(GB/T 4815—2009)、《马尾松原条》(LY/T 1502—2008)、《阔叶树原条》(LY/T 1509—2019)、《小原条》(LY/T 1079—2015)、《原条材积表》(LY/T 1293—1999)、《原条造材》(LY/T 1370—2002)等。

(2)原木

由原条按一定尺寸(长级和径级)规定横截加工而成的圆形木段(符合标准尺寸的圆形木段)称为原木。原木是国际木材贸易中最常见的木材产品形式。我国国标中的原木长度范围为2~10 m，长原木为10 m以上，短原木为2 m以下。我国现行的原木产品按尺寸分主要有特级原木、小径原木、短原木；按用途分主要有直接用原木、加工用原木、次加工用原木三大类。直接用原木包括直接用原木坑木、直接用原木电杆、脚手杆、木杆、檩材、椽材、车立木；加工用原木包括加工用原木枕资、阔叶锯切用原木、针叶锯切用原木、刨切单板用原木、旋切单板用原木；次加工用原木包括人造板用原木、造纸用原木。

现行的原木国家及行业标准主要有：《坑木》(GB 142—2013)、《特级原木》(GB/T 4812—2016)、《小径原木》(GB/T 11716—2018)、《锯切用原木》(GB/T 143—2017)、《造纸用原木》(GB/T 11717—2018)、《原木材积表》(GB 4814—2013)、《原木检验》(GB/T 144—2013)、《原木检验术语》(GB/T 15787—2017)、《原木缺陷》(GB/T 155—2017)、《车立柱》(LY/T 1002—2012)、《小原条》(LY/T 1079—2015)、《檩材》(LY/T 1157—2018)、《椽材》(LY/T 1158—2018)、《直接用原木 电杆》(LY/T 1294—2012)、《次加工原木》(LY/T 1369—2011)、《加工用原木 枕资》(LY/T 1503—2011)、《脚手杆》(LY/T 1504—2013)、《短原木》(LY/T 1506—2008)、《木杆》(LY/T 1507—2008)、《原木产品 标志 号印》(LY/T 1511—2002)等。

(3)锯材

原木经过纵向锯割加工而制成的板方材称为锯材。凡宽度为厚度的3倍或3倍以上的称为板材，不足3倍的称为方材。锯材产品主要有针叶树锯材、阔叶树锯材、整边锯材、毛边锯材、板材、方材、罐道木、机台木、枕木等。

现行的锯材国家及行业标准主要有：《针叶树锯材》(GB/T 153—2019)、《阔叶树锯材》(GB/T 4817—2019)、《锯材材积表》(GB 449—2009)、《锯材检验》(GB/T 4822—2015)、《锯材缺陷》(GB/T 4823—2013)、《罐道木》(GB 4820—2013)、《机台木》(LY/T 1200—2012)、《橡胶木锯材》(LY/T 1184—2011)、《毛边锯材》(LY/T 1352—2012)、《乐器锯材 钢琴锯材》(LY/T 1513—2012)等。

2.4.2.2 伐倒木造材

对树干或原条进行材种划分的加工过程称为造材。在生产中，树木伐倒后应根据木材标准所规定的尺寸和材质要求，对树干进行造材。在造材过程中，必须贯彻合理使用木材和节约木材的原则。针对树种和木材性质，正确处理树干外部及内部的缺陷，做到合理造材。

(1)量材和造材作业要求

①量材人员必须做到持证上岗。

②量材设计时，对树干或原条要采取看、探、敲、量、算、划等办法，正确判断树干或原条的各种缺陷，进行优化设计。

③量材设计时，要从根部向梢部进行，量尺要准确，画线要明显，并留出适当的锯口长度。

④检量使用钢卷尺、钢板尺。

⑤造材工要按量材设计方案对线下锯，不得躲包让节。不得自行改变锯口。

⑥造材时，锯口偏斜长短面的距离不得超过长级公差。严格防止劈裂和锯伤邻木。

(2)合理造材的原则

①树干通直、尖削度小、节子少、材质好和无病虫害的原条，应造优质材、特级材或

长材。做到长材不短造，优材优用，充分利用原条长度，尽量造出大尺码材种。

②小径原条、多节原条、梢头木，符合直接用原木标准的，应造直接用原木。

③原条多节部位的造材。其长级、径级符合锯切用原木的，根据节子的密集程度和尺寸大小，可将节子最多、最大的部位造在一根原木上；如能提高原木等级，则应把节子分造在两根原木上。

④粗大的枝杈可造材时也应造材，充分利用木材资源。

(3)有缺陷树干或原条造材的量材设计

①根部腐朽，不够等内材，长度不超过 1 m 的可以截掉；够等内材的视其腐朽程度合理确定造材长度。

②干部腐朽，应把腐朽部位尽可能造在一根原木上。

③梢部腐朽，视其腐朽程度，合理确定材长或截掉。

④有虫眼的原条，视其虫眼密集程度，可把虫眼最多的部位造在一根原木上；如能提高原木等级，则应把虫眼分造在两根原木上。

⑤有纵裂或外夹皮的原条，视其纵裂或外夹皮长度，可把纵裂或外夹皮造在一根原木上；如能提高原木等级，则应把纵裂或外夹皮分造在两根原木上。

⑥弯曲原条，应在影响原木等级的弯曲部位下锯，见弯取直；急弯部分，长度不超过 1 m 的应截掉。

⑦扭转纹原条，应尽可能地造不限制扭转纹的原木。

⑧有外伤或偏枯的原条，应把外伤或偏枯最深部位造在一根原木上。

⑨双杈原条分叉处以下主干长度 2 m 以上的，可在双杈相连处下锯，双杈部位需劈开另行量材造材，或将较细的一根枝杈紧靠分岔处锯齐，不得造杈形材。

⑩一根次加工原木或烧材上不许带 1 m 以上长度的等内材。

2.4.3 材种材积的测定

2.4.3.1 原条材积的测定

(1)原条的检尺、进级(表 2-13)

表 2-13 原条的检尺、进级表

原条类别	梢端直径	检尺长	检尺径
杉原条	6~12 cm(6 cm 为实足尺寸)	自 5 m 以上，以 1 m 进级	自 8 cm 以上，以 2 cm 进级
马尾松原条	6~12 cm(6 cm 为实足尺寸)	自 5 m 以上。以 1 m 进级，不足 1 m 的由梢端舍去	自 8 cm 以上。以 2 cm 进级，不足 2 cm 时，足 1 cm的进级，不足 1 cm 的舍去
阔叶树原条	6~12 cm(6 cm 为实足尺寸)	自 5 m 以上。以 1 m 进级，不足 1 m 的由梢端舍去，经舍去后的长度为检尺长	自 8 cm 以上。以 2 cm 进级，不足 2 cm 时，足 1 cm的进级，不足 1 cm 的舍去

（续）

原条类别	梢端直径	检尺长	检尺径
小原条	自 3 cm 以上	自 3 m 以上。从大头斧口（或锯口）量至梢端短径足 3 cm处止，以 0.5 m 进级，不足 0.5 m 的由梢端舍去，经舍去后的长度为检尺长	自 4 cm 以上。从大头斧口（或锯口）2.5 m 处检量。以 1 cm 为一个增进单位，实际尺寸不足 1 cm时，足 0.5 cm 的增进，不足 0.5 cm 的舍去，经进舍后的直径即为检尺径。如检尺径自 8 cm以上，检尺长从大头量至梢部 5 m 处的短径足6 cm者，应分别按杉原条、马尾松原条、阔叶树原条检验

(2)原条尺寸检量方法(表 2-14)

表 2-14 原条尺寸检量方法

检量分类	检量位置	检量方式
长度检量	检尺长：从大头斧口（或锯口）量至梢端短径足 6 cm 处止，以 1 m 进位，不足 1 m 的由梢端舍去，经舍去后的长度为检尺长	大头打水眼。材长应从大头水眼内侧量起
		梢头打水眼。材长应量至梢头水眼内侧处为止
直径检量	检尺径：离大头斧口（或锯口）2.5 m 处检量。以 2 cm 进级，不足 2 cm 时，凡足 1 cm的进位，不足 1 cm 的舍去	检量直径处遇有节子、树瘤等不正常现象，应向梢端方向移至正常部位检量
		直径检量部位遇有夹皮、偏枯、外伤和节子脱落而形成凹陷部分。将直径恢复其原形检量
	用卡尺检量小原条直径。其长、短径均量至厘米，以其长、短径的平均数经进舍后为检尺径	用卡尺检量直径或梢径时，以长、短径的平均数（均量算至毫米），舍去不足 1 cm 尾数后作为检尺径或梢径。遇有节子、树瘤、夹皮、偏枯、外伤和节子脱落等不正常现象，应按《杉原条》(GB/T 5039—1999)规定执行
劈裂材的尺寸检量		大头劈裂已脱落。端头断面厚度（指进舍后尺寸）相当于检尺径的不计；小于检尺径的，材长应扣除到相当于检尺径处的长度量起，重新确定检尺长，原检尺径不变
		大头劈裂未脱落。最大一块端头断面厚度（指进舍后尺寸）相当于检尺径的不计；小于检尺径的，材长应扣除劈裂全长的 1/2 后量起，重新确定检尺长，原检尺径不变
		大头劈裂长度自 2.5 m 以上的，其检尺径仍在离大头 2.5 m 处检量
		大头劈裂长度自 2.5 m 以上的已脱落的，以其长、短径的平均数，经进舍后为检尺径，原检尺长不变
		大头劈裂长度自 2.5 m 以上的未脱落的，仍以原直径（扣除裂隙后的直径）经进舍后为检尺径，材长应扣除劈裂全长 1/2 后量起，重新确定检尺长
		尾梢劈裂，不论是否脱落，其材长均量至所余最大一块厚度（实足尺寸）不小于 6 cm 处为止

(3)原条材积计算

①原条材积计算公式。

$$V=0.7854D^2L/1000 \tag{2-8}$$

②小原条材积计算公式。

$$V=(5.5L+0.38D^2L+16D-30)/10\ 000 \tag{2-9}$$

③杉原条材积计算公式。

检尺径≤8 cm 的杉原条材积：

$$V=0.4902\times L/100 \tag{2-10}$$

检尺径≥10 cm 且检尺长≤19 m 的杉原条材积：

$$V=0.394\times(3.279+D)^2\times(0.707+L)/10\ 000 \tag{2-11}$$

检尺径≥10 cm 且检尺长≥20 m 的杉原条材积：

$$V=0.39\times(3.50+D)^2\times(0.48+L)/10\ 000 \tag{2-12}$$

式(2-8)至式(2-12)中：V——原条材积，m^3；

L——原条检尺长，m；

D——原条中央直径(检尺径)，cm。

原条、小原条、杉原条材积可根据检尺长和检尺径直接从《原条材积表》(LY/T 1293—1999)、《小原条》(LY/T 1079—2015)、《杉原条材积表》(GB/T 4815—2009)中查得。

2.4.3.2 原木材积的测定

(1)原木尺寸检量

①原木的检尺长、检尺径进级及公差，均按原木产品标准的规定执行。

②检量原木的材长以米(m)为单位，量至厘米，不足厘米者舍去。原木的材长是在大小头两端断面之间相距最短处取直检量，如图 2-15 所示。如检量的材长小于原木产品标准规定的检尺长，但不超过下偏差，仍按原木产品标准规定的检尺长计算；如超过下偏差，则按下一级检尺长计算。

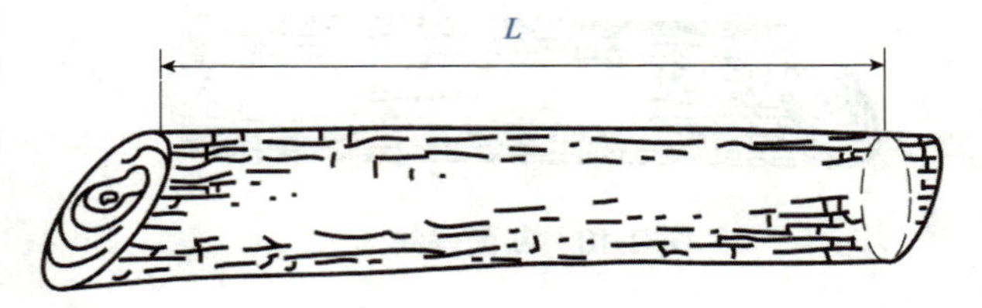

图 2-15 材长

③伐木下楂断面的短径经进舍后大于等于检尺径的，材长自大头端部量起；小于检尺径的，材长应让去小于检尺径部分的长度，如图 2-16 所示。

④检量原木的直径以厘米(cm)为单位，量至毫米(mm)，不足毫米者舍去，小于等于

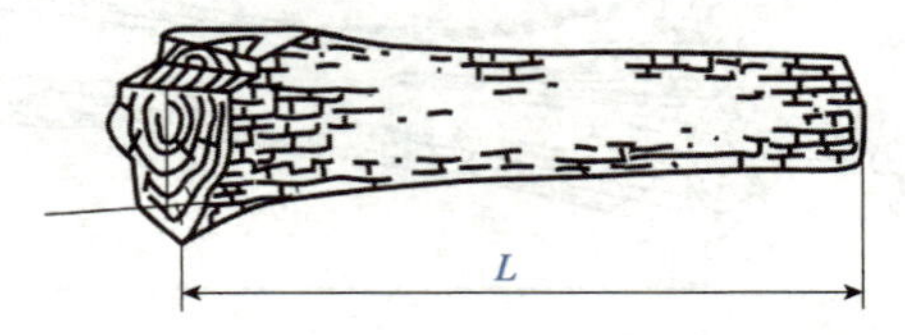

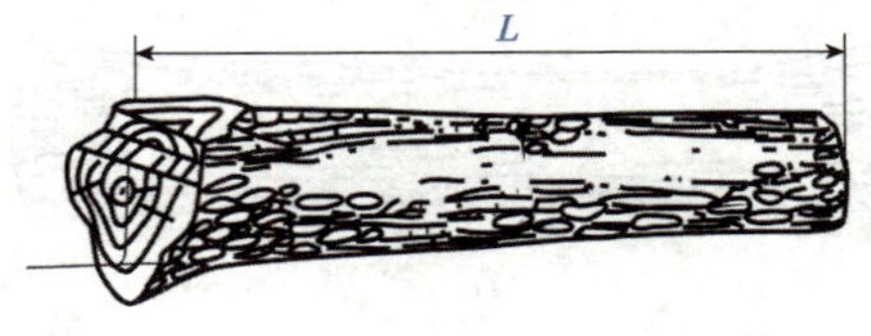

图 2-16 下楂短径

14 cm 的，四舍五入至厘米(cm)。

检尺径的确定，是先通过小头断面中心量短径，再通过短径中心垂直检量长径，如图 2-17 所示。其长、短径之差自 2 cm 以上，以其长、短径的平均数经进舍后为检尺径；长、短径之差小于 2 cm，以短径经进舍后为检尺径。

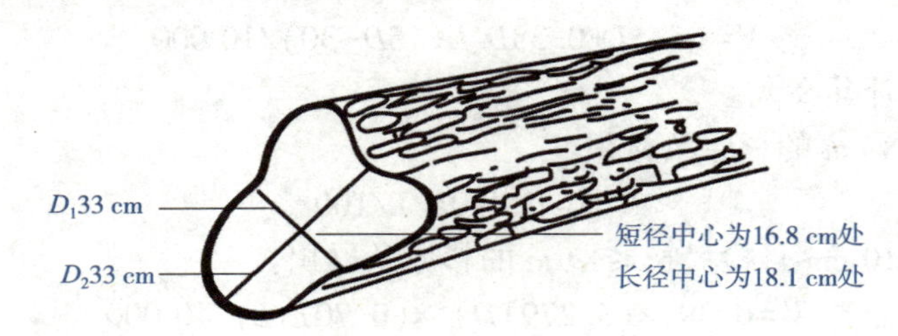

图 2-17　长短径

⑤检量原木的直径、短径、长径，一律扣除树皮和根部肥大部分。

⑥检尺径的进级：原木的检尺径小于等于 14 cm 的，以 1 cm 进级，尺寸不足 1 cm 时，足 0.5 cm 进级，不足 0.5 cm 舍去；检尺径大于 14 cm 的，以 2 cm 进级，尺寸不足 2 cm 时，足 1 cm 进级，不足 1 cm 舍去。

⑦原木小头断面偏斜，检量直径时，应将钢板尺保持与材长成垂直的方向检量，如图 2-18 所示。

⑧实际材长超过检尺长的原木，其直径仍在小头断面检量。

⑨小头断面有偏枯、外夹皮的，检量直径如需通过偏枯、外夹皮处时，可用钢板尺横贴原木表面检量，如图 2-19 所示。

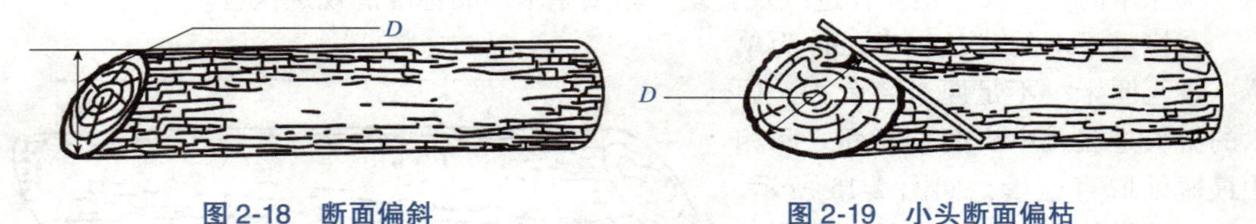

图 2-18　断面偏斜　　图 2-19　小头断面偏枯

⑩小头断面节子脱落的，检量直径时，应恢复原形检量。

⑪双心材、三心材和中间细、两头粗的原木，其直径应在原木正常部位(最细处)检量，如图 2-20 所示。

⑫双杈材的尺寸检量，以较大断面的一个干岔检量直径和材长，另一个干岔按节子处理，如图 2-21 所示。

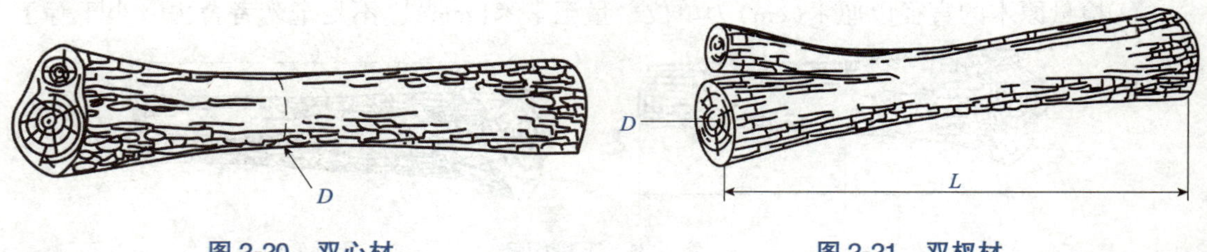

图 2-20　双心材　　图 2-21　双杈材

⑬两根原木干身连在一起的，应分别检量计算，如图 2-22 所示。

⑭劈裂材(含撞裂)检量，分为以下 4 种情况：

a. 未脱落的劈裂材：检量直径如需通过裂缝，其裂缝与检量方向形成的最小夹角大于等于 45°者，应减去通过裂缝长 1/2 处的垂直宽度；最小夹角小于 45°者，应减去通过裂缝长 1/2 处垂直宽度的一半，如图 2-23 所示。

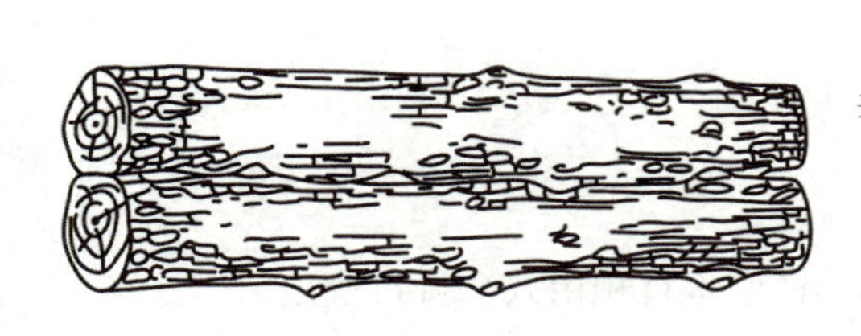

图 2-22　双杈材

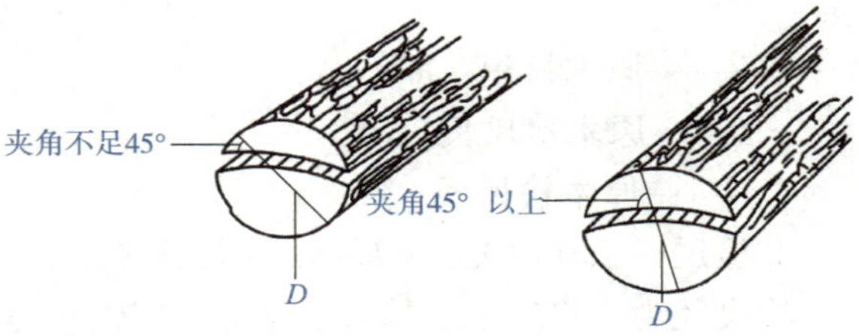

图 2-23　劈裂材

b. 小头已脱落的劈裂材：劈裂厚度不超过小头同方向原有直径 10% 的不计，超过 10% 的应让检尺径。让检尺径：先量短径，再通过短径垂直检量最长径，以其长短径的平均数经进舍后为检尺径，如图 2-24 所示。2 块以上劈裂应分别计算。

c. 大头已脱落的劈裂材：如该断面短径经进舍后，大于等于检尺径的不计；小于检尺径的，以大头短径经进舍后为检尺径。

d. 大、小头同时存在劈裂的：应分别按上述各项规定处理。

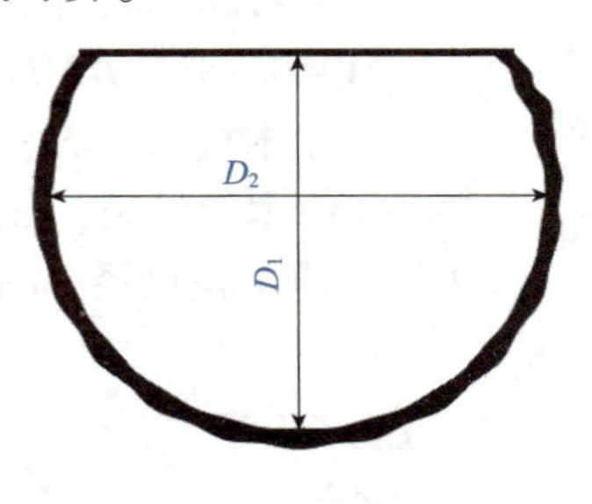

图 2-24　小头劈裂脱落

⑮原木端头或材身磨损检量。

a. 原木小头磨损，按劈裂材中的 b. 项规定处理。

b. 原木大头磨损，按劈裂材中的 c. 项规定处理。

c. 原木材身磨损，按外伤处理。

⑯原木材质评定。

a. 原木各种缺陷的允许限度，按原木产品标准规定执行。

b. 特殊产品另有规定的，按其规定执行。

c. 评定原木等级时，自两种以上缺陷或同一种缺陷分布在不同部位的，以影响等级最严重的缺陷为准。

d. 检量各种缺陷的尺寸单位规定为：纵裂长度、外夹皮长度、弯曲拱高、内曲水平长度、扭转纹倾斜高度、弧裂拱高、环裂半径、外伤深度、偏枯深度均量至厘米，不足厘米者舍去；其他缺陷均量至毫米，不足毫米者舍去。

e. 检尺长范围外的缺陷，除漏节、心材腐朽、边材腐朽外，其他缺陷不予计算。

f. 节子、漏节、边材腐朽、心材腐朽、虫眼、裂纹、弯曲、扭转纹、外夹皮、偏枯、外伤及其他的检量详见《原木检验》(GB/T 144—2013)及《原木缺陷》(GB/T 155—2017)。

(2)原木尺寸进级

原木检尺径在 4~13 cm 按 1 cm 进级，检尺径自 14 cm 以上按 2 cm 进级。原木检尺长在0.5~1.9 m按0.1 m进级，检尺长自2.0 m以上按0.2 m进级。各材种原木的检尺长、检尺径进级及公差，均按原木产品标准的规定执行，见表2-15。

(3)原木材积计算

①检尺长0.5~1.9 m原木材积计算公式：

检尺径为8~120 cm、检尺长0.5~1.9 m的短原木材积由式(2-13)确定。

$$V=0.8L(D+0.5L)^2/10\ 000 \tag{2-13}$$

式中：V——原木材积，m^3；

L——原木检尺长，m；

D——原木检尺径，cm。

②检尺长2.0~10.0 m原木材积计算公式：

检尺径为4~13 cm、检尺长2.0~10.0 m的小径原木材积由式(2-14)确定。

$$V=0.7854L(D+0.45L+0.2)^2/10\ 000 \tag{2-14}$$

式中：V——原木材积，m^3；

L——原木检尺长，m；

D——原木检尺径，cm。

检尺径14~120 cm、检尺长2.0~10.0 m的原木材积由式(2-15)确定。

$$V=0.785L[D+0.5L+0.005L^2+0.000\ 125L(14-L)^2(D-10)]^2/10\ 000 \tag{2-15}$$

式中：V——原木材积，m^3；

L——原木检尺长，m；

D——原木检尺径，cm。

表2-15　原木检尺长、检尺径进级及公差

材种	用途或树种	检尺长			检尺径		标准编号
		检尺长(m)	进级(m)	长级公差(cm)	检尺径(cm)	进级(cm)	
特级原木	针叶树	4~6	0.2	允许 +6 0	自24以上(柏木、杉木自20以上)	2	GB/T 4812—2016
	阔叶树	2~6			自24以上		
小径原木	所有针、阔叶树	2~6	0.2	允许 +3 -1	自8以上	检尺径14以上按2进级；不足13按1进级，不足1的舍去	GB/T 11716—2018
短原木	所有针、阔叶树	0.5~1.9	不足0.1时：足0.05增进，不0.05舍去	允许 +3 -1	自8以上	不足14的按1进级；14以上按2进级	LY/T 1506—2018

（续）

材种	用途或树种	检尺长			检尺径		标准编号
		检尺长(m)	进级(m)	长级公差(cm)	检尺径(cm)	进级(cm)	
加工用原木	针叶树锯切用原木	2~8	0.2	允许 +6 −2	东北、内蒙古、新疆产区18以上，其他产区自14以上	2	GB/T 143—2006
	阔叶树锯切用原木	2~6	0.2	允许 +6 −2	东北、内蒙古、新疆产区18以上，其他产区自14以上	2	GB/T 143—2006
次加工用原木	针、阔叶树	2~6	0.2进级，但有2.5一级	允许 +6 −2	东北、内蒙古地区自18以上。其他地区自14以上	2	LY/T 1369—2011
直径用原木	脚手杆	4~10	1	允许 +6 −2	5~10	1	LY/T 1504—2013
	木杆（所有针、阔叶树）	1~6	不足2的按0.1进级；自2以上的按0.2进级	允许 +6 −2	3~8	1进级，凡不足1的，足0.5增进，不足0.5舍去	LY/T 1507—2018

③检尺长10.2 m以上原木材积计算公式：检尺径14~120 cm、检尺长自10.2 m以上的超长原木材积由式(2-16)确定。

$$V=0.8L(D+0.5L)^2/10\ 000 \qquad (2\text{-}16)$$

式中：V——原木材积，m^3；

L——原木检尺长，m；

D——原木检尺径，cm。

检尺径4~7 cm的原木材积数字保留4位小数，检尺径自8 cm以上的原木材积数字保留3位小数。

检尺径4~120 cm、检尺长0.5~20.0 m的原木材积可根据检尺长和检尺径直接从《原木材积表》(GB 4814—2013)中查得，见表2-16。

表2-16 原木材积表（节录GB 4814-2013）

原木直径、长度范围：检尺径14~120 cm、检尺长3.0~4.0 m						
检尺径(cm)	检尺长(m)					
	3.0	3.2	3.4	3.6	3.8	4.0
	材积(m^3)					
14	0.058	0.063	0.068	0.073	0.078	0.083
16	0.075	0.081	0.087	0.093	0.100	0.106
18	0.093	0.101	0.108	0.116	0.124	0.132

（续）

原木直径、长度范围：检尺径 14~120 cm、检尺长 3.0~4.0 m						
检尺径(cm)	检尺长(m)					
	3.0	3.2	3.4	3.6	3.8	4.0
	材积(m^3)					
20	0.114	0.123	0.132	0.141	0.151	0.160
22	0.137	0.147	0.158	0.169	0.180	0.191
24	0.161	0.174	0.186	0.199	0.212	0.225
26	0.188	0.203	0.217	0.232	0.247	0.262
28	0.217	0.234	0.250	0.267	0.284	0.302
30	0.248	0.267	0.286	0.305	0.324	0.344
32	0.281	0.302	0.324	0.345	0.367	0.389
34	0.316	0.340	0.364	0.388	0.412	0.437
36	0.353	0.380	0.406	0.433	0.460	0.487
38	0.393	0.422	0.451	0.481	0.510	0.541
40	0.434	0.466	0.498	0.531	0.561	0.597

任务实施

任材种材积测算

在原条、原木的量测过程中，要熟练掌握量测进位规则，注意劈裂材、双杈材等特殊木材的测量要求，注意直径量测和长度量测时的单位及有效数字，保证测算结果的准确性。

一、人员组织、材料准备

1. 人员组织

①成立教师实训小组，负责指导、组织实施实训工作。

②建立学生实训小组，4~6 人为一组，并选出小组长，负责本组实习安排、考勤和工具材料管理。

2. 材料准备

每组配备皮尺 1 个、围尺或轮尺 1 个、钩尺或钢卷尺 1 个、原条 5 根、原木 5 根，原条材积表、原木材积表、记录表、记录夹 1 套。

二、任务流程

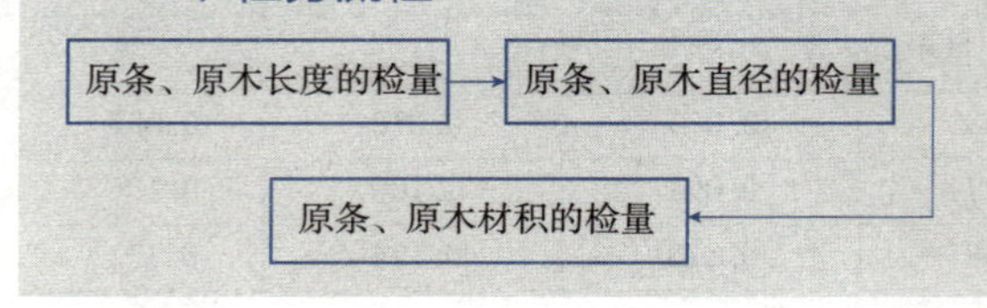

三、实施步骤

1. 原条材积测定

①原条长度检量。用皮尺从大头斧口(或锯口)量至梢端短径足 6 cm 处止，以 1 m 进位，不足 1 m 的由梢端舍去，经舍去后的长度为检尺长。填入表 2-17 中。

②原条直径检量。用围尺或轮尺在离大头斧口(或锯口) 2.5 m 处检量。以 2 cm 进级，不足 2 cm时，凡足 1 cm 的进位，不足 1 cm 的舍去。填入表 2-17 中。

③原条材积测定。根据检尺长和检尺径从《原条材积表》(LY/T 1293—1999)、《杉原条材积表》(GB/T 4815—2009)查得原条材积。填入表 2-17中。

2. 原木材积测定

原木的尺寸检量依据 GB/T 144—2013、GB 4814—2013规定。

①原木长度的检量与进级。按照原木材长检量方法，用皮尺量大小头两端断面之间相距最短处取直。填入表 2-17 中。如检量的材长小于原木

产品标准规定的检尺长，但不超过下偏差，仍按原木产品标准规定的检尺长计算；如超过下偏差，则按下一级检尺长计算。原木检尺长在 0.5~1.9 m按 0.1 m 进级，检尺长自 2.0 m 以上按 0.2 m进级，长级公差允许范围用−2 cm。

②原木直径的检量与进级。用钩尺或钢卷尺通过小头断面中心先量短径，再通过短径中心垂直检量长径，其长、短径之差自 2 cm 以上，以其长、短径的平均数经进舍后为检尺径；长、短径之差小于 2 cm，以短径经进舍后为检尺径。填入表 2-17 中。

检尺径进级：原木检尺径在 4~13 cm 按 1 cm 进级，检尺径自 14 cm 以上按 2 cm 进级。

③劈裂材(含撞裂)检量。劈裂材(含撞裂)检尺径检量方法详见原木尺寸检量中所述。

④原木材积测定。根据检尺长和检尺径，从《原木材积表》(GB 4814—2013)中查得原木材积。填入表 2-17 中。

表 2-17 原条、原木材积计算表

序号	材种名称	检尺长(m)	检尺径(cm)	材积(m^3)
1				
2				
3				
4				
5				
6				
7				
8				
9				
10				

四、实施成果

①每人完成实训报告一份，主要内容包括实训目的、内容、操作步骤、成果的分析及实训体会。

②将任务结果填入表 2-17 中，要求字迹清晰、计算准确。

五、注意事项

①原条、原木长度和直径测量时要准确无误。

②进位时要按照国家和行业标准的规定执行，不得擅自改变。

③材积查表要仔细认真。

④原木检尺径一律为小头去皮直径。

任务分析

对照【任务准备】中的“特别提示”及在任务实施过程中出现的问题，讨论并完成表 2-18中“任务实施中的注意问题”的内容。

表 2-18　材种材积测算任务反思表

任务程序			任务实施中的注意问题
人员组织			
材料准备			
实施步骤	原条材积测算	1. 原条长度检量	
		2. 原条直径检量	
		3. 原条材积测算	
	原木材积测算	1. 原木长度的检量与进级	
		2. 原木直径的检量与进级	
		3. 劈裂材（含撞裂）检量	
		4. 原木材积测算	

任务 2.5　立木材积测算

知识目标

1. 熟悉立木、形数、形率、望高、望点等相关概念。
2. 掌握立木材积测算方法。
3. 掌握常用立木求积公式计算及使用范围。

技能目标

1. 能正确测定立木的材积。
2. 能快速估算常见树种的立木材积。

素质目标

1. 培养学生对于林业的热情。
2. 培养学生对于森林调查敬业精神。
3. 培养学生用辩证的方法观察和解决林业生产实际问题的能力。

任务准备

立木材积是森林资源调查中重要的单木调查因子，立木材积测定是一项基本的调查技能，因此要熟悉立木材积测算所需工具、掌握测定方法和材积计算方法。

2.5.1　单株立木测定特点

生长在林地上的树木称为立木。从材积测定原理来说，伐倒木各种测定方法均可用于立木材积测定。但由于立木和伐倒木存在状态不同，立木高度和上部直径不易直接测定，自然也会产生与立木难以直接测定这个特点相适应的各种测算法。这些方法主要是通过胸径、树高等和上部直径等因子来间接求算立木材积。立木与伐倒木比较，其测定特点主要表现在以下方面：

①立木高度。除幼树外和低矮树木可以用测尺或尺杆测定外，一般都用测高器测定。

②立木直径测定。一般仅限于人们站在地面向上伸手就能方便测量到的部位，普遍取成人的胸高位置，这个部位的立木直径称作胸高直径，简称胸径。对于立木，主要的直径测定因子是胸高直径，可用轮尺或围尺直接测定。各国对胸高位置的规定略有差异，我国和欧洲大陆取 1.3 m、英国取 1.31 m、美国和加拿大取 1.37 m、日本取 1.2 m。采用胸高作为测径点的原因之一是直接量测和读取都很方便，其次是树干在此高度处受根部扩张影响很小，且较规整。

③立木材积是通过立木材积三要素(胸高形数、胸高断面积、树高)计算。一般是测定胸径或胸径兼树高，采用经验公式法计算材积，只有在特殊情况下才增加测定一个或几个上部直径精确求算材积。

胸径在立木材积测定中具有重要意义，所以测定胸径时应注意以下问题。

特别提示

①测立木胸径时，应严格按照树干高 1.3 m 的部位进行测定。如在坡地，应站在坡上部，确定树干 1.3 m 处的部位，然后再测量其直径。

②立木若在树干高 1.3 m 以下有分叉时，应当作分开的两株树分别测定每株树胸径。

③立木若测径部分有节瘤或畸形时，可在胸高上、下等距而干形较正常处测径并取其平均数作为胸径值。

④使用轮尺测胸径时，要将尺身与两脚所构成的平面与干轴垂直，轮尺的三个面必须紧贴树干。树干横断面不圆时，应测相互垂直的长短两个直径，取其平均值为胸径测定值。

⑤使用围尺测胸径时，应在树干高 1.3 m 处将围尺左右拉紧平围树干后，才能读数。这样才能使围尺围在同一水平面上，防止倾斜。

2.5.2 形数

形数是指树干材积与其树干一定位置处的断面积为底面积和以其树高为高的比较圆柱体体积之比，如图 2-25 所示。其表达式为：

$$f_x=\frac{V}{V'}=\frac{V}{g_x h} \tag{2-17}$$

式中：V——树干材积；

V'——比较圆柱体体积；

g_x——树干高 x 处的横断面积；

f_x——以树干高 x 处断面为基础的形数；

h——树高。

由上式可以得到相应的计算树干材积的公式，即 $V=f_x g_x h$。由此式可以看出，只要已知 f_x、g_x 及 h 的数值，即可计算出该树干的材积。因此，在森林调查技术中，把形数(f_x)、断面积(g_x)及树高(h)统称为树干上某一固定位置(x)处断面积(g_x)为基础的计算树干材积的三要素，简称材积三要素。

形数是研究树干形状的指标，同时也是测算立木材积的测算因子。根据比较圆柱体底面积位置不同及所取高度不用，把形数进行分类，有胸高形数、实验形数等不同的形数种类。

(1)胸高形数

胸高形数是指树干材积与以胸高断面积为底面积，以树高为高的比较圆柱体体积之比，如图 2-26 所示。胸高形数以 $f_{1.3}$ 表示，其表达式为：

$$f_{1.3}=\frac{V}{g_{1.3}h}=\frac{V}{\frac{\pi}{4}d_{1.3}^{2}h} \tag{2-18}$$

式中：$f_{1.3}$——胸高形数；

V——树干材积；

$g_{1.3}$——胸高断面积；

$d_{1.3}$——胸径；

h——树高。

从该公式可知，当胸高或树高一定时，饱满树干的材积与比较圆柱体的体积相差较小，其形数值较大；反之，尖削度大的树干的材积较小，其形数值亦小。胸高形数的变动范围一般在 0.32~0.58，只有极低矮的树木胸高形数会大于 1。当树高为 2.6 m 时，干形为抛物线体的胸高形数理论值为 1。形数仅说明相当于比较圆柱体体积的成数，不能具体反映树干的形状。其意义可由上式转换成相应的立木材积式 $V=f_{1.3}g_{1.3}h$。

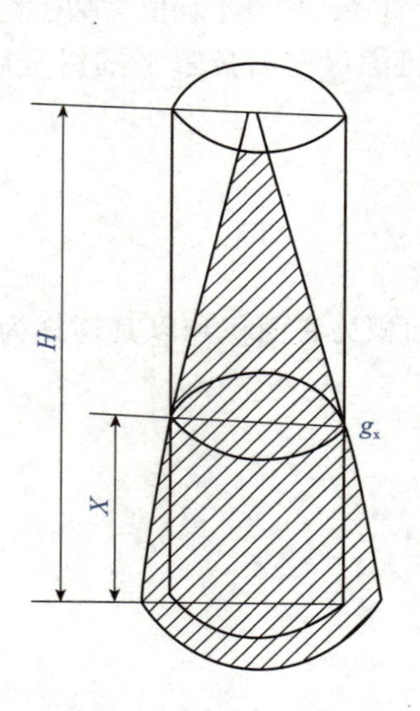

图 2-25　树干与比较圆柱体

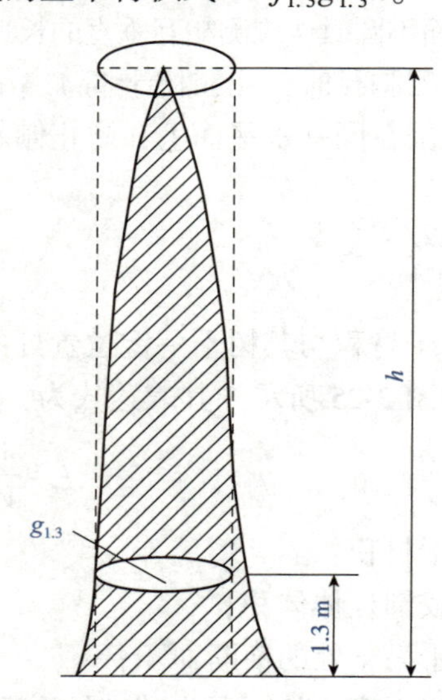

图 2-26　胸高形数示意图

根据材积三要素的概念，公式中的$f_{1.3}$、$g_{1.3}$及h也可称作以胸高断面积($g_{1.3}$)为基础的材积三要素。由于我国在林分调查中，习惯上测定树木的胸径，因此，在通常的情况下，实际工作中，常以胸高形数($f_{1.3}$)、胸高断面积($g_{1.3}$)及树高(h)统称为材积三要素。同时，由公式$V=f_{1.3}g_{1.3}h$也可以看出，在计算树干材积中，胸高形数实质上是一个换算系数。

(2)实验形数

林昌庚(1961)提出可用实验形数作为一种干形指标。实验形数是指树干的材积与以其胸高断面积为底面积，以其树高加3 m为高度的比较圆柱体体积之比，如图2-27所示。记为f_∂，其表达式为：

$$f_\partial=\frac{V}{g_{1.3}(h+3)} \tag{2-19}$$

根据实验形数定义，求算材积公式为：

$$V=g_{1.3}(h+3)f_\partial=\frac{\pi d_{1.3}^2}{4}(h+3)f_\partial \tag{2-20}$$

经研究表明，实验形数与树种生物学特性有关，其变化范围在0.38~0.46，而绝大多数树种集中在0.4~0.44，变化比较稳定。在实际工作中可按表2-19查定实验形数。

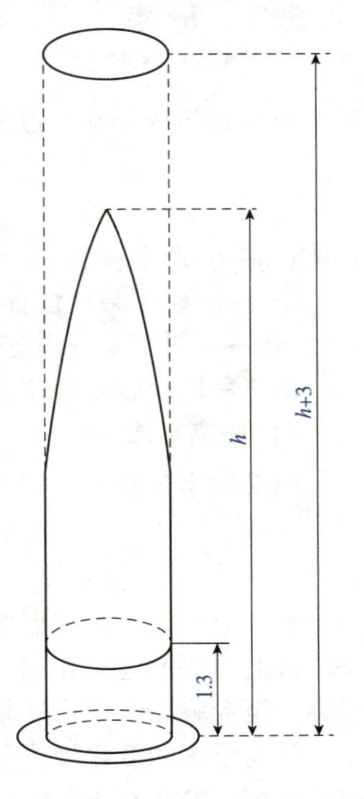

图2-27　实验形数示意图

表2-19　主要乔木树种平均实验形数表

树　种	平均实验形数	干形级	适用树种
针叶树	0.45	Ⅰ	云杉、冷杉及其一般强阴性树种
	0.43	Ⅱ	实生杉木、云杉及其一般阴性针叶树
	0.42	Ⅲ	杉木(不分起源)、红松、华山松、黄山松及其一般中性针叶树种
	0.41	Ⅳ	插条杉木、天山云杉、柳杉、兴安落叶松、西伯利亚落叶松、樟子松、赤松、黑松、油松及其一般阳性针叶树种
	0.39		马尾松、一般性强阳性针叶树种
阔叶树	0.40	Ⅴ	杨、柳、桦、椴、水曲柳、栎、青冈、刺槐、榆、樟、桉及其一般阔叶树种，海南、云南等地的阔叶混交林
针叶树	0.39	Ⅵ	马尾松及一般强喜光针叶树种

根据实验形数的设计原理及表2-18中所列示的主要乔木树种平均实验形数值来看，实验形数是一个能够较好反映乔木树种的平均干形指标。另外，从胸高形数和实验形数定义，可得到二者的相互转换关系式：$f_{1.3}=\frac{h+3}{h}f_\partial$或$f_\partial=\frac{h}{h+3}f_{1.3}$。

2.5.3 形率

形率是指树干某一位置的直径与比较直径之比值称为形率，用 q 表示。其表达式为：

$$q=\frac{d_x}{d_z} \tag{2-21}$$

式中：q——形率；

d_x——树干某一位置直径；

d_z——树干某一固定位置直径，即比较直径。

由于所取比较直径位置不同，而有不同的形率，如胸高形率、绝对形率和正形率。

(1)胸高形率

胸高形率是指树干中央直径($d_{1/2}$)与胸径的比值，用 q_2 表示。其表达式为：

$$q_2=\frac{d_{1/2}}{d_{1.3}} \tag{2-22}$$

胸高形率又称标准形率，是由舒伯格(Schuberg，1893)最早提出的概念，随后希费尔(Schiffel，1899)正式定名。一般认为胸高形率是描述干形的良好尺度，是研究立木干形的指标，至今胸高形率仍然是应用广泛。

胸高形率的变化规律和形数相似，也是随树高和胸径的增大而逐渐变小。胸高形率的变化范围一般在 0.46~0.85，绝大多数树木的平均胸高形率在 0.65~0.70。但是，形率仍然不能反映树干的实际形状(因胸径和树高相同，形率也相同，其干形也可能不一样)。要比较全面的描绘干形，只有在树干上一定间隔距离处量取直径，分别与胸径求出比值，得出一系列的形率即形率系列。

希费尔(1899)还提出如下形率系列为：

$$q_0=\frac{d_0}{d_{1.3}},\quad q_1=\frac{d_{1/4}}{d_{1.3}},\quad q_2=\frac{d_{1/2}}{d_{1.3}},\quad q_3=\frac{d_{3/4}}{d_{1.3}} \tag{2-23}$$

式中：d_0，$d_{1/4}$，$d_{1/2}$，$d_{3/4}$——树干基部、1/4 高处、1/2 高处、3/4 高处直径。

形率系列可以更加全面地描述一株树木的干形。它的性质与胸高形数相同，即在干形相同时，与树高成反比，随树高而变，不够稳定。

(2)形数与形率之间的关系

形数是计算树干材积的一个重要系数，但形数无法直接测出。研究形数与形率的关系，主要是为了通过形率推求形数，这对树木求积有重要的实践意义。形数与形率的关系主要有下列几种：

①幂函数关系。

$$f_{1.3}=q_2^2$$

此式是把树干当作抛物线体时导出：

$$f_{1.3}=\frac{V}{g_{1.3}h}=\frac{\frac{\pi}{4}d_{1/2}^2h}{\frac{\pi}{4}d_{1.3}h}=\left(\frac{d_{1/2}}{d_{1.3}}\right)^2=q_2^2$$

从式中可以看出，凡干形与抛物线体相差越大，其计算结果偏差越大，因为它是求算形数的近似公式。

②常差关系。

$$f_{1.3}=q_2-C$$

此公式是孔泽(Kunze)1881 年提出，式中的常数值 C 是的回归常数。C 的理论计算公式为：$C=q_2-f_{1.3}$，它由干曲线方程式 $y^2=px^r$ 可以导出：

$$C=\left[\frac{h}{2(h-1.3)}\right]^{r/2}-\frac{1}{r+1}\left(\frac{h}{h-1.3}\right)^r$$

令 $r=1$，用不同的树高值代入上式可以求得 C 值。

根据大量材料分析，当树木在一定高度以上(18 m)的树干形数与形率之间的平均差数，基本上接近一个常数(C)。差数(C)值因树种不同而异，如松类树为 0.20，云杉及椴树为 0.21。总的来说，C 值接近于 0.2。以上 C 值都是各个树种大量材料得出的平均值，用于计算单个树种时可能产生较大的误差，但在计算多株树木的平均形数时，其误差不超过±5%。但是树干若低矮时，C 值减小幅度大，不宜采用该公式。

③希费尔公式。

$$f_{1.3}=a+bq_2^2+\frac{c}{q_2h}$$

从形数、形率与树高关系的分析，在形率相同时，树干的形数随树高的增加而减小；在树高相同时则形数随形率的增加而增加。这样，希费尔(1899)据此提出用双曲线方程式表示胸高形数与形率和树高之间的依存关系，见式(2-24)。他先后用云杉、落叶松、松树和冷杉的资料求得双曲线方程式中的 a、b、c 各参数值，即得：

$$f_{1.3}=0.140+0.66q_2^2+\frac{0.32}{q_2h} \tag{2-24}$$

后来发现并证明云杉的经验方程式(2-24)适用于所有树种，且计算的形数平均误差不超过±3%。被推荐为一般式(并称为希费尔公式)，应用较广。

④一般形数表。苏联林学家特卡钦柯(1911)根据大量的资料数据对形数做了全面的分析后发现：如果树高相等，形率 q_2 也相等，则各乔木数种的胸高形数都近似。据此他编制了一般形数表。只要知道了树高与形率就可以从表中查出任何树种的形数。其于希费尔形数式计算结果接近。

根据形数与形率上述关系式，只要测定出树高和形率，就可以比较精确的计算出树干材积。

2.5.4 立木材积求积公式

在立木状态下，是通过立木材积三要素(胸高形数、胸高断面积、树高)计算材积。一般是测定胸径或胸径兼树高，采用经验公式法近似计算材积，只有在特殊情况下才增加测定一个或几个上部直径精确求算材积。

(1)平均实验形数法求积公式

根据树种由表 2-19 中确定其平均实验形数值，测得立木胸径和树高后，按公式 $V=$

$g_{1.3}(h+3)f_{\partial}$ 求算出立木树干材积。

(2)丹琴略算法求积公式

根据胸高形数计算立木材积的公式 $V=f_{1.3}g_{1.3}h$，取 $f_{1.3}=0.51$，$h=25$ m，直径以厘米(cm)为单位，材积以立方米(m^3)为单位，可推导出丹琴略算公式：

$$V=0.001d_{1.3}^2 \tag{2-25}$$

此式当树高在25~30 m时，所计算材积比较可靠。对于其他树高，可按丹琴提出的方法修正。

除上述两种立木材积求积公式外，还有通过增加测定一个或几个上部直径来求算立木材积的方法，如望高法、等长区分求积法、等直径区分求积法(累高法)等。

任务实施

立木材积测算

立木材积主要是通过胸径、树高和形数等因子来间接求算，要掌握2种的材积测算公式，注意测量过程准确规范，减少误差、提高测量精度。

一、人员组织、材料准备

1. 人员组织

①成立教师实训小组，负责指导、组织实施实训工作。

②建立学生实训小组，4~6人为一组，并选出小组长，负责本组实习安排、考勤和工具材料管理。

2. 材料准备

每组配备：轮尺1个，围尺1个、皮尺1个，勃鲁莱斯测高器1个，统一编号的立木5株，记录夹1套(含记录表)。

二、任务流程

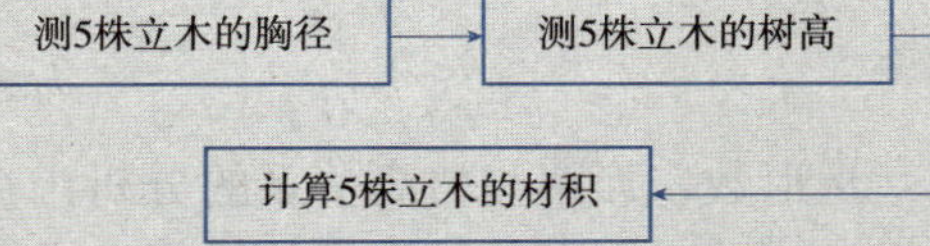

三、实施步骤

1. 胸径测量

用围尺或轮尺测出5株统一编号的立木胸径，填入表2-20中。

2. 树高测量

用勃鲁莱斯测高器测定5株统一编号的立木树高，填入表2-20中。

表2-20　立木材积测定表

树号	胸径(cm)	树高(m)	材积(m^3)			
			平均实验形数法		丹琴略算法	
1						
2						
3						
4						
5						

观测者：　　　　记录者：　　　　计算者：

3. 材积计算

(1)用平均实验形数法求算材积

$$V=g_{1.3}(h+3)f_{\partial}=\frac{\pi d_{1.3}^2}{4}(h+3)f_{\partial}$$

(2)用丹琴略算法求算材积

$$V=0.001d_{1.3}^2$$

四、实施成果

①每人完成实训报告一份，主要内容包括实训

目的、内容、操作步骤、成果的分析及实训体会。

②将任务结果填入表2-20中，要求字迹清晰、计算准确。

五、注意事项

①5株树木要统一编号。

②仪器按规定操作，记录和计算要认真仔细。

③量测的直径要准确，读到毫米(mm)。

④不同公式在计算材积时，输入的数据不能出错，计算要认真仔细，保留4位小数。

任务分析

对照【任务准备】中的“特别提示”及在任务实施过程中出现的问题，讨论并完成表2-21中“任务实施中的注意问题”的内容。

表2-21　立木材积测算任务反思表

<table>
<tr><th colspan="3">任务程序</th><th>任务实施中的注意问题</th></tr>
<tr><td colspan="3">人员组织</td><td></td></tr>
<tr><td colspan="3">材料准备</td><td></td></tr>
<tr><td rowspan="4">实施步骤</td><td colspan="2">1. 胸径测量</td><td></td></tr>
<tr><td colspan="2">2. 树高测量</td><td></td></tr>
<tr><td rowspan="2">3. 材积计算</td><td>(1)平均实验形数法</td><td></td></tr>
<tr><td>(2)丹琴略算法</td><td></td></tr>
</table>

任务2.6　单木生长量测定

知识目标

1. 熟练掌握有关树木生长量的概念和测定方法。
2. 掌握生长率的概念和计算方法。
3. 理解树干解析的概念，测算原理，测定的方法步骤、注意事项。

技能目标

1. 学会测定单株树木的年龄。
2. 能测定各调查因子的各种生长量。
3. 能绘制各调查因子的生长曲线图并进行生长量分析。

素质目标

1. 通过对树木年龄的测定，意识到保护环境的重要性。
2. 培养学生认真负责，科学求实的态度，发现问题、分析问题和解决问题的能力。
3. 培养学生牢固树立和践行绿水青山就是金山银山的理念，增强爱林护林兴林的责任意识。

任务准备

2.6.1 树木生长量的概念

树木生长量是通过对单株树木测定其树高、胸径、断面积和材积，以时间为标志，分析各种调查因子在一年间、某一段时间或树木生长的一生时间里变化的数量。

在森林调查工作中，将树木的种子发芽后，在一定条件下随着时间的变化，其各种调查因子所发生的变化称为生长，变化的量称为生长量。树木各调查因子的生长量都是时间的函数，要确定和比较生长量的大小，首先必须确定树木的年龄。常用的年龄符号为“A”或“t”。生长量的间隔期通常以年为单位。

时间的间隔是1年、5年、10年、20年等，以年为单位。生长量是时间(t)的函数，以年为时间的单位。例如，红松在150年和160年时测定树高(h)分别为：20.9 m和22.0 m，则10年间树高生长量为1.1 m。

在科研工作中，生长间隔期也有以月或以天为单位，特别是我国南方的一些速生树种，如泡桐、桉树等。影响树木生长的因子主要有树种的生物学特性、树木的生长时期、立地条件和人为经营措施。

2.6.2 树木年龄的测定

2.6.2.1 树木年龄的概念

树木年轮(tree annual ring)的形成，如图2-28所示，是由于树木形成层受外界季节变化产生周期性生长的结果。所以年轮是在树干横断面上由早(春)材和晚(秋)材形成的同心“环带”。是确定树木生长时间的重要标志。

树木年龄是指树干基部接近地面的根颈处的横断面上所有树木年轮数总和(tree age)。该年轮数是树木的实际年龄。

2.6.2.2 确定树木年龄的方法

确定树木年龄的方法很多，现介绍以下7种。

(1)查阅造林技术档案或访问的方法

到当地林业部门查阅造林资料。这种方法，对确定人工林的年龄，是简便可靠的。

(2)查数伐根年轮法

树木在正常生长下会由春材和秋材形成一个完整的闭合圈，如图2-28所示。

早材(春材)：在温带和寒温带，大多数树木的形成层在生长季节(春、夏季)向内侧分化的次生木质部细胞，具有生长迅速、细胞大而壁薄、颜色浅等特点。

晚材(秋材)：在秋季，形成层的增生现象逐渐缓慢或趋于停止，使在生长层外侧部分的细胞小、壁厚而分布密集，木质颜色比内侧显著加深。

图 2-28 树木年轮

由于气象原因天气突变或受到严重的病虫害，树木的正常生长受到影响，这时会在一年内形成两个或更多的年轮，这种年轮为伪年轮。伪年轮可以根据以下特征识别出来：

①伪年轮的宽度比相邻真年轮小。

②伪年轮不会形成完整的闭合环，有断轮现象，且有部分重叠。

③伪年轮外侧轮廓不太清晰。

④伪年轮不能贯穿整株树木。

在测定树木年龄时一定要剔除伪年轮。

除伪年轮外，有时也有年轮消失的现象。这是因为树木被压或受其他灾害而使树木生长迟缓以致暂时停止生长所致。

年轮识别有困难时，可将圆盘浸湿后用放大镜观察，要时也可用化学染色剂(如茜红或靛蓝)，利用春材、秋材着色的浓度差异辨认年轮；当髓心有心腐现象时，应将心腐部分量其直径并剔除它的年轮，则树木年龄等于总年轮数加上心腐髓心生长所需年数。树木伐根处年轮数即是树木年龄。

(3) 查数轮生枝法

有些树种，如松树、云杉、冷杉、杉木等裸子植物，一般每年自梢端生长出轮生顶芽，逐渐发育成轮生侧枝，可查数轮生枝的环数及轮生枝脱落(或修枝)后留下的痕迹来确定年龄。此法确定幼小树木的年龄精确。但在我国南方的马尾松、杉木，有一年长出两个或两以上轮生枝的，因此要注意把次生轮生枝区别出来，次生轮生枝的节间一般比其上、下的要短。

(4) 查数树皮层数法

如图 2-29 所示，在树皮的横切面和纵剖面上，都可以看出有颜色深浅相间的层次。树皮层次和树干年轮一样，都是随年龄的增加而增多。只要树皮不脱落，树皮的层次数和年轮数是一样的。所以，可以查数树皮层次来确定树木的年龄。

用来观察的树皮，要取自根颈部位。树皮取出后，用利刀削平即可观察，也可沿横切面斜削，可使层次显示宽些，便于观看和查数。

对于树皮层次明显的树种，如马尾松、黑松、湿地松和油松等松科植物可直接用肉眼观看查数；对于树皮层次结构紧密的树种，如银杏、榆树、枫扬和刺槐等，可用放大镜观察。

(5) 生长锥测定法

当不能伐倒树木或不便应用上述方法时，可以用生长锥查定树木的年龄。

如图 2-30 所示，生长锥由锥柄、锥管和探舌三部分组成。使用时先将锥管取出，垂直安装在锥柄上，并把固定片扣好，然后垂直于树干将锥管压入树皮，再用力按顺时针方向锥入树干，边旋转生长锥，边按压探舌，至应有的深度为止。然后倒转退出锥管取出探舌，在探舌中的木条上查数年轮。

若要求立木的年龄，应在根颈处钻过髓心，如果在胸径处钻取木条，需加上由根颈至锥点所需的年数。用此法确定树木年龄一定要保证锥芯木条质量，防止锥条断裂和挤压，

图 2-29　树皮层年轮

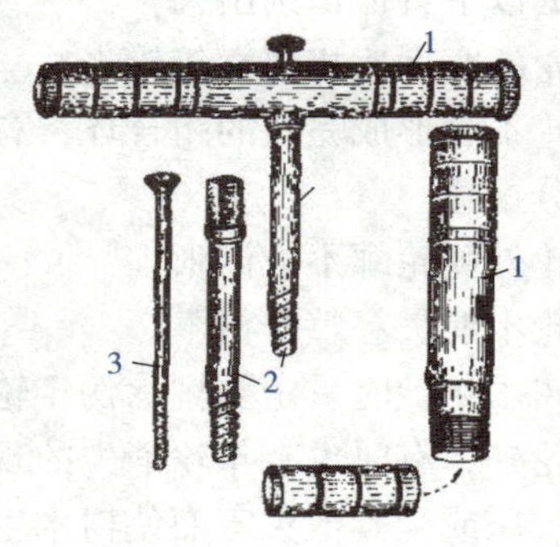

图 2-30　生长锥示意图

1. 锥柄　2. 锥管　3. 探舌

否则推算不准确。

钻取完毕，需立即将钻孔用无毒泥土或石灰糊堵，以免病虫危害。

对于人工纯林中的立木，可以在附近林中查找最新的伐根年龄，作为参考。

(6) WinDENDRO 年轮分析系统和 LINTAB 年轮分析仪

目前，许多国家采用加拿大生产的 WinDENDRO 年轮分析系统和德国生产的 LINTAB 年轮分析仪。

①WinDENDRO 年轮分析系统。如图 2-31 所示，WinDENDRO 年轮分析系统是利用高质量的图形扫描系统取代传统的摄像机系统。利用计算机自动查数树木各方向的年轮及其宽度。扫描系统将刨平的圆盘扫描成高分辨率的彩色图象和黑白图像(可以存盘)，如图 2-32所示，通过 WinDENDRO 年轮分析软件由计算机自动测定树木的年轮。采用专门的照明系统去除了阴影和不均匀现象的影响，有效的保证了图象的质量。增大了扫描区域，以供分析。还可以读取 TIFF 标准格式的图象。该系统同时可以准确判断伪年轮、丢失的年轮和断轮，并精确测量各年轮的宽度。

图 2-31　WinDENDRO 年轮分析系统

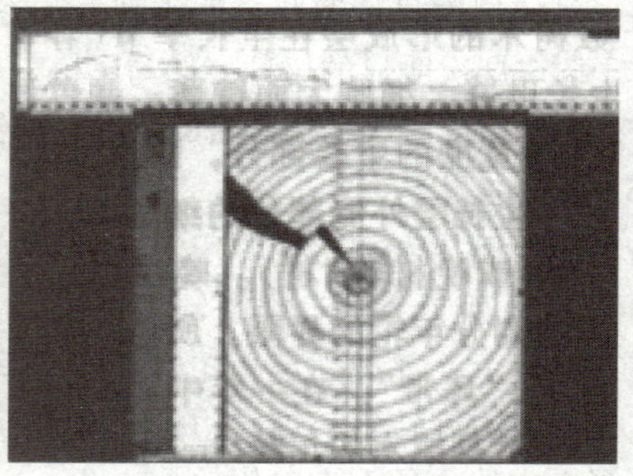

图 2-32　用 WinDENDRO 年轮分析软件测定年轮

②LINTAB树木年轮分析仪。如图2-33所示，LINTAB年轮分析仪可以对树木盘片、生长锥钻取的样品、木制样品等进行非常精确、稳定的年轮分析，广泛应用于树木年代学、生态学和城市树木存活质量研究。该系统防水设计、操作简单、全数字化电脑图形分析，是一套经济实用的年轮分析工具。配备的TSAP-Win分析软件是一款功能强大的年轮研究平台，所有步骤从测量到统计分析均有TSAP软件完成。各种图形特征以及大量的数据库管理功能帮助你管理年轮数据。

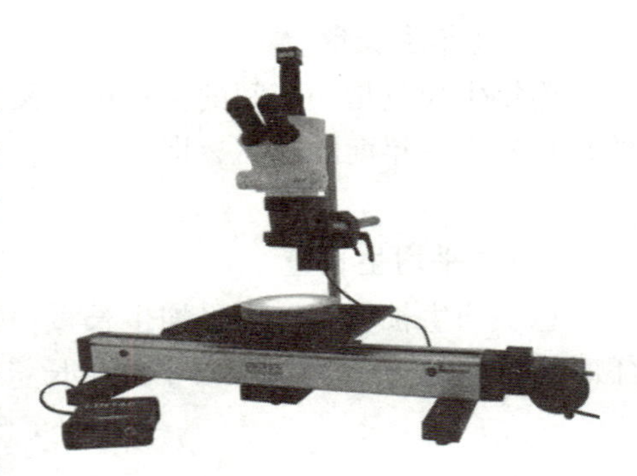
图2-33 LINTAB树木年轮分析仪

LINTAB树木年轮分析仪的原理是通过精确的转轮控制配合高分辨率显微镜定位技术，使得年轮分析精确、简单、稳定，操作分析结果交由专业软件统计、分析，结果稳定，全球统一标准。

(7)目测法

根据树木大小、树皮颜色和粗糙程度以及树冠形状等特征目测树木年龄。在森林调查工作中，林龄基本上都是以目测为主确定的。用此法确定树木年龄，要求必须拥有丰富的经验。

此外，通过树木年轮稳定同位素法也可测树木年龄，即用通过研究树木纤维素中碳、氢、氧同位素的变化，分析变化的数量，确定其年龄。在碳、氢、氧三元素中，碳同位素最稳定，且分析方法相对氢、氧同位素来说要简单可靠、成本低，因此碳同位素研究最多，取得的成果比氢、氧显著得多，在树木年龄研究中多采用碳同位素。

2.6.3 生长量的种类

生长量在计算分析上一般分为两类，即实际生长量和平均生长量。实际生长量是两个时期生长量之差。按时期长短又可分为连年生长量、定期生长量和总生长量三种。平均生长量是指平均每年生长的数量，按时间长短又可分为总平均生长量和定期平均生长量两种。依据调查因子可以把生长量分为：直径生长量、树高生长量、断面积生长量、材积生长量和形数生长量等。

(1)总生长量

总生长量是指树木第一年种植开始到调查时整个期间累积生长的总量为总生长量。它是树木的最基本生长量，其他种类的生长量均可由此派生而来。以材积为例，a 年时的材积为 V_a，则 a 年时的材积总生长量 Z_{av} 为：

$$Z_{av}=V_a \tag{2-26}$$

(2)定期生长量

定期生长量是指一定间隔期内树木的生长量。定期的年数为5年、10年或20年等，通常以1个龄级作为定期时间。以材积为例，例如，现有材积为 V_a，n 年前的材积为 V_a，则 n 年间的材积生长量 Z_{av} 为：

$$Z_{av}=V_a \tag{2-27}$$

(3) 连年生长量

连年生长量指一年间的生长量，又称为年生长量。以材积为例，连年生长量是用现在的材积减去一年前的材积，即

$$Z = V_a - V_{a-1} \tag{2-28}$$

(4) 总平均生长量

总平均生长量简称为平均生长量，是指树木的总生长量被年龄除所得的商。例如，a 年时的材积为 V_a，则材积总平均生长量 Δ_{av} 为：

$$\Delta_{av} = \frac{V_a}{a} \tag{2-29}$$

(5) 定期平均生长量

定期平均生长量 Δ_{nv} 是指树木在某一间隔期的生长量除以间隔的年限所得的商。

$$\Delta_{nv} = \frac{V_a - V_{a-n}}{n} \tag{2-30}$$

对于生长较慢的树种，由于连年生长量变化很小，测定困难，精度不高，因此，常用定期平均生长量代替连年生长量。速生树种可以直接利用连年生长量公式求得。

例 2-1　一株云杉，20 年时材积为 0. 0539 m³，30 年生时为 0. 1874 m³，计算各种生长量的结果如下：

解　30 年材积总生长量：

$$Z_{av} = V_a = 0.1874\ \text{m}^3$$

30 年平均生长量：

$$\Delta_{av} = \frac{V_a}{a} = \frac{0.1874}{30} = 0.0062\ \text{m}^3$$

20~30 年间的定期生长量：

$$Z_{nv} = V_a - V_{a-n} = 0.1874 - 0.0539 = 0.1335\ \text{m}^3$$

20~30 年间的定期平均生长量：

$$\Delta_{nv} = \frac{V_a - V_{a-n}}{n} = \frac{0.1335}{10} = 0.0134\ \text{m}^3$$

20~30 年间的连年生长量：

$$Z = Z_a - Z_{a-1} \approx 0.0134\ \text{m}^3$$

2.6.4　连年生长量与平均生长量的关系

连年生长量与平均生长量均从零开始，以后随年龄的递增而上升，达到生长的最大值以后又逐渐下降。以材积为例，如图 2-34 所示，实线表示连年生长量，虚线表示平均生长量，横坐标表示树木的年龄，纵坐标表示树木的材积。从图上可以发现它们存在如下关系。

①当树木在幼年时，连年生长量和平均生长量都随着年龄的增加而增加，但连年生长量增加的速度较快。

②连年生长量到达最高峰的时间比平均生长量来得早。

③平均生长量到达最高峰时，连年生长量等于平均生长量，两条曲线相交。在林业生产上将材积平均生长量达到最大值时的年龄称作数量成熟龄。

④当平均生长量达到最大值以后，由于连年生长量的衰减较快，此后连年生长量一直小于平均生长量。

用数学方法可以证明该关系。

以 Δ_a 和 Δ_{a+1} 分别表示 a 年和 $(a+1)$ 年时的平均生长量，Z_{a+1} 表示 $(a+1)$ 年的连年生长量。

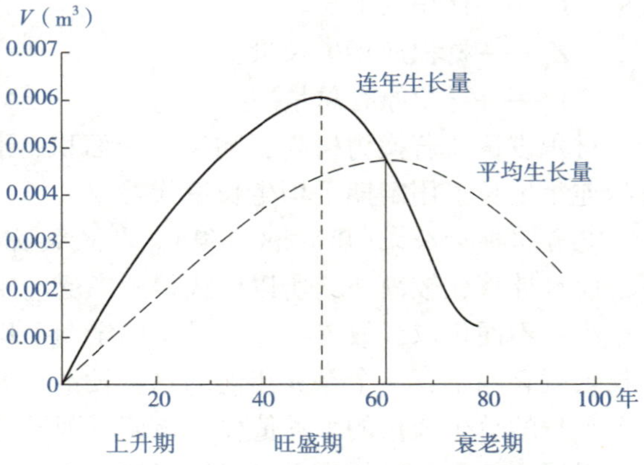

$$Z_{a+1}=(a+1)\Delta_{(a+1)}-a\Delta_a$$

所以

$$Z_{a+1}-\Delta_{a+1}=a(\Delta_a+1-a\Delta_a)$$

由此可得：

$$Z_{a+1}=(a+1)\Delta_{a+1}$$

图 2-34 连年生长量和平均生长量的关系曲线

当 $\Delta_{a+1}>\Delta_a$ 时，则 $\Delta_{a+1}<Z_{a+1}$，平均生长量处于上升期时，连年生长量大于平均生长量，此时为上升期。

当 $\Delta_{a+1}=\Delta_a$ 时，则 $\Delta_{a+1}=Z_{a+1}$，平均生长量达到最高峰时，连年生长量等于平均生长量，从上升期末，到最高峰期的这段时间称为旺盛期。

当 $\Delta_{a+1}<\Delta_a$ 时，则 $\Delta_{a+1}>Z_{a+1}$，平均生长量处于下降期时，连年生长量小于平均生长量，此时为衰老期。

树高、胸径、断面积和材积都存在这种规律，各调查因子平均生长量到达最高峰的年龄是不同的。到达最高峰的年龄由早到晚的排列次序依次是树高、胸径、断面积和材积。

上述是正常情况下的生长规律，如果气候出现异常，如干旱病虫害等灾害或者人为经营活动的影响，可能导致两条曲线相交数次或者不相交，因此，可以用连年生长量的变化情况鉴定经营效果、判断灾害的危害程度。

2.6.5 生长率

(1)概念

树木生长量表达的是树木的实际生长速率，不能反映其生长力的强弱和快慢，预估树木未来的生长潜力常用生长率表示。

生长率是指某项调查因子的连年生长量与该因子原有总量之百分比，也称连年生长率。生长率用以描述树木的相对生长速率。

(2)生长率公式

①基本公式(以材积为例)。

$$P_v=\frac{Z_v}{V_a}\times100\% \tag{2-31}$$

式中：P_v——材积的生长率；

Z_v——材积连年生长量；

V_a——材积原有总量。

材积表达式若换为树高、胸径、断面积、形数即得对应因子的生长率。一般情况下，材积连年生长量用定期平均生长量代替。

②普雷斯勒公式(以材积为例)。此式又称为平均生长率公式，比较符合树木生长实际，而且计算比较简便，所以该式得到广泛应用。在实际工作中，由于慢生树种连年生长量很小，不便量取，故连年生长量常用定期平均生长量代替，则计算连年生长率的原有总生长量就有两个，一个是 n 年前的总生长量，另一个是现在的总生长量，因此，常把相邻两个龄阶的总生长量的平均值作为该调查因子的原有总量较为合理。

根据生长率公式的定义，可以得出普雷斯勒生长率的一般公式。

$$P_v=\frac{V_a-V_{a-n}}{V_a+V_{a-n}}\times\frac{200}{n}\% \tag{2-32}$$

例 2-2 有一株松树树龄为 120 年，现在材积为 0.6347 m^3，10 年前材积为0.4796 m^3，计算材积生长率。

解 $P_v=\frac{V_a-V_{a-n}}{V_a+V_{a-n}}\times\frac{200}{n}\%=\frac{0.6347-0.4796}{0.6347+0.4796}\times\frac{200}{10}\%=2.8\%$

普雷斯勒公式适应性较好，使计算生长率的常用公式。将普雷斯勒公式中的材积换为树高、胸径、断面积、形数即得对应因子的生长率。

(3)生长率的意义

①能够预估未来某一间隔期的生长量。用当前的生长率乘以材积得到生长量，可以用该生长量预估未来某段时期的生长量。

②可以比较树木生长力的强弱。不同大小的树木，不能用连年生长量比较树木生长的快慢，判断它们生长力的强弱用生长率比较，生长率大的表明生长势强。

例 2-3 有两株树木，第一株材积为 2.37 m^3，经测定连年生长量为 0.0292 m^3；第二株材积为 2.84 m^3，经测定连年生长量为 0.0325 m^3，比较它们生长率的强弱。

若用连年生长量绝对值比较，则直接可以看出第二株树的连年生长量较大，但由于原有总量不同，须用生长率公式计算比较。

解

$$p_{v1}=\frac{z_{v1}}{v_1}\cdot 100\%=\frac{0.0292}{2.37}\times 100\%=1.23\%$$

$$p_{v2}=\frac{z_{v2}}{v_2}\cdot 100\%=\frac{0.0325}{2.84}\times 100\%=1.14\%$$

经计算比较，$p_{v1}>p_{v2}$，第一株生长能力强，相对生长速度大于第二株。

2.6.6 树干解析

不同树种或者同一树种生长在不同的立地条件下，其生长过程各有特点。研究树木的生长规律，一般从树木的生长开始到采伐时为止这一过程的生活史，通过对树木各个生长时期的直径、树高、形数和材积的生长过程的测定、研究和分析，对林业生产以及以往如气候变化、经营效果和病虫害的发生均有重要意义。

树干解析是研究树木生长过程的基本方法，在生产和科研中经常应用。将树干截成若干段，在每个区分段的中央部位截取树干横断面的圆盘，查数各圆盘的年轮数，根据年轮的宽度确定各年龄（或龄阶）的直径生长量。在纵断面上，根据断面高度以及相邻两个断面上的年轮数之差可以确定各年龄的树高生长量，从而可进一步算出各龄阶的材积和形数等。这种分析树木生长过程的方法称为树干解析。作为分析对象的树木称为解析木。

任务实施

单木生长量测定

树木生长量是指一定时期内树木增长的数量。其计算指标有树高生长量、直径生长量、材积生长量、总生长量、定期生长量、年生长量和平均生长量等，要掌握树干解析法计算其各个因子的各种生长量，熟悉其测定、计算程序、注意事项，减少误差、提高测量、计算精度。

一、人员组织、材料准备

1. 人员组织

①成立教师实训小组，负责指导、组织实施实训工作。

②建立学生实训小组，4~5人为一组，并选出小组长，负责本组实习安排、考勤和仪器管理。

2. 材料准备

每组配备：皮尺、轮尺、透明直尺、伐木打枝工具各1把、计算器1台、方格纸1张、铅笔、粉笔、木工蜡笔、记号笔、大头针若干、森林调查手册1本、树干解析表及全套完整圆盘（不能伐树时，可给成套圆盘）。

二、任务流程

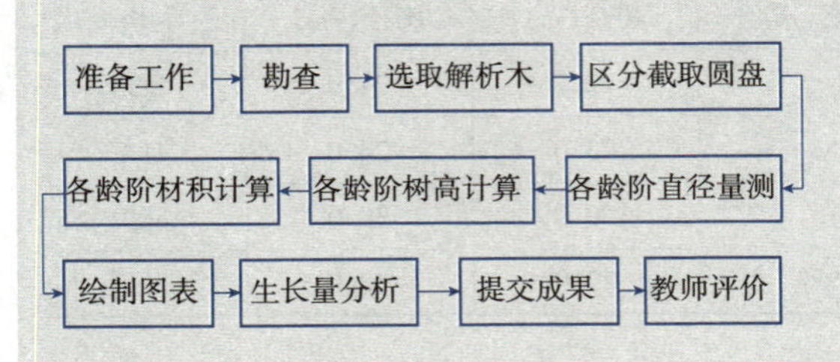

三、实施步骤

树干解析是当前研究树木生长过程的基本方法。树干解析的工作可分为外业和内业两大部分。

1. 树干解析的外业工作

（1）解析木的选定

解析木的选定应根据研究目的和要求而定。一般选取解析木的原则，应具有广泛的代表性。如了解林木的生长情况时，一般应在林内选取生长健壮、无病虫害、不断顶、无双梢的平均木或优势木作为解析木；如要了解病虫害对林木生长的影响时，就要在林内选取中等水平的被害木或被压木，如了解气象和水文的变化时，就要在当地选取年龄最大的古树，配合气象资料的记载来分析。

为了使树干解析能够取得比较正确的结果，最好在现地多选几株解析木，解析后取其平均值作为结果。选取解析木的胸径、树高的误差允许范围与选取标准木相同，都是±5%。

（2）解析木生长环境的记载

①解析木所在地情况的记载。解析木所在林分的特征，如位置（即省、县、林场、林班、标准地号），林分组成、林龄、疏密度、地位级、地被物、土壤、地形地势等的记载（表2-22）。

表 2-22 树干解析表

解析木所在的林分调查	解析木鉴定	树冠特征
所在地：	树　种：	树冠投影：
	年　龄：	从南到北(m)：
标准地号：	树　高：	从东到西(m)：
林分起源：	生长级：	冠幅面积(m^2)：
树种组成：	带皮胸径：	冠幅高度(长度)(m)：
林　龄：	根颈直径：	第一活枝以下长度(m)：
平均树高：	$d_{1/2}$：	枝条材积(m^3)：
平均胸径：	$d_{1/4}$：	占树干材积(%)：
地位级：	$d_{3/4}$：	
疏密度：	带皮材积：	
每公顷蓄积量(m^3)：	去皮材积：	
林分特征：	经济材长度：	
	形　率　q_0：　；　q_1：	调查时间：
地被物与下木：	形　率　q_2：　；　q_3：	
地形地势：	形　数　带皮：	调查人员：
土　壤：	形　数　去皮：	

②解析木与邻接木的调查鉴定。首先测定相邻每株树木的树种、树高、胸径、冠幅及位于解析木的方位，并量取距解析木的距离，将其测定结果填入表 2-22 和表 2-23 中，并绘制树冠投影图（表 2-24、图 2-35、图 2-36）。

表 2-23 解析木与邻接木的记载

编号	树种	位于解析木的方向	与解析木距离(m)	树高(m)	胸径(cm)	生长级
1						
2						
3						
4						

表 2-24 示范解析木与邻接木的记载

编号	树种	位于解析木的方向	与解析木距离(m)	树高(m)	胸径(cm)	生长级
1	杉木	NW25°	2. 80	22. 7	21. 0	良好
2	杉木	SW80°	3. 45	23. 0	24. 0	良好
3	杉木	SE15°	2. 75	20. 0	30. 0	旺盛
4	杉木	NE75°	4. 17	22. 0	30. 0	旺盛

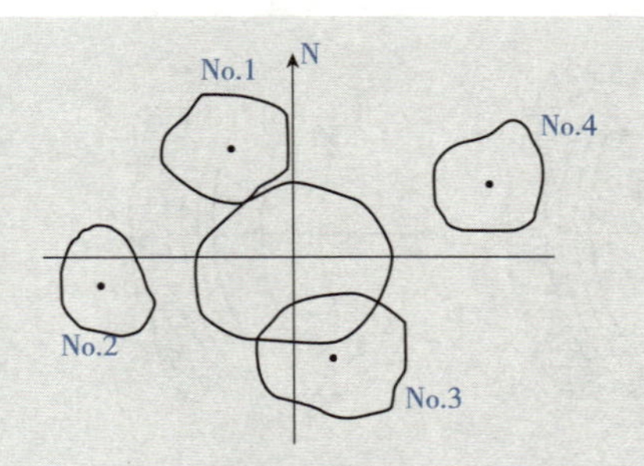

图 2-35　示范解析木与邻木相关平面

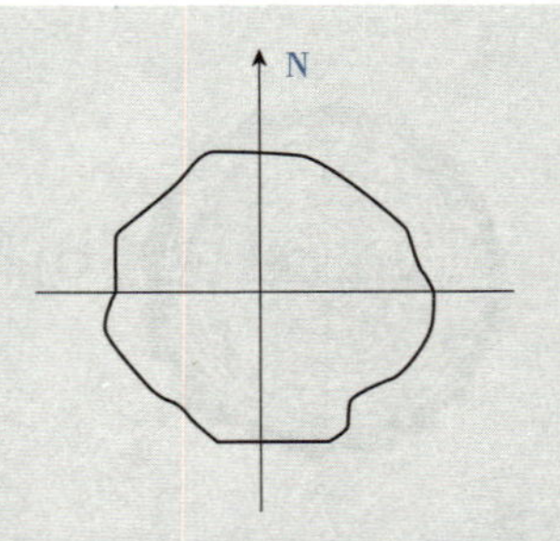

图 2-36　示范解析木树冠投影

(3)解析木的伐倒与测定

解析木在伐倒前，应清除解析木周围杂草灌木，准确标定该树的根颈和胸径位置；并标记树干的北向，用粉笔和木材蜡笔将其标记在树干上，量测胸径(精确到 0.1 cm)和树高。

解析木伐倒时要注意安全，防止人员伤亡；伐木时注意树木的倒向，锯口要平，做到不能断梢，不损伤树皮，防止树干劈裂。

伐倒后，按伐前北向记号，在树干上一直标到树梢。量取根颈至第一个死节和第一个活节的长度，以及树冠长度。在全树干标定的北向，量测树高和它的 1/4、1/2、3/4 处的带皮和去皮直径。

然后标定各区分段(以 1 m 或 2 m)的中央断面和梢底断面的位置。将上述测定项目记载到解析木卡片上。

(4)截取圆盘

圆盘是树干解析的重要材料，特别要注意圆盘取好后须分别用纸、布或苔藓包好放入袋中，存放阴凉处。须在 2~3 d 内开始内业工作，防止碰掉树皮、干燥、变形和开裂。

截取圆盘并由此获得各断面高处的圆盘的年轮测定值是树干解析的关键工作之一。一般将树干按照中央断面区分求积方法进行区分，在每个区分段的中央作为截取树干横断面的圆盘位置，并截取根颈、胸径和梢头底径圆盘，按由根颈至上的顺序分别记为 0 号盘、1 号盘、2 号圆盘、…。

2. 圆盘截取要求

①区分段长。一般取 2 m 或 1 m(干长<8 m)。以 2 m 为段长时，则在根颈 0、1.3、3.6、5.6、7.6、…以及梢底处作标记；为了满足科学研究或某种特殊需要，可采用 1 m 区分段进行解析。以 1 m为段长时，则在根颈 0.5、1.3、2.5、3.5、4.5、…以及梢底处作标记。

②圆盘应尽量与树干垂直，圆盘厚度以 2~5 cm为宜。锯解时，尽量使断面平滑。

③区分段位置的圆盘面为工作面，其背面为非工作面。每个圆盘锯下后，应立即在非工作面编号，在非工作面上用符号↑标出北向，并用分式的形式书写：分子写标准地号和解析木号，分母写圆盘号及断面高。根颈处的圆盘为“0”号，然后用罗马字母 I，Ⅱ，…依次向上顺序编号，如 $\frac{\text{No. 3-1}}{\text{1-1.3 m}}$此外，在 0 号圆盘上应加注树种、采伐地点和时间等(图 2-37)。

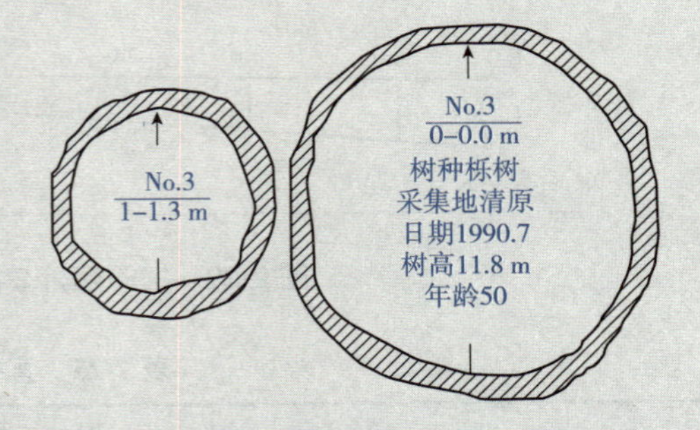

图 2-37　圆盘编号

例 2-4　如图 2-38 所示，现以 2 m 区分段为例区分如下：除第一段为 2.6 m 外以上各段都是 2 m，如一株 15.2 m 高的树木，其各中央断面的位置是 1.3 m、3.6 m、5.6 m、…、13.6 m，梢底断面为 14.6 m，其余 0.6 m 为梢头长度，梢头可以等于或小 2 m。

3. 树干解析的内业工作

(1)查数各圆盘的年轮数

将圆盘工作面刨光，通过髓心划出东西、南北两条直线(图 2-39)，然后查数各圆盘的年轮数并确定该树的龄阶位置。方法如下：

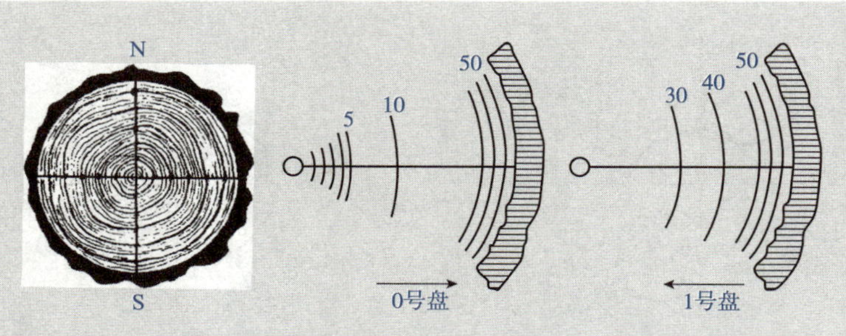

图 2-38　各龄阶的确定　　图 2-40　圆盘年轮查数

①在 0 号盘的两条直线上，用大头针由髓心向外按龄阶(5 年或 10 年)查数，标出该树各龄阶位置，并记录它的总年轮数和断面高(最外侧可能不足一个完整的龄阶)。

②用大头针在其余圆盘的两条直径线上自外向内标出各龄阶的位置，首先根据 0 号盘最外侧剩余的年轮数标定该树最外侧的龄阶位置；再由外向髓心按龄阶(5 年或 10 年)查数，标出该树其余各龄阶位置，并记录它的总年轮数和断面高。如 32 年生的树，以 5 年为一龄阶，其龄阶划分为 32、30、25、20、15、10、5。

图 2-40 为某解析木“0”号圆盘和“I”号圆盘的龄阶标定示意图。

从而确定该树各龄阶的树干在各圆盘中位置，用大头针作记号。该项工作须认真仔细，特别当年轮界限不清楚时，更应细心识别。

(2)各龄阶直径的量测

确定龄阶后，由圆盘外侧向里逐一确定龄阶值，用直尺分别在各圆盘东西和南北两个方向量测各龄阶直径及最后期间的去皮和带皮直径，取平均数作为该龄阶直径(精确到 0.1 cm)。将各龄阶直径填入表 2-25 中。

下面是示范解析木调查的数据表，表 2-26 所列供参考。

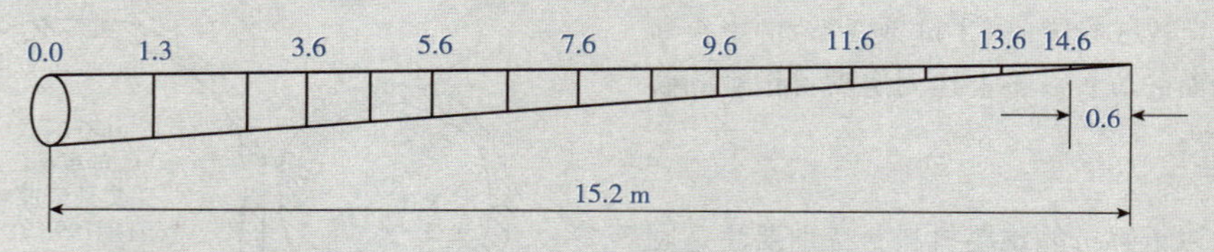

图 2-39　树干解析 2 m 区分段和截取圆盘位置图

表 2-25　直径树高生长进程表

圆盘号	圆盘高(m)	达该断面高所需年数	直径方向	各龄阶圆盘的检尺径(cm)							
	年轮数			年		年	年	年	年	年	年
				带皮	去皮						
0			北—南 西—东 平均								
1			北—南 西—东 平均								
2			北—南 西—东 平均								
3			北—南 西—东 平均								

（续）

圆盘号	圆盘高(m)/年轮数	达该断面高所需年数	直径方向	各龄阶圆盘的检尺径(cm)							
				年		年	年	年	年	年	年
				带皮	去皮						
4			北—南 西—东 平均								
5			北—南 西—东 平均								
6			北—南 西—东 平均								
各龄阶	梢底直径(cm)										
	梢头长度(m)										
	树　高(m)										

表 2-26　解析木各圆盘直径检尺表

圆盘号数	圆盘高/年轮数	达该断面高所需年数	直径方向	各龄阶圆盘的检尺径					
				50 年		40 年	30 年	20 年	10 年
				带皮	去皮				
0	0/50	0.5	南北 东西 平均	14.2 11.6 12.8	13.4 10.7 12.1	11.0 9.9 10.5	6.7 7.4 6.6	2.9 2.8 2.9	0.9 1.3 1.1
1	1.3/35	15.5	南北 东西 平均	10.0 9.9 10.0	9.6 9.4 9.5	8.6 8.1 8.4	6.1 5.7 5.9	1.7 1.3 (1.5)	
2	3.6/25	25.5	南北 东西 平均	9.2 9.3 9.3	8.7 8.8 8.8	7.4 7.4 7.4	3.0 3.0 3.0		
3	5.6	30.5	南北 东西 平均	7.9 8.1 8.0	7.4 7.7 7.6	5.9 5.8 5.9			
4	7.6/17	33.5	南北 东西 平均	6.2 6.6 6.4	5.9 6.1 6.0	3.3 3.3 3.3			
5	9.6/10	40.5	南北 东西 平均	4.0 4.0 4.0	3.6 3.6 3.6				
6	10.6/5	45.5	南北 东西 平均	2.1 2.1 (2.1)	1.9 1.9 (1.9)				

（续）

圆盘号数	圆盘高 年轮数	达该断面高所需年数	直径方向	各龄阶圆盘的检尺径					
				50 年		40 年	30 年	20 年	10 年
				带皮	去皮				
各龄阶的	梢头底直径			2.1	1.9	2.0	1.5	2.9	1.1
	梢　长			1.2	1.2	0.86	0.8	2.34	0.82
	树　高			11.8	11.8	9.46	5.4	2.34	0.82

(3)各龄阶树高的计算

由于树木年龄与各圆盘的年轮数之差就是树木长至该圆盘断面高所需年数，一般情况下，这种方法推算各龄阶高可能产生半年的误差，通常将所需的生长时间加半年，用内插的方法即可求出各龄阶的树高。

下面是按照内插法的原理来计算某个龄阶的树高。

例 2-5　表 2-26 中，树木生长至 1.3 m 高时需 15 年，生长至 3.6 m 高时需要 25 年，求 20 年时树高是多少？

解　生长至 1.3 m 高需 15.5 年，至 3.6 m 高需 25.5 年，20 年时树高必在 1.3~3.6 m，则按照内插法计算 20 龄阶的树高为：

$$1.3+\frac{3.6-1.3}{25.5-15.5}\times(20-15.5)=$$

$$1.3+0.23\times4.5=2.34 \text{ m}$$

另外用以下方法也可算出 n 年前的树高，1981 年，郭永台提出用高径比法来确定 n 年前的树高。虽然树高和胸径的比值随年龄的增加而增加(呈正比)，但在间隔期较短时(1~2 个龄阶)，可视为常数，由此

令

$$\frac{h_{a-n}-1.3}{d_{a-n}}=\frac{h_a-1.3}{d_a}$$

则

$$h_{a-n}=d_{a-n}\left(\frac{h_a-1.3}{d_a}\right)+1.3 \qquad (2\text{-}33)$$

设

$$c=\frac{h_a-1.3}{d_a}$$

则

$$h_{a-n}=d_{a-n}\cdot c+1.3$$

式中：h_a、h_{a-n}分别为现在树高和 n 年前的树高；d_a、d_{a-n}分别为现在去皮直径和 n 年前的去皮直径。

(4)绘制树干纵剖面图

以直径为横坐标，以树高为纵坐标，在各断面高的位置上，按各龄阶直径大小、绘纵剖面图。纵剖面图的直径与高度的比例要恰当，纵剖面图有利于直观认识树干的生长情况。

树高按照 1∶100，直径按照 1∶5 的比例绘图，如图 2-41 所示。

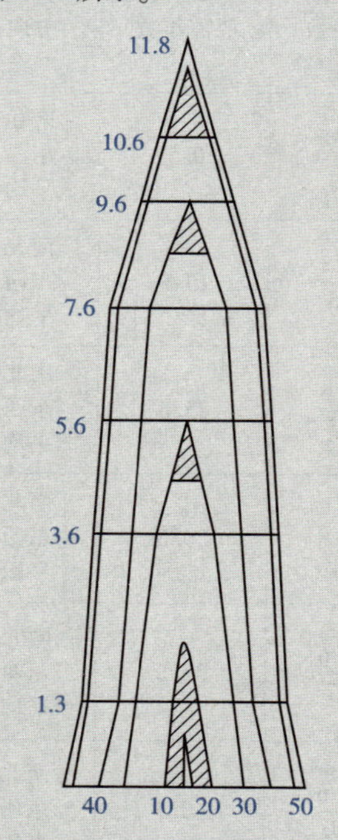

图 2-41　树干纵剖面图

(5)各龄阶树干材积的计算

各龄阶的树干材积仍然按中央断面区分求积式计算。为此要确定各龄阶的树干有关参数。

①各龄阶树干完整的区分段数。它可由树干纵

剖面图查数，亦可由该龄阶树高根据区分段长计算。

②各龄阶树干各区分段材积计算。根据该龄阶树干的区分段数，由该龄阶各中央断面圆盘的直径检尺记录，按中央断面区分求积式求各龄阶树干各区分段材积。

③各龄阶树干梢头材积计算。梢头底径由树干纵剖面图查得后用内插法计算；梢头长度等于该龄阶树高减去取分段的累计长度；梢头材积按圆锥体公式计算。

④各龄阶树干材积计算。将各龄阶树干区分段材积与其梢头材积累计即可求得该龄阶树干的材积，以上计算结果填于表2-27中。

(6)计算各种生长量及材积生长率

将表2-26中的胸径、树高和材积按龄阶分别抄录于表2-30作为调查因子的总生长量，然后，分别各调查因子计算各龄阶的平均生长量、连年生长量、材积生长率及形数。

①树高生长量测定。伐倒木的全长就是树高总生长量，被根颈断面上查定的年轮数除所得的商，即为树高平均生长量。

表2-27　示范解析木材积计算表

区分段号	区分长度(m)	各龄阶区分段去皮材积				
		50年	40年	30年	20年	10年
	2.6	0.0184	0.0144	0.0071		
2	2	0.0122	0.0086	0.0014		
3	2	0.0091	0.0055			
4	2	0.0057	0.0017			
5	2	0.0020	-			
梢　头		0.0002	0.0001	0.0001	0.0005	
合　计		0.0476	0.0303	0.0086	0.0005	

在伐倒木离稍头的一定长度处，用手锯试探的方法截断稍头，使得截面的年轮数恰好等于定期的年数，该长度就是定期生长量，若除以定期年数，所得的商就是定期平均生长量(可以作为连年生长量)。

对于某些针叶树种，如果从稍头向下查数脱落的枝痕，也可以测定定期生长量，但年龄越大效果越差。

②直径生长量测定。树木的去皮直径就是直径的总生长量，被该断面年轮总数除，得到直径的平均生长量。量取$a-n$个年轮的直径，被断面直径减，所得的差就是直径的定期生长量，相继由公式可求得定期平均生长量和连年生长量。

③材积生长量测定。

a. 伐倒木材积生长量测定：树干解析一般是按照伐倒木区分求积法将伐倒木按2 m或1 m的长度区分，然后对各区分段的中央断面和该伐倒木的梢底进行标记，根据中央断面区分求积公式求出树木带皮V、去皮V_a和n年前的材积V_{a-n}，去皮材积为总生长量，其他生长量由公式得到。计算结果见表2-30，伐倒木材积生长量测定表。

b. 立木材积生长量测定：对于立木，它的材积生长量常通过测定材积生长率来计算。

施耐德(Schneider，1853)发表的材积生长率公式为：

$$P_v=\frac{K}{nd} \tag{2-34}$$

式中：K——生长系数，生长缓慢时为400，中庸时为600，旺盛时为800；

n——胸高处外侧1 cm半径上的年轮数；

d——现在的去皮胸径。

此式外业操作简单，测定精度又与其他方法大致相近，直到今天仍是确定立木生长量的最常用方法。

施耐德以现在的胸径及胸径生长量为依据，

在林木生长迟缓、中庸和旺盛3种情况下，分别取表示树高生长能力的指数 k 等于0、1和2时，得到式(2-35)。

$$P_v=(K+2)P_d \tag{2-35}$$

据此，对施耐德公式作如下推导。

按生长率的定义，胸径生长率为：

$$P_d=\frac{Z_d}{d}\times 100 \tag{2-36}$$

而在式(2-36)中的 n 是胸高外侧1 cm半径上的年轮数，据此，一个年轮的宽度为 $\frac{1}{n}$ cm，它等于胸高半径的年生长量。因此，胸径最近一年间的生长量为：

$$Z_d=\frac{2}{n} \tag{2-37}$$

由此可知，$d-\frac{2}{n}$ 为一年前的胸径值；$d+\frac{2}{n}$ 为一年后的胸径值。

若取一年前和一年后两个胸径的平均数作为求算胸径生长率的基础时，则：

$$P_d=\frac{\frac{2}{n}}{\left[\frac{1}{2}\left(d-\frac{2}{n}\right)+\left(d+\frac{2}{n}\right)\right]}\times 100 =\frac{200}{nd} \tag{2-38}$$

将上式代入 $P_v=(K+2)P_d$ 中，在不同生长情况下的材积生长率公式分别为：

生长迟缓时：

$$K=0,\ P_v=\frac{400}{nd}$$

生长中庸时：

$$K=1,\ P_v=\frac{600}{nd}$$

生长旺盛时：

$$K=2,\ P_v=\frac{800}{nd}$$

例2-6 一株生长旺盛的落叶松，经测定冠高比为67%，带皮胸径为32.2 cm，胸高处皮厚为1.3 cm，胸高外侧1 cm的年轮数为9个，树木测定材积为1.094 m^3，用施耐德公式计算材积生长率和生长量。

解 经查表得 $K=730$(表2-28)。

材积生长率：

$$P_v=K/nd=\frac{730}{9\times(32.2-2\times1.3)}=2.74\%$$

材积生长量：

$$z_v=2.74\%\times1.094=0.02998\ m^3$$

将解析木各龄阶的树高、直径、材积的各种生长量填在表2-29中，进行汇总，以备绘制树木生长曲线。

表2-28 K值查定表

树冠长度占树高的%	树高生长					
	停止	迟缓	中等	良好	优良	旺盛
>50	400	470	530	600	670	730
25~50	400	500	570	630	700	770
<25	400	530	600	670	730	800

表2-29 各调查因子生长过程计算表

龄阶	胸　径(cm)			树　高(m)			材　积(m^3)				形数
	总生长量	总平均生长量	连年生长量	总生长量	总平均生长量	连年生长量	总生长量	总平均生长量	连年生长量	材积生长率(%)	

以上所叙述的是经典树干解析：即严格按照等区分段长、等龄阶的树干解析。近来树干解析有向不等区分段长、不等龄阶的树干解析方向发展，称为广义的树干解析。

(7)绘制各种生长曲线图

利用生长过程总表计算出的数据，绘制各种生长过程曲线，材积连年生长量和平均生长量关系曲线及材积生长率曲线但在绘制连年生长量和平均生长量关系曲线时，由于连年生长量是定期平均生长量代替的，故应以定期中点的年龄为横坐标定点制图。

用横坐标表示年龄，纵坐标表示直径、树高、材积、形数等因子的生长量，确定合适的比例尺，根据表2-30，各调查因子生长过程计算汇总表的数据分别点绘连年生长量和平均生长量曲线图，点绘好用折线连接，不必修匀。树干总生长量、平均生长量、连年生长量曲线，分别如图2-42(a)、(b)、(c)所示。图2-42是由示范解析木表2-30的数据绘制而成。

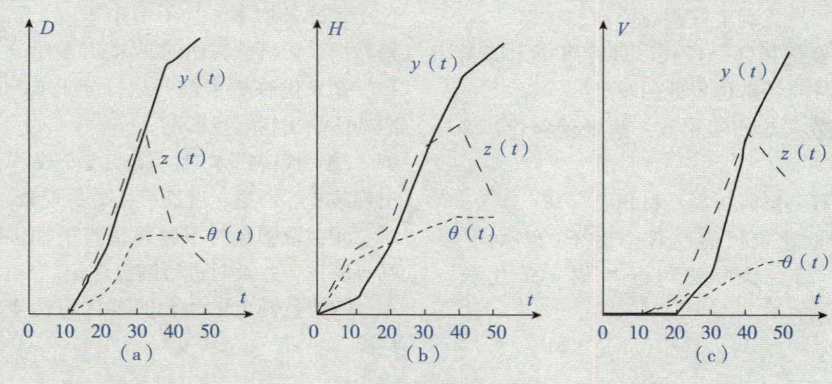

图2-42 树干生长曲线图

表2-30 示范解析木各调查因子生长过程的计算汇总表

龄阶	胸 径(cm)			树 高(m)			材 积(m^3)			
	总生长量	总平均生长量	连年生长量	总生长量	总平均生长量	连年生长量	总生长量	总平均生长量	连年生长量	材积生长率(%)
10				0.8	0.08					
20	1.5	0.08	0.15	2.4	0.12	0.16	0.0005	0.000 03	0.000 05	20.0
30	5.9	0.20	0.44	5.6	0.19	0.32	0.0086	0.000 29	0.000 81	17.8
40	8.4	0.21	0.25	9.6	0.24	0.40	0.0303	0.000 76	0.002 17	11.2
50	9.5	0.19	0.11	11.8	0.24	0.22	0.0476	0.000 95	0.001 73	4.4

4. 树干解析的应用

将树干解析的全部图表系统整理、汇集成册，依据各项调查因子的生长过程，结合环境因子和森林经营措施，经分析研究，作出调查与鉴定。

①根据材积连年生长量与平均生长量两条曲线相交的时间判定树木的数量成熟；根据生长率的大小可以与其他树种比较树木的生长势的强弱。

②根据大量的树干解析材料，通过综合分析，了解林木的生长过程对立地条件的要求，为达到适地适树，以及确定抚育采伐时间、采伐强度和丰产措施提供科学依据。

③树干解析资料为编制生长过程表，立地指数表提供可靠的依据。

④利用树干解析资料可以建立树木生长模

型，为预估林木未来生长提供基础性资料。

⑤根据年轮宽窄的变化，推测以往的气候情况，验证和补充气象记录之不足；推测林木病虫害、火灾、干旱、洪水的危害年份和危害程度，分析并找出林木生长不正常的原因，以便采取合适的防治措施，恢复和促进林木的正常生长。

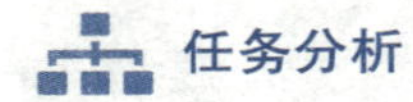
特别提示

①根据研究目的及需要选择解析木，解析木伐倒前测定，一定先确定好胸高位置。

②根据需要选择区分段长，进行解析木圆盘的截取，特别注意特殊位置处的圆盘。

③正确查数圆盘的年轮数，辨别伪年轮，确定好龄阶。

④正确计算各龄阶树高、材积。

⑤选好合适比例尺绘制各个因子的各种生长量曲线图，结合实际进行分析树木的生长情况。

四、实施成果

①完成解析木调查表。

②完成解析木与邻接木的记载表。

③完成直径、树高及材积生长过程分析表。

④完成树干生长过程总表。

⑤绘制各种生长曲线图及树干纵剖面图。

⑥对各生长量曲线图进行分析。

五、注意事项

①选择解析木时，充分考虑其用途，常选生长正常的平均木，且干形中等，无病虫害、无双梢断梢、无机械损伤的树木。

②采伐解析木前，先标定北向和胸高位置，准确的绘出树冠投影图。

③采伐解析木时，保障安全操作；树木不能出现破皮、断梢、劈裂、抽芯等现象。

④截取圆盘时下锯要垂直干轴，锯截时防止圆盘脱皮，并及时进行圆盘注记。

⑤查数圆盘的年轮时要认清伪年轮，并做到剔除。

任务分析

对照【任务准备】中的“特别提示”及在任务实施过程中出现的问题，讨论并完成表2-31中“任务实施中的注意问题”的内容。

表 3-31　树木生长量测定任务反思表

任务程序			任务实施中的注意问题
人员组织			
材料准备			
实施步骤	1. 解析木选取		
	2. 解析木采伐		
	3. 圆盘位置标定		
	4. 圆盘截取		
	5. 圆盘测量		
	6. 数据计算	(1)各龄阶直径生长量	
		(2)各龄阶树高生长量	
		(3)各龄阶材积生长量	
	7. 绘制生长量曲线图		

项目小结

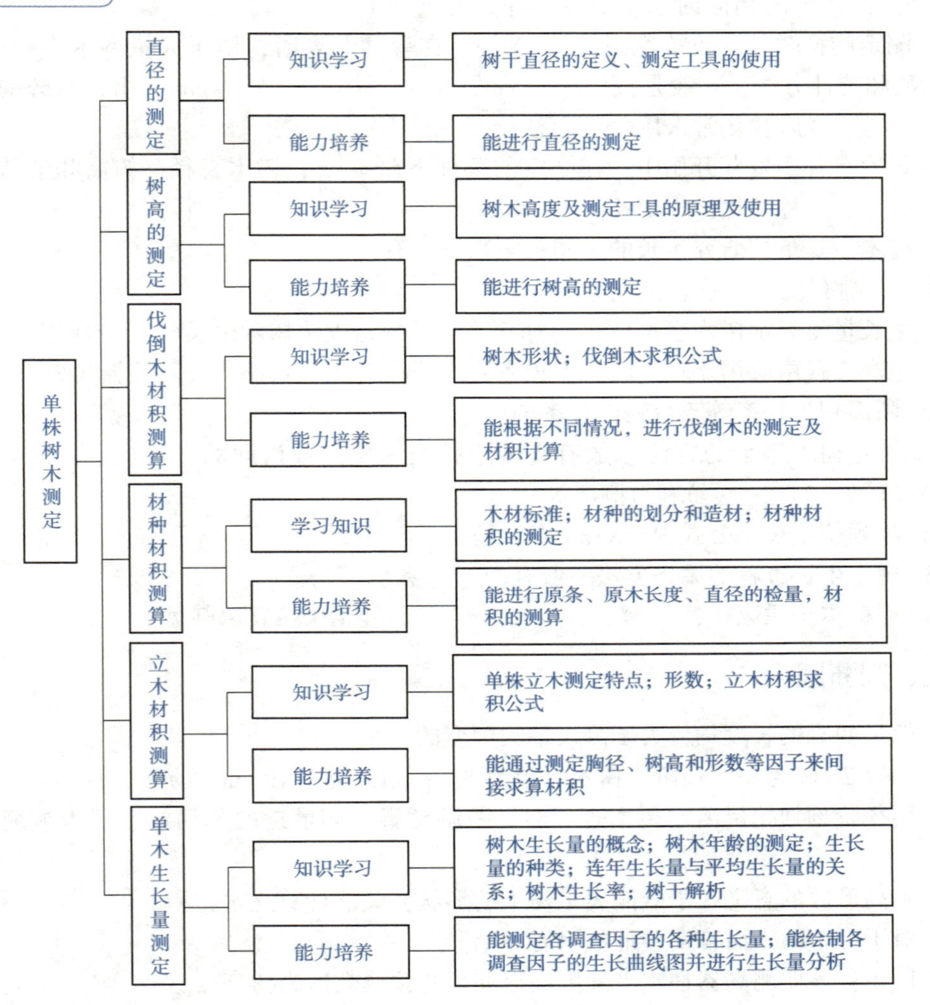

自测题

一、名词解释

1. 立木与伐倒木；2. 胸径；3. 干形；4. 干轴与横断面、纵断面；5. 形数；6. 形率；7. 区分求积法；8. 胸高形数与实验形数；9. 胸高形率；10. 原木与原条。

二、填空题

1. 基本的测树因子有(　　)、(　　)、(　　)、(　　)。

2. 测定直径的工具种类很多，常用的有(　　)、(　　)和(　　)等；测定树高的工具主要有(　　)、(　　)、(　　)等。

3. 立木材积三要素是：(　　)、(　　)和(　　)。

4. 从形数、形率与树高关系的分析，在形率相同时，树干的形数随树高的增加而(　　)；在树高相同时则形数随形率的增加而(　　)。

5. 测定胸径时，一般精确到(　　)cm。在森林调查时，用于大量树木直径的测定，为了读数和统计方便，一般是按(　　)cm、(　　)cm、(　　)cm 分组，所分的直径组称为(　　)。径阶整化常采用(　　)法。

6. 树木自种子发芽开始中，在一定的条件下(　　)，树木直径、树高和形状都在不断地(　　)，这种变化称为生长。

7. 树木生长量按研究生长的时间长短来分，有(　　)、(　　)和(　　)；若用年平均值表示，则有(　　)和(　　)。

8. 生长量是表示树木生长(　　)速率，生长率是表示树木生长(　　)速率。

9. 生产实践中应用比较广泛的生长率公式是(　　)生长率式，其计算式为(　　)。

10. 断面积生长率等于直径生长率的(　　)。

11. 确定树木年龄的方法一般有查阅造林技术档案或访问的方法(　　)、(　　)、(　　)、(　　)、(　　)和目测法等。

12. 施耐德生长率公式 $P_v = K/nd$ 中 n 是指(　　)。

13. 树木生长过程的调查方法一般有(　　)和(　　)。

14. 解析木一般应在(　　)、(　　)、(　　)和梢底位置取圆盘。

三、判断题

1. 轮尺两脚的长度均应大于测尺最大刻度的 1/2。(　　)

2. 如以 2 cm 为一个径阶，树木直径为 11.9 cm，属于 10 cm 径阶。(　　)

3. 用径阶刻划轮尺测定树木直径时，距游动脚内侧最近的刻划数字即为被测树木的径阶值。(　　)

4. 胸高形数的意义在于既能表示树干的形状，又能计算立木材积。(　　)

5. 对于一个树木而言实验形数只有一个。(　　)

6. 用布鲁莱斯测高器在水平地测高时仰视树顶读数即为树高。(　　)

7. 克里斯登测高器在测高时不需要测量者与视测树木间的距离，一次可以测出全树高。(　　)

8. 生长锥由锥柄、锥管、探舌三部分组成，当在树干上钻取木条时，锥管和探舌要钻入树干中，从探舌上取下木条芯来查数树木年轮。(　　)

9. 伐倒木求积式中平均断面求积式、中央断面求积式都属于近似求积式。(　　)

10. 区分求积式的含义是将树干按照一定的段长区分成段，然后求出各区分段的材积，各区分段材积之和为树干总材积。(　　)

11. 木材标准是进行木材生产、产品流通的共同技术依据。(　　)

12. 原条的小头直径必须是要小于 6 cm。(　　)

13. 原条的检尺长指大头断面到小头断面之间最短的距离。(　　)

14. 树木的生长都是变大的。(　　)

15. 对于速生树种常用定期平均生长量近似代替其连年生长量。(　　)

16. 树木生长量大就说明树木在此期间长得快。 ( )
17. 树木树高平均生长量最大时的年龄称为数量成熟龄。 ( )
18. 一株长 16.2 m 的解析木，按 2 m 区分段为区分，其 8 号圆盘在距树干基部 15.6 m 处。 ( )
19. “0”号圆盘上查数年轮数由外向里数，其他圆盘则由里向外数。 ( )
20. “0”号圆盘上的年轮数与各号圆盘年轮数之差，即为树木达到各该圆盘高度的年龄。 ( )

四、选择题

1. 树干的形状，有通直、弯曲、尖削、饱满之分。就一株树来说，树干各部位的形状( )。

A. 也不一样　B. 是一样的　C. 都是饱满的　D. 是尖削的

2. 树干可以看成是由凹曲线体、抛物线体、圆柱体、圆锥体几种几何体组成的。4 种几何体在树干上所占的比例，以( )和( )占全树干的绝大部分。

A. 抛物线体　B. 圆柱体　C. 圆锥体　D. 凹曲线体

3. 胸高形数的比较圆柱体底断面积是( )。

A. 胸高断面积　B. 根颈断面积

C. 中央断面积　D. 任意部位直径

4. 胸高形率是指( )与胸径的比值，用 q_2 表示。

A. 任意直径　B. 上部直径　C. 中央直径　D. 相对直径

5. 可以测量伐倒木直径的工具有( )。

A. 轮尺　B. 围尺

C. 望远测树仪　D. 林分速测镜

6. 径阶的组距多采用 2 cm 或 4 cm，它们的径阶范围的具体通常采用( )法。

A. 上限排外　B. 下限排外　C. 内插

7. 我国的国家标准，其标准号( )组成。

A. 标准代号+顺序编号+连接号+年份

B. 顺序编号+标准代号+连接号+年份

C. 标准代号+年份+连接号+顺序编号

8. 杉原条的检尺长是指( )。

A. 从大头断面(或锯口)到梢端直径小于 6 cm 的长度，按照 1 m 进位取整数

B. 从大头断面(或锯口)到梢端直径大于 6 cm 的长度，按照 1 m 进位取整数

C. 从大头断面(或锯口)到梢端直径大于 6 cm 的长度

D. 从大头断面(或锯口)到梢端直径小于 6 cm 的长度

9. 原条的检尺径是指( )。

A. 小头断面带皮直径　B. 小头断面去皮直径

C. 小头断面去皮短径　D. 小头断面去皮长径

五、问答题

1. 使用轮尺测直径应注意什么？
2. 简述树高测定仪器？
3. 如何用勃鲁莱测高器在平地测高？
4. 测定树高时应注意哪些方面？
5. 简述平均生长量与连年生长量之间的关系？

六、计算题

1. 一株年龄为28年的解析木，按5年一个龄阶划分，可划分为几个生长阶段，写出每个阶段的年龄。

2. 一株13.0 m长的解析木，按2 m区分，分别查得“0”号圆盘的年轮数为26，“4”号圆盘上的年轮数为15，“5”号圆盘上的年轮数为11，该株树木15年生的修正后树高为多少米？

3. 两株树木其直径分别为50 cm和20 cm，10年后直径分别为70 cm和30 cm，哪一株的长得快？为什么？

4. 设：某解析木15年时的树高为11.2 m，用2 m区分段区分，9.6 m断面上15时直径为1.8 m，树顶的直径为0，根据上述数据试计算梢长和梢底直径各是多少？

5. 一株生长中庸的落叶松，冠长百分数大于50%，带皮胸径32.2 cm，胸高处的皮厚1.3 cm，外侧半径1 cm的年轮数有9个，材积为1.0944 m^3，计算材积生长率及材积生长量？

七、论述题

1. 论述树干解析的内业计算工作。
2. 论述树干解析的外业调查。

拓展知识

一、测高罗盘仪

在进行单株树木材积测定过程中，影响材积计算精度的主要因素是树木直径(特别是上部直径)、树高的测定及其测定的精度。为了将直径、树高测定准确，目前我国研制出一些能够将测定水平距离、树高、上部直径的测定于一体的新仪器。其中目前使用较广的是测高罗盘仪。

1. 测高罗盘仪的构造

DQL-9型测高罗盘仪是哈尔滨光学仪器厂制造的一种手持式袖珍型仪器，它集罗盘和测高于一体，具有外形美观体积小、携带方便，精度可靠、性能稳定等特点。仪器外形尺寸110 mm×60 mm×19 mm，重量0.25 kg(图2-43)。

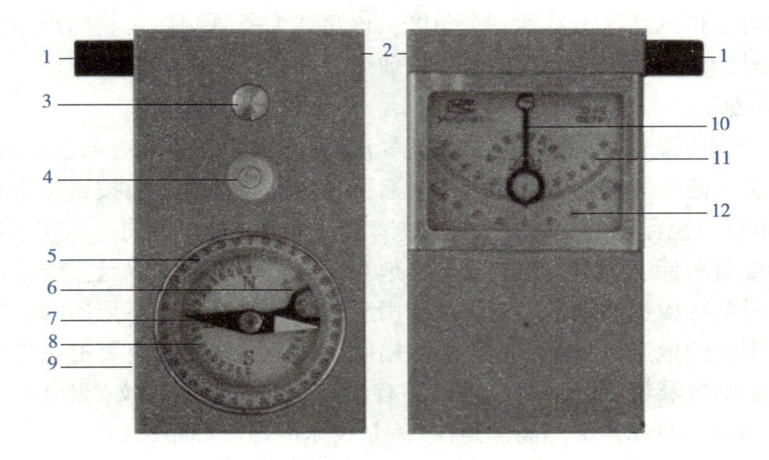

图 2-43 DQL-9 型测高器

1. 目镜镜筒 2. 物镜 3. 启动钮/制动钮 4. 圆水准器
5. 罗盘刻度盘 6. 角度正切值 7. 磁针 8. 角度 9. 压板(止动磁针、测角器)
10. 测角器(测角、测高指示) 11. 斜度盘上双向 600 角 12. 斜度盘上双向 450 正切值图

①瞄准器由物镜、目镜组成，其中目镜镜筒可以伸缩约 2 cm。

②斜度盘上面一条弧线有两种刻度，其中上方一条是用于读取测量水平视线与倾斜视线之间的夹角角度(双向 60°角)，另一条是用于读取角度所对正切值+(取向 45°角，正切值正好是 1.0，在刻度盘上标为 100)。在刻度盘上有一个测角器，目的是用来测高、测角时的指示。

③按钮启动/制动指针作用。

④罗盘在仪器的另一面有一个罗盘(与手持罗盘相像)，其上有磁针、刻度盘、测定倾斜角的测角器、度盘。刻度盘上的刻度为 0°~90°(属于象限罗盘)。

⑤圆水准器用于水平测量，使得测定面水平。

⑥压板在仪器侧面，起止动磁针和测角器的作用。

2. 使用方法

(1) 高度测量

首先测量出测者到被测木间的水平距离 S，然后用仪器瞄准树木的树梢，食指按下按钮，待目视孔观察测树高点与分划线横线重合 1~2 s 后松开按钮，此时读到的指示器凹尖处与刻度盘对应的刻度即被测木与测者间的倾斜角度值(竖直夹角) θ，然后根据公式计算水平视线到树顶的高度 H_1：

$$H_1 = \tan\theta \cdot S$$

同法可以测出水平视线到树基的高度 H_2：$H_2 = \tan\theta \cdot S$，则树高 H 为：$H = H_1 + H_2$，当角度在 45°以下时，可以直接在斜度盘上查出 $\tan\theta$ 的数值。

(2) 水平测量

仪器上装有精度为 20′的圆水准器，做水平尺用。测量时将仪器平放到被测物上，当测量长度较长或面积较大的时候，可以在仪器下附加一平直的长杆进行测量。

(3) 倾斜角度测量

测量物体的倾斜角(竖直夹角)时，用仪器的侧面靠在被测物上，按下按钮等 1~2 s 后放下按钮，此时会再刻度盘上看到一个角度，该角度为所测倾斜角。如果用罗盘仪中测角器测量倾斜角时，应按下仪器旁边的压板按钮进行测量，测量方法同前。

(4)方位测量

将罗盘手持或放置到一水平面上，使圆气泡居中，放开磁针(要求远离磁性干扰)，从仪器一侧看过去，瞄准被测物，待磁针停稳后扳动仪器旁边的压板按钮锁定磁针，然后根据磁针北端(带有白色标记的一端)所指读数读出方位角，确定方向。在使用过程中一定要注意：罗盘刻度盘所标志的东、西方位与实地东、西方位相反，罗盘上所读得角度是象限角；仪器尽量避免碰撞和污染，高温暴晒和雨水冲刷；仪器长期不使用时，应保存在通风干燥、无强磁干扰的地方，以免影响仪器的精度；用后的仪器一定要把磁针锁定，以免震动磨损轴尖，影响仪器精度。除此以外，还有激光、超声波测树仪(测量水平距离、竖直角度和高度)，VefiexⅢ超声波测高测距仪(测量树木的高度和距离)。

二、多用测树仪

近年来，具有多用途的综合测树仪的研制取得了较大的进展。目前国内外已设计和生产了各种型号的综合测树仪，其共同特点是一机多能，使用方便，能测定树高、立木任意部位直径、水平距离、坡度和林木每公顷胸高断面积总和等多项因子，在林业生产和科研教学工作中发挥了作用。这里仅就我国生产和使用的多用测树仪作简要介绍。

1. 林分速测镜

林分速测镜是综合性的袖珍光学测树仪，由奥地利毕特利希(Bitterlich，1952)首创，我国华网坤等人于1963年仿造设计投产，定名LC-Ⅰ型。林分速测镜的关键构件为鼓轮及贴在鼓轮上的刻度纸。刻度纸上有宽窄不同和黑白相间的带条标尺，全部测量用的标尺都刻划在这个鼓轮表面，它们通过透镜及反射镜而投入观测者的眼睛。由于鼓轮能随着仰角或俯角而自如转动，使各种标尺具有自动改平的优点。能够测定立木上部直径、树高、水平距离等项因子。

2. 望远测树仪

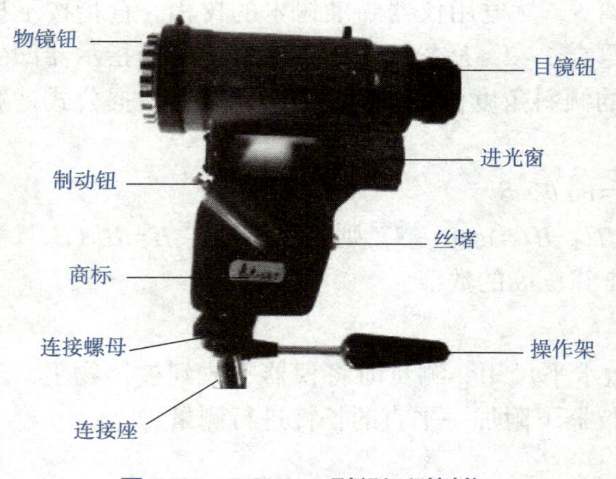

图 2-44　DQW-2 型望远测树仪

DQW-2型望远测树仪是长春市第四光学仪器厂仿国外雷拉远距离测树仪设计制造的产品。它由望远系统、显微读数系统、鼓轮及标尺、制动钮、壳体等部分组成(图2-44)。测定因子包括：树干上部直径、每公顷胸高断面积、水平距离、树高、坡度等因子。其特点使用纤维投影标尺，测量时经望远镜放大目标，成像清晰，进光窗装置可使读数准确。以相似形原理和三角函数作为测量原理。其树高测定方法如下：

(1)测立木全树高

用准线观测树梢，在 H 标尺上读得 C_1(最小格数)；然后观测树基，在 H 标尺上读得 C_0(最小格数)。仰视 C 为正值，俯视 C 为负值。全高为：

$$H=B(C_1-C_0) \tag{2-39}$$

式中：H——待测树木实际树高；

B——观测时水平距离的1%；

C_1、C_0——标尺上的读得树梢和树基的最小格数。

(2)标定树干任意高

先观测树基读得 C_0，然后求出准线对准树干上任意 H_n 高度时 H 标尺在准线上的数值 C_n，即

$$C_n=\frac{H_n}{B}+C_0 \tag{2-40}$$

式中：C_n——树干任意高时的 H 标尺在准线上的刻度值；

H_n——树干任意高；

B——观测时水平距离的1%；

C_0——标尺上的读得树基的最小格数。

根据所求 C_n 的符号，正值在仰角方向，负值在俯角方向，转动仪器，使 H 标尺在准线上的刻划恰为 C_n，此时，准线与树干相截处即为所要标定的树干高度 H_n。

三、超声波测高器

超声波测高器可用来测量物体的高度和测量距离，角度，坡度和空气温度。超声波测高器是通过超声波信号发送与接收来获得准确的距离，高度是由距离和角度的三角函数关系计算得到的。

1. 构造

超声波测高器由信号接收器和测高器组成，另外，还有一个标杆可供选用(图2-45)。

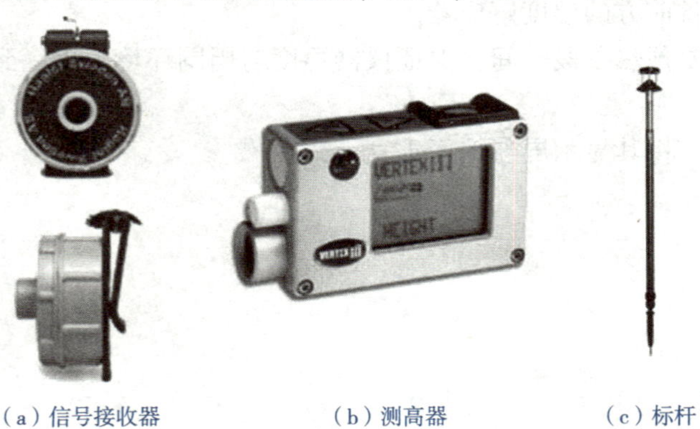

(a)信号接收器　(b)测高器　(c)标杆

图2-45　超声波测高器构造

2. 仪器性能

①测高范围 0~999 m，测高误差 0.1 m；

②坡度测量范围-55°~+85°，测量精度 0.1°；

③测距范围 40 m，测距误差 0.01 m；

④环境温度-15~+45 ℃。

3. 设备的启动和关闭

①开机前，在测高器和信号接收器上各装一节 5 号电池。

②红色 ON 按钮为测高器的启动键。

③键操作，设备自动关闭。

④完成 6 次测高后，自动关机。

4. 测高器关机的 3 种方法

①同时按下两个箭头按钮，2 s 内关机。

②60 s 没有按键操作，设备自动关机。

③完成 6 次测高后，自动关机。

5. 测量步骤

①信号接收器侧面有一小刀，将其切入树皮内，固定于距地面 1.3 m 高度的树干上(此高度可以在测高器的“设置”菜单选项中设定)。

②开启信号接收器。

③手持测高器，选择一个观测点，能够看到树梢顶及信号接收器，将测高器的红色 ON 按钮一直保持按下的状态，将测高器的瞄准镜中红点对准信号接收器，直到瞄准镜中的红点消失为止，松开红色 ON 按钮，将在测高器的显示屏上显示出观测点到信号接收器的距离、角度和水平距离。

④再将瞄准镜中红点对准树梢点顶点，这时红十字线闪烁，按下红色 ON 按钮直到红十字线消失，松开红色 ON 按钮，此时，在测高器显示屏上可显示树的高度(假定接收器固定高度 1.3 m)；再对准树顶，重复此步骤，可连续测得 6 个树干上不同部位的高度。

将测高器距离信号接收器 1~2 cm 处，按下红色 ON 按钮，信号接收器将自动开启。

6. 仪器使用注意事项

①不要触摸设备前方的温度感应器。

②在打开仪器要预热一段时间，保证仪器温度与周围环境温度一致，否则测量精度会下降。

③手握测高器，将其显示屏与地面垂直。

项目3 林分调查

项目导入

某林场坚持可持续发展，坚持节约优先、保护优先、自然恢复为主的方针，像保护眼睛一样保护自然和生态环境，坚定不移走生产发展、生活富裕、生态良好的文明发展道路，林场的天更蓝、山更绿、水更清。为了摸清某林分(森林地段、小块森林)的资源状况，场长把这一调查任务交给了林场的技术员小李。小李看到林分内生长着许多大小不同、高矮不一的树木，犯愁了。怎样进行调查呢？能否按单株树木的测定方法逐株测定后再汇总？还是有更科学的调查方法呢？为了解决小李的这些问题，从本项目开始，讲述林分调查的相关知识。

林分是指内部结构特征相同，并与四周有明显区别的森林地段(小块森林)。林分调查是森林调查的中心内容，是森林资源数量测定和质量鉴定的基本方法。将大片森林划分为林分，必须依据一些能够客观反映林分特征的因子，这些因子称为林分调查因子。常用的林分调查因子主要有：林分起源、林相(林层)、树种组成、林分年龄、林分密度、立地质量、林木的大小(直径和树高)、数量(蓄积量)和质量(出材量)等，这些因子的差别达到一定程度时就视为不同的林分。林分内生长着许多大小不同、高矮不一的树木，怎样进行调查呢？首先要知道，林分内的生长的树木并不是杂乱无章地生长着的，不论是天然林，还是人工林，在未遭受到严重的干扰(如自然因素的破坏及人工采伐等)的情况下，林分内部许多特征因子都具有一定的分布状态，而且表现出较为稳定的结构规律；其次，在进行林分调查或某些专业性的调查时，一般不可能也没有必要对全林分进行实测，而是按照一定方法和要求，进行小面积的局部实测调查，并根据调查结果推算整个林分。这种调查方法既节省人力、物力和时间，同时也能够满足林业生产上的需要。在局部调查中，选定实测调查地块的方法有两种：一种是按照随机抽样的原则，设置实测调查地块，称作抽样样地，简称样地，根据全部样地实测调查结果，推算林分总体，这种调查方法称作抽样调查法；另一种是根据人为判断选定的能够充分代表林分总体特征平均水平的地块，称作典型样地，简称标准地，根据标准地实测调查结果，推算全林分的调查方法称作标准地调查法。再次，标准地调查是传统的森林资源调查方法，优点是精度较高，缺点是工作量大、速度慢、成本高。奥地利林学家毕特里希 1947 年创造了角规测树以来，打破了 100 多年来在固定面积(标准地)上进行每木检尺测定的传统，简化了测定工作，提高了工作效率，使测树工作产生了较大的变革。角规测树是近代林业科学重大成就之一，多年来经过世界各国的广泛应用和进一步研究，角规测树的原理、方法和仪器、工具不断地得到发展和完善，现在已形成了角规测树的一套独立理论和技术系统，并在森林资源调查实践中得到广泛应用。

林分调查是森林调查技术课程的中心内容，其中林分调查因子的测定是林分调查的基础，标准地调查、角规测树是林分调查的技术方法。本项目主要内容包括标准地调查方法和技术、林分调查因子的测定、角规测树技术等。

任务 3.1 林分调查因子的测定

知识目标

1. 了解林分概念、林分直径、树高的结构规律。
2. 掌握林分起源、林分年龄、林相、树种组成、平均胸径、平均高、立地质量、林分密度、林分蓄积量和出材级的测定方法。

技能目标

1. 会林分主要调查因子的测定方法。
2. 能用标准木法、标准表法、立木材积表法、实验形数法测算林分蓄积量。

素质目标

1. 具有热爱祖国大好河山的情操。
2. 具备勤劳品质和强健体魄。
3. 具有严谨求实、不弄虚作假的品格。
4. 具备质量意识、责任意识，培养精益求精的工作作风。

任务准备

3.1.1 同龄纯林胸径及树高的分布规律

林分内的树木并不是杂乱无章地生长着的，不论是天然林，还是人工林，在未遭受到严重的干扰(如自然因素的破坏及人工采伐等)的情况下，林分内部许多特征因子都具有一定的分布状态，而且表现出较为稳定的结构规律。在林分结构中，又以同龄纯林的结构规律为基础，而复层异龄混交林的结构规律要复杂得多。这里着重介绍同龄纯林株数随胸径、树高的分布规律。

(1)同龄纯林的胸径结构规律

胸径结构是林分最基本的结构。在同龄纯林中，各株树木之间由于遗传特性和所处的具体立地条件等的不同，使得它们在大小、形状等各方面都必然会产生某些差异。当林木株数达到一定数量(200 株左右)时，这些差异在正常情况下会相当稳定地遵循一定的规律。

①中等大小的林木占多数，向两端(最粗、最细)逐渐减小，见表3-1。株数按直径分布序列可绘成株数分布曲线，它呈现近似正态分布的特点，如图3-1所示。

表3-1 株数分布序列表

径阶(cm)	8	12	16	20	24	28	32	36	合计
株数(株)	2	16	36	58	50	31	18	4	215
株数(%)	0.93	7.44	16.74	26.98	23.26	14.42	8.37	1.86	100
累计(%)	0.93	8.37	25.11	52.09	75.35	89.77	98.14	100	—

②林分中小于平均直径的林木株数占总数的55%~64%，一般近于60%。

③直径的变动幅度。如果林分平均直径为1.0，则林分中最粗林木直径一般为林分平均直径的1.7~1.8倍，最细林木直径为林分平均直径的0.4~0.5倍。幼龄林分的变幅一般略大些，老龄林分的变幅一般略小些。

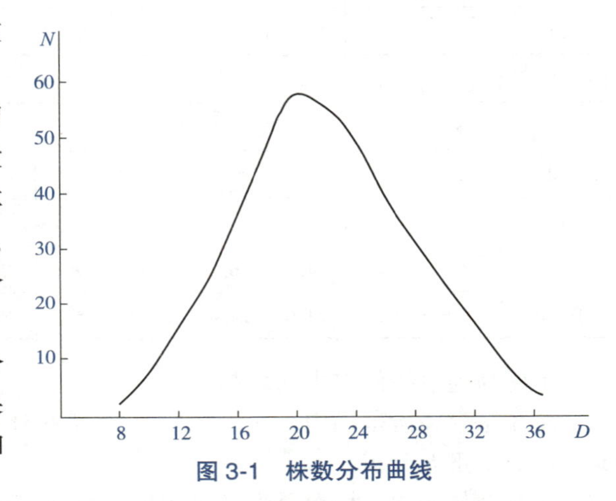

图3-1 株数分布曲线

根据胸径的结构规律可以判断林分是否经过强度择伐；可以检查调查结果是否有明显的可以作为确定起测径阶和目测林分平均直径的依据。

例3-1 若林木最小径阶作为平均胸径的0.4倍，最大径阶作为平均胸径的1.7倍，目测调查林分的最大胸径为35 cm，则：

平均胸径为：35÷1.7≈21 cm。

起测径阶为：21×0.4≈8 cm。

因此，以2 cm为一径阶时，小于7 cm的树木视为幼树，不属于检尺范围。

(2)同龄纯林的树高结构规律

在林分中，不同树高的林木分配状态，称作林分树高结构，亦称林分树高分布。为了全面反映林分树高的结构规律及树高随胸径的变化规律，可将林木株数按树高、胸径两个因子分组归纳列成树高-胸径相关表(表3-2)。由此表可以看出树高有以下的变化规律。

表3-2 树高-胸径相关表

树高	径阶株数											总计
	16	20	24	28	32	36	40	44	48	52	56	
29								1	1			2
28				1	2	4	3	6	2	1	1	20
27				1	8	12	16	8	4	2	1	52

（续）

树高	径阶株数											总计
	16	20	24	28	32	36	40	44	48	52	56	
26				7	20	20	21	12	3	1		84
25			4	14	22	24	11	3	1			79
24		1	7	19	21	15	2	1	1			67
23		2	12	14	12	3	2					45
22		4	10	10	3	1						28
21		6	7	3								16
20		4	2									6
19	3	2	1									6
18	1	1										2
17	1											1
合计	5	20	43	69	88	79	55	31	12	4	2	408
平均高	18.6	21.2	23.0	24.4	25.2	25.7	26.2	26.8	27.0	27.4	27.8	24.8

①树高随直径的增大而增高。

②在每个径阶范围内，接近径阶平均高的林木株数最多，较高和较矮林木的株数渐少，近似于正态分布。

③在全林分内，株数最多径阶的树高接近于该林分的平均高。

④树高具有一定的变化幅度。如果以林分的平均高为 1.0，则林分中最大树高约为平均高 1.15 倍，最小树高约为平均高的 0.68 倍。

根据树高结构规律，可以辅助目测和检查林分平均高。例如，在同龄纯林中，测得林木最大平均树高为 20 m，则林分的平均高为 20÷1.15≈17 m。

3.1.2 林分调查因子

为了将大片森林划分为林分，必须依据一些能够客观反映林分特征的因子，这些因子称为林分调查因子。而只有通过林分调查，才能掌握其调查因子的质量和数量特征。林分调查和森林经营中最常用的林分调查因子主要有林分起源、林相(林层)、树种组成、林分年龄、林分密度、立地质量、林木的大小(直径和树高)、数量(蓄积量)和质量(出材量)等，这些因子的差别达到一定程度时就视为不同的林分。划分林分的具体标准，根据森林经营的不同集约程度和林分调查的具体要求，常有不同的规定。

3.1.2.1 林分起源

林分起源是描述林分中乔木的发育来源的标志，是分析林分生长和确定林分经营技术措施的依据之一。

根据林分起源，林分可分为天然林和人工林。由于自然媒介的作用，树木种子落在林地上发芽生根长成树木而形成的林分称为天然林；由人工直播造林、植苗或插条等造林方式形成的林分称为人工林。

无论天然林或人工林，凡是由种子起源的林分称为实生林；当原有林木被采伐或自然灾害(火烧、病虫害、风害等)破坏后，有些树种由根株上萌发或由根蘖形成的林分，称为萌生林或萌芽林，萌生林大多数为阔叶树种，如山杨、白桦、栎类等；少数针叶树种，如杉木，也能形成萌生林。

起源不同的林木其生长过程也不同。萌生林在早期生长较快，但衰老也早，病腐率(主要是心腐)较高，材质差，采伐年龄一般也比实生林小。因此，对于同一树种而起源不同的林分，不仅采取经营措施不同，而且在营林中所使用的数表(如材积表、地位级表、标准林分表等)也不相同。所以，林分起源是一个不可缺少的调查因子。

3.1.2.2 林相(林层)

林分中乔木树种的树冠所形成的树冠层次称作林相或林层。明显地只有一个树冠层的林分称作单层林；乔木树冠形成两个或两个以上明显树冠层次的林分称作复林层。在复林层中，蓄积量最大，经济价值最高的林层称为主林层，其余为次林层，林层的序号通常从上往下用罗马数字Ⅰ，Ⅱ，Ⅲ，…表示。

将林分划分林层不仅有利于经营管理，而且有利于林分调查、研究林分特征及其变化规律。我国规定划分林层的标准如下：

①次林层平均高与主林层平均高相差20%以上(以主林层为100%)。

②各林层林木平均蓄积量不少于30 m^3/hm^2。

③各林层林木平均胸径在8 cm以上。

④主林层林木疏密度不少于0.3，次林层林木疏密度不小于0.2。

必须满足以上4个条件才能划分林层。

实际调查时，划分林层的主要依据是各树种或各“世代”的平均高，当主、次林层的平均高相差20%以上时，再考虑其他3个分层条件，最后按上述条件决定是否为复层林。次林层的平均高不足主林层的50%的林木都视幼树看待，不单独划分林层，只记载幼树的更新情况。

在林分调查时，应根据林分特点和经营上的要求，因地制宜地划分林层。在林相残破、树种繁多以及林木树冠呈垂直郁闭的林分中硬性划分林层是无实际意义的。

3.1.2.3 树种组成

组成林分树种的成分称为树种组成，是说明在同一林层内组成树种的名称、年龄，以及各组成树种蓄积量在林层总蓄积量中所占比重大小的调查因子。

由一个树种组成的林分称为纯林，由两个或两个以上的树种组成的林分称为混交林。在混交林中，蓄积量比重最大的树种称为优势树种；在某种立地条件下最符合经营目的的树种称为主要树种(也称目的树种)。

3.1.2.4 林分年龄

林分年龄通常指林分内林木的平均年龄。它代表林分所处的生长发育阶段。

由于树木生长及经营周期较长，确定树木准确年龄又很困难，因此，林分年龄往往不是以年为单位，而是以龄级为单位表示。所谓龄级，就是按一定的年龄间隔(年龄范围、龄级期限)划分的年龄等级。龄级期限是根据树木生长的快慢、栽培技术和调查统计的方便程度确定的，一般慢生树种以20年为一个龄级，如云杉、冷杉、落叶松、红松等；生长速度中等的以10年为一个龄级，如马尾松、栎类等；速生树种以5年为一个龄级，如杉木等；速生树种以1~3年为一个龄级，如泡桐、桉树、白杨等。龄级用罗马数字Ⅰ，Ⅱ，Ⅲ，Ⅳ，…表示。

林木年龄完全相同的林分称为绝对同龄林；林木年龄变化在一个龄级范围内的称为相对同龄林；变化幅度超过一个龄级或一个“世代”的称为异龄林。

为了便于经营活动的开展和满足规划设计的需要，又常按各树种的轮伐期把龄级归并为龄组，即幼龄林、中龄林、近熟林、成熟林和过熟林。通常把达到轮伐期的那一个龄级和高一个龄级的林分称为成熟林；龄级更高的林分为过熟林；比轮伐期低一个龄级的林分为近熟林。其他龄级更低的林分，若龄级数为偶数，则一半为幼龄林，另一半为中龄林；如果龄级数为奇数，则幼龄林比中龄林多分配一个龄级。《森林资源规划设计调查主要技术规定》(国家林业局，2003)关于龄组的划分见表3-3。

表3-3 我国主要树种龄组的划分

树种	地区	起源	龄组划分					龄级期限
			幼龄林	中龄林	近熟林	成熟林	过熟林	
红松、云杉、柏木、紫杉、铁杉	北部	天然	60以下	61~100	101~120	121~160	161以上	20
	北部	人工	40以下	41~60	61~80	81~120	121以上	20
	南部	天然	40以下	41~60	61~80	81~120	121以上	20
	南部	人工	20以下	21~40	41~60	61~80	81以上	20
落叶松、冷杉、樟子松、赤松、黑松	北部	天然	40以下	41~80	81~100	101~140	141以上	20
	北部	人工	20以下	21~30	31~40	41~60	61以上	10
	南部	天然	40以下	41~60	61~80	81~120	121以上	20
	南部	人工	20以下	21~30	31~40	41~60	61以上	10
油松、马尾松、云南松、思茅松、华山松、高山松	北部	天然	30以下	31~50	51~60	61~80	81以上	10
	北部	人工	20以下	21~30	31~40	41~60	61以上	10
	南部	天然	20以下	21~30	31~40	41~60	61以上	10
	南部	人工	10以下	11~20	21~30	31~50	51以上	10
杨、柳、桉、檫、楝、泡桐、木麻黄、枫杨、软阔	北部	人工	10以下	11~15	16~20	21~30	31以上	5
	南部	人工	5以下	6~10	11~15	16~25	26以上	5

（续）

树 种	地区	起源	龄组划分					龄级期限
			幼龄林	中龄林	近熟林	成熟林	过熟林	
桦、榆、木荷、枫香、珙桐	北部	天然	30 以下	31~50	51~60	61~80	81 以上	10
	北部	人工	20 以下	21~30	31~40	41~60	61 以上	10
	南部	天然	20 以下	21~40	41~50	51~70	71 以上	10
	南部	人工	10 以下	11~20	21~30	31~50	51 以上	10
栎、柞、槠、栲、樟、楠、椽、水、胡、黄、硬阔	南北	天然	40 以下	41~60	61~80	80~120	121 以上	20
	南北	人工	20 以下	21~40	41~50	51~70	71 以上	10
杉木、柳杉、水杉	南部	人工	10 以下	11~20	21~25	26~35	36 以上	5
毛竹	南部	人工	1~2	3~4	5~6	7~10	11 以上	2

3.1.2.5 平均胸径

林分平均断面积($\bar{g}$)是反映林分林木粗度的指标，但为了表达直观、方便起见，常以林分平均断面积($\bar{g}$)所对应的直径$\bar{D}$代替，直径$\bar{D}$则称为反映林分林木粗度的平均胸径，它是反映各树种林木特征的主要调查因子。

3.1.2.6 平均高

平均高是反映林木高度平均水平的数量指标。因调查对象和要求不同，平均高又分为林分平均高和优势木平均高。

(1)林分平均高$\bar{H}$

林分平均高是反映全部林木总平均水平的平均高。

(2)优势木平均高 H_T

优势木平均高又称上层木平均高，简称优势高，是指林分林木分级法中所有Ⅰ级木(优势木)和Ⅱ级木(亚优势木)林木高度的算术平均数。实践中常在标准地内选测一些最粗大的优势木和亚优势木胸径和树高，以树高的算术平均值作为优势木平均高。

优势木平均高常用于鉴定立地质量和进行不同立地质量下的林分生长的对比。因为林分平均高受抚育措施(下层抚育)影响较大，不能正确地反映林分的生长和立地质量，例如，林分在抚育采伐前后，立地质量没有任何变化，但林分平均高却会有明显的变化(表 3-4)。

表 3-4 抚育采伐前后主要调查因子的变化

项目	Ⅰ			Ⅱ		
	伐前	伐后	伐前/伐后	伐前	伐后	伐前/伐后
平均胸径(cm)	7.5	8.6	1.15	6.6	7.3	1.11
平均高(m)	5.5	5.7	1.04	4.1	4.5	1.10
优势木平均高(m)	5.9	5.9	1.00	4.8	4.8	1.00

（续）

项目	I			II		
	伐前	伐后	伐前/伐后	伐前	伐后	伐前/伐后
采伐强度(%)		50			23	
采伐上层木株数		4				

这种“增长”现象称为“非生长性增长”。若采用优势木平均高就可以避免这种现象的发生。

3.1.2.7 立地质量指标

立地质量(又称地位质量)是对影响森林生产能力的所有生境因子(包括气候、土壤和生物)综合评价的一种量化指标。经过多年的实践分析证明，林地生产力的高低与林分高之间有着紧密关系，在相同年龄时，林分高越高，林地的立地条件越好，林地的生产力越高。而且，林分高反映立地条件最灵敏，也比较容易测定，与平均胸径及蓄积量相比，受林分密度影响较小，所以，以既定年龄时林分的平均高作为评定立地质量高低的依据为各国普遍采用。

在我国，常用的评定立地质量的指标有以下两种。

(1)地位级

依据林分平均高($\overline{H}$)与林分年龄(A)的关系编制成的表，称作地位级表，见表3-5。表上将同一树种的林地生产力按林分平均高的变动幅度划分5~7级，以罗马字Ⅰ、Ⅱ……顺序编号，依次表示林地生产力的高低。使用地位级表评定林地的地位质量时，先测定林分平均高($\overline{H}$)和林分年龄(A)，由地位级表上即可查出该林地的地位级。如果是复层混交林，则应根据主林层的优势树种确定地位级。

表3-5 小兴安岭红松地位级表

年龄(年)	地位级				
	Ⅰ	Ⅱ	Ⅲ	Ⅳ	Ⅴ
40	7	6	5	3.5	2.5
50	10~9	8.5~7.5	7~6	5.5~4.5	4~3
60	13~12	11~10	9~8	7~6	5~4
70	16~14.5	13.5~12	11~9.5	8.5~7	6~4.5
80	19~17	16~14	13~11	10~8	7~5
90	22~19.5	18.5~16	15~12.5	11.5~9	8~6
100	24.5~21.5	20.5~17.5	16.5~14	13~10.5	9.5~7
110	26~23	22~19	18~15	14~11.5	10.5~8
120	27.5~24.5	23.5~20.5	19.5~16.5	15.5~12.5	11.5~9

（续）

年龄(年)	地位级				
	Ⅰ	Ⅱ	Ⅲ	Ⅳ	Ⅴ
130	29~26	25~22	21~18	17~14	13~10
140	30~27	26~23	22~19	18~15	14~11
150	31~28	27~24	23~20	19~16	15~12

(2)地位指数

依据林分优势木的平均高(H_T)与林分年龄(A)的相关关系，用标准年龄时林分优势木平均高的绝对值作为划分林地生产力等级的数表，称为地位指数表，见表3-6。用此表中的数据所绘制的曲线称作地位指数曲线，如图3-2所示。地位指数实质上是林分在“标准年龄”(亦称“基准年龄”)时优势木的平均高。采用地位指数评定林分地位质量，实际上，就是不同的林分都以在标准年龄(A_0)时的优势木平均高作为比较林地生产力的依据。使用地位指数时，先测定林分优势木平均高和年龄，由地位指数表上即可查得该林分林地的地位指数级。地位指数越大，立地质量越好，林分生产力也越高。

表3-6 福建杉木地位指数表

基准年龄：20年　　级距：2 m

树高 指数 / 龄阶	8	10	12	14	16	18	20	22
4	0.9~1.7	1.7~2.4	2.4~3.2	3.2~4.0	4.0~4.7	4.7~5.5	5.5~6.2	6.2~7.0
6	2.4~3.4	3.4~4.5	4.5~5.6	5.6~6.7	6.7~7.8	7.8~8.8	8.8~9.9	9.9~11.0
8	3.4~4.7	4.7~6.0	6.0~7.3	7.3~8.6	8.6~9.9	9.9~11.2	11.2~12.5	12.5~13.8
10	4.3~5.8	5.8~7.3	7.3~8.7	8.7~10.2	10.2~11.7	11.7~13.1	13.1~14.6	14.6~16.1
12	5.0~6.6	6.6~8.3	8.3~9.9	9.9~11.5	11.5~13.5	13.5~14.7	14.7~16.3	16.3~17.9
14	5.6~7.4	7.4~9.1	9.1~10.8	10.8~12.6	12.6~14.3	14.3~16.0	16.0~17.7	17.7~19.5
16	6.1~7.9	7.9~9.8	9.8~11.6	11.6~13.4	13.4~16.3	15.3~17.1	17.1~18.9	18.9~20.8
18	6.5~8.5	8.5~10.4	10.4~12.3	12.3~14.2	14.2~16.1	16.1~18.1	18.1~20.0	20.0~21.8
20	7.0~9.0	9.0~11.0	11.0~13.0	13.0~15.0	15.0~17.0	17.0~19.0	19.0~21.0	21.0~23.0
22	7.4~9.4	9.4~11.5	11.5~13.6	13.6~15.7	15.7~17.8	17.8~19.8	19.8~21.9	21.9~24.0
24	7.7~9.9	9.9~12.0	12.0~14.1	14.1~16.3	16.3~18.4	18.4~20.4	20.6~22.7	22.7~24.8
26	8.0~10.2	10.2~12.4	12.4~14.6	14.6~16.8	16.8~19.0	19.0~21.2	21.2~23.4	23.4~25.6
28	8.2~10.5	10.5~12.7	12.7~15.0	15.0~17.3	17.3~19.5	19.5~21.8	21.8~24.0	24.0~26.3
30	8.5~10.8	10.8~13.1	13.1~15.4	15.4~17.7	17.7~20.1	20.1~22.4	22.4~24.7	24.7~27.0

通过两种立地质量指标的比较，可发现地位指数表有以下优点：

①受林分密度和抚育措施的影响较小，能较确切地反映林地生产力的差别。

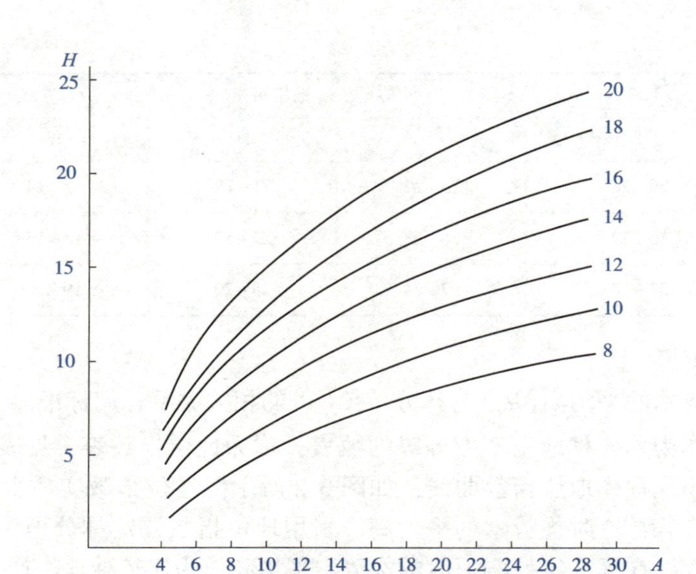

图 3-2 福建杉木地位指数曲线

②地位指数直接用标准年龄时的树高值表示，能对林木的生长状况有一个具体的数量概念，也便于不同树种的比较。

③使用比较方便，因为上层木平均高的测定比林分平均高的测定容易。

3.1.2.8 疏密程度指标

林分密度是说明林分中林木对其所占空间的利用程度的指标，是影响林分生长和木材产量的可以人为控制的因子。通过人为对疏密程度的调整使林分在整个生长过程中保持最佳密度，能够促进林木生长，提高木材质量，使林分达到预期的培育目的。能够用来反映林分密度的指标很多，常用的有以下 3 种。

(1) 株数密度

单位面积上的林木株数称为株数密度，简称密度。它直接反映每株树平均占有面积的大小，例如，每公顷有林木 2500 株，则平均每株占地 4.0 m^2。这是造林和抚育工作中常用来评定林分疏密程度的指标。

(2) 郁闭度(P_c)

林冠的投影面积与林地面积之比称为郁闭度，它可以反映林冠的郁闭程度和树木利用生活空间的程度。

(3) 疏密度(P)

林分每公顷总胸高断面积(或蓄积量)与相同条件下标准林分每公顷胸高断面积(或蓄积量)之比称为疏密度(P)。它反映的是林木利用营养空间程度的指标，也是我国森林调查中最常用的林分密度指标。

所谓标准林分应理解为“某一树种在一定年龄、一定立地条件下最完善和最大限度地利用了所占空间的林分”。这样的林分疏密度等于 1.0。载有标准林分每公顷总断面积和蓄积量依林分平均高而变化的数表称为每公顷断面积蓄积量标准表，简称标准表，见表 3-7。

表 3-7 广西马尾松林分形高、每公顷断面积蓄积量表(节录)

林分平均高 H(m)	10.5	11.0	11.5	12.0	12.5	13.0	13.5	14.0	14.5	15.0	15.5	16.0
断面积 $G_{1.0}$ (m^2/hm^2)	30.1	31.0	32.0	32.9	33.8	34.7	35.6	36.5	37.3	38.2	39.0	39.8
蓄积量 $M_{1.0}$ (m^3/hm^2)	164.1	175.4	186.9	198.7	210.7	223.0	235.4	248.1	261.0	274.1	287.4	300.9
形高 Hf	5.459	5.653	5.846	6.039	6.230	6.422	6.612	6.802	6.992	7.181	7.370	7.558

3.1.2.9 出材级

经济材出材率等级，简称出材级，是根据经济材材积占林分总蓄积量的百分比确定的，但是在实际工作中，常常依据林分内用材树株数占林分总株数的百分比确定出材级。我国采用的出材级标准见表3-8。

根据我国规定的标准，用材部分长度占全树干长度40%以上的树为用材树；而用材长度在2 m(针叶树)或1 m(阔叶树)以上但不足树干长度40%的树木为半用材树；用材长度不足2 m(针叶树)或1 m(阔叶树)的树为薪材树。在计算林分经济材出材级时，两株半用材树可折算为一株用材树。

表 3-8 林分出材级划分标准

出材级	经济用材材积占总蓄积量的百分比(%)		用材树株数占总株数的百分比(%)	
	针叶树	阔叶树	针叶树	阔叶树
1	71以上	51以上	91以上	71以上
2	51~70	31~50	71~90	45~70
3	50以下	30以下	70以下	44以下

3.1.2.10 林分蓄积量(M)

林分中所有活立木材积的总和称作林分蓄积量(M)，简称蓄积。林分蓄积是重要的林分调查因子。

任务实施

林分调查因子测算

根据标准地调查结果，进行林分树种组成、平均年龄、平均胸径、平均树高、林分密度、林分断面积、林分蓄积量、林分出材量等林分调查因子的计算，每人提交林分因子调查测算一览表。

一、人员组织、材料准备

1. 人员组织

①成立教师实训小组，负责指导、组织实施实训工作。

②建立学生实训小组，4~5人为一组，并选出小组长，负责本组实习安排、考勤和仪器管理。

2. 材料准备

每组配备计算器、直尺、曲线板、记录夹、方格纸、森林调查手册、任务5.1标准地调查资料。

二、任务流程

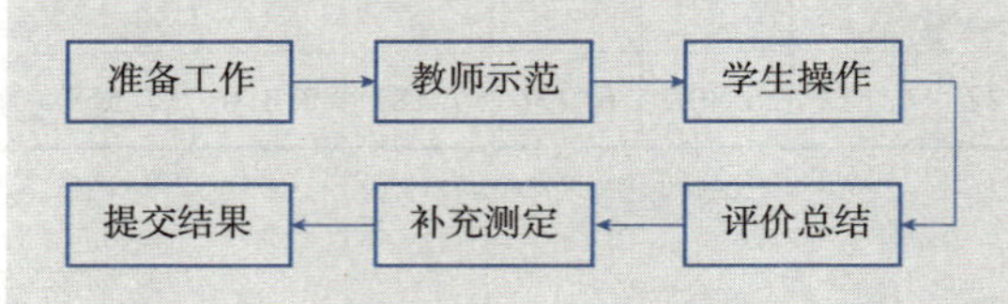

三、实施步骤

在了解林分结构规律基础上，利用标准地调查材料对各项调查因子进行调查计算，调查员如具有丰富的经验，也可凭目测能力并配合使用一些辅助工具和调查用表对一些调查因子进行调查计算。

1. 平均直径

（1）典型抽样法

在实际工作中，为了快速测定林分平均胸径，在调查点上环顾四周的林木，目测选出大体接近中等大小的树木3~5株，测定其胸径，以其算术平均值作为林分的平均直径。

$$\overline{D} = \sum_{i=1}^{n} d_i \tag{3-1}$$

式中：$\overline{D}$——平均胸径；

d_i——第i株树木的胸径；

n——测径株数。

（2）转换系数推算法

根据同龄纯林的胸径结构规律，利用最粗林木胸径（D_{max}）、最细林木胸径（D_{min}）与平均胸径（$\overline{D}$）的关系，量出林分中最粗和最细林木的胸径，据以近似地求出林分平均胸径，作为目测平均胸径的一个辅助手段。即

$$\overline{D}=D_{max}/1.7 \quad 或 \quad \overline{D}=D_{min}/0.4 \tag{3-2}$$

（3）平均断面积法（断面积加权平均法）

是根据直径与断面积的关系由平均断面积计算平均直径的方法。此法比较精确，在生产和科研工作中应用广泛，计算过程见表3-9。

①根据标准地每木调查材料，统计各径阶的株数（n_i）和总株数N。

$$N=\sum_{i=1}^{k} n_i \tag{3-3}$$

②求算各径阶断面积合计G_i。

$$G_i=g_i \cdot n_i \tag{3-4}$$

式中：g_i——第i径阶中值的断面积；

n_i——第i径阶林木株数。

③计算总断面积G。

$$G = \sum_{i=1}^{k} G_i = \sum_{i=1}^{k} g_i \cdot n_i \tag{3-5}$$

④计算平均断面积$\overline{g}$。

$$\overline{g} = G/N = \sum_{i=1}^{k} g_i \cdot n_i/N \tag{3-6}$$

表3-9　平均胸径计算表

径阶	株数	断面积（m^2）	断面积合计（m^2）	计算结果
6	15	0.002 83	0.042 41	$\overline{g}=\frac{G}{N}=\frac{2.225\ 19}{205}=0.010\ 86\ m^2$ $\overline{D}=\sqrt{\frac{4}{\pi}\overline{g}}=11.8\ cm$ 或 $\overline{D}=\sqrt{\frac{\sum n_i d_i}{\sum n_i}}=11.8\ cm$ $\overline{D}=\sqrt{\frac{\sum n_1 d_1^2}{\sum n_1}}=11.8\ cm$
8	36	0.005 03	0.180 96	
10	41	0.007 85	0.322 01	
12	50	0.011 31	0.565 49	
14	38	0.015 39	0.584 96	
16	20	0.020 11	0.402 12	
18	5	0.025 45	0.127 23	
总计	205		2.225 19	

⑤计算平均直径$\overline{D}$。

$$\overline{D}=\sqrt{\frac{4}{\pi}\overline{g}}=1.1284\sqrt{\overline{g}} \quad (3\text{-}7)$$

上述直径和断面积的换算可以直接从直径-圆面积表或圆面积合计表中查出，不必用公式计算。此外，平均直径也可用计算器按公式直接计算，公式为：

$$\overline{D}=\sqrt{\frac{\sum n_i \cdot d_i^2}{\sum n_i}}=\sqrt{\frac{\sum n_i d_i^2}{N}} \quad (3\text{-}8)$$

式中：d_i——第 i 径阶中值；

n_i——第 i 径阶株数；

N——总株数。

2. 平均高

(1)林分平均高$\overline{H}$

①典型抽样法。目测选出 3~5 株中等大小的林木，目测或用测高器测定其树高，以其算术平均值作为林分的平均树高。

$$\overline{H}=\frac{\sum_{i=1}^{n} h_i}{n} \quad (3\text{-}9)$$

式中：$\overline{H}$——平均树高；

h_i——第 i 株树木的树高；

n——测高株数。

②转换系数推算法。根据同龄纯林树高结构规律，利用最大树高(h_{max})、最小树高(h_{min})与平均树高($\overline{H}$)的关系，量测林分最大树高和最小树高，据以近似地求出林分平均高，作为目测平均树高的一个辅助手段。按下式即可计算林分平均高。

$$\overline{H}=h_{max}/1.15 \quad 或 \quad \overline{H}=h_{min}/0.68 \quad (3\text{-}10)$$

③树高曲线法(图解法、图示法)。根据各径阶的平均胸径和平均高绘制树高曲线，依据林分平均胸径即可从图上查出林分平均高，称为条件平均高。树高曲线法的具体步骤如下：

根据标准地树高测定材料，用算术平均法计算各径阶的平均胸径和平均高，在方格纸上以横坐标表示胸径，以纵坐标表示树高，根据测高记录表中的数据，按比例在图中标出各径阶平均直径和平均树高的点位，并注明各点所代表的株数。

按径阶大小顺序用折线连接各点，根据折线走向用活动曲线尺(软质直尺或竹片)绘出一条匀滑的树高曲线。树高曲线应通过点群中心并优先照顾株数多的点，曲线上、下各个点至曲线的距离与该点所代表株数的乘积的代数和为最小，如图 3-3 所示。

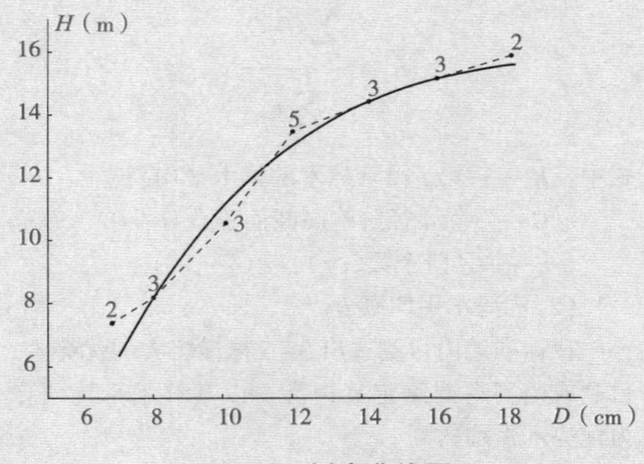

图 3-3 树高曲线图

根据林分平均直径由横坐标向上作垂线与曲线相交点的高度即为林分平均高。另外，根据各径阶中值也可由树高曲线上查得径阶平均高。

例 3-2 从表 3-9 可知标准地林分平均胸径为 11.8 cm，则标准地林分平均树高为：

从横坐标 11.8 cm 处向上作垂线与曲线相交点，过该点向左作水平线与纵坐标相交点，该点的高度 12.5 m 即为标准地林分平均树高。

树高曲线也可以选用适当的回归曲线用数式法拟合。可供选择树高曲线的方程类型有：

$$h=a+bd+cd^2$$

$$h=a+b\cdot\log d$$

$$\lg h=a+b\cdot\log d$$

$$h=a+bd+c(\log d)^2$$

$$h=ae^{-b/d}$$

$$h=d^2/(a+bd)^2$$

式中：h——树高；

d——胸径；

a，b，c——参数。

采用数式法拟合树高方程时，因树高变化大，一般应选试几个回归曲线方程，从中选择拟合效果最佳的一个方程作为树高曲线方程。当树高曲线方程确定后，将林分平均直径(Dg)代入该方程中，即可求出相应的林分条件平均高。同样，若将各径阶中值代入其方程中时，也可求出各径阶平均高。

④加权平均法。依各径阶林木的算术平均高与其断面积加权平均数作为林分的平均高。这种方法一般适于较精确地计算林分平均高，其计算公式为：

$$\overline{H}=\frac{\sum_{i=1}^{k}\overline{H}_iG_i}{\sum_{i=1}^{k}G_i} \tag{3-11}$$

式中：$\overline{H}_i$——第 i 径阶林木的算术平均高；

G_i——第 i 径阶胸高断面积合计；

k——径阶个数（$i=1, 2, \cdots, k$）。

（2）优势木平均高 H_T

在标准地内目测选出 3~5 株最粗大的优势木，目测或用测高器测定其树高，以其算术平均值作为优势木平均树高。

3. 树种组成

林分的树种组成通常用组成式表示。组成式由树种名称的代号及其在林层中所占蓄积量（或断面积）的成数（称为树种组成系数）构成。组成系数通常用十分法表示，即各树种组成系数之和等于“10”。组成系数的计算方法如下：

$$\text{某树种组成系数}=\frac{\text{某组成树种的蓄积量（或断面积）}}{\text{总蓄积量（或断面积）}}\times 10 \tag{3-12}$$

组成系数算出后按以下要求写出组成式：

①如果是纯林，组成系数为 10；如马尾松纯林，则组成式应写成 10 马。

②在混交林中优势树种应写在前面，如 7 松 3 栎。若两个树种组成系数相同，则主要树种写在前面。

③若计算出的组成系数为 0.2~0.5，用“+”号表示，组成系数小于 0.2 时，用“-”号表示。

④复层林分应分别层次写出组成式。

例 3-3 一个由落叶松、云杉、冷杉、白桦组成的混交林，各树种的组成系数分别为：

落叶松：

$$\frac{300}{550}\times 10=5.5\approx 6$$

云杉：

$$\frac{220}{550}\times 10=4.0$$

冷杉：

$$\frac{22}{550}\times 10=0.4$$

白桦：

$$\frac{8}{550}\times 10=0.1$$

该混交林分的树种组成应为：6 落 4 云+冷-桦

4. 每公顷胸高断面积 $G_{实}$

林分每公顷胸高断面积可通过标准地每木检尺后，在每木调查记录表中分别树种统计各径阶株数，查“直径圆面积表”得径阶单株断面积，各径阶株数乘以径阶单株断面积得各径阶断面积合计，将各径阶断面积合计相加即得该树种的总断面积，计算过程见表 3-9。各树种标准地总断面积分别被标准地面积除之即换算成该树种每公顷断面积。

例 3-4 已知标准地马尾松总断面积为 2.225 19 m²，标准地面积为 0.1 hm²，则马尾松每公顷断面积为：

$$G/\text{hm}^2=\frac{2.225\ 19}{0.1}=22.2519\ \text{m}^2$$

另外，也可采用角规绕测法或通过测定林木平均株行距（尤其是规整的人工林）计算每公顷株数，结合已测得的平均直径值推算每公顷胸高断面积总和。

5. 每公顷株数

林分每公顷株数可通过标准地每木检尺后，在每木调查记录表中分别树种统计各径阶株数，将各径阶株数相加即得该树种的总株数。各树种标准地总株数分别被标准地面积除之即换算成该树种每公顷株数。

例 3-5 已知标准地马尾松总株数为 205 株，标准地面积为 0.1 hm²，则马尾松每公顷株数为：

$$N/\text{hm}^2=\frac{205}{0.1}=2050\ \text{株}$$

另外，也可通过测定林木平均株行距（尤其是规整的人工林）计算每公顷株数。

6. 每公顷蓄积量

林分蓄积量的测定方法很多，可概括为实测法和目测法两大类。目测法是以实测法为基础的经验方法。实测法又可分为全林实测和局部实测。

全林实测法工作量大，常常受人力、物力等条件的限制，仅在林分面积小的伐区调查和科研验证等特殊需要的情况下采用。最常用的还是局部实测法。本节着重介绍平均标准木法、材积表法、标准表法和平均实验形数法。

(1)标准表法

应用标准表确定林分蓄积量时，只要测出林分平均高和每公顷总断面积(G)；然后依林分平均高从相应树种的标准表上查出对应于平均高的每公顷标准断面积($G_{1.0}$)和标准蓄积量($M_{1.0}$)，按下式计算每公顷蓄积量(M)：

$$M=\frac{G}{G_{1.0}}\cdot M_{1.0}=p\cdot M_{1.0} \qquad (3\text{-}13)$$

由于$M_{1.0}/G_{1.0}=HF$，因此，依林分平均高从形高表查出形高值后，也可用下式计算林分每公顷蓄积量(M)：

$$M=G\cdot HF \qquad (3\text{-}14)$$

例 3-6　测得某马尾松林分平均高 12.5 m，每公顷胸高总断面积 22.2519 m^2，求林分每公顷蓄积量。

根据林分平均高从表 3-7 中查得，$G_{1.0}$=33.8 m^2/hm^2，$M_{1.0}$=210.7 m^3/hm^2，Hf=6.230。则该林分每公顷蓄积量：

$$M=\frac{G}{G_{1.0}}\cdot M_{1.0}=\frac{22.2519}{33.8}\times 210.7=138.71\ \text{m}^3/\text{hm}^2$$

或

$$M=G\cdot Hf=22.2519\times 6.230=138.63\ \text{m}^3/\text{hm}^2$$

(2)平均实验形数法

先测出林分平均高($\overline{H}$)与总断面积(G)，再从表 3-11：主要乔木树种平均实验形数表中查出相应树种的平均实验形数(f_∂)值，代入下式计算标准地蓄积量：

$$M=G(\overline{H}+3)\cdot f_\partial \qquad (3\text{-}15)$$

例 3-7　经调查某马尾松林分的 G=2.225 19 m^2，$\overline{H}$=12.5 m，见表 3-11；主要乔木树种平均实验形数表中查得马尾松的 f_∂=0.39，则该标准地的蓄积量为：

$$M=G(\overline{H}+3)\cdot f_\partial=2.225\,19\times(12.5+3)\times 0.39=13.4513\ \text{m}^3$$

林分每公顷蓄积量为：

$$M=13.4513/0.1=134.513\ \text{m}^3/\text{hm}^2$$

(3)材积表法

根据立木材积与胸径、树高和干形三要素之间的相关关系而编制的，载有各种大小树干平均单株材积的数表，称为立木材积表。

在生产实践中，为了提高工作效率，林分蓄积量更多地是应用预先编制好的立木材积表确定。

①*一元材积表法*。根据胸径与材积的相关关系编制的材积数表称为一元材积表。一元材积表的一般形式是分别径阶列出单株树干平均材积，见表 3-10。

一元材积表只考虑材积依胸径的变化。但在不同条件下，胸径相同的林木，树高变幅很大，对材积颇有影响，因而一元材积表一般只限在较小的地域范围内使用，故又称为地方材积表。材积表上只列树干带皮材积，但也有列出商品材积或附加有各径阶平均高或平均形高的。

表 3-10　马尾松一元材积表

径阶(cm)	6	8	10	12	14	16	18
材积(m^3)	0.0108	0.0351	0.0597	0.0981	0.1311	0.1772	0.2309

利用一元积表测定林分蓄积量的方法及过程很简单，即根据标准地每木调查结果，分别树种选用一元材积表，分别径阶(按径阶中值)由材积表上查出各径阶单株平均材积值，再乘以径阶林木株数，即可得到径阶材积。各径阶材积之和就是该树种标准地蓄积量，各树种的蓄积量之和就是标准地总蓄积量。依据这个蓄积量及标准地面积计算每公顷林分蓄积量，再乘以林分面积即可求出整个林分的蓄积量。具体计算过程见表 3-11 所列。

②*二元材积表法*。根据树高和胸径两个因子与材积相关关系编制的材积数表称为二元材积表。

表 3-11 利用一元材积表计算林分蓄积量

径阶（cm）	株数	单株材积（cm^3）	径阶材积（m^3）
6	15	0.0108	0.1620
8	36	0.0351	1.2636
10	41	0.0597	2.4477
12	50	0.0981	4.9050
14	38	0.1311	4.9818
16	20	0.1772	3.5440
18	5	0.2309	1.1545
合计	205		18.4586

树种：马尾松
林分面积：10.6 m^3/hm^2
标准地面积：0.1 m^3/hm^2
标准地蓄积量：18.4586 m^3
每公顷蓄积量：$M(hm^2)=18.4586/0.1=184.586\ m^3$
林分蓄积量：$M=184.586\times10.6=1956.6116\ m^3$

二元材积表与一元材积表不同之处，主要是考虑了不同条件下树高变动幅度对材积的影响，使用范围较广，又是最基本的材积表，故又称一般材积表或标准材积表，见表 3-12。

应用二元材积表测算林分蓄积量，一般是经过标准地调查，取得各径阶株数和树高曲线后，根据径阶中值从树高曲线上读出径阶平均高，再依径阶中值和径阶平均高（取整数或用内插法）从材识表上查出各径阶单株平均材积，也可将径阶中值和径阶平均高代入材积式计算出各径阶单株平均材积。径阶材积、标准地蓄积量、每公顷林分蓄积量及林分蓄积量的计算方法同一元材积表法。具体计算过程见表 3-13。

材积式：

$$V=0.714\ 265\ 437\times10^{-4}D^{1.867\ 010}H^{0.901\ 463\ 2} \tag{3-16}$$

表 3-12 广西马尾松二元材积表（节录）

$V(m^3)$ \ $H(m)$ / $D(cm)$	9	10	11	12	13	14	15	16	17	18
6	0.0147	0.0161	0.0176	0.0190	0.0205	0.0219	0.0233	0.0247		
8	0.0251	0.0276	0.0301	0.0326	0.0350	0.0374	0.0398	0.0422	0.0446	0.0469
10	0.0381	0.0419	0.0457	0.0494	0.0531	0.0568	0.0604	0.0640	0.0676	0.0712
12	0.0536	0.0589	0.0642	0.0694	0.0746	0.0798	0.0849	0.0900	0.0950	0.1001
14	0.0714	0.0786	0.0856	0.0926	0.0995	0.1064	0.1132	0.1200	0.1267	0.1334
16	0.0917	0.1008	0.1098	0.1188	0.1277	0.1365	0.1453	0.1540	0.1626	0.1712
18	0.1142	0.1256	0.1368	0.1480	0.1591	0.1701	0.1810	0.1918	0.2026	0.2133

表 3-13 利用二元材积表计算林分蓄积量 树种：马尾松

径阶(cm)	株数	平均高(m)	单株材积(m^3)	径阶材积(m^3)
6	15	6.0	0.0102	0.1528
8	36	8.8	0.0246	0.8865
10	41	11.0	0.0457	1.8725
12	50	12.2	0.0705	3.5236
14	38	14.0	0.1064	4.0426
16	20	15.3	0.1479	2.9577
18	5	16.2	0.1940	0.9700
合计	205			14.4057

林分面积：10.6 hm^2
标准地面积：0.1 hm^2
标准地蓄积量：14.405 76 m^3
每公顷蓄积量：

$$M/hm^2=\frac{14.4057}{0.1}=144.057\ m^3$$

林分蓄积量：

$$M=144.057\times 10.6=1527.0042\ m^3$$

(4)平均标准木法

林分中胸径、树高、形数与林分的平均直径、平均高、平均形数都相同的树木称为平均标准木。而根据平均标准木的实测材积推算林分蓄积量的方法，称作平均标准木法。具体测算步骤如下：

①在标准地内进行每木调查，用平均断面积法计算平均直径。

②实测一定数量树木的胸径、树高，绘制树高曲线，并从树高曲线上确定林分平均高。

③选 1~3 株与林分平均胸径和林分平均高相接近(一般要求相差不超过±5%)且干形中等的树木作为平均标准木，伐倒并用区分求积法实测其材积。

④按式(3-17)求算标准地蓄积量，再按标准地面积把蓄积量换算为单位面积的蓄积量(m^3/hm^2)，具体算例见表 3-14。

$$M=\frac{G\sum_{i=1}^{n}V_i}{\sum_{i=1}^{n}g_i} \tag{3-17}$$

式中：n——标准木株数；

V_i 和 g_i——第 i 株标准木材积和断面积；

G 和 M——标准地的总断面积和蓄积量。

表 3-14 平均标准木法计算蓄积量表

树种：马尾松 标准地面积：0.1 hm^2

径阶(cm)	株数(株)	断面积(m^2)	平均标准木			实际标准木					蓄积量
			断面积(m)	胸径(cm)	树高(m)	编号	胸径(cm)	断面积(m^2)	树高(m)	材积(m^3)	
6	15	0.042 41	$\frac{2.225\ 19}{205}=0.010\ 86$	11.8	12.5	1 2	11.8 12.0	0.010 94 0.011 31	12.6 13.0	0.0703 0.0746	
8	36	0.180 96									
10	41	0.322 01									
12	50	0.565 49									
14	38	0.584 96									
16	20	0.402 12									
18	5	0.127 23									
Σ	205	2.225 19						0.022 25		0.1449	

蓄积量：

标准地蓄积量

$$M=\frac{G\sum_{i=1}^{n}V_i}{\sum_{i=1}^{n}g_i}=2.225\ 19\times\frac{0.1449}{0.022\ 25}=14.4912\ m^3$$

林分每公顷蓄积量：

$$M/hm^2=14.4912/0.1=144.912\ m^3$$

7. 材种出材量计算

(1)一元材种出材率表法

①一元材种出材率表。利用图解法或数式法编制出根据胸径确定材种出材率的数表，为一元材种出材率表。见表3-15。表3-15中各级原木的划分标准和适用材种见表3-16。

表3-15　广西杉木材种出材率表(节录)

径阶(cm)	树皮率(%)	出材率(%)					
		国家规格材				短小材	总计
		大原木	中原木	小原木	小计		
6	22.4					40.8	40.8
8	21.7			12.0	12.0	37.2	49.2
10	21.2			41.5	41.5	20.0	61.5
12	20.7			60.0	60.0	5.7	65.7
14	20.4			69.5	69.5	1.6	71.1
16	20.1			73.8	73.8	0.5	74.3
18	19.8			76.3	76.3	0.5	76.8
20	19.6			77.3	77.3	0.4	77.7
22	19.3		4.4	73.7	78.1	0.4	78.5
24	19.2		18.6	60.1	78.7	0.3	79.0
26	19.0		35.4	43.7	79.1	0.3	79.4
28	18.8		44.5	34.8	79.3	0.3	79.6
30	18.7	11.8	39.5	28.2	79.5	0.3	79.8
32	18.5	20.3	36.1	23.2	79.6	0.3	79.9
34	18.4	29.9	30.5	19.3	79.7	0.3	80.0

表3-16　广西杉木各级原木划分标准和适用材种

类　别	级　别	规　格		适用材种
		原木小头去皮直径(cm)	原木长度(cm)	
国家规格材	大原木	≥26	2以上	枕资、胶合板材
	中原木	20~26	2以上	造船材、车辆材、一般用材、桩木、特殊电杆
	小原木	6~20	2以上	二等坑木、小径民用材、造纸材、普通电杆、车立柱
短小材	短　材	>14	0.4~0.8	简易建筑、农用、包装家具用材
	小　材	4~14	1~4.8	

②林分材种出材量计算。利用一元材种出材率表计算林分材种出材量的方法是通过每木检尺，计算各径阶的带皮总材积，再根据径阶查一元材种出材率表得各径阶各材种出材率，各径阶树干带皮总材积乘以各径阶各材种出材率得相应材种材积，各径阶同名材种材积相加即为林分各个材种的总材积。

例 3-8 从广西某杉木标准地每木检尺材料得知 12 径阶的株数为 61 株，查材积表得单株材积为 0.0748 m^3，求得该径阶材种出材量。

根据径阶查表 3-15，得径阶各材种出材率，则 12 径阶各材种出材量为：

小原木：0.0748×61×60%＝2.7377 m^3

短小材：0.0748×61×5.7%＝0.2601 m^3

树　皮：0.0748×61×20.7%＝0.9445 m^3

其他径阶计算方法类同。

一元材种出材率表使用方便，使用时要严格限制在那些没有或基本没有病腐、弯曲等缺陷的林分，否则会把出材率估计偏高。

(2)出材量表法

①出材量表。出材量表是按森林分子完整度和出材级编制的，它反映了平均高和平均直径不同的森林分子的材种结构规律，见表 3-17。

②林分材种出材量计算。应用出材量表计算材种出材量时，只需通过目测及借助于其他简单工具或辅助用表确定森林分子的出材级、完整度、平均直径、平均高和蓄积量，从相应出材量表中查出各个材种的出材率，直接推算总蓄积量中各材种的总出材量。

例 3-9 有一未经择伐的落叶松林分面积为 30 hm^2，测得其出材级为 I 级，平均高为 16 m，平均直径 20 cm，每公顷蓄积量 280 m^3，则全林各材种出材量为：

坑木：280×30×21%＝1764 m^3

一等加工用原木：280×30×8%＝672 m^3

其他各材种出材量计算方法与此相同。

表 3-17　大兴安岭落叶松材种出材量表*(节录)

出材级 I

森林分子平均值		可利用材																							烧材	商品材	废材	树皮
		直接使用原木											加工用原木					经济材合计	次加工原木	小规格材				可利用材合计				
高度(m)	直径(cm)	桩木			电杆			坑木			小计	枕资	一般用材				小计			小杆材	小径木	造材截头	计					
		特殊	普通	计	特殊	普通	计	大径	小径	计			一等	二等	三等	计												
1	2	3	4	5	6	7	8	9	10	11	12	13	14	15	16	17	18	19	20	21	22	23	24	25	26	27	28	29
12~13	16	2		2	3	27	30	4	28	32	64		4	1	5	5		69		6	1		7	76	9	85	15	16
14~15	16	2		2	3	27	30	4	28	32	64		4	1		5	5	69		6	1		7	76	9	85	15	16
	18	4	1	5	4	29	33	4	22	26	64		7	1		8	8	72	1	5			5	78	7	85	15	15
	20	7	1	8	5	28	33	5	17	22	63		9	2		11	11	74	1	3		1	4	79	6	85	15	15
16~17	16	3	1	4	3	30	33	4	25	29	66		2	1		3	3	69		6	1		7	76	9	85	15	16
	18	7	2	9	4	31	35	4	20	24	68		3	1		4	4	72	1	5			5	78	7	85	15	15
	20	8	1	9	5	29	34	4	17	21	64		8	2		10	10	74	1	3		1	4	79	6	85	15	15
	22	9	1	10	6	28	34	4	14	18	62		10	2	1	13	13	75	1	3		1	4	80	5	85	15	14
	24	13	1	14	7	25	32	4	11	15	61		12	2	1	15	15	76	1	3		1	4	81	5	86	14	14
	26	19	1	20	8	19	27	4	9	13	60		13	3		16	16	76	2	2		1	3	81	5	86	14	14

* 此表的原木标准以国家木材标准为依据。

8. 郁闭度

郁闭度的测定方法有树冠投影法、测线法、样点法(统计法)等。在一般情况下常采用简单易行的样点法，即在林分调查中，机械设置 N 个样点，在各样点位置上采用抬头垂直仰视的方法，判断该样点是否被树冠覆盖，统计被覆盖的样点数(n)，利用下式计算出林分的郁闭度 P_c：

$$P_c=\frac{n}{N} \tag{3-18}$$

此外，在森林调查工作中，有经验的调查人员可以根据树冠情况、枝叶的透光情况采用目测法估计林冠空隙的百分比来确定郁闭度。

9. 疏密度

常用方法有：

①通过目测郁闭度来确定。一般情况下，幼龄林的疏密度较郁闭度小0.1~0.2，中龄林则两者相近，成、过熟林的疏密度约大于郁闭度0.1~0.2。郁闭度可根据样点法目测林层的树冠垂直投影而定。

②调查现实林分每公顷胸高断面积 $G_{实}$ 或蓄积量 $M_{实}$。根据已测得的林分平均高，查标准表得标准林分的每公顷胸高总断面积 $G_{1.0}$ 或蓄积量 $M_{1.0}$，然后按下式计算林分疏密度 P：

$$P=\frac{G_{实}}{G_{1.0}}=\frac{M_{实}}{M_{1.0}} \tag{3-19}$$

例 3-10　广西某林场马尾松林分，测得林分平均高12.5 m，每公顷胸高断面积为22.2519 m²，根据林分平均高由表3-7上查出标准林分相应的每公顷断面积为33.8 m²，则该林分疏密度为：

$$P=\frac{G_{实}}{G_{1.0}}=\frac{22.2519}{33.8}=0.66$$

10. 林分平均年龄

林分调查时，通常是按林层分别树种调查计算林分的平均年龄，其计算方法一般有两种。

(1)算术平均年龄

当查定年龄的林木株数较少时，往往采用算术平均年龄，即：

$$\bar{A}=\frac{\sum_{i=1}^{n}A_i}{n} \tag{3-20}$$

式中：$\bar{A}$——林分平均年龄；

A_i——第 i 株林木的年龄；

n——查定年龄的林木株数($i=1, 2, \cdots, n$)。

(2)加权平均年龄

当查定年龄的林木株数较多时，采用断面积加权的方法计算平均年龄，即：

$$\bar{A}=\frac{\sum_{i=1}^{n}G_iA_i}{\sum_{i=1}^{n}G_i} \tag{3-21}$$

式中：$\bar{A}$——林分平均年龄；

n——查定年龄的林木株数($i=1, 2, \cdots, n$)；

A_i——第 i 株林木的年龄；

G_i——第 i 株林木的胸高断面积。

单株树木年龄测定方法参考任务6.1单木生长量测定中有关树木年龄的测定内容。

11. 立地质量

(1)确定地位级

在调查优势树种的平均高和平均年龄后，利用地位级表确定地位级。

例 3-11　测得红松林分平均高为15.7 m，平均年龄为82年，从表3-5中可查得其地位级为Ⅱ地位级。

(2)确定立地指数

根据优势树种的优势木树高和平均年龄，利用立地指数表确定。

例 3-12　福建某杉木林分优势木平均年龄16年时的平均高为17.6 m，从表3-6或图3-2可查得地位指数为20，说明该林分在标准年龄20年时优势木平均高可达20 m，表明该杉木林地生产力较高。

特别提示

各调查因子的调查技术，在实际工作中不能生搬硬套，因为林木的结构规律是受环境条件影响的。因此，在调查时既要考虑各调查因子之间的关系，又要考虑因环境因子对各调查因子的影响而发生的变化。

四、实施成果

①每人完成实训报告一份，主要内容包括实训目的、内容、操作步骤、成果的分析及实训体会。

②每人完成表3-18林分因子测定计算表的填写和计算，要求字迹清晰、计算准确。

表 3-18 林分因子测定计算表

标准地号	林层	树种组成	平均直径	平均树高	平均年龄	平均优势高	地位指数	地位级	公顷断面积	郁闭度	疏密度	公顷株数	公顷蓄积量			材种出材量
													标准表法	平均实验形数法	二元材积表法	

调查员： 日期： 年 月 日

五、注意事项

①爱护、保管好仪器工具和有关资料。

②调查数据真实准确，各项调查因子精度达到规定要求。

③目测与实测相结合的调查方法是森林资源规划设计小班调查方法之一，目测前，调查人员要通过练习并经过考核，各项调查因子目测的数据 80 项次以上达到要求精度时，才允许进行目测。

任务分析

对照【任务准备】中的“特别提示”及在任务实施过程中出现的问题，讨论并完成表 3-19 中“任务实施中的注意问题”的内容。

表 3-19 林分调查因子测算任务反思表

<table>
<tr><th colspan="3">任务程序</th><th>任务实施中的注意问题</th></tr>
<tr><td colspan="3">人员组织</td><td></td></tr>
<tr><td colspan="3">材料准备</td><td></td></tr>
<tr><td rowspan="17">实施步骤</td><td colspan="2">1. 平均直径</td><td></td></tr>
<tr><td colspan="2">2. 平均高</td><td></td></tr>
<tr><td colspan="2">3. 树种组成</td><td></td></tr>
<tr><td colspan="2">4. 每公顷胸高断面积 $G_{实}$</td><td></td></tr>
<tr><td colspan="2">5. 每公顷株数</td><td></td></tr>
<tr><td rowspan="4">6. 每公顷蓄积量</td><td>(1)标准表法</td><td></td></tr>
<tr><td>(2)平均实验形数法</td><td></td></tr>
<tr><td>(3)材积表法</td><td></td></tr>
<tr><td>(4)平均标准木法</td><td></td></tr>
<tr><td rowspan="2">7. 材种出材量计算</td><td>(1)一元材种出材率表法</td><td></td></tr>
<tr><td>(2)出材量表法</td><td></td></tr>
<tr><td colspan="2">8. 郁闭度</td><td></td></tr>
<tr><td colspan="2">9. 疏密度</td><td></td></tr>
<tr><td colspan="2">10. 林分平均年龄</td><td></td></tr>
<tr><td rowspan="2">11. 立地质量</td><td>(1)确定地位级</td><td></td></tr>
<tr><td>(2)确定立地指数</td><td></td></tr>
</table>

任务 3.2 标准地调查

知识目标

1. 了解标准地的概念、标准地分类。
2. 掌握标准地选设技术。
3. 掌握标准地调查方法和技术。

技能目标

1. 能进行标准地选择及测设。
2. 能进行标准地调查。

素质目标

1. 具有热爱祖国大好河山的情操。
2. 具备勤劳品质和强健体魄。
3. 具有严谨求实不弄虚作假的品格。
4. 具备质量意识、责任意识。

任务准备

林分调查因子测定的方法可分为目测法和实测法，实测法又分为全林实测法和局部实测法，在进行森林资源调查时，通常使用局部实测调查。根据选定实测地块的方法不同，局部实测法分为标准地调查法和抽样调查法。

3.2.1 标准地的定义

在局部实测时，选定实测调查地块的方法有两种：一种是按照随机抽样的原则，设置实测调查地块，称作抽样样地，简称样地，根据全部样地实测调查结果，推算林分总体，这种调查方法称作抽样调查法；另一种是根据人为判断选定的能够充分代表林分总体特征平均水平的地块，称作典型样地，简称标准地，根据标准地实测调查结果，推算全林分的调查方法称作标准地调查法。

3.2.2 标准地的种类

标准地按设置目的和保留时间可分为以下两类：

①临时标准地。用于林分调查和测树制表，只进行一次调查，取得调查资料后不需要保留。

②固定标准地。用于较长时间内进行科学研究试验，有系统地长期重复观测以获得连

续性的资料，如研究林分生长过程、经营措施效果及编制收获表等。测设要求严格，需要定株定位观测取得连续性的数据。

3.2.3 标准地的选设原则

标准地应该是整个林分的缩影，通过标准地调查可以获得林分各调查因子的数量或质量指标，即根据标准地调查结果，按面积比例推算整个林分的调查结果。因此，林分调查的准确程度取决于标准地对该林分的代表性及调查工作的质量。在设置林分调查标准地时，应对待测林分总体进行全面、深入的踏查后，根据以下基本要求确定具体位置。

(1)标准地必须具有充分的代表性；

(2)标准地不能跨越林分；

(3)标准地应避开林缘(至少应距林缘为1倍林分平均高的距离)、林班线、防火线、路旁、河边及容易遭受人为破坏的地段。

(4)标准地内树种、林木密度应分布均匀。

3.2.4 标准地的形状和面积

(1)标准地的形状

标准地的形状以便于测量和计算面积为原则，一般为方形、矩形、圆形或带状。

(2)标准地的面积

为了充分反映出林分结构规律和保证调查结果的准确度，标准地内必须要有足够数量的林木株数，因此，应根据要求的林木株数确定其面积大小。我国一般规定：在近熟林和成过熟林中，标准地内至少应有200株以上的林木；中龄林250株以上；幼龄林300株以上。在实际工作中，可预先选定400 m^2 的小样方，查数林木株数，据此推算标准地所需面积。便于测量、调查和计算，标准地面积尽可能为整数。

例3-13 在一中龄林分中查数400 m^2 样方内有林木40株，则标准地面积 S 可确定为：

$$S=\frac{250}{40}\times 400=2500\ m^2$$

特别提示

①标准地应该是整个林分的缩影，必须具有充分的代表性。

②标准地内必须要有足够数量的林木株数。

任务实施

标准地调查

标准地调查是一种局部实测的调查方法，它通过人为判断选定能够充分代表林分总体特征平均水平的地块，并对该地块内的林木进行年龄、起源、郁闭度、胸径、树高进行调查，并根据调查结果推算整个林分结果。

一、人员组织、材料准备

1. 人员组织

①成立教师实训小组，负责指导、组织实施实训工作。

②建立学生实训小组，4~5 人为一组，并选出小组长，负责本组实习安排、考勤和仪器管理。

2. 材料准备

每组配备罗盘仪、计算器各 1 台，测杆 4 根，轮尺、围尺、皮尺、测高器、直尺、曲线板各 1 个，记录夹 1 本，方格纸 1 张，森林调查手册 1 本。

二、任务流程

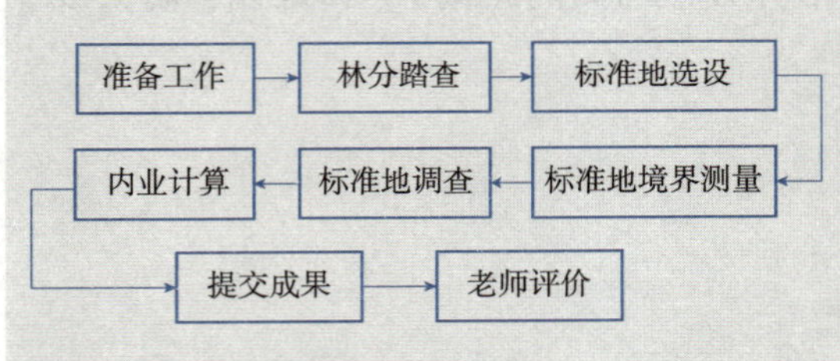

三、实施步骤

1. 外业工作

(1)踏查

实训地点确定后，应首先进行现地踏查，了解调查区的林况及森林分布特点，目测主要调查因子，取得平均标志的轮廓，根据平均标志的轮廓和标准地的选设原则选择适当的地段作为标准地的位置。在选择时尽量避免主观性，否则容易出现偏差，根据不同目的与需要，建立不同规格的标准地，如有永久性标准地与临时性标准地。

(2)标准地境界测量

标准地的境界测量就是在地面上标出标准地的范围。标准地的形状为正方形或矩形时，常用闭合导线法进行标准地境界测量。通常用罗盘仪测角，皮尺或测绳量水平距。林地坡度大于5°时，要将斜距改算为水平距。要求境界测量的闭合差不超过各边长总长的 1/500~1/200。为了方便核对和检查，在标准地四角设临时标桩。将测量结果填入"标准地境界测量记录表"中(表 3-20)，并绘标准地略图，便于日后查找。为使标准地在调查作业时保持有明显的边界，应将测线上的灌木和杂草清除，同时在边界外缘树木的胸高处，朝向标准地内标出明显记号，以示界外。

如为固定标准地，要在标准地四角埋设一定规格的标桩。标桩上标明标准地号、面积和调查日期等。

(3)标准地调查

标准地的测树工作因调查目的和方法不同而异。但最基本的内容是每木调查、测定树高、记载和调查环境条件特征因子，测定树木年龄及郁闭度等。

①每木调查。在标准地内分别树种、活立木、枯立木、倒木，测定每株树干的胸径，并按径阶记录、统计，以取得株数分布序列的工作，称为每木调查或每木检尺。这是林分调查中的最基本的工作，同时也是计算某些林分调查因子(如林分平均直径、林分蓄积量、材种出材量等)的重要依据。如果进行生长、生物量及抚育采伐调查，则活立木还应按生长级分别调查统计。

每木调查的工作步骤简述如下：

表 3-20　标准地境界测量记录表

<table>
<tr><td colspan="4">标准地号</td><td>12</td><td rowspan="2">标准地
所在地</td><td rowspan="2">省　　县
林场　　林班　　小班</td></tr>
<tr><td colspan="4">标准地面积(hm^2)</td><td>0.1</td></tr>
<tr><td colspan="5">标准地测量记录</td><td colspan="2">标　准　地　草　图</td></tr>
<tr><td>测站</td><td>方位角</td><td>倾斜角</td><td>斜距</td><td>水平距</td><td colspan="2" rowspan="7"></td></tr>
<tr><td>0-1</td><td>305°</td><td>/</td><td>/</td><td>22 m</td></tr>
<tr><td>1-2</td><td>346°</td><td>/</td><td>/</td><td>25 m</td></tr>
<tr><td>2-3</td><td>256°</td><td>/</td><td>/</td><td>40 m</td></tr>
<tr><td>3-4</td><td>166°</td><td>/</td><td>/</td><td>25 m</td></tr>
<tr><td>4-1</td><td>76°</td><td>/</td><td>/</td><td>40.1 m</td></tr>
<tr><td>闭合差</td><td colspan="4">+0.1 m(1/1300)</td></tr>
</table>

a. 确定径阶大小：径阶大小指每木调查时径阶整化范围，它直接影响着株数按直径分布的规律性，同时也影响着计算各调查因子的精确程度。每木调查前，应先目测平均胸径，确定径阶的大小。按规定：平均直径在6~12 cm时以2 cm为一个径阶；小于6 cm时以1 cm为一个径阶；大于12 cm时以4 cm为一个径阶；对人工幼林和竹林常采用以1 cm为一个径阶。

b. 划分林层：如标准地内林木层次明显，上下层林木的树高相差15%~20%以上，每层的蓄积量均达到30 m^3 以上，平均直径达8 cm以上，主林层疏密度不少于0.3，次林层疏密度不少于0.2，在这种情况下必须划分两个林层，分层进行调查。

c. 确定起测径阶：起测径阶是指每木调查的最小径阶。由林分结构规律得知：林分的平均直径是接近于株数最多的径阶，而最小直径是平均直径的0.4或0.5倍。因此，在实际工作中，常以平均胸径的0.4倍作为起测径阶。

例如，目测某林分目测平均胸径为16 cm，最小胸径约为：16 cm×0.4=6.4 cm，如以2 cm为一个径阶，则起测径阶可定为6 cm。

小于起测径阶的树木称为幼树。不进行每木检尺。目前在森林资源清查中确定的起测径阶是：人工幼龄林1 cm；人工中龄林5 cm；天然幼龄林3 cm；天然中龄林5 cm；成过熟林7 cm。

划分材质等级：每木调查时，不仅要按树种记载，而且还要按材质分别统计。材质划分是按树干可利用部分长度及干形弯曲、分叉、多节、机械损伤等缺陷，划分为经济用材树、半经济用材树和薪材树三类。

凡用材部分占40%以上者为经济用材树。

凡用材部分长度在2 m(针叶树)或1 m(阔叶树)以上，但不足全树高40%者为半经济用材树。

凡用材部分在2 m(针)或1 m(阔)以下者为薪材树。

在实际工作中，一般只分用材树和薪材树，但需记录立木和倒木，以供计算枯损量。

d. 每木检尺：测径时，测径者与记录员要互相配合，测径者从标准地的一端开始，由坡上方沿等高线按“S”形路线向坡下方进行检尺。测者每测定一株树要把测定结果按树种、径阶及材质类别报给记录员，记录员应同声回报并及时在每木调查记录表的相应栏中用“正”字法记载，见表3-21。为防止重测和漏测，要在测过的树干上朝着前进方向的一面作记号。正好位于标准地境界线上的树木，本着一边取另一边舍的原则，确定检尺树木。

表3-21 每木调查记录表

径阶(cm)	树种：马尾松						
	活立木					枯立木	倒木
	用材树	半用材树	薪材树	株数合计	断面积合计(m^2)		
6	正正正						
8	正正正正正正正一						
10	正正正正正正正正一						
12	正正正正正正正正正正						
14	正正正正正正正下						
16	正正正正						
18	正						
合计	205						
$\bar{g}$			$\bar{D}$				

②测定树高。测高的主要目的是为确定各树种的平均高，应按树种分别径阶选择测高样木测定树高和胸径实测值。测高的株数主要树种应测20~25株，一般中央三个径阶选测3~5株，与中央径阶相邻的径阶各测2~3株，最大或最小径阶测1~2株。测高样木的选取方法：沿标准地对角线两侧随机选取；或采用机械选取法，即以每木调查时各径阶的第1株树为测高树，以后按每隔若干株(5株或10株)选取一株测高树。

凡测高的树木应实测其胸径，将测得的胸径与树高值记入测高记录表中(表3-22)。

在标准地内目测选出3~5株最粗大的优势木，目测或用测高器测定其树高，以其算术平均值作为优势木平均树高。将测得的优势木树高值记入优势木(上层木)高测定表(表3-23)。

对于混交林中的次要树种，一般仅测定3~5株近于平均直径林木的胸径和树高，以算术平均值作为该树种的平均高。将测得的树高值记入次要树种树高测定表(表3-24)。

表3-22　测高记录表

径阶	测高样木 $\frac{树高(h_i)}{胸径(d_i)}$ 实测值						$\frac{\sum h_i}{\sum d_i}$	$\frac{\overline{H}}{\overline{D}}$
	1	2	3	4	5	6		
6	7.2/6.7	7.3/6.6						
8	8.0/7.9	8.1/8.0	8.2/8.1					
10	10.6/9.7	10.7/10.4	10.3/10.2					
12	13.1/12.4	13.3/12.1	13.7/11.8	13.6/11.5	13.5/12.1			
14	14.4/13.6	14.2/14.4	14.5/14.6					
16	15.0/16.2	14.8/16.0	15.2/16.3					
18	15.4/18.2	16.1/18.4						

表3-23　优势木(上层木)高测定表

树　号	1	2	3	4	5	算术平均 H_T
树　高						

表3-24　次要树种树高测定表

树种 \ 树高 树号	1	2	3	4	5	算术平均$\overline{H}$

③地形地势调查。

坡度级：Ⅰ级为平坡 0°～5°，Ⅱ级为缓坡 6°～15°，Ⅲ级为斜坡 16°～25°，Ⅳ级为陡坡 26°～35°，Ⅴ级为急坡 36°～45°，Ⅵ级为险坡 46°以上。

坡向：在森调中将坡向分为东、南、西、北、东南、西南、西北、东北八个坡向。

坡位：分为脊、上、中、下、谷，也可根据情况适当增减。

海拔：可在地形图中查定。

④土壤调查。在标准地内选择有代表性的位置，挖土坑，记载土壤剖面，采集剖面标本。写出土壤种类、土壤厚度、主要层次的颜色、结构、紧密度、机械组成、草根盘结度。详见环境因子调查记录表。

⑤植被调查。调查下木和活地被物的主要种类、名称、层次、多度、平均高、物候期、生活力及分布特点。

将以上地形地势调查，土壤调查，植被调查调查结果填入环境因子调查记录表中(表 3-25)。

表 3-25 环境因子调查记录表

<table>
<tr><td rowspan="6">土壤调查</td><td colspan="11">剖面号： 地类： 剖面位置：
部位及特征：
群丛名称： 总覆盖度：
土壤名称： 土层厚度：
母质母岩：
土壤剖面形态记载表</td></tr>
<tr><td>层次</td><td>深度(cm)</td><td>湿度</td><td>颜色</td><td>质地</td><td>结构</td><td>紧实度</td><td>植物根</td><td>层次过渡情况</td><td>新生体</td><td>侵入体</td></tr>
<tr><td></td><td></td><td></td><td></td><td></td><td></td><td></td><td></td><td></td><td></td><td></td></tr>
<tr><td></td><td></td><td></td><td></td><td></td><td></td><td></td><td></td><td></td><td></td><td></td></tr>
<tr><td></td><td></td><td></td><td></td><td></td><td></td><td></td><td></td><td></td><td></td><td></td></tr>
<tr><td></td><td></td><td></td><td></td><td></td><td></td><td></td><td></td><td></td><td></td><td></td></tr>
<tr><td>幼树</td><td colspan="11"></td></tr>
<tr><td>下木</td><td colspan="11"></td></tr>
<tr><td>地被物</td><td colspan="11"></td></tr>
<tr><td>地形地势</td><td>地貌类型</td><td></td><td>海拔</td><td></td><td>坡向</td><td></td><td>坡位</td><td></td><td>坡度</td><td></td><td></td></tr>
<tr><td>林分特点</td><td colspan="11"></td></tr>
</table>

调查者： 检查者： 调查日期： 年 月 日

⑥年龄调查。可查阅资料、访问确定，也可用生长锥、查数伐桩年轮、查数轮生枝或伐倒标准木等方法确定。

⑦林分起源。主要方法有查阅已有的资料、现地调查或者访问等。

⑧郁闭度调查。主要采用样点法目测确定。

将以上年龄调查，林分起源调查，郁闭度调查结果填入标准地调查因子一览表中(表 3-26)。

四、实施成果

①每人完成实训报告一份，主要内容包括实训目的、内容、操作步骤、成果的分析及实训体会。

②每组完成表 3-20 至表 3-26 的填写和计算，要求字迹清晰、计算准确。

五、注意事项

①爱护、保管好仪器工具和有关资料；

②标准地选择应具有充分的代表性；

③每木检尺时每测一株数应在树上用粉笔做标记，避免重测或漏测；

④调查数据真实准确。

表 3-26　标准地调因子一览表

林层号	树种组成	树种	年龄	高度		胸径	每公顷断面积	立地质量			密度指标			每公顷蓄积		经济材%	林木起源	备注
				平均高	上层高			地位级	地位指数	林型	密度	疏密度	郁闭度	活立木	枯立木			

调查者：　　　　检查者：　　　　调查日期：　　年　　月　　日

任务分析

对照【任务准备】中的“特别提示”及在任务实施过程中出现的问题，讨论并完成表 3-27 中“任务实施中的注意问题”的内容。

表 3-27　标准地调查任务反思表

<table>
<tr><th colspan="3">任务程序</th><th>任务实施中的注意问题</th></tr>
<tr><td colspan="3">人员组织</td><td></td></tr>
<tr><td colspan="3">材料准备</td><td></td></tr>
<tr><td rowspan="4">实施步骤</td><td colspan="2">1. 标准地位置的选定</td><td></td></tr>
<tr><td colspan="2">2. 标准地境界测量</td><td></td></tr>
<tr><td rowspan="2">3. 标准地调查</td><td>(1) 每木调查</td><td></td></tr>
<tr><td>(2) 树高测定</td><td></td></tr>
</table>

任务 3.3　角规测树

知识目标

1. 了解角规测树概念及基本原理。

2. 熟悉角规的种类及角规常数的选用。
3. 掌握角规绕测的方法步骤。

技能目标

1. 能熟练使用角规进行绕测。
2. 会对林分调查因子进行计算。

素质目标

1. 培养主动思考及团队协作能力。
2. 培养认真、严谨的治学态度。
3. 培养吃苦耐劳、甘于奉献的林业精神。
4. 树立学林爱林、献身林业的理想信念。

任务准备

3.3.1 角规测树的概念

角规是利用一定视角(临界角)设置半径可变的圆形标准地来进行林分测定的一种测树工具。角规测树就是在林分中选择有代表性的地点，按照既定视角测定每公顷胸高总断面积。

角规测树理论严谨、方法简便易行，只要严格按照技术要求操作，便能取得满意的调查结果。因此，角规测树是一种高效、准确的测定技术。

3.3.2 角规的种类

3.3.2.1 水平角规

水平角规亦称简易角规、杆状角规、尺形角规、杆式角规等。其构造很简单，在长度为 L 的木杆或直尺的一端安装一个缺口宽度为 l 的金属片，即可构成一个水平角规，杆的一端中央位置 P 点与缺口成为等腰三角形 BPC 的顶点，其腰长为 L，顶角为 α，如图 3-4 所示。角规的缺口宽度与杆长之比(l/L)称作角规定比，其顶角称视角 α，$\alpha = 2\tan^{-1}(l/2L)$，常用的水平角规定比见表 3-28。

表 3-28 不同断面积系数的角规定比与视角

角规常数 F_g (m^2/hm^2)	缺口固定(cm)		尺长固定(cm)		视角 α
	L	l	L	l	
0.5	70.71	1	50.00	0.71	0°48′37.1″
1	50.00	1	50.00	1.00	1°08′45.4″
2	35.36	1	50.00	1.41	1°37′14.2″
4	25.00	1	50.00	2.00	2°17′31.1″

3.3.2.2 片形角规

片形角规也称角规片，为便于携带，将水平角规的杆长改为绳长，即在圆形金属薄片上切开几种宽度的缺口，自角规片中央安上不易伸缩的尼龙绳，并标出与不同宽度缺口保持一定比例关系的绳长，以便选用，如图 3-5 所示。在使用片形角规时，应注意角规片上缺口的选用，一般角规片上常开三个缺口，其宽度分别为 0.71 cm、1.00 cm 和 1.41 cm，当绳长固定为 50 cm，则其角规系数 F_g 分别为 0.5、1 和 2。在使用片形角规（角规片）时，应注意绳长的固定，保证有正确的角规系数 F_g 值。

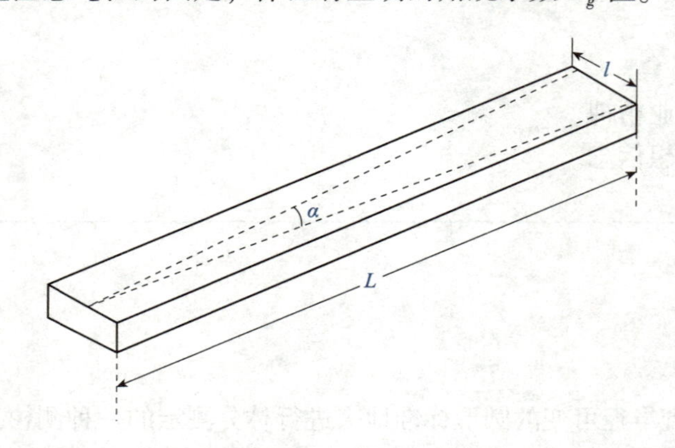

图 3-4 水平角规示意图

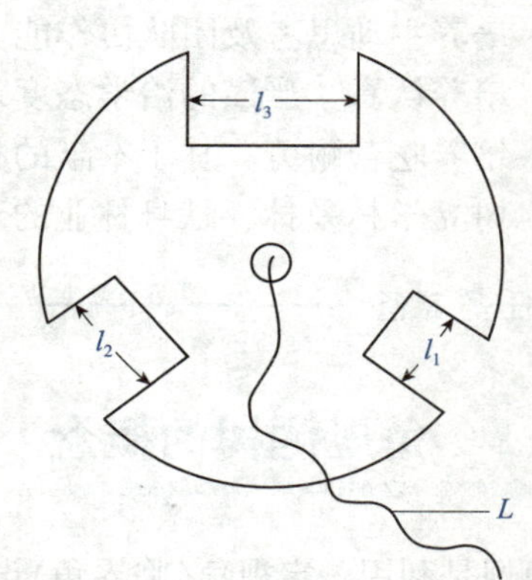

图 3-5 片形角规示意图

3.3.2.3 自平曲线角规

自平曲线角规是一种带自动改正坡度功能的角规测器，通过改变杆长和缺口的比值来实现。在坡地上进行角规观测时，为能直接观测判断树木是否计数（计数原则同水平角规），可根据角规观测点与观测树干位置之间的坡度 θ。通过增加角规的杆长度（即 $L_\theta = L \cdot \sec\theta$）或缩小缺口宽度（即 $l_\theta = l \cdot \cos\theta$）来实现。如图 3-6 所示，是由南通光学仪器厂生产的 LZG-1 型自平曲线角规，它是在简易杆式角规的基础上做了以下两点改进。

①角规杆改为长度可变，具有两种比例的不锈钢拉杆，不用时拉杆可套缩起来，便于携带。使用时，按照选定的断面积系数的要求，将拉杆拉到规定的长度，即可观测使用。

②具有自动改正坡度的功能，即将角规一端的金属片缺口改为可在垂直方向上能自动转动的半圆形金属曲线缺口圈，圈的下端附有一个较重的平衡座，以保证金属缺口圈始终保持与地面成垂直状态。在角规拉杆成水平状态时，金属圈内与角规杆先端截口相切的缺口宽度为 1 cm，对应的拉杆长度为 50 cm，即断面积系数 $F_g = 1$。当坡度为 θ 时，拉杆与坡面平行，其倾斜角亦为 θ，金属圈也相应转动 θ，金属圈内的缺口宽度 l_θ 相应变窄成为 $l \cdot \cos\theta$ 值（$l = 1.0$ cm）。用此角规测器观测时，可依每株树干胸高与观测者立于样点处的眼高之间形成倾斜角度 θ 逐株自动进行坡度改正，所计数的树木株数就是改正成水平状态后的计数值，再乘以断面积系数即得到林分每公顷胸高总断面积，使用起来十分方便。

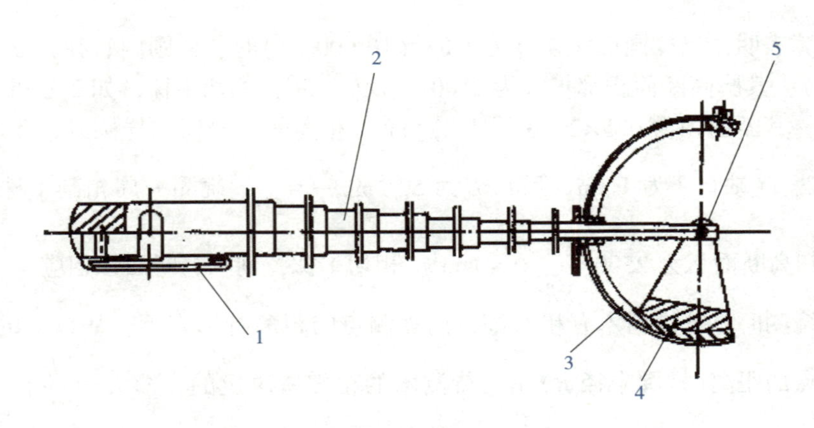

图 3-6 自平曲线杆式角规

1. 挂钩 2. 指标拉杆 3. 曲线缺口圈 4. 平衡座 5. 小轴

3.3.3 角规测树的基本原理

角规测定林分每公顷胸高总断面积原理是整个角规测树理论体系的基础，其他角规测定因子都是由此推导而来。常规圆形样地的面积和半径是固定的，因此在一个圆形标准地内包含有直径大小不同的树木，角规测树实际上是一种因树木直径不同而设置多个同心圆的圆形样地(标准地)。

现以直径为 d 的树木为例，假设图 3-7 中有三株胸径都等于 d 的树木，站在测点 O 观测时，通过缺口内侧两视线与 1 号树、2 号树、3 号树的胸高断面的几何关系依次为相割、相切、相离。若以测点 O 为圆心，以测点 O 到 2 号树树干中心的水平距离 R 为半径作圆(称为样圆)。根据相似三角形原理：

$$\frac{l}{L}=\frac{d}{R} \quad 则 \quad R=\frac{L}{l}d$$

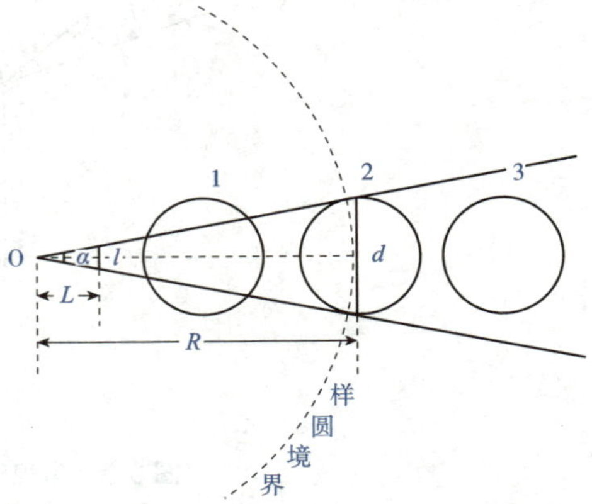

图 3-7 角规原理推证示意图

当林地的样圆面积为 $A=\pi R^2=\pi d^2\left(\frac{L}{l}\right)^2$ 时，当相割一株，则树木的胸高断面积为$g=\frac{\pi}{4}d^2$；若将样圆面积 A 扩大为 1 hm^2(10 000 m^2)，则每公顷树木胸高总断面积 G 有以下关系：

$$\frac{A}{g}=\frac{10\ 000}{G}$$

$$\pi\cdot d^2\cdot\left(\frac{L}{l}\right)^2:\frac{\pi}{4}d^2=10\ 000:G \tag{3-22}$$

$$G=2500\cdot\left(\frac{l}{L}\right)^2\ m^2/hm^2$$

以上计算表明，当样圆面积换算为1 hm^2(10 000 m^2)时，样圆内直径为d的树木相割1株(1号树)，其胸高断面积都扩大为$2500\cdot(l/L)^2$ m^2；相切1株，如2号树(临界树)一半在圆样内，其断面积为$0.5\times2500\cdot(l/L)^2$ m^2；相离的3号树在样圆外，不计数。若采用角规常数为1(缺口l为1 cm、尺长L为50 cm)$\frac{l}{L}=\frac{1}{50}$，绕测一周相割1株，则说明1 hm^2林地有胸高断面积为$2500\times\left(\frac{1}{50}\right)^2=1$ m^2，相切1株，则胸高断面积相应有0.5 m^2。

用角规绕测时林分内树木有粗有细，离观测点的距离有远有近。从以上的分析可知，临界树到测点的距离(样圆半径R)是由待测木的粗细所决定的，即$R=\left(\frac{L}{l}\right)\cdot d$。由于林内树木粗细不同，绕测一周计数的与视线相割(或相切)的树木直径大小是不同的，这意味着已为不同大小直径的树木分别设立了半径大小不同的同心圆，应该讲林分中有N种直径大小不同的树木，角规绕测时就设置了N个不同大小的同心圆，因此形成一个以观测点为中心的多个同心圆，如图3-8所示，所以角规测树又有“可变圆形样地”之称。

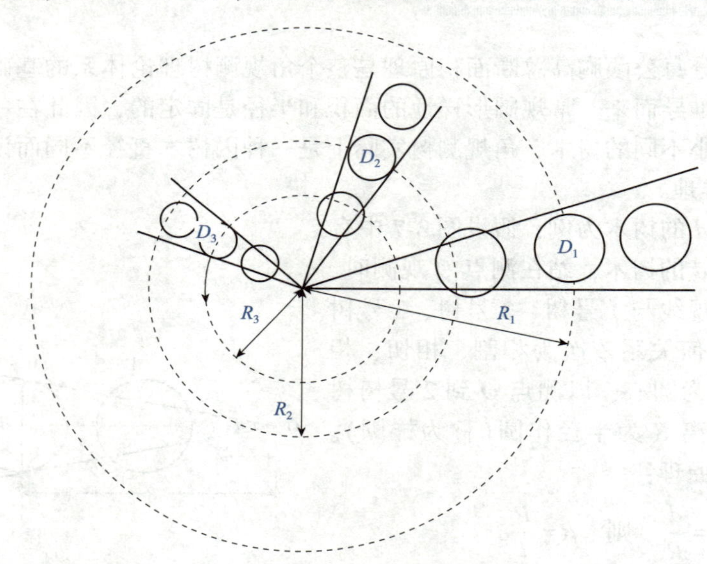

图3-8　角规绕测多个同心样圆示意图

尽管树木粗细不同，样圆大小不一，但均可按相同的计数规则计数；所以当在观测点O上用角规绕测一周，计数株数为Z时，林分每公顷胸高总断面积G应为：

$$G=2500\cdot\left(\frac{l}{L}\right)^2Z$$

令

$$2500\cdot\left(\frac{l}{L}\right)^2=F_g \tag{3-23}$$

则

$$G=F_g\cdot Z$$

F_g 称断面积系数或角规常数，它表示用角规测定每公顷胸高断面积时，每计数1株树木所代表的1 hm^2 林木的胸高断面积为 $F_g(m^2)$。系数的大小取决于角规缺口与杆长的比值，当$\frac{l}{L}$的值为$\frac{0.71}{50}$、$\frac{1}{50}$、$\frac{1.41}{50}$、$\frac{2}{50}$或$\frac{1}{70.71}$、$\frac{1}{50}$、$\frac{1}{35.36}$、$\frac{1}{25}$时，断面积系数值分别为0.5、1、2和4。具体情况见表7-28。

例3-14 当使用缺口1.41 cm，杆长50 cm的角规（角规系数 $F_g=2$）进行绕测，其中相割树木13株，计数值为"13"，相切树木3株，计数值为"1.5"，总计数值 Z 为14.5，则由式(3-23)计算林分每公顷胸高断面积为：

$$G=F_g \cdot Z=2\times14.5=29\ m^2/hm^2$$

若在林分中设置了 n 个角规点进行观测时，其林分每公顷胸高断面积计算式为：

$$G=\frac{1}{n}\sum_{i=1}^{n}G_i=\frac{F_g}{n}\sum_{i=1}^{n}Z_i=F_g \cdot \overline{Z} \tag{3-24}$$

式中：Z_i——第 i 个角规点上计数的树木株数。

任务实施

角规测树

角规测树是近代林业科学重大成就之一，自从奥地利林学家毕持里希1947年创造了角规测树以来，打破了100多年来在固定面积（标准地）上进行每木检尺测定的传统，简化了测定工作，提高了工作效率，通过角规绕测，可快速测定林分每公顷胸高断面积，结合林分平均胸径、平均高，可测算每公顷立木株数、每公顷蓄积量等有关林分调查因子。

一、人员组织与材料准备

1. 人员组织

①成立教师实训小组，负责指导、组织实施实训工作。

②建立学生实训小组，4~5人为一组，并选出小组长，负责本组实习安排、考勤和仪器管理。

2. 材料准备

每组配备角规（片式角规或自平曲线角规）、皮尺、围尺、测高器各1个，记录夹及记录表格1套。

二、任务流程

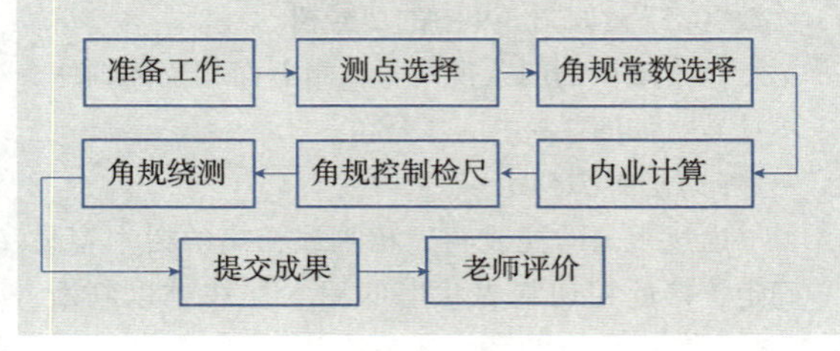

三、实施步骤

1. 角规点位置的选择和数量的确定

根据林分树木分布情况、林地视野条件按典型或随机抽样的原则设置角规点，避免在过疏或过密处设置角规点，所选定的角规点应有一定代表性。一般不能落入林缘带，当角规点位于林缘时，样圆有可能超出林地边界范围。因样圆超出林地边界范围以外而带来的角规绕测误差，称为林缘误差。消除林缘误差的方法是，角规点离林分边界的水平距离应大于或等于最大有效样圆半径。可根据林缘附近最粗树木的胸径 d_{max} 及所用角规的断面积系数 F_g，按式(3-25)计算出最大有效样圆半径 R_{max}，并以此为据划出林缘带，不在林缘带内设置角规点。

例3-15 测得林分边缘最粗树木直径 $d=38$ cm，若用 $F_g=1$ 的角规，则最大有效样圆半径为：

$$R_{max}=\frac{50}{\sqrt{F_g}}\times d=50\times38\ cm=19\ m$$

角规点的数量应根据林分面积按表3-29的标准或按照调查目的和精度要求来确定，本次实训采用人为选取的方法，共设3个测点。

2. 角规常数的选择与检查

（1）角规常数的选择

根据经验以每个测点的计数株数在15株左右

的范围较适宜，在不同的林分测定断面积时，可根据林分平均直径大小、疏密度、通视条件及林木分布状况等因素选用适当大小的角规常数，具体见表 3-30。

表 3-29　林分调查角规点数的确定（$F_g=1$）

林分面积(hm^2)	1	2	3	4	5	6	7~8	9~10	11~15	>16
角规点个数	5	7	9	11	12	14	15	16	17	18

注：引自《国有林调查设计规程（草案）》，1963。

表 3-30　林分特征与选用角规常数参数表

林　分　特　征	角规常数 F_g
平均直径 8~16 cm 的中龄林，任意平均直径但疏密度为 0.3~0.5 的林分	0.5
平均直径 17~28 cm，疏密度为 0.6~1.0 的中、近熟林	1.0
平均直径 28 cm 以上，疏密度为 0.8 以上的成、过熟林	2 或 4

本次实训选用角规常数 $F_g=1$ 的角规绕测。

（2）检查角规常数

角规常数是由缺口宽度 l 与杆长 L 的比值来确定。

水平角规应检查其杆长 L 与缺口宽度 l 的准确，片形角规（角规片）重点检查绳长的规范，以保证角规常数的正确。具体各角规常数的缺口宽度 l 与杆长 L 的比值见表 3-28。

3. 角规绕测技术

（1）角规绕测

测者立于测点上，确定一起点，将角规无缺口的一端贴近眼睑处，视线通过缺口逐株观测周围每株树木的胸高断面位置，如图 3-9 所示，通过缺口内侧的两条视线与胸高断面的几何关系，可以得到相割、相切与相离的 3 种情况，并按计数规则进行记数。用角规绕测时，应注意以下事项：

①角规点的位置不能任意移动。如待测树木胸高部位被其他树木或灌木遮挡时，可稍离观测点在其左、右侧观测，但应保持观测点到被测树树干中心的水平距离不改变，观测完毕后，应立即回原观测点继续绕测。

②防止重测和漏测。在绕测起点立花杆或做明显标记。

③实行正、反绕测。每个测点必须正、反绕测两次，两次绕测计数值相差不超过 1 时，计算平均值作为该点的计数值；超过 1 时，需返工重测。

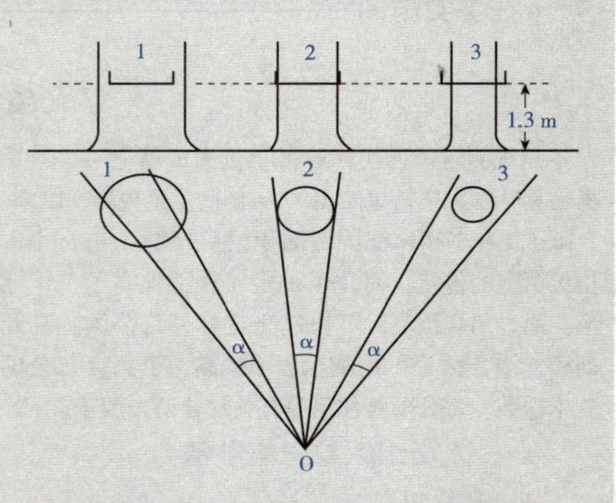

图 3-9　水平角规计数示意图
1. 相割，计数“1”　2. 相切，计数“0.5”
3. 相离，计数“0”

（2）计数规则

①凡缺口的两条视线与胸高断面相割的树木，计数“1”，如图 3-9 中的 1 号树。

②凡缺口的两条视线与胸高断面相切的树木，计数“0.5”，如图 3-9 中的 2 号树。

③凡缺口的两条视线与胸高断面相离的树木，不计数，如图 3-9 中的 3 号树。

（3）临界树判定

通过视角的视线明显相割或相离的树木容易确定，接近相切临界状态的树木往往难以判断，

而临界树又是很少的，对于难判断相切与否的树木，可实测该树木胸径 d，并用皮尺量出测点与树干中心的距离 S，先按临界距公式计算该直径树木的样圆半径 R：

$$R=\frac{50d}{\sqrt{F_g}} \tag{3-25}$$

或

$$R=\frac{L}{l}d \tag{3-26}$$

再根据实际水平距离 S 与样圆半径 R 的关系来判断。

如果 $S<R$ 树木位于样圆范围内，则相割，计数为“1”。

如果 $S=R$ 树木正好位于样圆边界上，则相切，计数为“0.5”。

如果 $S>R$ 树木位于样圆范围外，则相离，不计数。

例 3-16 采用角规(角规系数 $F_g=1$)进行观测时，有一树木经实测其胸径为 14.6 cm，量得角规观测点至树木中心的水平距离为 7.5 m，则由式(3-26)可知：

该树木的样圆半径 $R=\frac{50d}{\sqrt{F_g}}=50.00\times14.6\text{ cm}=7.3\text{ m}<S$(水平距离)$=7.5$ m，说明该树木位于样圆范围外，为“相离”，不计数。

(4)坡度改正

当使用水平角规、片形角规(角规片)进行角规观测时，还应利用测坡器测量该角规点计数范围内林地的平均坡度值 θ。若坡度 $\theta>5°$时，绕测计数结果应进行坡度改正，即：

$$Z=Z_\theta\times\sec\theta \tag{3-27}$$

例 3-17 使用 $F_g=1$ 的片形角规在坡度 15°的林地上进行绕测，其中相割树木 12 株，相切树木 3 株，试计算该林分每公顷胸高断面积。

$$Z_\theta=12+1.5=13.5$$

$$Z=13.5\times\sec15°=13.98$$

$$G=F_g\cdot Z=1\times13.98=13.98\text{ m}^2/\text{hm}^2$$

当使用自平曲线角规进行绕测，因可自动进行单株树木的坡度修正，所以不需再进行坡度改正。

4. 林分调查因子计算

(1)绕测时只按树种不分径阶计数情况(角规全林绕测)

①计算林分每公顷胸高断面积。计算出各测点的经坡度改正后的角规计数值：

$$Z_j=Z_{j\theta}\cdot\sec\theta$$

每个测点改正后的角规计数值乘以角规常数(F_g)即为该点所测的每公顷胸高断面积：

$$G_j=F_g\cdot Z_j$$

求出各测点的每公顷胸高断面积的平均值即为林分的每公顷胸高断面积：

$$G=\frac{1}{k}\sum_{j=1}^{k}G_j$$

例 3-18 某马尾松–枫香混交林(林地坡度小于 5°)，用 $F_g=1$ 的角规绕测，共计数 22.5 株，其中马尾松 18 株，枫香 4.5 株，计算该林分每公顷断面积。

$$G=F_g\cdot Z=1\times22.5=22.5\text{ m}^2/\text{hm}^2$$

其中：马尾松为 18 m²/hm²，枫香为4.5 m²/hm²。

②计算树种组成系数。用角规测得的各树种的计数株数 Z_i 或每公顷断面积 G_i 分别与林分总计数株数或每公顷断面积 G 的比值乘以 10，即为各树种组成系数。

根据例 3-18：

马尾松组成系数为：$\frac{18}{22.5}\times10=\frac{18\times1}{22.5\times1}\times10=8$。

枫香组成系数为：$\frac{4.5}{22.5}\times10=\frac{4.5\times1}{22.5\times1}\times10=2$。

组成式为：8 马 2 枫。

③计算林分疏密度。根据林分的平均高$\overline{H}$和角规绕测的林分每公顷胸高断面积 G，在相应树种的标准表查出标准林分每公顷胸高断面积 $G_{1.0}$，即可计算出林分疏密度 P。

根据例 3-18，如马尾松平均高为 12 m，查马尾松标准表得 $G_{1.0}=31\text{ m}^2/\text{hm}^2$，疏密度为：

$$P=\frac{F_g\times\sum Z_i}{G_{1.0}}=\frac{1\times22.5}{31}=0.73$$

④计算林分每公顷林木株数。根据林分平均胸径$\overline{D}$和角规测定的林分每公顷断面积 G，按下列公式计算林分每公顷林木株数。

$$N=\frac{G}{g}=\frac{40\,000\cdot F_g\cdot Z}{\pi\cdot\overline{D}^2} \tag{3-28}$$

式中：N——每公顷林木株数；

Z——角规绕测计数株数；

$\overline{D}$——林分平均胸径。

根据例3-18，如马尾松平均胸径为12.4 cm，则马尾松的每公顷株数：

$$N=\frac{40\ 000\times1\times22.5}{3.14\times12.4^2}=1491\text{ 株}$$

用同样方法可算出枫香的每公顷株数，从而合计出全林分的每公顷株数。

⑤计算林分每公顷蓄积量。

a. 一元材积表法（形高法）：用当地对应树种的一元材积表，按 $R_i=V_i/g_i$ 计算出各树种的形高 R_i，再乘以角规绕测的各树种每公顷断面积（F_gZ_i），得各树种每公顷蓄积量 M_i，各树种蓄积量之和即为林分每公顷蓄积量。

根据例3-18，如马尾松平均胸径为12.4 cm，查一元材积表得平均材积为0.061 53 m³，则马尾松的每公顷蓄积量：

$$M_i=F_gZ_iR_i=F_gZ_i(V_i/g_i)$$
$$=1\times18\times\frac{0.061\ 53}{0.012\ 07}=91.7597\ m^3/hm^2$$

用同样方法可算出枫香的每公顷蓄积量，从而合计出全林分的每公顷蓄积量。

b. 标准表法：根据林分平均高 $\overline{H}$ 和林分每公顷胸高断面积 G，在相应树种的标准表中查出标准林分的每公顷胸高断面积 $G_{1.0}$ 和每公顷蓄积量 $M_{1.0}$，按下式计算出各角规点的林分每公顷蓄积量。

$$M=M_{1.0}\times\frac{G}{G_{1.0}}=M_{1.0}\times\frac{F_g\cdot Z}{G_{1.0}}$$
$$=180\times\frac{1\times18}{31}=104.5161\ m^3/hm^2$$

用同样方法可算出枫香的每公顷蓄积量，从而合计出全林分的每公顷蓄积量。

平均实验形数法：

$$M=G(\overline{H}+3)f_з=(F_g\cdot Z)(\overline{H}+3)f_з$$

已知马尾松的 $f_з=0.39$。

$$M=(1\times18)(12+3)\times0.39=105.3\ m^3/hm^2$$

用同样方法可算出枫香的每公顷蓄积量，从而合计出全林分的每公顷蓄积量。

（2）绕测时既分树种又分径阶计数情况（角规控制检尺）

对绕测时判断为相切或相割的树，则需要实测其胸径，并分树种各按径阶记录计数值[坡度大于5°时按式（3-27）进行改正]，绕测结果填写到角规控制检尺记录表（表3-31）。

表3-31　角规控制检尺记录表

角规点：　　角规类型：　　坡度：　　F_g=

径阶	树种：			树种：		
	正	反	平均	正	反	平均
合计						

调查者：　　检查者：　　调查日期：

由于大多数林分调查因子的计算方法与只分树种不分径阶的计算方法相同，这里不再赘述。下面重点介绍计算方法不同的内容。

①计算林分每公顷株数。

计算径阶每公顷总断面积。

计算径阶单株断面积：

$$g_{ij}=\frac{\pi}{40\ 000}d_{ij}^2\ m^2$$

计算径阶每公顷株数：

$$N_{ij}=\frac{G_{ij}}{g_{ij}}=\frac{40\ 000\cdot F_g\cdot Z_{ij}}{\pi\cdot d_{ij}^2}$$

计算树种（组）每公顷株数：

$$N_i = \sum N_{ij} = \frac{40\ 000F_g}{\pi}\sum\frac{Z_{ij}}{d_{ij}^2}$$

计算林分每公顷总株数：

$$N = \sum N_i$$

式中：Z_{ij}——i 树种 j 径阶计数株数；

d_{ij}——i 树种 j 径阶中值。

具体算例见表 3-32。

②计算林分平均胸径。根据马尾松每公顷胸高总断面积 G_i 和株数 N_i，按 G_i/N_i 计算单株平均断面积$\bar{g}_i$，反算平均胸径。仍用上例：

马尾松 $G=18\ m^2/hm^2$　$N_i=1567$ 株/hm²

平均断面积 $\bar{g}_i=\frac{18}{1567}=0.011\ 49\ m^2$

平均胸径$\bar{D}=112.84\sqrt{0.01149}=12.1$ cm

用同样方法可计算枫香的平均胸径。

③一元材积表法计算林分每公顷蓄积量。用一元材积表按 $R_{ij}=V_{ij}/g_{ij}$，导出 i 树种 j 径阶的形高 R_{ij}，乘以 j 径阶每公顷断面积(F_gZ_{ij})得径阶每公顷蓄积量 M_{ij}，各径阶蓄积量之和得 i 树种每公顷蓄积量 M_i，各树种蓄积量之和得每公顷蓄积量 M，即：

$$M=\sum M_i=\sum\sum M_{ij}=F_g\cdot\sum\sum R_{ij}Z_{ij}=F_g\sum\sum\frac{V_{ij}Z_{ij}}{g_{ij}}$$

计算过程见表 3-33。

以上计算项目在实训中按表 3-34 进行综合计算。

表 3-32　角规测树每公顷株数计算表($F_g=1$)

径阶	各树种计数株数		单株断面积(m²)	各树种每公顷株数		
	马尾松	枫香		马尾松	枫香	合计
4	—	0.5	0.001 26	—	397	397
6	—	—	0.002 83	—	—	—
8	1	1	0.005 03	199	199	398
10	3	2	0.007 85	382	255	637
12	5	1	0.011 31	442	88	530
14	7	—	0.015 39	455	—	455
16	1	—	0.020 11	50	—	50
18	1	—	0.025 45	39	—	39
合计	18	4.5	—	1567	939	2506

表 3-33　用一元材积表法计算林分每公顷蓄积量表($F_g=1$)

径阶	Z_{ij}		g_{ij}(m²)	V_{ij}(m³)		R_{ij}(m)		M_{ij}(m³)		
	马尾松	枫香		马尾松	枫香	马尾松	枫香	马尾松	枫香	合计
4	—	0.5	0.001 26	—	0.0050	—	3.9683	—	1.98	1.98
6	—	—	0.002 83	—	—	—	—	—	—	—
8	1	1	0.005 03	0.0201	0.0210	3.9960	4.1750	4.00	4.18	8.18
10	3	2	0.007 85	0.0345	0.0377	4.3949	4.8025	13.18	9.61	22.79
12	5	1	0.011 31	0.0532	0.0606	4.7038	5.3581	23.52	5.36	28.88
14	7	—	0.015 39	0.0762		4.9513	—	34.66	—	34.66
16	1	—	0.020 11	0.1037		5.1566	—	5.16	—	5.16
18	1	—	0.025 45	0.1359		5.3399	—	5.34	—	5.34
合计	18	—	—	—	—	—	—	85.9	21.1	107.0

表 3-34　角规控制检尺林分调查因子计算表

<table>
<tr><th rowspan="2">径阶</th><th colspan="2">Z_{ij}</th><th rowspan="2">g_{ij}
(m^2)</th><th colspan="2">V_{ij}(m^3)</th><th colspan="2">G_{ij}(m^2)</th><th colspan="2">N_{ij}</th><th colspan="2">R_{ij}(m)</th><th colspan="3">M_{ij}(m^3)</th></tr>
<tr><th>树种</th><th>树种</th><th>树种</th><th>树种</th><th>树种</th><th>树种</th><th>树种</th><th>树种</th><th>树种</th><th>树种</th><th>树种</th><th>树种</th><th>合计</th></tr>
<tr><td></td><td></td><td></td><td></td><td></td><td></td><td></td><td></td><td></td><td></td><td></td><td></td><td></td><td></td><td></td></tr>
<tr><td></td><td></td><td></td><td></td><td></td><td></td><td></td><td></td><td></td><td></td><td></td><td></td><td></td><td></td><td></td></tr>
<tr><td></td><td></td><td></td><td></td><td></td><td></td><td></td><td></td><td></td><td></td><td></td><td></td><td></td><td></td><td></td></tr>
<tr><td></td><td></td><td></td><td></td><td></td><td></td><td></td><td></td><td></td><td></td><td></td><td></td><td></td><td></td><td></td></tr>
<tr><td>合计</td><td></td><td></td><td></td><td></td><td></td><td></td><td></td><td></td><td></td><td></td><td></td><td></td><td></td><td></td></tr>
<tr><td colspan="3">平均胸径计算</td><td colspan="6"></td><td colspan="6"></td></tr>
<tr><td colspan="3">平均实验形数法
计算蓄积量</td><td colspan="6"></td><td colspan="6"></td></tr>
</table>

特别提示

①角规测树的精度主要取决于对临界树的判断是否准确，一定要加强实操训练，积累丰富经验；

②角规绕测时，应结合地形，可绕测 90° 或 180°，对计数值乘以 4 或 2，以便得到特殊测点的绕测结果。

四、实施成果

①每人完成实训报告一份，主要内容包括实训目的、内容、操作步骤、成果的分析及实训体会。

②每组完成表 3-31 和表 3-34 的填写和计算，要求字迹清晰、计算准确。

五、注意事项

①角规观测点选取应有一定的代表性，防止在林分过密、过稀处或设在林缘带上。

②为了保证角规系数的正确，在使用角规片时应注意保证绳长值的固定。

③角规观测时应将无缺口的一端（杆柄或固定绳长值端）紧贴于眼下，并通过缺口观测树木胸高位置，以保证角规系数的正确。

④严格按角规绕测操作技术进行角规观测，避免重测与漏测。

⑤野外测定，注意安全，保管好仪器、用品。

任务分析

对照【任务准备】中的“特别提示”及在任务实施过程中出现的问题，讨论并完成表3-35中“任务实施中的注意问题”的内容。

表 3-35 标准地调查任务反思表

<table>
<tr><th colspan="3">任务程序</th><th>任务实施中的注意问题</th></tr>
<tr><td colspan="3">人员组织</td><td></td></tr>
<tr><td colspan="3">材料准备</td><td></td></tr>
<tr><td rowspan="11">实施步骤</td><td colspan="2">1. 角规点位置的选择和数量的确定</td><td rowspan="11"></td></tr>
<tr><td colspan="2">2. 角规常数的选择与检查</td></tr>
<tr><td rowspan="3">3. 角规测树外业</td><td>(1)绕测技术</td></tr>
<tr><td>(2)临界树判定</td></tr>
<tr><td>(3)坡度改正</td></tr>
<tr><td rowspan="6">4. 调查因子计算</td><td>(1)每公顷断面积</td></tr>
<tr><td>(2)树种组成</td></tr>
<tr><td>(3)疏密度</td></tr>
<tr><td>(4)每公顷株数</td></tr>
<tr><td>(5)平均胸径</td></tr>
<tr><td>(6)每公顷蓄积量</td></tr>
</table>

任务3.4 林分生长量测定

知识目标

1. 掌握林分生长量的概念，理解林分生长规律与特点。
2. 熟悉林分生长量的种类，掌握各类林分生长量之间的关系。
3. 熟悉林分收获表(生长过程表)。

技能目标

1. 理解固定标准地在测算林分蓄积生长量中的作用。
2. 能测算林分胸径生长量。
3. 能测算林分蓄积生长量。

素质目标

1. 培养学生认真负责，科学求实的态度。
2. 培养学生工作中团队协作和吃苦耐劳的精神。
3. 培养学生新时代生态文明理念。
4. 培养学生尊重自然、顺应自然、保护自然，促进人与自然和谐共生的发展理念。

任务准备

根据测算到的林分生长量数值，可以知道林分生长发育规律，为林业生产中采取不同经营措施提供理论依据。

3.4.1 林分生长的规律

林分的生长与单株木的生长是不同的，单株树木在伐倒或死亡之前，其直径、树高、材积总是随着年龄的增大而增大。而林分生长量通常是指林分蓄积的生长量而言，它是由组成林分的树木材积消长的累积。然而林分生长过程与单株木生长过程截然不同，树木生长过程属于“纯生型”；而林分生长过程，由于森林存在自然稀疏现象，所以属“生灭型”，显然林分生长要比树木生长复杂得多。

林分生长量一般是指林分蓄积量随着年龄的增长所发生变化的量。林分蓄积量从纸面上看是一个林业产业增量的数据，实际上也反映了我国政府积极参与应对气候变化全球治理的现实态度，林分蓄积的增加，提升生态系统碳汇能力，有助于积极稳妥推进碳达峰、碳中和目标的实现。林分生长与单株树木的生长不同，单株树木在伐倒或死亡之前，其直径、树高和材积，总是随着年龄的增大而增加的。而在林分生长过程中，有消长两种对立的作用同时发生：一方面，活着的林木逐年增加其材积，使林分蓄积量不断增加；另一方面，因自然稀疏或抚育间伐以及其他原因使一部分林木死亡，减少了林分蓄积量。当林分处于生长旺盛阶段时，因林木株数减少而减少的蓄积量小于活立木的生长量，故林分蓄积量不断增加；到某个年龄阶段，因株数减少而减少的蓄积量与活立木生长量相等时，则林分蓄积量达到最高；进入衰退阶段，林分总蓄积量开始减少，直到全部衰亡。因此，林分生长量不但是一定时间内林木生长的总和，还包含该期间内因自然稀疏和抚育采伐所减少的树木总量。所以林分蓄积生长量，实际上是林分中两类林木材积生长量的代数和。一类是使林分蓄积增加的所有活立木材积生长量；另一类则属于使蓄积减少的枯损林木的材积(枯损量)和间伐量。为此林分的生长发育可分为以下五个阶段(图 3-10)。

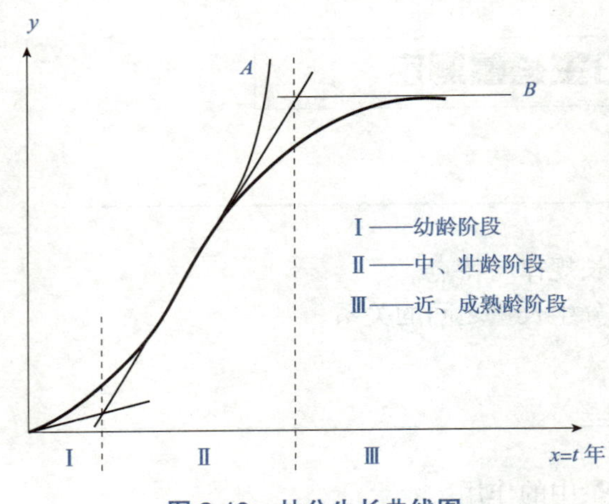

图 3-10　林分生长曲线图

①幼龄林阶段。在此阶段由于林木间尚未发生竞争，自然枯损量接近于零。所以林分的总蓄积是在不断增加。

②中龄林阶段。由于林木间竞争，发生自然稀疏现象，但林分蓄积正的生长量仍大于自然枯损量，因而林分蓄积量仍在增加。

③近熟林阶段。随着竞争的加剧，自然稀疏急剧增加，此时林分蓄积的正生长量等于

自然枯损量，反映出林分蓄积生长量生长逐渐减慢。

④成熟林阶段。林分蓄积量增加减缓直至停滞不前。

⑤过熟林阶段。蓄积量在下降。此时林分蓄积正的生长量小于枯损量，反映林分蓄积量在下降，最终被下一代林木所更替。

然而，具体到某一林分，由于林分的初始密度、立地条件的差异，林木竞争的开始时间及其变化时刻均有一定差异。但林分必然存在上述消长规律，反映林分蓄积的总生长量与林龄的函数是非单调的连续函数。实际上常采用分段拟合法进行拟合。

测定林分生长量，在森林经营管理上有很重要的意义。它既能反映立地条件的好坏和森林生产能力的高低，又可以作为判断营林效果以及确定年伐量和主伐年龄的重要依据。

3.4.2 林分生长的种类

3.4.2.1 林分生长量的种类

根据测定的因子不同，林分的生长量分为平均胸径生长量、平均树高生长量、林分蓄积生长量。在林分生长过程中，林木株数按胸径的分布每年都在发生变化，如果在两次测定期间所有林木的胸径定期生长量恰好是一个径阶(如 2 cm)，则整个林分的株数按胸径的分布都向右移一个径阶，同时在此期间内林分还发生许多变化：有些林木被间伐；有些林木因受害被压等原因而死亡；有些林木在期初测定时未达到起测径阶而期末测定时已进入起测径阶，还有不少林木在两次测定期间内增加一个径阶。因此在期初和期末调查时，林分胸径分布呈现如图 3-11 所示的状态，据此林分蓄积生长量大致可以分为以下几类：

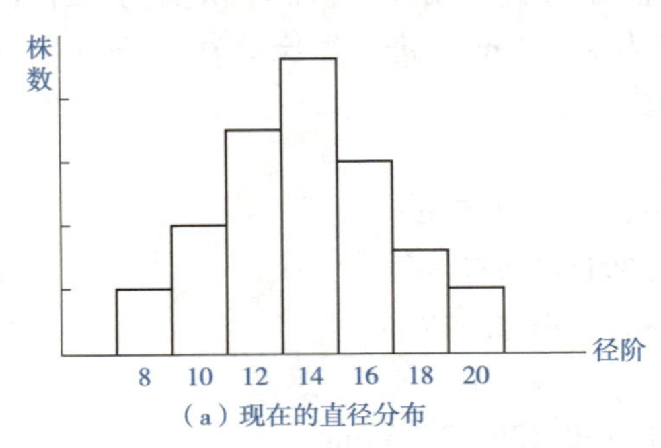

(a) 现在的直径分布

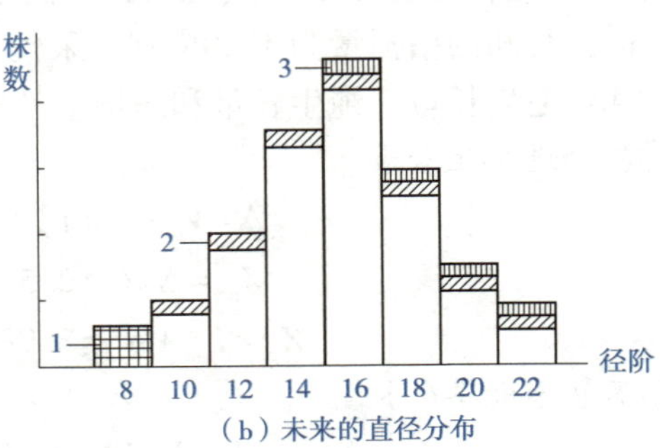

(b) 未来的直径分布

图 3-11 林分直径分布的动态转移

1. 进界生长量 2. 采伐量 3. 枯损量

①毛生长量(gross growth)。记作 Z_{gr}，也称粗生长量，它是林分中全部林木在调查间隔期内生长的总材积。

②纯生长量(net growth)。记作 Z_{ne}，也称净生长量。它是毛生长量减去调查间隔期间内枯损量以后生长的总材积。亦即净增量与采伐量之和。

③净增量(net increase)。记作 Δ，是期末材积(V_b)和期初材积(V_a)两次调查的材积差。(即 $\Delta=V_b-V_a$)。是通常所用的生长量。

④枯损量(mortality)。记作 M_0，是调查期间内，因各种自然原因而死亡的林木材积。

⑤采伐量(cut)。记作 C，一般指抚育间伐的林木材积。

⑥进界生长量(ingrowth)。记作 I，指期初调查时未达到起测径阶的幼树，在期末调查时已长大进入检尺范围之内，这部分林木的材积称为进界生长量。

3.4.2.2 林分生长量之间的关系

根据几种生长量的定义可得出，林分各种生长量之间的关系可用下述公式表达。

①林分生长量中包括进界生长量。

$$\Delta = V_b - V_a \tag{3-29}$$

$$Z_{ne} = \Delta + C_0 = V_b - V_a + C_0 \tag{3-30}$$

$$Z_{gr} = Z_{ne} + M_0 = V_b - V_a + C_0 + M_0 \tag{3-31}$$

②林分生长量中不包括进界生长量。

$$\Delta = V_b - V_a - I \tag{3-32}$$

$$Z_{ne} = \Delta + C = V_b - V_a - I + C \tag{3-33}$$

$$Z_{gr} = Z_{ne} + M_0 = V_b - V_a - I + C + M_0 \tag{3-34}$$

从上面两组公式中可知，林分的生长量实际上是两类林木生长量的总和：一类是在期初和期末两次调查时都被测定过的林木，即在整个调查期间都生长着的活立木的生长量($V_b - V_a - I$)。这些林木在森林经营过程中称为保留木；另一类是在期初和期末两次调查时，只被测定过一次的林木生长量(即期初未测定、期末测定的进界生长量 I 和期初测定、期末未测定的采伐量 C 和枯损量 $C+M_0$)。因此这些林木只在调查期间生长了一段时间，但也有相应的生长量存在。

例 3-19 某林场 2010 年、2012 年两次固定样地测定每公顷蓄积量为 121.1 m^3，123.6 m^3，其间的枯损量为 1.496 m^3，采伐量为 1.391 m^3，进界生长量为 0.136 m^3，则此期间(2 年)毛生长量、纯生长量和净增量是多少？

①包含进界生长量。

$$\Delta = V_b - V_a = 123.6 - 121.1 = 2.5\ \text{m}^3$$

$$Z_{ne} = \Delta + C = 2.5 + 1.391 = 3.981\ \text{m}^3$$

$$Z_{gr} = Z_{ne} + M_0 = 3.981 + 1.496 = 5.477\ \text{m}^3$$

②不包含进界生长量。

$$\Delta = V_b - V_a - I = 123.6 - 121.5 - 0.136 = 2.364\ \text{m}^3$$

$$Z_{ne} = \Delta + C = 2.364 + 1.391 = 3.755\ \text{m}^3$$

$$Z_{gr} = Z_{ne} + M_0 = 3.755 + 1.496 = 5.251\ \text{m}^3$$

3.4.3 林分收获量

林分收获量则指林分在某一时刻采伐时，由林分可以得到的(木材)总量。例如，某一落叶松人工林在 40 年进行主伐时林分蓄积量为 290 m^3/hm^2，在森林经营过程中进行了 2 次抚育，抚育间伐量分别为 20 m^3/hm^2 和 35 m^3/hm^2，则该林分收获量为 345 m^3/hm^2。实际上，收获量包含两重含义即林分累计的总生长量和采伐量。它既是林分在各期间内所能收获可采伐的数量，而又是在任何期间内所能采伐的总量。

林分生长量和收获量是从两个角度定量说明森林的变化状况。为了经营好森林，森林经营者不仅要掌握森林的生长量，同时也要预估一段时间后的收获量。林分收获量是林分生长量积累的结果，而生长量又是森林的生产速度，它体现了特定期间(连年或定期)的收获量的概念。两者之间存在着一定的关系，这一关系被称为林分生长量和收获量之间的相容性。和树木一样，林分生长量和收获量之间的这种生物学关系，可以很容易地采用数学上的微分和积分关系予以描述。从理论上讲，可以通过对林分生长模型的积分导出相应的林分收获模型，同样也可以通过对林分收获模型的微分来导出相应的林分生长模型。

3.4.4 林分生长和收获预估模型

3.4.4.1 林分生长和收获预估模型概念

1987 年世界林分生长模型和模拟会议上提出林分生长模型和模拟的定义：林分生长模型是指一个或一组数学函数，它描述林木生长与林分状态和立地条件的关系，模拟是使用生长模型去估计林分在各种特定条件下的发育过程。这里明确地提出了林分生长模型不同于大地域(林区)的模型，如林龄空间模型，收获调整模型，轮伐预估模型等，也不同于单木级的模型，例如树干解析生长分析等(唐守正等，1993)。

3.4.4.2 林分生长和收获预估模型分类

林分生长和收获预估模型可根据其使用目的、模型结构、反映对象等而进行分类，林分生长与收获模型的分类方法很多，主要区别在于分类的原则和依据，但最终所分的类别都基本相似，具有代表性的分类方法有 3 种：①全林分模型；②径阶分布模型；③单木生长模型。

全林分模型可以直接提供单位面积的收获量，而其他类型的模型则需按径阶加以合计或将所有单木合计方可求出收获量，以上各种分类方法主要区别在于分类所遵循的原则。

3.4.4.3 林分生长和收获预估模型特点

(1)全林分模型

用以描述全林分总量(如断面积、蓄积量)及平均单株木的生长过程(如平均直径的生长过程)的生长模型称为全林分生长模型(whole stand model)，也称第一类模型或全林分模型。此类模型是应用最广泛的模型，其特点是以林分总体特征指标为基础，即将林分的生长量或收获量作为林分特征因子，如年龄(A)、立地(SD)、密度(D)及经营措施等的函数来预估整个林分的生长和收获量。这类模型从其形式上并未体现经营措施这一变量，但经营措施是通过对模型中的其他可控变量(如密度和立地条件)的调整而间接体现。这一过程主要通过增加一些附加的输入变量(如间伐方案及施肥等)来调整模型的信息。全林分模型又可分为可变密度的生长模型及正常或平均密度林分的生长模型。

(2)径阶分布模型

此类模型是以林分变量及直径分布作为自变量而建立的林分生长和收获模型，简称径阶分布模型(sizc-class distribution model)，也称第二类模型。这类模型包括：

①以径阶分布模型为基础而建立这类模型。也称直径分布模型，如参数预测模型(PPM)和参数回收模型(PRM)。主要是利用径阶分布模型提供林分总株数按径阶分布的信息，并结合林分因子生长模型预估林分总量。

②传统的林分表预估模型。这种方法是根据现在的直径分布及其各径阶直径生长量来预估未来直径分布，并结合立木材积表预测林分生长量。

③径级生长模型。按照各径级平均木的生长特点建立株数转移矩阵模型，并将矩阵模型中的径级转移概率表示为林分变量(t、SD 和 SI 等)的函数来建立径级生长模型来预估未来直径分布。若径级转移矩阵与林分变量无关，则称为“时齐”的矩阵模型，传统的林分表法属于此类。多数研究表明转移矩阵是非时齐的，因此，模型建模的关键是建立转移概率与林分条件之间的函数表达式。

(3)单木生长模型

以单株林木为基本单位，从林木的竞争机制出发模拟林分中每株树木生长过程的模型，称为单木生长模型(individual tree model)。单木模型与全林分模型和径阶分布模型的主要区别在于考虑了林木间的竞争，把林木的竞争指标(CD)引入模型中。由竞争指标决定树木在生长间隔期内是否存活，并以林木的大小(直径、树高和树冠等)再结合林分变量(t、SI、SD)来表示树木生长量。因此，竞争指标构造的好坏直接影响到单木模型的性能和使用效果，如何构造单木竞争指标成为建立单木模型的关键。

3.4.5 收获表的应用

3.4.5.1 收获表(生长过程表)的基本概念

收获表是按树种、立地质量、林龄和密度来表达同龄纯林的单位产量及其林分特征因子的数表，在表 3-36 中，副林木是指在林分的生长过程中，因自然稀疏而枯损的林木，该林分林木往往是间伐利用的对象。主林木是指保留的活林木，主林木的株数变化显示林分的自然稀疏过程。

表 3-36　Ⅱ地位级白桦林收获表(饱和密度林分)

林分年龄	主林木(保留部分)								副林木(枯损)			全林分合计			
	平均树高(m)	平均胸径(cm)	株数	断面积合计(m^2)	干材蓄积量(m^3)	连年生长量(m^3)	平均生长量(m^3)	形数	株数	干材蓄积量(m^3)	连年生长量(m^3)	干材蓄积量(m^3)	连年生长量(m^3)	平均生长量(m^3)	连年生长率(%)
10	5.7	4.0	9070	11.4	35		3.5	0.531		6	6	41		4.1	
20	11.3	9.0	2720	17.3	96	6.1	4.8	0.490	6350	19	25	121	8.0	6.0	12.0
30	15.5	13.5	1500	21.5	157	6.1	5.2	0.456	1200	24	49	206	8.5	6.9	6.7
40	19.0	20.3	769	24.9	212	5.5	5.3	0.449	731	27	76	288	8.2	7.2	4.4
50	21.6	22.6	683	27.4	260	4.8	5.2	0.440	86	27	103	363	7.5	7.3	3.2
60	23.8	24.4	622	29.1	301	4.1	5.0	0.435	61	25	128	429	6.6	7.2	2.4

（续）

林分年龄	主林木(保留部分)								副林木(枯损)			全林分合计			
	平均树高(m)	平均胸径(cm)	株数	断面积合计(m^2)	干材蓄积量(m^3)	连年生长量(m^3)	平均生长量(m^3)	形数	株数	干材蓄积量(m^3)	连年生长量(m^3)	干材蓄积量(m^3)	连年生长量(m^3)	平均生长量(m^3)	连年生长率(%)
70	25.5	25.9	575	30.3	334	3.3	4.8	0.432	47	21	149	483	5.4	6.9	1.7
80	26.8	27.2	540	31.4	361	2.7	4.5	0.430	35	18	167	528	4.5	6.6	1.3
90	27.7	28.3	512	32.3	382	2.1	4.2	0.429	28	14	181	563	3.5	6.3	0.9
100	28.5	29.3	482	32.5	397	1.6	4.0	0.429	30	9	199	583	2.5	5.9	0.6

3.4.5.2 收获表(生长过程表)的种类

同龄纯林收获表一般分为3类。

(1)标准收获表

标准收获表是反映标准林分的收获量和生长过程的数表。所谓标准林分是指林分生长成正常状态，且具有疏密度为1.0和最高生长能力的林分。生长呈正常状态指未受过少许危害且保持完整状态而生长着的林分。那种间伐不及时或过密，或是为了增加收入，对上层木过度间伐的林分，都不属于正常状态。因此，标准收获表是反应理想模式林分的生长过程表(表3-37)。

(2)经验收获表

经验收获表又称现实收获表，它是以现实林分为对象的收获表。该表以标准地或样地平均数为基础，取消了为选择适度郁闭所作的限制，从而减少了外业收集资料的难度。表3-37的数值表明具有平均密度林分的特征。

表3-37 黄檀可变密度总断面积收获表

龄阶	每公顷的林木株数								
	100	200	300	400	500	600	700	800	900
10							11.151	12.286	13.383
15				12.263	14.420	16.461	18.411	20.285	22.097
20			13.668	16.844	19.806	22.610	25.288	27.863	30.350
25			16.973	20.916	24.595	28.076	31.402	34.599	
30			19.774	24.368	28.654	32.710	36.584	40.308	
35		16.423	22.045	27.166	31.045	36.466			
40	10.717	17.728	23.798	29.326	34.484	39.366			

(3)可变密度收获表

可变密度收获表是以林分密度为自变量的现实林分的收获表。因此，它不受正常林分的限制，可以反映各种密度水平的收获表。例如，印度黄檀木树种的可变密度收获表3-37，在其总断面积收获模型的自变量中，增加了株数密度因子，其收获函数式如下：

$$\log G=b_0+b_1 \log t \log SI+b_2 t+b_3 SI+b_4 \log N \tag{3-35}$$

式中：G——每公顷胸高断面积，m^2；

t——年龄；

N——株树密度；

SI——地位指数；

b_0，b_1，b_2，b_3，b_4——参数。

以上所述将收获表与生长过程表混淆。实际上，二者在表的名称、内容、编制方法和使用，都因各国、各地区而略有不同。

20 世纪 50 年代，我国从事生长过程表方面的研究取得了一定成果，林业部森林综合调查队编制了我国部分主要树种的生长过程表。这些表主要是天然单层同龄纯林的生长过程表，并侧重于揭示林分生长规律，为森林调查和科学营林提供依据。在编表方法上是以林型或地位级确定立地质量，从疏密度不小于 0.7 的林分中收集各龄阶标准地资料，并取平均的总断面积生长曲线的变动上限，作为疏密度 1.0 时的总断面积生长曲线。这类曲线可用于模拟原始天然林的生长过程。

3.4.5.3 收获表(生长过程表)的应用

其主要用途：判断林地的地位级、查定林分的生长量和蓄积量、预估今后的生长状态和收获量、确定森林成熟和伐期龄、鉴定经营措施的效果并做出有关森林经营的最佳决策。

用收获表预估生长量的步骤如下：

①测定现实林分年龄、每公顷胸高总断面积及林分平均高或优势木平均高。

②确定现实林分立地质量级。

③由表中查出疏密度为 1.0 时的蓄积量及与其有关因子。

④计算现实林分疏密度、蓄积量、生长量及其他因子。

⑤预估现实林分生长量时，可用盖尔哈尔特(Gehrhardt，1930)公式予以预估和调整，其公式为：

$$Z_M=Z_{表} P[1+K(5-P)] \tag{3-36}$$

式中：Z_M——预估的生长量，m^3；

$Z_{表}$——收获表中的生长量，m^3；

P——现实林分的疏密度；

K——因树种而改变的系数，其经验值：喜光树种 0.6～0.7，中性树种：0.8～0.9，耐阴树种：1.0～1.1。

例 3-20 某白桦天然林分，测知林龄为 80 年，平均树高为 25 m，总断面积为 25.1 m^2。

①确定地位级。根据林分平均高和林龄查白桦天然林正常收获表(表 3-36)或查相应树种地位级表，确定该林分地位级为Ⅱ级。

②根据林龄由Ⅱ地位级白桦收获表中查得每公顷断面积为 31.4 m^2、每公顷蓄积量为 361 m^3，连年生长量为 2.7 m^3，则：

现实林分疏密度：

$$P=25.1/31.4=0.80$$

林分蓄积量：

$$M_{实}=M_{表}\times P=361\times 0.80=288.8\ m^3/hm^2$$

蓄积生长量：

$$Z_M=Z\times P=2.7\times 0.80=2.16\ m^3/hm^2$$

$$s=\frac{250}{40}\times 400=2500\ m^2$$

特别提示

①正确理解林分生长量的概念，掌握与单株树木生长量的区别。

②注意各种生长量的含义及相关关系。

任务实施

林分生长量测定

林分生长量的测定方法很多，但由于精度较低，而且计算烦琐，重点掌握固定标准地法和平均标准木法。

一、人员组织、材料准备

1. 人员组织

①成立教师实训小组，负责指导、组织实施实训工作。

②建立学生实训小组，4~5人为一组，并选出小组长，负责本组实习安排、考勤和仪器管理。

2. 材料准备

①仪器、工具。皮尺、轮尺、透明直尺、生长锥、计算器、计算机、绘图工具、方格纸、铅笔、粉笔。

②相关数表。森林调查手册、标准适用的二元材积表、林分中标准地调查每木检尺数据、胸径生长量测定数据表。

二、任务流程

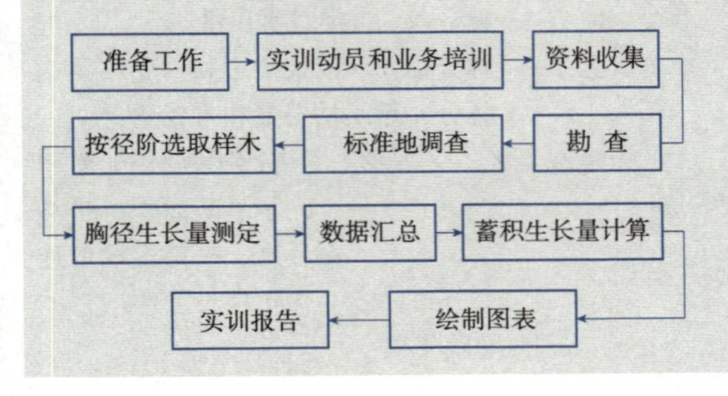

三、实施步骤

测定林分蓄积生长量的方法较多，但基本上可区分为固定标准地法和一次调查法（如材积差法、一元材积指数法、双因素法、林分表法、平均标准木法等）。利用临时标准地（temporary sample plot）一次测得的数据计算过去的生长量，据此预估未来林分生长量的方法，称作一次调查法。现行方法很多，但基本上都是利用胸径的过去定期生长量间接推算蓄积生长量，并用来预估未来林分蓄积生长量。因此，一次调查法要求：预估期不宜太长、林分林木株数不变。另外，不同的方法又有不同的应用前提条件，以保证预估林分蓄积生长量的精度。一次调查法确定林分蓄积生长量，适用于一般林分调查所设置的临时标准地或样地，以估算不同种类的林分蓄积生长量，较快地为营林提供数据。由于标准地调查实施方法步骤前面已有详细介绍，在这里不再重复了，下面主要介绍两种常见的林分蓄积生长量测定实施方法。

1. 固定标准地法

本方法是通过设置固定标准地，定期（1年、2年、5年、10年）重复地测定该林分各调查因子（胸径、树高和蓄积量等），从而推定林分各类生长量。

用这种方法不仅可以准确得到前述的毛生长量，而且能测得前述所不易测定的枯损量、采伐量、纯生长量等。并可取得在各种条件下的林分的各径阶的状态转移概率分布结构及作不同经营措施的效果评定等，这对于研究森林的生长和演替有重要意义。

(1)固定标准地的设置和测定

与临时标准地基本相同。

(2)树木编号固定标准地的调查及生长量的计算

①调查方法。具体步骤如下：

a. 对每株树进行编号，用油漆标明胸高 1.3 m 位置，用围尺测径，精度保留 0.1 cm。

b. 确定每株树在标准地的位置，绘制树木位置图。

c. 复测时要分别单株木记载死亡情况与采伐时间，进界树木要标明生长级。

d. 其他测定项目同临时标准地。

②生长量的计算。具体步骤如下：

a. 胸径和树高生长量：在固定标准地上逐株测定每株树的 D_i，H_i(或用系统抽样方式测定一部分树高)，利用期初、期末两次测定结果计算 Z_D，Z_H。具体步骤如下：

• 将标准地上的林木(分别主林木和副林木)调查结果分别径阶归类，求各径阶期初、期末的平均直径(或平均高)。

• 期末、期初平均直径之差即为该径阶的直径定期生长量。

• 以径阶中值及直径定期生长量作点，绘制定期生长量曲线。

• 从曲线上查出各径阶的理论定期生长量，计算为连年生长量。

b. 材积生长量：固定标准地的材积是用二元材积表计算的，期初、期末两次材积之差即为材积生长量。由于固定标准地树高测定方式的不同，材积生长量的计算方法也不同。

• 标准地上每木测高时，根据胸径和树高的测定值用二元材积表计算期初、期末的材积，两次材积之差即为材积生长量。

• 用系统抽样方法测定部分树木的树高时，根据树高曲线导出期初、期末的一元材积表，计算期初、期末的蓄积量，两次蓄积量之差即为蓄积生长量。

例 3-21 以校园第 2 号固定样地为例说明树木编号的固定样地的生长量的测算。2 号固定样地 2012 年和 2014 年两次调查因子和检尺资料见表 3-38、表 3-39。

试通过表 3-38 的数据，计算 34 年生的树木平均生长量及各调查因子的连年生长量。

表 3-38 固定标准地调查表

调查因子	年龄	平均高(m)	平均直径(cm)	总断面积(m^2)	蓄积量(m^3)	枯损和采伐断面积(m^2)	枯损和采伐蓄积量(m^3)	说 明
第一次测定	32	17.3	26.3	27.2	167	1.2	14.36	林分 2 年内枯损和采伐总断面积和枯损总蓄积量分别为 0.31 m^2 和 1.95 m^3
第二次测定	34	17.6	26.5	28.6	179	1.5	16.31	

$$\Delta M=\frac{M_a+\sum\Omega}{a}=\frac{179+16.31}{34}=5.74\ m^3 \quad (3\text{-}37)$$

$$Z_M=\frac{M_a-M_{a-n}+\Omega}{n}=\frac{179-167+1.95}{2}=6.98\ m^3 \quad (3\text{-}38)$$

$$Z_S=\frac{28.6-27.2+0.31}{2}=1.005\ m^2$$

$$Z_H=\frac{17.6-17.3}{2}=0.15\ m$$

$$Z_D=\frac{27.3-26.3}{2}=0.50\ m$$

式中：ΔM——林分蓄积平均生长量；

M_a——林分 a 年时蓄积量；

M_{a-n}——林分$(a-n)$年时蓄积量；

$\sum\Omega$——林分枯损和采伐量之和；

Ω——林分 n 年间枯损量和采伐量；

Z_M、Z_S、Z_H、Z_D——分别为林分蓄积量、断面积、平均高、平均直径的连年生长量；

n——间隔年数。

表 3-39 固定样地(2 号)基本调查因子

2012 年调查：平均年龄：32　龄组：成熟林树种组成：9 针 1 阔郁闭度：0.73　每公顷株数：825　林分平均直径：26.3 cm　12 年平均高：17.3 m

2014 年调查：平均年龄：34　龄组：成熟林树种组成：9 针 1 阔郁闭度：0.73　每公顷株数：850　林分平均直径：26.5 cm　14 年平均高：17.6 m

①胸径生长量。胸径生长量直接由固定样地两次检尺资料获得。

2012 年林分平均直径 26.3 cm，2014 年林分平均直径：26.5 cm，所以 2 年间林分定期生长量为：26.5−26.3＝0.2 cm。

②树高生长量。2012 年林分平均树高 17.3 m，2014 年林分平均树高：17.6 m，所以 2 年间林分定期生长量为：17.6−17.3＝0.3 m。

③蓄积生长量。由固定样地两次检尺资料，查一元材积表可直接获得该林分每公顷的净增量、枯损量、采伐量、进界生长量、纯生长量、毛生长量。

实际计算得出 2012 年该林分每公顷蓄积量为 167 m³，2014 年该林分每公顷蓄积量为 179 m³，枯损量为 23 m³，采伐量为 0.9088 m³。进界生长量为 0.9713 m³。2 年间蓄积生长量计算如下：

净增量：

$$\Delta = V_b - V_a - I = 179 - 167 - 0.9713 = 11.0287\ \text{m}^3$$

纯生长量：

$$Z_m = \Delta + C = V_b - V_a - I + C = 11.0287 + 0.9088 = 11.9375\ \text{m}^3$$

毛生长量：

$$Z_{gr} = Z_{ne} + M_0 = V_b - V_a - l + C + M_0 = 11.9375 + 23 = 34.9375\ \text{m}^3$$

2. 平均标准木法

在林分中选出几株平均标准木，伐倒后按区分求积法测定其连年生长量，然后按比例求出林分蓄积连年生长量 Z_M。平均标准法，一次测定即可求得蓄积生长量，简便快速，掌握好也能取得令人满意的结果，但不能测出枯损量和采伐量。

$$Z_M = \frac{\sum G}{\sum g} \cdot \sum Z_V \tag{3-39}$$

式中：$\sum Z_V$——标准木材积连年生长量之和，m³；

$\sum G$——林分总断面积，m²；

$\sum g$——标准木断面积之和，m²。

例 3-22　据某标准地调查结果，胸高总断面积 $\sum G = 30.911\ 08\ \text{m}^2$，3 株平均标准木伐倒后，测算结果如下：

①$g_1 = 0.093\ 48\ \text{m}^2$；$V_a = 1.121\ \text{m}^3$；$V_{a-5} = 0.984\ \text{m}^3$。

②$g_2 = 0.088\ 67\ \text{m}^2$；$V_a = 0.992\ \text{m}^3$；$V_{a-5} = 0.862\ \text{m}^3$。

③$g_3 = 0.085\ 53\ \text{m}^2$；$V_a = 0.955\ \text{m}^3$；$V_{a-5} = 0.833\ \text{m}^3$。

$\sum g = 0.267\ 68\ \text{m}^2$；$\sum V_a = 3.068\ \text{m}^3$；$\sum V_{a-5} = 2.679\ \text{m}^3$。

由上所给条件得：

标准木材积连年生长量为：

$$\sum Z_V = (\sum V_a - V_{a-5})/5 = 0.389/5 = 0.0778\ \text{m}^3；$$

林分蓄积生长量为：

$$Z_M = \frac{\sum G}{\sum g} \cdot \sum Z_V = \frac{30.911\ 08}{0.267\ 69} \times 0.0778 = 8.984\ \text{m}^3。$$

四、实施成果

①完成固定标准地法测定林分蓄积生长量表及计算结果。

②完成平均标准木测定林分蓄积生长量过程及计算结果。

五、注意事项

①标准地设置要求对调查的林分应有充分代表性。

②固定标准地的测设(如标桩，测线等)一定要保证易复位。

③标准地面积的大小用材林为 0.25 hm² 以上，天然更新幼龄林在 1 hm² 以上；以研究经营方式为目的标准地不应小于 1 hm²。

④一般在标准地四周应设置保护带，带宽以不小于林分的平均高为宜。

⑤重复测定的间隔年限，一般以 5 年为宜。

速生树种间隔期可定为3年；生长较慢或老龄林分可取10年为一个间隔期。

⑥测树工作及测树时间最好在生长停止时。应在树干上用油漆标出胸高(1.3 m)的位置，用围尺检径，精确到0.1 cm并绘树木位置图。

⑦应详细记载间隔期内标准地所发生的变化，如间伐、自然枯损、病虫害等。

⑧当采用生长锥取样条时，由于树木横断面上的长径与短径差异较大，加之进锥压力使年轮变窄；所以只有多方向取样条方能减少量测的平均误差。在实际工作中，除特殊需要外，一般按相对(或垂直)2个方向锥取就可以了。

⑨样木直径量测要分东西和南北方向，算其平均值。

⑩选择的二元材积表一定要选当地有代表性的。

任务分析

对照【任务准备】中的"特别提示"及在任务实施过程中出现的问题，讨论并完成表3-40中"任务实施中的注意问题"的内容。

表3-40 林分生长量测定任务反思表

任务程序		任务实施中的注意问题
人员组织		
材料准备		
实施步骤	1. 按照调查精度要求进行固定标准地边界测量	
	2. 每木检尺	
	3. 各种生长量计算	
	4. 平均标准木的选取	
	5. 平均标准木各龄阶生长量的计算	
	6. 林分生长量的计算	

任务3.5 林分多资源调查

知识目标

1. 熟悉多资源调查的内容。
2. 掌握多资源调查的方法。

技能目标

1. 能根据经营对象，确定多资源调查的项目。
2. 能根据实际情况，熟练运用多种调查方法对当地经济植物资源进行调查。

素质目标

1. 树立生态文明思想，培养热爱森林的情怀。
2. 培养尊重科学，实事求是，认真负责的工作态度。

任务准备

人类对环境越来越重视，提升生态系统多样性、稳定性、持续性，对提高环境质量至关重要。为正确评价森林多种效益，发挥森林的各种有效性能，满足森林经营方案、总体设计、林业区划与规划设计的需要，在森林分类经营的基础上进行多资源调查。多资源调查是提升生态系统多样性、稳定性、持续性的前提基础和必备技能。

3.5.1 多资源调查内容

森林中的各种资源是一个有机的整体，资源不是生态系统。林木资源与其他资源互为环境、互为影响。林区的多资源比较复杂，如果泛泛地调查，时间和经费不允许，技术能力也达不到。因此，多资源调查的内容以及详细程度，应编制具体实施方案和技术操作细则，根据此方案和细则进行调查。要突出调查内容的特点，要具有科学性和可操作性。我国多资源调查大体可归纳为野生经济植物资源、野生动物资源、水资源和渔业资源、放牧资源、景观资源，珍稀植物资源等方面的调查。

(1)野生经济植物资源调查

森林植物中除了提供木材为原料的树种外，还有可提供其他有较高经济价值副产品的植物资源。包括：食用类资源，以提供果实、种子为主，如红松、刺老芽；药材类资源，如黄檗、杜仲、山茱萸、金鸡纳、人参、贝母、黄芪等；工业原料类资源，主要有油桐、乌桕、漆树、紫胶、橡胶等乔木、灌木及草本植物；还有美化观赏类资源。调查这些植物资源的种类、分布、蕴藏量、培育和利用状况、经济效益及其开发条件等。为植物资源合理的采集、加工，大力发展种植业，充分发挥森林植物资源的生态效能，社会效能和经济效能，制定森林植物资源的经营利用规划提供依据。

(2)野生动物资源调查

野生动物资源调查是森林资源调查的重要组成部分，因此，应对林区出现的野生动物资源进行调查。主要调查其种类、大致数量、组成、动向、地域分布、种群消长变化规律及可利用的情况和群体的自然区域；确定不同种类野生动物对食物和植被的需要；评价维持野生动物种类的各种生境单位。这对制定野生动物的保护方案和措施，发展林区养殖业及狩猎场是有积极意义的。

(3)水资源和渔业资源调查

森林资源与水资源密切联系在一起，从某种意义上讲如果没有森林也就没有水。河水既是天然动力资源，也是钓鱼、旅游、划船和其他以水为基础的旅游活动场所，还是城市、工业、农业用水的重要来源，这也是绿水青山就是金山银山的现实写照。

水资源调查的内容包括降水、地表和地下水补给和排泄、水域面积、水量(流量和流速)、水质(沉积物总量、化学性质、生物学性质及温度)、水生生物和生态状况及水生生态环境评价、地表水景观的环境、人为活动对水的污染、生产和生活对水的利用情况等。

水资源调查包括降水、地表和地下水补给和排泄、水域面积、水量、水质、水生生物和生态状况及水生生境评价、地表水景观的环境、人为活动对水的污染、生产和生活对水的利用情况。

渔业资源的调查是在水资源调查的基础上进行的，调查的内容包括养殖面积、种类、习性、鱼龄、生长发育情况、现有量、负载量、生产量等。

(4)放牧资源调查

所谓放牧资源，主要是指分布于草地、低湿地、灌丛、造林未成林地、河流两岸和部分类型的林地中草本植物，此外还包括一些灌木的叶、小枝、果实，也包括部分乔木的果实等。放牧资源调查的主要内容为：草场的种类、面积、立地、利用系数、载畜量(头数)、利用情况，发展畜牧业及野生动物事业的潜力等。其中利用系数是指适于放牧的牧草的质量，灌木的枝、叶、果实等饲料的百分数，它是随立地、牲畜等级及季节而变化。

由于牧草资源可能由多种植物构成，他们的生长季长度和产量高峰时间有所不同，所以要注意调查的季节，而多数植被最好的调查时期通常是接近生长季节的末期，因为在此期间，植物品种最容易辨认，而且草饲料总量和嫩枝叶量最大。

(5)景观资源调查

景观资源调查是进行风景规划设计，开展森林旅游不可缺少的基础工作。它是多资源调查的重要组成部分要按照美学原则和开放旅游的要求调查。其调查内容包括自然景观(如地质地貌、水文、气象、动物、植物等)和人文景观(历史古迹、民族风情、宗教、近代现代革命文物和文化建设等)。调查时按下列类型进行：

①乔灌林景观的调查。以山区垂直植物带或不同林分类型为单位，调查记载可供旅游观赏价值的景观。乔灌木林可以大量排放氧气，其中由某些树种组成的乔灌木能排放某些抑制、毒杀病菌、毒素的化学物质或其他有益人体的芳香气味，游人在林内能够起到疗养的作用，称作“森林浴”林。

②可观赏植物调查。应记载种类、t分布范围、数量、花期。

③林区地貌景物调查。山景调查包括悬崖、陡壁、怪石、雪山、溶洞等。对特异山(石)景，还应记载奇峰、怪石的位置、生成原因、数量、分布特点、形态大小；溶洞深度、广度、位置、形成原因，洞内景物特点及可及度；对雪山应进行调查位置、面积、坡度、海拔、积雪厚度；可远眺海、湖、河流、原野、林海、沙漠、日出、日落、云海、雾海等景观的场所。

④水文景观调查。水文景观包括海湾、湖泊、瀑布、溪流、泉水等。要调查他们的位置(并记载详细 GPS 坐标)、海拔、形成原因、当地名称、水质、景观特点、可利用价值及可览度等。

⑤人文景观的调查。包括历史古迹、民族风情、宗教、革命文物等。要调查记载他们的种类、名称、位置(并记载详细 GPS 坐标值)、景观、神话传说及故事等。对特殊山景，应记载位置(并记载详细 GPS 坐标)、生成原因可远眺河流、湖泊、林海、原野等景观的场所。

⑥障碍因素调查。要调查记载八级以上强风种类沙尘暴、雪暴、暴雨等出现的季节、频率、强度，对居住及交通的危害程度和重灾气候等自然因素；社会生活及工矿企业等造成的大气、水质、地理、生物、气候等自然因素；社会生活及工矿企业等造成的大气、水质污染情况；不利于开放旅游的社会因素(恶性传染病的病源，不利于开放的地方风俗习

惯)及自然因素等。凡对游人身心健康有严重危害，或为消除障碍因素的投入长期大于收益的风景区不论景级高低都不可作为风景旅游区。

风景区力求包含最多的风景要素(景素)，并应考虑人工置景的需要及容纳游客规模所必要的面积、场所、食宿等需要，同时还要考虑开放景区带来的污染问题及预防措施。

(6)珍稀植物资源调查

珍稀植物资源调查是森林资源调查的重要组成部分，因此，应对林区出现的珍稀植物资源进行调查。珍稀植物资源调查的任务是查清调查地区珍稀植物资源的种类、大致数量、分布、生长环境、蕴藏量、培育和利用状况以及根据调查结果提出必要的保护措施等。

(7)林木种质资源调查

林木种质资源是指林木遗传多样性资源和选育新品种的基础材料，包括森林植物的栽培种、野生种的繁殖材料以及利用上述繁殖材料人工创造的遗传材料。林木种质资源的形态，包括植株、苗、果实、籽粒、根、茎、叶、芽、花、花粉、组织、细胞、DNA 及其片段等。

林木种质资源是人类宝贵的财富，是林木遗传改良和新品种选育的基础材料，对林业经济和生态建设具有重要战略意义。

主要调查内容：

①野生林木种质资源(包括珍稀濒危树种)的种类、分布、种群信息、生长情况等。

②收集保存的林木种质资源的来源、数量、分布、生长情况等。

③栽培树种(品种)种质资源的数量、分布、生长情况等。

④古树名木资源的类型、数量、分布、生长情况等。

(8)其他多资源调查

例如建材(花岗岩、大理石等)、矿产(煤炭、浮石等)、“三剩”资源(采伐、造材、加工剩余物等)。应调查这些资源的数量，现有利用情况和开发利用的方向，为发展林区多种经营提供科学依据。

3.5.2 多资源调查方法

林区内森林多资源调查一般与森林经理调查同时进行。其调查方法的详尽程度要根据森林资源的特点、经营目标和调查目的等内容确定。有的适宜于抽样调查，有的采用路线调查，有的可以通过典型调查取得数据，有的调查要落实到小班，外业调查时通过小班调查线和小班调查样地采集森林多资源基础数据，如风景林小班等，必要时要进行样地调查及样木调查，以便统计或建立模型之用。但对特殊部分尚要根据数据特殊对象、特殊要求，采用不同的抽样调查、量测方法、遥感技术、数据分析技术等进行数据的收集，以满足资源调查的要求。

至于哪种资源调查要采取什么方法，要由森林经理会议确定，以保证调查总体的精度。

现将多资源调查常用的一些方法介绍如下：

(1)野生经济植物资源调查

一般从采用路线调查和典型调查法相结合的方法。以统计全林或单一类型的产量，可利用程度等。

路线调查：根据调查地区的森林植被分布状况和面积，先在室内地形图上选择3~5条有代表性的线路，即选择地形变化大，所遇植被类型多样，植物生长旺盛的地段。调查线路应垂直于等高线，并尽可能通过各种森林植物群落。目测调查记载经济植物的种类、分布、蕴藏量等项目。这种方法虽然比较粗糙，但可以窥其全貌，适宜于大面积的，特别是经济植物产量较少，分布又不均匀的地区。

典型调查：在路线调查的基础上选择确定设置标准地的地块，标准地要选择在有代表性的地段，按不同的植物群落设置样地，在样地内做详细的调查研究。样地的设置是按不同的环境(包括各种地形、海拔、坡度、坡向等)拉上工作线，在工作线上每隔一定距离设置样地(样地的大小根据调查的目的、对象而定，一般草本植物为1~4 m^2，灌木为4~50 m^2，乔木为100~10 000 m^2，样地可以是方形、圆形，也可以是长方形)。在样地内对经济植物的种类、株树、多度、盖度(郁闭度)及每株湿重、风干重量等分别测量统计。

(2)野生动物资源调查方法

可采用抽样调查或典型调查的方法，样地面积不少于动物憩息地面积的10%。要根据本地现有物种的实际情况选择适当的调查方法。调查时要参考地方收购部门的统计，当地居民和林业部门的介绍，同时也可以采取下列方法：

①直接调查法。哄赶调查；空中监视；利用航空摄影和红外片。

②间接调查法。叫声数；足迹或卧迹计数或拍照；尿斑、粪堆计数、啃食痕迹；地方土特产收购部门的记录及地方志的记载。

③动向估测法。可在特定季节里，沿预定路线步行或乘汽车或骑马来测定动物，将行程中每公里见到的动物总数提供一个群体的动向指标或估计各种动物性别和年龄比率。这种调查虽不能构成一个完整的调查，但可在经营管理中起参考作用。

(3)水资源和渔业资源调查

调查前应仔细查阅水文资料，可采用抽样调查、路线调查、目测调查等方法。对鱼群可采用直接调查法捕捞调查。

(4)放牧资源调查方法

主要采用抽样调查方法。当有质量好的航摄相片时，分层抽样是一种有效的调查方法。同时结合小班样地调查，样地形状可以是圆形、方形、长方形，尽可能小些，同时抽样效率高些。其中牧草数量调查可采用割取样地牧草、目测法等方式。

调查时首先在卫星照片上判读区划，利用小班调查线，即目测调查法进行调查。

(5)风景资源调查

主要采用路线调查、典型调查、抽样调查结合查阅历史文献、座谈访问和景物实际调查等。调查人员必须学会看山，学会看风景，要善于"发现"，发挥想象和联想，发掘出有价值的景观，并进行科学的评价。

(6)珍稀植物资源调查方法

珍稀植物资源的调查方法主要采用路线调查(概查)，样地调查，补充调查或逐地逐块全面调查(详查)相结合的方法。

①路线调查。在收集调查地区各种资料的基础上，根据调查地区的地貌特点，选择地形变化大，植被类型多，植物生长旺盛的具有代表性的地段设置踏查路线进行调查。一般布设2~3条，在调查线上观测记载各种调查因子，预测调查地区的植被类型，确定珍稀植物重点调查种类。

②样地调查。根据路线调查预测的植被种类和调查地区植被类型分布的规律，借助航片或卫片、地形图、林相图对各种植被类型进行区划。在区划的基础上参照地形图，航片平面图，在单张航片上选具有代表性的典型地段布设样地并刺点编号，在同一植被类型内选3~5个样地，每块样地面积为 $20\ m \times 20\ m = 400\ m^2 (0.04\ hm^2)$，然后在样地中心和对角线4个角分别做5个草本植物 $1\ m \times 1\ m = 1\ m^2$ 的小样方或灌木 $5\ m \times 5\ m = 25\ m^2$ 的小样方进行调查，填写珍稀植物样地调查表。

③补充调查。对路旁、林缘、沼泽等特殊地段采取随机设置样方的方法(草本植物 $1\ m \times 1\ m = 1\ m^2$，灌木 $5\ m \times 5\ m = 25\ m^2$)进行种类、数量、高度、分布情况等调查。

④详查(全面调查)。根据不同要求对调查地区进行逐地逐块(林班、小班等)调查，对所见珍稀植物种类、数量、高度、分布情况等进行实地调查。

(7)林木种质资源调查方法

主要有资料查阅法(查询已有的技术档案和文献资料，掌握该区域内林木种质资源的基础信息，了解树种分布及整体概况)、知情人访谈(通过会议方式，召集基层林业技术人员和熟悉情况的村民代表进行座谈，了解询问调查区域内的特异林分和单株，确定重点调查线路和重点调查区域)、线路调查法(结合地形图或卫星图片进行设计，根据自然条件的复杂程度和植物群落的类型确定线路密度。调查线路的长度和宽度应符合林分抽样的规定。在山区坡面地段，从谷底向山脊垂直于等高线设置；在河谷地段，沿河岸由下游向上游设置；在丘陵和平原地区，按南北向或东西向平行、均匀分设1条或多条调查线路)以及标准地调查法(对于树种种类多、分布面积较大的区域，选择有代表性的林分，根据树种种类、分布范围、地形地貌等情况设置标准地进行调查。标准地不宜设在林缘，不能跨越河流、道路。标准地面积 $400 \sim 600\ m^2$，正方形或长方形)。

(8)其他多资源调查

如建材、矿产可采用航摄相片或卫星相片判读法，根据要求项目进行目测记载并调查这些资源的数量和开发利用的方向，需要时进行实地勘探。“三剩资源”可采用抽样法、典型调查法。

任务实施

林分多资源调查

具体某种多资源调查时，实施时会不同，下面以野生经济植物资源调查为例，说明多资源调查的具体任务实施过程。

一、人员组织、材料准备

1. 人员组织

①成立教师实训小组，负责指导、组织实施

实训工作。

②建立学生实训小组，4~5人为一组，并选出小组长，负责本组实习安排、考勤和仪器管理。

2. 材料准备

①相关图表。有相应的交通图、地图、地形图底图；植物检索表、物种照片、有关书籍等；调查记录本、调查考察表等。

②采集标本用设备。采集袋、标本夹、野外记录表、枝剪和各种采集刀、铲具、铅笔、标签等。

③调查工具。GPS、照相机、摄像机、放大镜、罗盘、皮尺、树木测高仪、测绳等。

④安全防护及生活用具。帐篷、被子、蚊帐、衣物、护腿、雨具等；手电筒、蜡烛、水壶、食品；简易药箱等。

二、任务流程

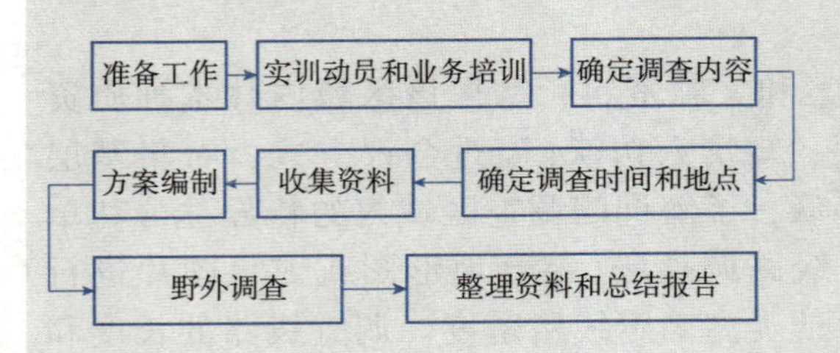

三、实施步骤

1. 组建队伍

由具有野外植物资源调查经验的人员组成调查队伍。组建调查队伍进行专项短期培训和试点调查训练。

2. 确定调查内容

野生经济植物资源调查，取决于现有记载当地野生植物资源的资料、经营目的和对本地区的认知程度，当一个地区从来没有开展过野生经济植物资源调查时，需要进行全面调查，以提供一份本地区的植物资源名单。在此基础上还可以本地某项经济要求或根据调查者本人的愿望来确定一个调查范围。比如我们可以根据需要，调查本地一两种或几种经济价值较大的药用经济植物资源。在对本地区植物资源已有初步了解，而想对其中利用价值大、有发展前途的种类进行重点了解时，则采用深入调查少数几种植物的做法。

3. 确定调查时间和地点

(1)调查时间

在时间安排上，最好选择周年定期的方法，即在4月至10月的植物生活期间，每隔半个月或一个月，进行一次调查。这样安排，对全面了解一个地点的植物资源很有必要。

(2)调查地点

可选择本地有代表性的地方作为调查点。所谓具有代表性，是指在生境和植被方面，能代表本地的生境特点和植被类型。在山区，可选择1~2个山头。平原则可选择1~2块自然地段作为调查点。

4. 收集资料

搜集调查地区有关野生植物资源调查、利用等现状和历史资料，包括文字资料和各种图件资料，如野生植物资源分布图等；了解调查地区野生植物资源种类、分布及利用现状，以及以前的调查结果。搜集调查地区的有关植被、土壤、气候等自然环境条件的文字资料和图件资料，包括植被的分布图、土壤分布图等；分析了解调查地区野生植物资源生产的社会经济和技术条件。

5. 方案编制

调查方案应包括下列内容：

①前言。包括任务来源、调查目的、调查范围、工作起止时间和有关要求。

②调查区域概况。包括地理位置、行政区划、自然资源与生态环境状况、社会经济状况以往调查程度、成果和问题。

③调查方法和技术要求。主要技术指标、主要工作量及相关要求。

④调查内容和技术要求。主要技术指标、主要工作量及相关要求。

⑤预期成果、经费预算、计划进度、保障措施。

⑥附件。调查区域地理位置图、调查表格等相关图件、图表。

6. 野外调查

(1)野外初查

在调查范围内按不同方向选择几条具有代表性的线路，沿着线路调查，记载经济植物种类、采集标本、观察生境、目测多度等。在调查路线上，应按一定的距离，随时记录野生植物资源种类的分布情况，应先在植物群落中设置样方或样线，在样方(样线)的范围内寻找植物，进行调查。设置样地并采集植物标本和需要做实验分析样品。

①野外初查的基本方法。用器官感觉的方法：即利用视觉、嗅觉乃至触觉，去观察形态颜色、分辨气味和触摸质地。在野外，大多数资源植物都可以用这种方法进行测定。访问当地居民：特别是各种药用植物，在野外很难测定，可访问当地居民，了解各种植物的药用价值。

②野外初查中应注意的问题。不同科属中常含有不同的资源植物，所以在野外初查中，要根据分类学所提高的资料，心中有数地进行调查。例如，唇形科是富含芳香植物和药用植物的一个科，当遇到唇形科植物时，就应该主要从芳香油和药用这两个方面进行鉴别。

野外初查中，要特别注意哪些鲜为认知的植物种类。这样的植物，很少被人研究和利用过，它们可能具有某种不为人知的资源价值。另外，对于人类已经了解和利用过的资源植物，也要注意它的第二乃至第三个资源价值。

(2)采集标本和样品

初查后，要对初步确定的资源植物进行标本和样品的采集。

①采集标本。植物资源调查是一项科学性很强的工作，资源植物的名称一定要准确，而这就必须要采集标本，使调查工作有依据。对于所调查的资源植物，不管调查者是否认识，都要采集标本。采集标本时，要按照正确方法进行，必须填写采集记录卡，在标本制作好以后，定名务必准确。

②采集样品。采集样品主要是为了在室内检验测定之用。样品采集的部位、数量以及规格要求，视资源植物的类型而异。例如油脂植物要采集果实(或种子)2000~3000 g，纤维植物则要采集其皮部或全部茎叶，数量则在1000 g左右。采集的样品要放在阴处风干保存，勿使生霉腐烂。样品采集后，应填写“资源植物采集样品登记卡”，并拴好号牌。

(3)室内测定

室内测定是利用有关仪器设备，在室内对资源植物进行检验测定。通过室内测定，可以确定一个资源植物的产量、品质和利用价值，这是调查植物资源不可缺少的步骤。如果调查者缺乏室内测定的手段，可将一部分样品送交有关单位代为测定。

(4)蕴藏量的调查

经济植物蕴藏量的调查还没有比较精确和切实易行的方法，一般采用两种方法，一是估量法。就是邀请有经验的人员座谈讨论，并参照历年资料和调查所得的印象作估计。这种方法虽然精度不高，但是具有一定的参考价值。二是实测法。就是在同一地区，分别调查各种植物群落的种类组成，并设置若干样地，在样地内调查统计经济植物的株数，重复调查若干样地，求出样地面积的平均株数，再换算成每公顷单位面积产量，作为计算该植物群落蕴藏量的基本数据。从植被图、林相图、草场调查等计算出该植物群落的占有面积，这样就可以求得该植物群落的蕴藏量。把各个植物群落的蕴藏量加起来，就得出该地区的各种经济植物蕴藏量。

7. 整理资料和总结报告

在调查工作中，积累了大量的资料，当调查工作结束时，应该整理这些资料，进行总结。

(1)整理资料

①植物标本整理。在野外调查中，采集了大量标本，应及时将它们制成蜡叶标本和浸制标本，并查阅文献，鉴定名称。定名后的标本，应该按资源植物的类别进行分类，妥善存放。植物标本是资料调查工作全部成果的科学依据。因此，每一份标本都要具备以下3个条件：标本本身应是完整的，包括根、茎、叶、花(果)；野外记录复写单的各项内容应完整无缺；定名正确。

②样品整理。每一种样品都要单独存放(放入布袋、纸袋或其他容器内)，样品要拴好号牌，容器外面贴好登记卡。需要请外单位代为测定的样品应及时送出，不要拖延，以免时间过长后样品变质。

③各项原始资料整理。所有野外观察记录、野外简易测定数据、各种测定方法、访问记录等，都是调查工作的原始资料。依据这些原始资料，

才能发现和确定新的资源植物和提出如何对植物资源利用的意见。所以要珍视各项原始资料。原始资料要按类别装订成册，由专人保管。

(2)资料总结

①提出本地区各类野生植物资源名录。一份准确而全面的野生植物资源名录能够对本地区的资源开发和经济发展提供重要的线索和依据，作用很大。野生植物资源名录，最好是在野外初查、室内测定和蓄积量调查的基础上提出。如果室内测定和蓄积量调查不能很快完成，名录也可以根据野外初查的结果提出。对名录中的每一种资源植物，应说明它的分布、生境、利用部分、野外测定结果、利用价值等项。如果做了室内测定和蓄积量，应将这两方面的数值写入名录。

②提出几种有开发价值的资源植物。在提出一份植物资源名录的基础上，应提出几种有开发价值的植物。有开发价值的植物应该是新发现的、有重大利用价值的新资源植物；或是已知的资源植物，但在调查中发现有新的重要用途；或是已知的资源植物，也没发现新的用途，但在本地发现有大量分布。对有开发价值的资源植物，除应按照名录中各项内容进行介绍，还应提出它的利用方法和发展用途。

③提出本地区野生植物资源综合利用方案。根据本地区的野生植物资源名单和重要资源植物情况，可以提出对本地野生植物资源综合利用的方案。其内容包括应开发利用哪些植物资源；如何开发利用；如何做到持续利用；对本地濒危植物资源如何保护；如何做到开发和保护相结合等。

调查后填写下列各表(表3-41至表3-46)。

表3-41　经济植物资源调查工作记载表

任课教师：　　专业：　　班级：　　课次：　　姓名：　　日期：

工作程序		工作过程记载	建　议	评　价
组内分工				
工作仪器及数量				
工作材料及数量				
工作步骤	1. 判读调查路线			
	2. 分析路线调查结果			
	3. 典型调查			
	4. 内业整理调查结果			
	5. 评价结果			
	6. 复　查			
综合评价				

表3-42　野生植物调查表

中文名 (种名)		学　名		俗　名		
标本编号	野外编号		室内编号		照片编号	
所在地点	省(自治区)	市	县	乡(镇、场)	村	组
地理位置	东经 (　°′　′　″)		北纬 (　°′　′　″)		海拔	

（续）

中文名（种名）		学　名		俗　名	
分布面积（hm^2）		种群数量			
地貌类型					
气候环境	年平均气温（℃）	≥10 ℃年积温（℃）	年平均降水量（mm）	年平均日照时数	年蒸发量（mm）
植被类型		植被覆盖度			
土壤类型		土壤肥力			
形态特征					
生物学特性					
威胁因素					
濒危状况					
保护与利用状况					
评价和建议					

调查人：　　　　　　　　　　　　调查日期：　年　月　日　　　　　　　　　　审查人：

表 3-43　野外植物物种资源样方调查表

网格编号：　　省　　市（州）　　县　　乡（镇）　　村（小地名）　　日期：

样方号：　　经纬度：　　坡向：　　坡度：　　坡位：　　海拔（m）：

样方尺寸：　　m×　m　　生境：　　干扰：

群落类型及组成：　　调查人：　　表格编号：

物种编号	层次	种名（俗名）	学名	数量	物候期	盖度（%）	生态位置	建群种		受威胁因素	备　注
								胸径（cm）	高度（m）		

注：（1）群落类型为：乔木、灌木、草本层主要的物种组成；（2）生境：石/土山、沟谷、山脊、村边、路旁等；（3）层次：乔木层、灌木层、草本层；（4）数量：植物的株（木本）、丛（草本）数；（5）物候期：花期、果期等；（6）盖度：直接填写百分比数值；（7）生态位置：建群种、优势种、寄主等；（8）受威胁因素：过度利用、生境破坏、病虫害等潜在的威胁。

表 3-44　野外植物物种资源样线（带）调查表

网格编号：　　　　省　　　　市（州）　　　　县　　　　乡（镇）　　　　村（小地名）　　　　日期：
样线（带）号：　　　　样线（带）长度（m）：　　　　宽度（m）：　　　　路线：
起点：　　　　终点：　　　　海拔（m）：　　　　生境：
干扰：　　　　群落类型及组成：　　　　调查人：　　　　表格编号：

物种编号	层次	种名（俗名）	学名	数量	物候期	盖度（%）	生态位置	建群种		受威胁因素	备　注
								胸径（cm）	高度（m）		

注：（1）群落类型为：乔木、灌木、草本层主要的物种组成；（2）生境：石/土山、沟谷、山脊、村边、路旁等；（3）数量：株（木本）、丛（草本）数；（4）物候期：花期、果期等；（5）盖度：直接填写百分比数值；（6）生态位置：建群种、优势种、寄主等；（7）受威胁因素：过度利用、生境破坏、病虫害等潜在的威胁。

表 3-45　植物物种资源访谈调查表

网格编号：　　　　省　　　　市（州）　　　　县　　　　乡（镇）　　　　村　　　　日期：
被访谈人姓名：　　　　性别：　　　　职业：　　　　民族：　　　　文化水平：　　　　年龄：
调查人：　　　　访谈地点：　　　　访谈时间：　　　　表格编号：

物种名称	俗名	学名	分布面积（km^2）	用途	利用方式	物候		生境	保护管理现状	备注
						花期	果期			

注：（1）分布面积：写出大概分布面积；（2）用途：药用、观赏等；（3）利用方式：民间、企业等；（4）物候：开花、结果时间；（5）生境：路边、林下、山坡等；（6）保护管理现状：采取的保护管理措施。

表 3-46　野生植物资源物种名录

网格编号：　　省　　市(州)　　县　　　　统计人：　　　　　　日期：

种/科	俗名	拉丁学名	特有性	用途	利用情况	分布	凭证	备注

注：(1)种/科名：发表或权威书籍上的中文名；(2)俗名：地方名；(3)拉丁学名：国际统一拼写标准；(4)特有性：中国特有填N，省级特有填P；(5)用途：材用、观赏、药用等；(6)利用情况：大量、少量、偶尔等；(7)分布：县级行政地名；(8)凭证：文献资料记载、标本记载、实地调查等。

特别提示

①在野外初查中，要特别注意哪些鲜为人知的植物种类。

②要注意采集标本、样品。

四、实施成果

完成经济植物资源调查报告单(包括外业记载表，调查清单)。

五、注意事项

①样方设置要求对调查的林分应有充分代表性。

②野外调查时，安全第一，严格按照经济植物资源调查的工作步骤要求进行调查。

任务分析

对照【任务准备】中的“特别提示”及在任务实施过程中出现的问题，讨论并完成表3-47中“任务实施中的注意问题”的内容。

表 3-47　林分多资源调查任务反思表

任务程序		任务实施中的注意问题
人员组织		
材料准备		
实施步骤	1. 判读调查路线	
	2. 分析路线调查	
	3. 典型调查	
	4. 内业整理调查结果	

项目小结

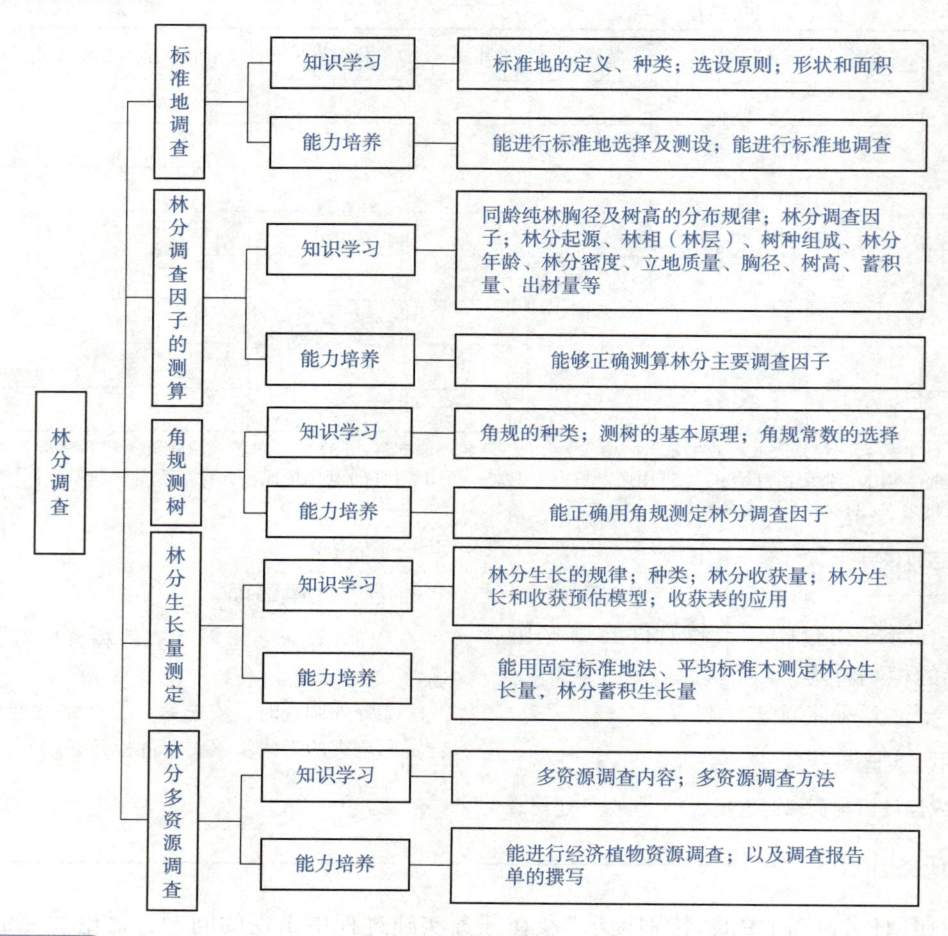

自测题

一、名词解释

1. 林分；2. 林分调查因子；3. 纯林；4. 混交林；5. 同龄林；6. 疏密度；7. 郁闭度；8. 标准地；9. 标准地；10. 每木调查；11. 角规测树；12. 临界树；13. 林缘误差。

二、填空题

1. 为了将大片森林划分为林分，必须依据一些能够客观反映(　　)特征的因子，这些因子称为林分调查因子。

2. 由人工直播造林、植苗或插条等造林方式形成的林分称作(　　)。

3. 凡是由种子起源的林分称作(　　)。

4. 在混交林中，蓄积量比重最大的树种称为(　　)。

5. 在既定的立地条件下，林分中最适合经营目的的树种称作(　　)。

6. 树木的高生长与胸径生长之间存在着密切的关系，一般的规律为树高随胸径的增大而(　　)。

7. 在树高曲线上，与(　　)相对应的树高值，称为林分条件平均高。

8. 在林分调查中，常依据用材树株数占林分总株数的百分比确定(　　)。

9. 地位指数是指在某一立地上特定标准年龄时林分优势木的(　　)。

10. 根据林木树干材积与其(　　)的相关关系而编制的立木材积表，称为一元材积表。

11. 根据林木树干材积与其胸径及(　　)两个因子的相关关系而编制的立木材积表，称作二元材积表。

12. 标准林分是指某一树种在一定年龄，一定的立地条件下(　　)和(　　)地利用所占空间的林分，其疏密度为(　　)。

13. 根据我国规定的标准，用材部分长度占全树干长度(　　)以上的树为用材树。

14. 角规是利用一定(　　)设置半径可变的圆形标准地来进行林分测定的一种测树工具。

15. 常用的角规常数为0.5、1和2的简易角规，其杆长固定为50 cm时，缺口的宽度分别是(　　)。

16. 角规绕测时应观测树木的(　　)部位，可以得到相割、相切与相离的三种情况，分别计数值为(　　)。

17. 在平坦的林分采用常数为1的角规绕测，有一树木实测其胸径为16.8 cm，量得角规点至该树木中心的水平距离为8.0 m，则该树木属(　　)，计数值为(　　)。

18. 一般认为，选用角规常数应以每个角规测点的计数株数在(　　)株左右的范围较适宜。

19. 常用的角规种类有(　　　　　　　　　　　　　　　　　　)。

20. 在林分生长过程中，有(　　)同时发生。

21. 调查初期与末期两次结果的差值为(　　)。

22. 胸径生长量通常是用(　　)钻取木条测得。一般取相对(　　)钻取。

23. 林分从发生、发育一直到衰老或采伐为止的全部生活史为(　　)。

24. 景观资源调查的主要内容，包括(　　)和(　　)。

25. 多资源调查主要包括(　　)、(　　)、(　　)、(　　)、(　　)、(　　)等内容。

26. 野生动物资源调查主要包括(　　)野生动物种类的各种生境单位。

27. 放牧资源调查主要采用(　　)方法。

28. 野生动物资源调查，可采用抽样调查或典型调查的方法，样地面积不少于动物栖息地面积的(　　)。

三、选择题

1. 能够客观反映(　　)的因子，称为林分调查因子。

A. 林分生长　　B. 林分特征　　C. 林分位置　　D. 林分环境

2. 根据林分(　　)，林分可分为天然林和人工林。

A. 年龄　　B. 组成　　C. 起源　　D. 变化

3. 只有一个树冠层的林分称作(　　)。

A. 单纯林　　B. 单层林　　C. 人工林　　D. 同层林

4. 林分优势木平均高是反映林分(　　)高低的重要依据。

A. 密度　　B. 特征　　C. 立地质量　　D. 标准

5. 依据林分优势木平均高与林分(　　)的关系编制地位指数表。

A. 优势木平均直径　　B. 优势木株数　　C. 优势木年龄　　D. 密度

6. 在林分调查中，起测径阶是指(　　)的最小径阶。

A. 林分中林木　　B. 主要树种林木　　C. 每木检尺　　D. 优势树种林木

7. 林分平均断面积是反映林分林木(　　)的指标。

A. 大小　　B. 平均　　C. 精度　　D. 水平

8. 根据人工同龄纯林直径分布近似遵从正态分布曲线特征，林分中最细林木直径值大约为林分平均直径的(　　)倍。

A. 0.1~0.2　　B. 0.4~0.5　　C. 0.6~0.7　　D. 0.8~0.9

9. 根据人工同龄纯林直径分布近似遵从正态分布曲线的特征，林分中最粗林木直径值大约为林分平均直径的(　　)倍。

A. 1.1~1.2　　B. 1.3~1.4　　C. 1.7~1.8　　D. 2.0~2.5

10. 测定林分蓄积量除了测定林分单位面积上的林分蓄积量之外，还应包括林分(　　)的测定。

A. 位置　　B. 坡向　　C. 环境　　D. 面积

11. 采用平均标准木法测定林分蓄积量时，应以标准地内林木的(　　)作为选择标准木的依据。

A. 平均材积　　B. 平均断面积　　C. 平均直径　　D. 平均高

12. 立木材积表是载有各种大小树干单株(　　)的数表。

A. 平均直径　　B. 平均树高　　C. 平均断面积　　D. 平均材积

13. 依据林木树干材积与树干(　　)的相关关系而编制的立木材积表称为一元材积表。

A. 胸径　　B. 树高　　C. 断面积　　D. 中央直径

14. 每木调查是指在标准地内分别树种测定每株树的(　　)，并按径阶记录统计的工作。

A. 胸径　　B. 树高　　C. 检尺长　　D. 检尺径

15. 从地位指数表中查得的地位指数，是指(　　)。

A. 林分在调查时的平均高　　B. 林分在调查时的优势木平均高

C. 林分在标准年龄时的平均高　　D. 林分在标准年龄时的优势木平均高

四、判断题

1. 测定林分蓄积量的方法很多，但无论哪种方法都必须经过设置标准地、每木调查、测定树高的基本程序。　　(　　)

2. 在树高曲线上不但可查出林分平均高，而且可查定各径阶平均高。（　）
3. 材种出材率是某材种的带皮材积占树干总去皮材积的百分数。（　）
4. 林分生长其调查因子都是随着年龄的增大而增加的。（　）
5. 利用标准木法一次测定即可测得蓄积生长量。（　）
6. 在混交林中，蓄积量比重最大的树种称为主要树种。（　）
7. 在某种立地条件下最符合经营目的的树种称为主要树种。（　）
8. 设置标准地进行每木调查时，境界线上的树木可以检尺，也可以不检尺。（　）
9. 某林分的地位指数为“16”，即表示该林分在标准年龄时优势木的平均高为16 m。（　）
10. 林分平均高比林分优势木平均高受抚育间伐措施的影响大。（　）
11. 林分生长与单株树木生长相同，都是随年龄增大而增加。（　）
12. 林分纯生长量也就是净增量。（　）
13. 用生长锥钻取胸径取木条时的压力会使自然状态下的年轮变窄。（　）
14. 多资源调查线路或调查点的设立应注意与代表性、随机性、整体性及可行性相结合，样地的布局要尽可能全面。（　）
15. 在进行经济植物调查时，对于物种、数量稀少，分布面积小，种群数量相对较少的区域，宜采用全查法。（　）
16. 多资源调查是伴随我国市场经济的发展而产生的。（　）

五、简答题

1. 在林分调查中选择标准地的基本要求是什么？
2. 简述林分疏密度的确定过程及计算方法。
3. 标准地调查的主要工作步骤及调查内容是什么？
4. 常用的角规有几种？自平曲线杆式角规为什么可以自动进行坡度改正？
5. 保证角规测树精度的关键技术是什么？
6. 什么是角规控制检尺？通过角规控制检尺还能间接计算哪些林分调查因子？
7. 简述用角规测树技术测定林分蓄积量的方法及步骤。
8. 与树木生长相比林分生长的特点是什么？
9. 简述林分生长量的种类以及各生长量之间的关系。
10. 设置和测定固定标准地应注意哪些事项？
11. 求胸径生长量为什么要按带皮胸径来计算？
12. 林分生长过程中，哪些因子随年龄的增大而增加，哪些因子随年龄的增加而减少？
13. 简述经济植物资源调查的主要内容？
14. 野生经济植物调查常用的方法有哪些？
15. 野生动物资源调查常用的方法有哪些？

六、计算题

1. 某林分面积8.5 hm^2、平均高11.2 m、每公顷胸高断面积为20.5 m^2，查该树种标准表得知标准林分每公顷蓄积量为 120 m^3，标准林分每公顷断面积为 25.0 m^2，求该林分的疏密度和蓄积量(表 3-49)。

2. 在面积为 10 hm^2 的某山杨林分中，设置标准地一块，其面积为 0.1 hm^2，标准地调查每木检尺结果见表 3-48，请采用一元材积表法测算该山杨林分蓄积量。

表 3-48　利用一元材积表计算林分蓄积量表

径阶(cm)	株数(株)	单株材积(m^3)	径阶材积(m^3)
6	11		
8	23		
10	24		
12	40		
14	30		
16	15		
18	4		
合计			

表 3-49　某地山杨立木一元材积表(节录)

径阶(cm)	4	6	8	10	12	14	16	18	20
材积(m^3)	0.0049	0.0129	0.0257	0.0439	0.0680	0.0985	0.1357	0.1800	0.2318

3. 据某标准地调查结果，胸高总断面积 $\sum G=30.91108\ m^2$，3 株平均标准木伐倒后，测算结果如下：

①$g_1=0.09348\ m^2$；$V_a=1.121\ m^3$；$V_a-5=0.984\ m^3$。

②$g_2=0.08867\ m^2$；$V_a=0.992\ m^3$；$V_a-5=0.862\ m^3$。

③$g_3=0.08553\ m^2$；$V_a=0.955\ m^3$；$V_a-5=0.833\ m^3$。

请利用平均标准木法计算林分蓄积生长量。

4. 有一马尾松林分，采用 $F_g=1$ 的角规控制检尺记录见表 3-50，请分别计算该林分的每公顷胸高断面积、每公顷株数、平均直径和林分蓄积量。

5. 一块林分第一次调查时平均年龄为20年，平均高12.0 m，平均直径为14 cm，第

表 3-50　角规控制检尺林分蓄积量计算表(形高法)

径阶	Z_i	$g_i(m^2)$	$V_i(m^3)$	$G_i(m^2)$	N_i	$R_i(m)$	$M_i(m^3)$
8	1		0.0201				
10	2		0.0345				
12	4		0.0532				
14	2.5		0.0762				
16	1		0.1037				
合计							
平均胸径计算							

二次调查时平均年龄为30年，平均高15.5 m，平均直径20 cm，计算该林分树高、直径的净增量是多少？

拓展知识

影响林分生长量和收获量的因子

林分生长量和收获量是以一定树种的林分生长和收获概念为基础，在很大程度上取决于以下4个因子：

①林分的年龄或异龄林的年龄分布。

②林分在某一林地上所固有的生产潜力(立地质量)。

③林地生产潜力的充分利用程度(林分密度)。

④所采取的林分经营措施(如间伐、施肥、竞争植物的控制等)。

林分生长量和收获量显然是林分年龄的函数，典型的林分收获曲线为"S"形。

一般来说，当林分年龄相同并具有相同林分密度时，立地质量好的林分比立地质量差的林分具有更高的林分生长量和收获量，如图3-12所示。当林分年龄和立地质量相同时，在适当林分密度范围内，密度对林分收获量的影响不如立地质量那样明显，一般地说，林分密度大的林分比林分密度小的林分具有更大收获量，但遵循最终收获量一定法则，如图3-13所示。

所采取的林分经营措施实际上是通过改善林分的立地质量(如施肥)及调整林分密度(如间伐)而间接影响林分生长量和收获量。

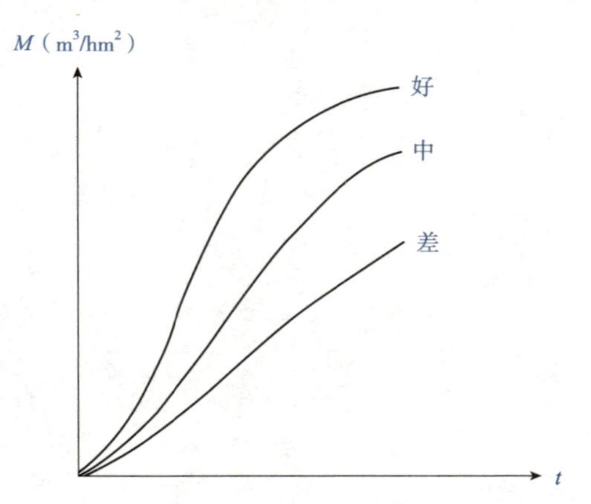

图3-12 相同林分密度时不同立地质量林分的蓄积生长过程

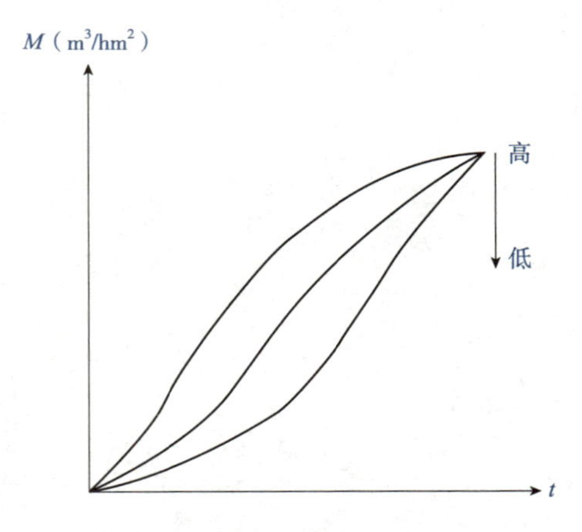

图3-13 相同立地质量时不同林分密度林分的蓄积生长过程

林分生长与收获预估模型就是基于这4个因子采用生物统计学方法所构造的数学模型。所以，林分生长量或收获量预估模型一般表达式为

$$Y=f(A, SI, SD) \tag{3-40}$$

式中：Y——林分每公顷的生长量或收获量；

A——林分年龄；

SI——地位指数或其他立地质量指标；

SD——林分密度指标。

从式(3-40)的表面形式上，并未体现经营措施这一变量，但经营措施是通过对模型中的可控变量：立地质量(如施肥)和林分密度(如间伐)的调整而间接体现的。这一过程主要采用在模型中增加一些附加输入变量，如造林密度、间伐方式及施肥对立地质量的影响等，来适当调整收获模型的信息。

当然，这些因子在不同的模型中其表示方法或形式上也有所不同，使得模型的结构形式及复杂程度也有所不同。几乎所有的林分生长量和收获量预估模型都是以立地质量、生长发育阶段和林分密度(或林分竞争程度的测度指标)为模型的已知变量(自变量)。森林经营者利用这些模型，依据可控变量——林龄、林分密度及立地质量(少数情况下使用)进行决策，即获得有关收获量的信息，进行营林措施的选择(如间伐时间、强度、间伐量、间隔期、间伐次数及采伐年龄等)。

项目4 森林抽样调查

项目导入

某省、市、县(大区域)为了编制区域内林业建设发展规划，需要快速准确地查清当前区域内宏观的森林资源的数量、质量和森林生态系统的现状，了解森林资源总体消长动态和变化趋势，以便更科学地制定林业发展与生态建设方针政策及经营规划，监督检查本届政府任期目标责任制和生态建设目标完成情况，推进美丽中国建设，应该怎样进行调查呢？是否需要逐片林分调查后汇总？或是有更科学合理的调查方法呢？为此从本项目开始学习大面积森林资源抽样调查的相关知识与调查技能。

林学家 G·F·莫罗佐夫 1903 年提出森林是林木、伴生植物、动物及其与环境的综合体。森林面积辽阔，地形复杂，种类多、变化大，森林调查中的许多调查因子，如单位面积蓄积量、生长量、枯损量等均属于数量标志，多属于自然变异，符合数理统计的抽样对象，因此运用抽样调查方法，则可以用最少的工作量，达到成本低、效率高、精度高的工作效果。

森林抽样调查是以数理统计为理论基础，在调查对象(总体)中，按照要求的调查精度，从总体中抽取一定数量的单元(样地)组成样本，通过对样本的量测和调查推算调查对象(总体)的方法。森林抽样调查工作分森林抽样调查方案设计；样地的测设与调查；调查总体资源的估计、误差分析及成果汇编等三大部分内容。

任务 4.1 森林抽样调查方案的设计

知识目标

1. 了解森林抽样调查基础理论与知识。
2. 了解我国森林资源连续清查体系。
3. 熟悉森林抽样调查主要的方法。

技能目标

1. 能完成森林系统抽样调查的方案设计。

2. 能完成森林分层抽样调查的方案设计。
3. 能完成森林抽样调查样地的布设。

素质目标

1. 树立生态文明思想，培养热爱森林的情感。
2. 培养尊重科学，实事求是、认真负责的工作态度。
3. 增强身体素质，吃苦耐劳的林人精神。

任务准备

森林抽样调查中，最有效的抽样设计方案如下：以所规定的费用，对总体特征数的估计值提出最小的误差(或在允许误差条件下，花钱最少)，使调查成果尽量满足需要。由于森林调查的目的、要求和任务的不同以及森林组成、林龄、结构、郁闭度等存在着差别，因此，森林抽样调查的具体方法很多，当前森林抽样调查的技术方案主要有森林系统抽样调查与森林分层抽样调查。但是，无论采用哪种抽样方法，都包括总体踏勘、预备调查、根据调查的精度要求，确定抽样比例、设计相应的抽样方案，抽取相应的样本单元，进行样点(样地)布设，开展外业样地测定，资源估计和误差分析、成果汇编等几个重要环节。

4.1.1 森林抽样调查的总体与总体单元

按照森林调查目的所确定的调查对象和全体称为总体。构成总体的每一个基本单位称为总体单元。将总体划分为单元时，可以采用构成总体的自然单位，也可以采用人为规定的单位。例如，某林场面积为 6×10^4 hm^2，调查其全场林木的总蓄积量，可以规定以一定面积上的林木作为单元。如设以 0.06 hm^2 的方形林地上林木作为一个总体单元，那么总体单元数 N 为：

$$N=\frac{60\ 000}{0.06}=1\ 000\ 000 \tag{4-1}$$

即该调查总体包含 100 万个总体单元，一个总体单元是 0.06 hm^2 的方形林地上林木。

4.1.2 森林抽样调查的样本与样本单元

森林抽样调查需要从总体中抽取部分单元进行调查。总体中抽取调查测定的部分单元组成的全体称为样本，样本中的每一个调查的单元称为样本单元(样地)。

样本所含单元的个数称为样本单元，用 n 表示。区分大样本与小样本没有明确的界限，这与抽样分布有关。在应用时，通常 $n\geqslant50$ 认为属于大样本，$n<50$ 认为属于小样本，抽取的样本数越多，则调查的工作量就越大，其调查精度相应会提高，反之则相反。

样本单元数与总体单元数之比称为抽样比，用 f 表示，即 $f=\frac{n}{N}$。例如，从含有 100 万个单元的总体中抽取 2000 个单元组成样本，则抽样比为 2‰。

$$f=\frac{n}{N}=\frac{2000}{1\ 000\ 000}=0.002 \tag{4-2}$$

4.1.3　森林抽样调查的标志与标志值

进行森林抽样调查是为了查清总体单元的某项特征。总体单元所具有的某项特征称为标志。如林木的胸径、树高、单元面积林木的蓄积及生物量等都是一项标志，这些标志可以用数值描述，称为数量标志。林木的种类、是否病腐木等也是林木的标志，它们不便于直接用数值描述，称为非数量标志或品质标志。总体单元在某项数量标志上具体数值称为标志值或特征值。样本单元是总体单元的一部分，调查测定的样本单元标志值的全体构成了样本数据资料，如在森林资源连续清查中的每个固定样地(省级固定样地通常为0.0667 hm^2)的蓄积量、株数、平均胸径及平均树高等。

4.1.4　森林抽样调查的方法

传统森林抽样调查方法主要是等概率中简单随机抽样、系统抽样和分层抽样，现在森林调查抽样方案设计中正越来越多地采用不等概率、多阶、多重的抽样技术以提高相对效率，研究多目标的抽样估计技术，以满足林业生产的多效益调查要求，是现代发展的趋向，本教材重点介绍森林资源调查中传统概率抽样方法中的系统抽样与分层抽样。

系统抽样又称机械抽样，是等间距抽取样本的方法。即从含有 N 个单元的有限总体中，随机地确定起点以后，按照严格的，预先规定的间隔或图示来抽取样本单元组成样本，用以估计总体，样本各单元在总体中分布比较均匀，是森林调查中常用的方法，国家森林资源连续清查系统就是采取系统抽样的抽样方法。具体做法是采用林业基本图上的合适的公里网线交点就是选取的样地点位。

系统抽样的样地分布较为均匀，但因地形、土壤、人为活动等因素的影响，森林分布在地域上有时会形成一种有规律的周期性变动。例如，等间隔带状伐区、走向比较一致的山脊和沟谷、明显的阴阳坡等均可形成森林分布有明显的等间隔差异，如果样点间距与周期性变化吻合，则会导致系统抽样失败，因此在抽样布点时要十分注意并加以克服。

分层抽样法也称类型抽样法，就是将总体中所有单位，按其属性、特征，分为若干类型或组、层，然后在各类型中再用简单随机或系统抽样的方式抽取样本单位，而不是从总体中直接抽取样本单位。如先根据树种不同将森林总体分为杉木层总体、松木层总体、阔叶树层总体，后分别各层中，根据其变动差异情况分别再用简单随机或系统抽样的方式抽取样本单位，各自独立进行布点抽样。

在保证相应精度的前提，森林分层抽样较系统抽样可以减少抽样比，提高抽样效率，还可以避免简单随机抽样过于集中于某一地区、某种特性或遗漏某种特性的缺点。其特点是：由于通过划类分层，增大了各类型中层间的共同性，容易抽出具有代表性的调查样本。该方法适用于总体情况复杂，各层之间差异较大，单位较多的情况。

分层抽样法按照森林各部分的不同特征，将总体中所有单位，按其属性、特征，分为若干个层(类型)，然后在各层中进行随机或系统抽样，借以对总体进行估计(图4-1)。总体分层后，每一层成为一个独立的抽样总体，所以所分的层又称副总体。分层因子大致相

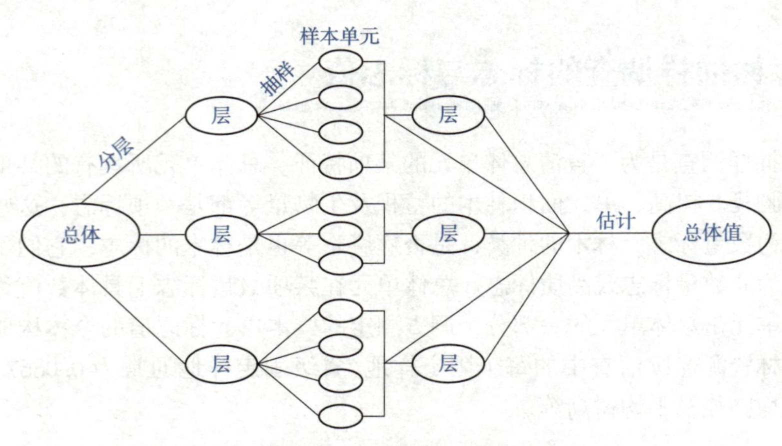

图 4-1　分层抽样示意图

同的森林地段有相近似的蓄积量，分层后可以扩大层间差异，缩小层内的变动，提高抽样的工作效率。

实施分层抽样应满足以下 3 个条件：

①各层的总体单元数是确知的，或者各层的权重是确知的。

②总体分层后，各层间任何单元都没有重叠或遗漏。

③在各层中进行的抽样是独立的。

在相同数量的样本条件下，用这种方法比随机抽样有较高的精度。可以看出，采用森林分层抽样调查时，不仅要确知总体面积，而且还必须知道各层的面积及所占的比例。

4.1.5　森林资源连续清查体系

国家森林资源连续清查(简称一类清查)是以掌握宏观森林资源现状与动态为目的，以省(直辖市、自治区，以下简称省)为单位，利用固定样地为主进行定期复查的森林资源抽样调查方法，其任务是定期、准确查清全国和各省森林资源的数量、质量及其消长动态，掌握森林生态系统的现状和变化趋势，对森林资源与生态状况进行综合评价，为制定和调整林业方针政策、规划、计划，监督检查各地森林资源消长任期目标责任制的重要依据。国家森林资源连续清查以省为单位，由国务院林业主管部门统一安排调查，原则上每 5 年复查一次，是我国森林资源与生态状况综合监测体系的重要组成部分。

我国 1975 年开始建立的森林资源连续清查体系，就是采用以公里网交点作为样地点的系统抽样方法，由于各省的森林资源情况的差异，抽取的样本单元数量不同，系统布点的公里网间距与样地的面积大小也不尽相同，例如，福建省采用 4 km×6 km 公里网布点，而江苏省样地公里网间距为 4 km×3 km，浙江省 4 km×6 km，云南省 6 km×8 km，河北省 8 km×12 km。森林资源连续清查体系的固定样地通常为正方形，面积为 0.0667 hm^2(1 亩)，如福建省在 1978 年福建省设置固定样地(一类样地)共 5059 个，以后每隔 5 年均对这些样地进行复查，通过每次固定样地复查的数据来推算全省的森林资源的数量、质量及其消长动态，掌握全省的森林生态系统的现状和变化趋势。

4.1.6　森林抽样调查方案设计

森林抽样调查方案的设计是根据调查目的、主要任务、精度要求和现有资料，完成总体和单元的划分，选择抽查方法进行样本的组织，完成调查样点图的布设及调查技术标准的制定等一系列工作。森林抽样调查方案设计时，对于样地的抽取、测定和估计方法等都应力求避免偏差。充分考虑森林总体范围大，交通不便，样地间的转移需花费较多时间的特点，以求提高样地调查的工作效率，尽可能缩小样地间的转移路程。

方案设计的基本原则与评定指标，在设计森林抽样调查方案时，要充分考虑以下问题：

①明确林业生产和林业规划的要求，根据要求确定森林抽样调查必须取得哪些成果，需要掌握哪些数据以及这些数据要求达到的精度。

②根据森林经营的要求，正确地划分调查对象的总体和单元。

③充分掌握和利用过去已有的调查材料，根据生产的要求和调查地区的林况、地况等因子，选取适合的抽样调查方法，按要求的可靠性和精度，合理的计算样本单元数，正确组织样本设计抽样方案。

森林抽样调查方案的评定指标主要从以下方面进行：

①可靠性。调查结果应用精度指标，抽样调查不仅能客观地估计误差，并有概率保证，一般用95%的概率保证即可。

②有效性。误差小、效率高、成本低。

③连续性。适宜建立森林资源连续清查体系，通过定期复查，能够及时地分析森林资源的消长变化。

④灵活性。调查方案可塑大，适用范围广，能满足林业科学技术发展的要求。在林区进行综合性调查时，要尽量注意估计参数不同的抽样方案，相互嵌套，以利提高工效，降低成本。

特别提示

①明确森林抽样调查成果及可靠性和精度要求，如何计算样本单元数。

②根据所确定的样本单元数，在森林资源地理信息系统上如何完成样点的布设并打印输出样地布点图。

任务实施

森林抽样调查方案的设计

以教学林场或县、乡镇等一定区域森林为总体，完成森林调查总体界限确定、面积计算及调查单元的确定并分别采用系统抽样、分层抽样的方法进行样地数量计算，完成样地布点图的设置。

一、人员组织、材料准备

1. 人员组织

①森林抽样总体资料的准备，成立教师实训小组，负责指导与实施实训工作。

②建立学生抽样调查项目实训小组，4~5人为一组，并选出小组长，负责本组实习安排、考勤和森林资源材料的管理。

2. 材料准备

①图面材料及资源数据。调查总体的森林资源地理信息系统（GIS），调查总体的地形图、森林分布图、林业基本图。

②各种仪器、工具。安装森林资源地理信息系统的计算机、打印机、计算器、量角器、直尺。

③相关数表。《随机数表》《森林资源调查规划设计技术规定》。

二、任务流程

以实训小组为单位，通过学习讨论，完成森林系统抽样调查、分层抽样调查方案的设计工作，分别提交森林抽样调查方案设计说明书，完成森林系统抽查、分层抽样的样点布点图。

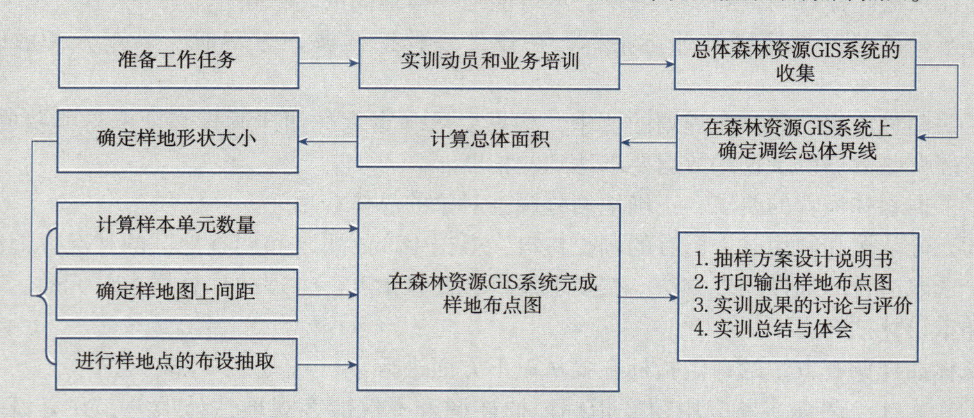

图 4-2　实训工作流程示意图

三、实施步骤

要求学生小组分别采用系统抽样、分层抽样的方法设计完成森林抽样调查方案的设计。

（一）系统抽样调查方案的设计

（1）确定总体境界，求算总体面积

明确调查总体，将总体境界线在森林资源地理信息系统中准确地调绘出来，利用 ArcGIS 软件计算森林抽样调查总体的面积。

（2）划分总体单元，确定样地形状和大小

在既定精度条件下，样地的形状及面积大小不同其效率是不同的。

①样地的形状。样地的形状一般有方形、圆形和矩形，方形样地边界木少，灵活性大，边界测量容易，可用闭合导线法设置。圆形样地也称样圆，设置方法简单，当样地面积相同时，以样圆的周界最短。我国森林抽样调查的样地形状常采用正方形，如福建省森林资源连续清查体系的省级固定样地的形状正方形。

②样地的大小。样地的大小实质是划分总体单元的大小，总体面积相同，样地面积越大，总体单元数越少。变动系数随样地面积增大而减小，当增加到一定程度时变动系数趋于稳定，当样地数相同时，面积大的样地估计精度高，但是面积大的样地增加了人力和成本的消耗。因此，样地最优面积应以变动系统开始趋于稳定的最小面积为宜（图 4-3），即 0.06 hm^2。

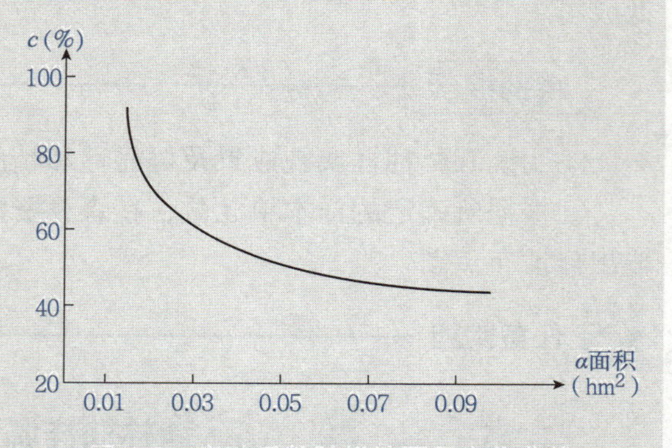

图 4-3　变动系数随样地面积变化曲线

样地面积在我国一般采用 0.06~0.08 hm^2，在林分变动较大的林区可用 0.1 hm^2，幼龄林用 0.01 hm^2较适宜。国家森林资源连续清查的样地面积 0.0667 hm^2，形状多采用正方形。

(3)确定样地数量

样地数量的确定既要满足精度要求，又要使工作量最小。在森林调查中，由于总体面积一般较大，抽样比一般小于5%，通常采用重复抽样公式计算样地数量：

$$n=\frac{t^2s^2}{\Delta^2}=\frac{t^2c^2}{E^2} \tag{4-3}$$

式中：s^2——总体方差估计值；

Δ——绝对误差限；

c——变动系数；

E——相对误差限；

t——可靠性指标。

在生产中，可靠性和抽样误差可以事先给定，但总体方差估计值 s^2 或变动系数 c 是未知的，可查阅以往的调查材料或通过预备调查作出预估。为了保证调查精度，常在确定的样地数量基础上增加10%～20%的安全系数。

在不重复抽样或抽样比大于5%时，采用下式计算样地数量：

$$n=\frac{Nt^2c^2}{NE^2+t^2c^2}=\frac{At^2c^2}{AE^2+t^2c^2a} \tag{4-4}$$

式中：N——总体单元数；

A——总体面积；

a——样地面积；

其他符号同前。

(4)布点

①确定样地间距。

样地在实地上的间距 L：

$$L=\sqrt{\frac{10\ 000\times A}{n}}\ \text{m}$$

样地在布点图上的间距 l：

$$l=100L\times\frac{1}{m}\text{cm}$$

②制作样地布点图。根据样地在布点图上的间距在地形图上确定公里网或公里网加密交叉点；一般先在森林资源地理信息系统的地形图上随机找上一个公里网交点(如图4-4中 F 点)，再按确定的样地间距沿公里网的方向布点，各交点即为选取的样点。操作时可新建一个图层，按确定的样地间距布设公里网或样点位，通过图层叠加在森林资源地理信息系统的地形图上生成系统抽样的样地布点图。

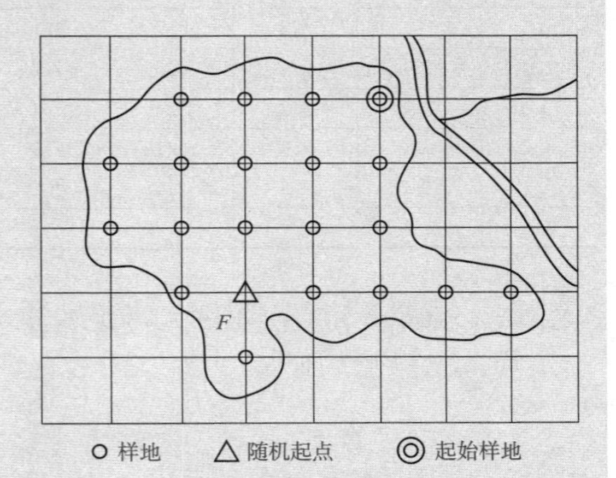

图4-4 系统抽样布点示意图

布点时要注意防止森林分布周期性的影响。如发现地形、森林分布等周期性影响时，要及时给予纠正，重新布点抽样。

对落入总体范围内的样点，从西向东、由北向南顺序编样地号，完成系统抽样样点图的制作。

(5)编写森林系统抽样方案设计说明书

简述森林抽样调查目的、总体范围及面积、抽样方法、样地形状大小、数量及布点图，样地调查主要内容。

例4-1 某林场森林系统抽样调查方案设计

1. 确定调查总体的境界，求算总体面积

将总体境界线在森林资源地理信息系统中准确地调绘出来作为调查用图，利用森林地理信息系统的ArcGIS软件计算森林抽样调查总体的面积(已知某抽样的总体面积为378.287 hm^2，即5674.3亩)。

2. 确定样地形状和大小

样地形状采用正方形，样地面积选用0.0667 hm^2。

3. 确定样地数量

(1)确定变动系数

通过调查、搜集，获得该林场(抽样调查总体)前期样地调查资料，具体材料见表4-1。

表 4-1 某林场前期样地蓄积量 单位：m^3

5.8	4.0	1.8	4.3	1.9	0.9	0.2	0.4	1.7	4.0
10.7	1.2	3.8	0.7	4.1	8.8	5.7	8.7	9.3	6.0
7.8	5.0	8.7	4.6	7.2	3.6	12.3	5.2	13.7	2.1
13.1	1.9	5.2	10.5	2.8	7.4	15.2	5.4	8.8	4.6
6.7	2.8	5.3	0.1	6.5	3.5	4.3	3.8	3.6	8.6
5.2	10.5	2.8	7.4	15.2	13.2	8.7	4.6	7.2	3.6
8.6	9.7								

$$\sum y_i^2 = 5.8^2+4.0^2+1.8+\cdots+8.6^2+9.7^2=3092.54$$

$$\sum y_i = 5.8+4.0+1.8+\cdots+8.6+9.7=371$$

$$\bar{y}=\frac{1}{n'}\sum y_i=\frac{1}{62}\times 371=5.98$$

$$S^2=\frac{\sum y_i^2-(\sum y_i)^2/n}{n'-1}=\frac{3092.54-\frac{371^2}{62}}{62-1}=14.30$$

$$S=\sqrt{14.30}=3.78$$

则总体的变动系数：

$$C=\frac{S}{\bar{y}}\times 100\%=\frac{3.78}{5.98}\times 100\%=63.2\%$$

在实际森林抽样调查方案设计时，也可根据以往调查材料，采用变动系数的经验公式进行估算：

$$C=(Y_{max}-Y_{min})/(6\times Y_{average})$$

如林分每亩最大蓄积量为 25 m^3，每亩最小蓄积量为 0 m^3，平均每亩蓄积量为 6.5 m^3，则变动系数可估算为：

$$C=(Y_{max}-Y_{min})/(6\times Y_{average})=(25-0)/(6\times 6.5)=64.1\%$$

（2）确定可靠性指标

$n'=62>50$，属于大样本，根据可靠性 95%查标准正态概率积分表，得 $t=1.96$。

在大样本时，按可靠性要求，由标准正态概率积分表（表 4-2）查得 t 值。

在小样本时，按可靠性要求 95%和自由度 $df=n-1$ 查“小样本 t 分布数值表”（表 4-3），得 t 值。

表 4-2 标准正态概率积分表

可靠性（%）	50	68.8	80	90	95	95.4	99
可靠性指标 t	0.67	1.00	1.28	1.64	1.96	2.00	2.58

表 4-3 小样本 t 分布数值表

df	1	2	3	4	5	6	7	8	9	10	11	12
t	12.71	4.30	3.18	2.78	2.57	2.45	2.37	2.30	2.26	2.23	2.20	2.18
df	13	14	15	16	17	18	19	20	21	22	23	24
t	2.16	2.14	2.13	2.12	2.11	2.10	2.09	2.09	2.08	2.07	2.07	2.06
df	25	26	27	28	29	30	40	60	120			
t	2.06	2.06	2.05	2.05	2.05	2.04	2.02	2.00	1.98	1.96		

（3）确定允许误差

由于调查精度要求达到 85%，所以调查的允许误差为 $E=1-P=1-85\%=15\%$。

（4）确定样本单元数

因为 $A=5674.3$ 亩，样地面积 $a=1$ 亩，所以采用重复抽样公式计算样本数量。

所以总体单元数为：

$$N=\frac{A}{a}=\frac{5674.3}{1}=5675$$

因为抽样比 $f=\frac{n'}{N}=\frac{62}{5675}=0.01<0.05$，所以采用重复抽样公式计算样地数量。

$$n=\frac{t^2c^2}{E^2}=\frac{1.96^2\times0.632^2}{0.15^2}=68$$

由于该总体为人工林，林相比较整齐，变动系数较小，为了保证系统抽样调查的精度，总体只需增加3%的安全系数。

$$n=68\times(1+3\%)=70$$

4. 布点，完成样点分布图

计算样地间距。

样地在实地上的间距：

$$L=\sqrt{\frac{666.67\times A}{n}}=\sqrt{\frac{666.67\times5674.3}{70}}=232.2\ \text{m}$$

样地在1∶10 000地形图上布点图上的间距l：

$$l=100L\times\frac{1}{m}=100\times232.2\times\frac{1}{10\ 000}=2.3\ \text{cm}$$

在森林资源地理信息系统上按照200 m×200 m间距进行公里网进行加密布点，各交点即为抽取的样地点。对落入总体范围内的样点，从西向东、由北向南顺序编样地号。

5. 编写森林抽样方案说明书

简述本次森林抽样调查主要目的、总体范围及面积、采取抽样调查的方法、样地形状大小、样地数量，在森林资源地理信息系统上布设样地，打印样点分布图，简述样地调查的技术方法与主要内容。

(二)分层抽样调查方案的设计

1. 确定调查总体的境界，求算总体面积

方法同系统抽样方法。

2. 样地形状和大小

样地形状采用正方形，样地面积选用0.0667 hm^2(1亩)。

3. 分层方案的确定

(1)确定分层方案的原则

①遵循林业生产上对调查成果的要求。

②依据总体内森林结构特点。

③充分利用过去的调查材料。

④缩小层内方差，扩大层间方差。

⑤充分利用图面材料和航空相片判读的成果。

(2)分层因子的选择

分层方案包括分层因子的选择与级距的划分。分层因子的选择依据调查目标而定，以清查森林蓄积量为目的的资源调查应与对蓄积量影响较大的因子作为分层因子。我国当前生产上主要采用树种(组)—龄组—郁闭度(疏密度)三因素的分层方案；如果总体蓄积量变化较大时，应以单位面积蓄积量作为分层因子，如亩蓄积量。

(3)分层因子级距的确定

如果总体采用树种(组)—龄组—郁闭度(疏密度)三因素作为分层因子时，各分层因子级距的确定：①树种(组)在混交林中用优势树种或树种组来分层。②龄组一般划分为幼龄林、中龄林、近熟林和成过熟林。③郁闭度(疏密度)一般划分为疏(≤0.2)、中(0.21~0.69)和密(≥0.7)3个层。

如果总体采用单位面积蓄积量作为分层因子时，分层因子的级距应根据总体单位面积蓄积量的极差和分层的层数来确定。

根据分层因子和分层因子的级距进行分层。为方便起见，各层可用层代号表示，例如“落成密”表示落叶松成过熟龄密林。分层因子不宜过多、级距不宜过小，否则层的面积误差加大，反而会降低精度。

(4)层化小班及求积

把总体中每个林分按照确定的分层因子和级距，准确地把它们区划出来。

操作时，根据森林分布图、地形图、林相图、航空相片等资料，结合地面现场调查，在森林资源地理信息系统中的林业基本图上调绘出各层的界限与范围，经过分层调绘的分层平面图是计算各层面积权重和进行分层布点的基本资料(图4-5)。

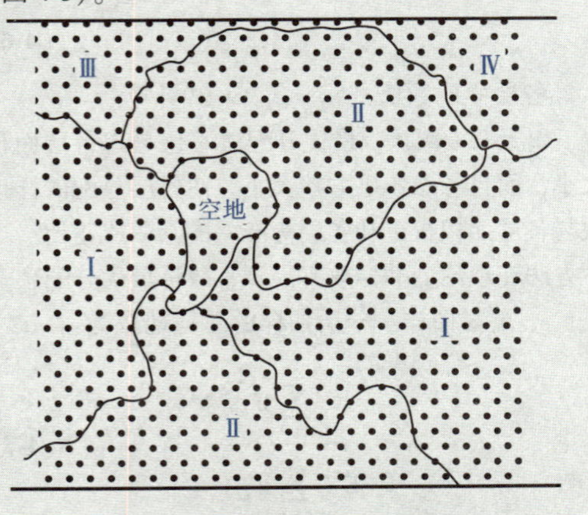

图4-5 系统抽样的分层平面图

然后在分层平面图上由地理信息中求算各分层小班面积。各分层小班面积之和应该等于总体面积，最后计算各层的面积权重。

由于分层抽样调查是在认定各层面积没有误差的条件下计算蓄积量的精度，所以各层面积的调绘判读及计算必须准确。否则面积权重的偏差将导致总体估计值的偏差。一般情况下，优势层的面积权重误差达±10%时，则使分层效率小于1。

（5）样本单元数计算与分配

①面积比例分配法。这是分层抽样调查常用的、按各层面积大小或比例分配样地数量。

a. 重复抽样：分层抽样的总样地数为：

$$n = \frac{t^2 \sum_{h=1}^{L} W_h s_h^2}{E^2 (\sum_{h=1}^{L} W_h \bar{y}_h)^2} \tag{4-5}$$

式中的 t 值、E 值是根据生产要求预先确定的，W_h 为各层面积的权重已知，而 S_h 和 $\bar{y}_h$ 是未知值，它只能根据以往调查资料或通过预备调查来预估。因此，用该式来得的 n 值的可靠程度取决于对 S_h 和 $\bar{y}_h$ 估计的准确程度。

各层样地数的分配与该层面积成正比，面积大的层，分配的样地数多，反之则少，即：

$$n_h = \omega_h \cdot n$$

b. 不重复抽样：分层抽样的总样地数为：

$$n = \frac{n}{1 + \frac{n}{N}} = \frac{t^2 \sum W_h s_h^2}{E^2 (\sum_{h=1}^{L} W_h \bar{y}_h)^2 + t^2 (\sum_{h=1}^{L} W_h s_h^2)/N} \tag{4-6}$$

各层样地数仍按 $n_h = \omega_h \cdot n$ 式计算。

②最优分配法。最优分配法不仅考虑各层面积大小，而且考虑各层方差大小，使各层分配的样地数与各层面积权重和各层标准差的乘积成正比。这种方法在理论上抽样效率最高，故称最优分配法。

a. 重复抽样：分层抽样的总样地数为：

$$n = \frac{t^2 (\sum_{h=1}^{L} W_h s_h)^2}{E^2 (\sum_{h=1}^{L} W_h \bar{y}_h)^2} \tag{4-7}$$

各层样地数为：

$$n_h = \frac{N_h S_h}{\sum N_h S_h} \cdot n = \frac{W_h S_h}{\sum W_h S_h} \cdot n \tag{4-8}$$

b. 不重复抽样：分层抽样的总样地数为：

$$n' = \frac{n}{1 + \frac{n}{N}}$$

$$= \frac{t^2 (\sum W_h s_h)^2}{E^2 (\sum W_h \bar{y}_h)^2 + t^2 (\sum W_h s_h)^2 / N} \tag{4-9}$$

各层样地数为：

$$n_h = \frac{W_h S_h}{\sum W_h S_h} \cdot n \tag{4-10}$$

在森林抽样调查中，常采用不重复抽样，当抽样比 $f = \frac{n}{N} \leqslant 0.05$ 时，采用重复抽样公式计算样地数量。

（6）布点，完成样地布点图

①按面积比例分配法。生产上常用一个系统布点，与系统抽样的布点方法相同。

②按最优分配法。根据计算的各层样地数，在各层化小班内独立系统布点。

由于分层抽样样本单元数计算是以总体的变动和精度要求为单位进行计算，因此只保证对总体的估计精度，不保证各层的精度。如要保证各层的精度，应根据各层的变动和精度要求来确定各层的样地数。在没有适合的航空相片，也可先在地形图进行分层抽样，即布点前不知道层面积，采用一次外业将样地调查和层化小班同时完成，待内业再分层计算，可以提高工效。

（7）编写森林抽样方案说明书

编见方法详见本实训“实施步骤/（一）/（5）。”

例 4-2 某林场森林分层抽样调查方案设计

1. 确定总体境界，求算总体面积

根据收集到的图面材料（地形图、基本图或森林资源地理信息图）把调查总体的境界准确地勾绘出来作为调查用图，通过计算，抽样总体森林的面积为 476.0 hm²。

2. 样地形状和大小

样地形状采用正方形，样地面积为 0.06 hm²。

3. 分层方案的确定

（1）分层因子的选择

以查清森林蓄积量为主要目标，根据该林场森林资源状况，本次调查确定树种、龄组、郁闭

度作为分层因子。

（2）分层因子级距的确定

①树种。根据该林场森林资源状况，本次树种分别为落叶松、白桦。

②龄组。落叶松：该林场落叶松林分年龄有近熟龄、成熟龄和过熟龄，由于落叶松近、成、过熟龄的林分变化基本一致、单位面积蓄积量差异不大，所以落叶松就分为一个“落叶松近、成、过熟龄”龄组。

白桦：白桦林分年龄由中、成、过熟龄组成，由于中龄林分与成、过熟龄林分的差别较大，所以白桦树种分为中龄和成过熟龄。

③郁闭度。由于落叶松、白桦林分郁闭度均有密、中、疏，所以落叶松、白桦郁闭度就分为密、中、疏三种。

④分层。根据分层因子和分层因子级距将该林场分为落叶松近成过熟龄密林、落叶松近成过熟龄中林、落叶松近成过熟龄疏林、白桦近成过熟龄密林、白桦近成过熟龄中林、白桦中龄疏林等六层。为方便起见，将各层用层代号表示，分别为落Ⅲ密、落Ⅲ中、落Ⅲ疏、白Ⅲ密、白Ⅲ中、白Ⅱ疏。

4. 层化小班和各层面积权重计算

根据分层方案，将落Ⅲ密、落Ⅲ中、落Ⅲ疏、白Ⅲ密、白Ⅲ中、白Ⅱ疏各层的每个小班边界在地形图上准确地勾绘出来，对各层面积进行求算并计算各层面积权重。具体计算结果见表4-4。

5. 确定样本单元数

（1）确定变动系数

通过预备性调查，预估出各层的变动系数和平均数，具体预估数值见表4-5。

$$S_h = y_h \times c(\%)$$

式中：$c(\%)$为变动系数；$t=2$；$E=10\%$；$N=60$。

根据预估的各层的变动系数和平均数求出各层的标准差和方差：

如落Ⅲ密层的标准差为 $S_h = y_h \times C = 11 \times 30\% = 3.3$。

表4-4　各层面积权重计算表

层代号	层　别	层面积（hm^2）	权重（0.000 01）
落Ⅲ密	落叶松近成过熟龄密林	135.6	0.2849
落Ⅲ中	落叶松近成过熟龄中林	87.7	0.1842
落Ⅲ疏	落叶松近成过熟龄疏林	18.9	0.0397
白Ⅲ密	白桦近成过熟龄密林	176.2	0.3702
白Ⅲ中	白桦近成过熟龄中林	34.1	0.0716
白Ⅱ疏	白桦中龄疏林	23.5	0.0494
合　计		476.0	1.0000

表4-5　用面积比例分配方法计算分层抽样样地数及其分配

层代号	预估值				W_h	$W_h y_h$	$W_h S_h{}^2$	n_h	$W_k^2 S_k^2$
	Y_h	$C(\%)$	S_h	$S_h{}^2$					
落Ⅲ密	11	30	3.3	10.89	0.2849	3.1339	3.1026	17	
落Ⅲ中	10	50	5.0	25.0	0.1842	1.8420	4.6050	11	
落Ⅲ疏	9	50	4.5	20.25	0.0397	0.3573	0.8039	3	
白Ⅲ密	10	30	3.0	9.0	0.3702	3.7020	3.3318	22	
白Ⅲ中 白Ⅱ疏	9	50	4.5	20.25	0.1210	1.0890	2.4503	7	
合计	—	—		—	—	10.1242	14.2936	60	

落Ⅲ密层的方差为 $S_h^2=3.3^2=10.89$。其他各层的标准差和方差的计算方法同上。

总体平均数等于各层平均数的加权平均数，即：

$$\bar{y}=\sum\omega_h y_h=0.2489\times11+0.1842\times10+0.0397\times9+0.3702\times0.1210\times9=10.1242$$

总体方差等于各层方差的加权平均数，即：

$$S^2=\sum\omega_h S_h^2=0.2489\times10.89+0.1842\times25+0.0397\times20.25+0.3702\times9=0.1210\times20.25=14.2936$$

（2）确定总体和各层的样本单元数

本次调查采取按面积比例分配方法计算总体和各层的样本单元数。在设计调查方案过程中，可能发现白Ⅲ中层和白Ⅱ疏层的林分特征相近，故将这二层合并成一层。由于林业调查的总体面积一般较大，抽样比往往小于0.05，所以采取重复抽样公式计算总体样本单元数。

分层抽样的总样地数为：

$$n=\frac{t^2\sum_{h=1}W_hS_h^2}{E^2\left(\sum_{h-1}^{L}W_h\bar{y}_h\right)^2}=\frac{2^2\times14.2936}{0.16\times10.1242^2}=58$$

为了确保抽样精度，样本单元数增加3%的安全系数，所以样本单元数为：

$$n=58\times(1+3\%)=60$$

根据 $n_k=\omega_h\cdot n$ 计算各层样地数，具体如下：

落Ⅲ密层的样本单元数 $n_1=\omega_1\cdot n=60\times0.2849=17$

落Ⅲ中层的样本单元数 $n_2=\omega_2\cdot n=60\times0.1842=12$

落Ⅲ疏层的样本单元数 $n_3=\omega_3\cdot n=60\times0.0397=3$

白Ⅲ密层的样本单元数 $n_4=\omega_4\cdot n=60\times0.3702=22$

白Ⅲ中、白Ⅱ疏层的样本单元数 $n_5=\omega_5\cdot n=60\times0.1210=8$

落Ⅲ密、落Ⅲ中层、白Ⅲ中和白Ⅱ疏层分配到的样地数与实际的样地数不符，出入的原因是样地布点后、到实地调查后发现林分变化了或是前期调查时树种确定错误。

6. 分层抽样样地布点图的布置

（1）确定样地间距

样地在实地上的间距 L：

$$L=\sqrt{\frac{10\ 000\times A}{n}}=\sqrt{\frac{10\ 000\times476}{60}}=281.7\ \text{mm}$$

样地在1：10 000比例尺的布点图上的间距 l：

$$l=100L\times\frac{1}{m}=100\times281.7\times\frac{1}{10\ 000}=2.82\ \text{cm}$$

（2）布点

面积比例分配法：采取一个系统布点，在森林资源地理信息系统上按照280 m×280 m间距进行公里网进行加密布点，各公里网交叉点均为样点并对落入总体范围内的样点，从西向东、由北向南顺序编样地号。

最优分配法：根据计算的各层样地数，在各层化小班内独立布点。

7. 编写森林抽样方案说明书

编写方法详见本实训“实施步骤/（一）/（5）”。

四、实施成果

①每位同学完成实训报告一份，主要内容包括实训目的、内容、操作步骤、成果的分析及实训体会。

②每实训小组完成森林系统抽样调查设计说明书、森林分层抽样调查设计说明书各1份。

③每实训小组完成在森林资源地理信息系统中分别完成森林系统抽样调查样地布点图、森林调查样地布点图的布设，并打印输出系统抽样样地布点图、分层抽样样地布点图。

五、注意事项

①在森林抽样调查方案设计之前，同学要认真学习相关技术规定，深入分析理解案例，熟悉实训内容与操作要点。

②在明确抽样调查目的，主要内容、调查可靠性精度要求的同时，充分利用已有的森林资源调查数据计算资源变动系数。

③森林抽样调查基本知识、地形图识别与判读、森林资源地理信息系统（ArcGIS软件）的操作技术是完成本项目的基础。

④完成森林系统和分层抽样调查方案设计说明书，并对两种方案进行比较说明。

⑤根据教师提供的抽样总体材料，实训小组相互协作，认真、科学、规范地按照森林抽样调查方案设计的程序开展实训。

任务分析

对照【任务准备】中的“特别提示”及在任务实施过程中出现的问题，讨论并完成表4-6中“任务实施中的注意问题”的内容。

表4-6　森调抽样调查任务反思表

任务程序		任务实施中的注意问题
人员组织		
森林抽样总体材料的准备 森林资源地理信息系统(ArcGIS软件)的操作		
实施步骤	1. 森林抽样调查方法的选择	
	2. 样地形状与大小的确定	
	3. 样地数量的计算，间距的设定	
	4. 样地布点图的布设与打印	
	5. 森林抽样方案的编写	

任务4.2 地面样地的测设与调查

知识目标

1. 具备地形图的判读、GPS导航定位、罗盘仪测量的知识。
2. 了解地面样地定位的主要技术方法。
3. 掌握地面样地的调查的主要内容。

技能目标

1. 能将样地布点图的样点准确落实到地面进行样点定位。
2. 能根据要求完成样地边界的测设。
3. 能完成样地各项因子的调查工作，提交完整的样地调查成果。

素质目标

1. 培养热爱林业行业的情感。
2. 树立科学严谨的工作态度。
3. 培育吃苦耐劳的林人精神。

任务准备

样地是森林抽样调查所抽取的样本单元，样地的测设与调查是森林抽样调查主要的外业调查工作，将图面上样点位置落实到地面上称为样地定位，样地定位后应开展样地周界测量，并根据调查的目的与要求对样地内的各项森林因子进行全面的调查就是样地调查。

4.2.1 样地的概念

森林抽样调查中，观测和调查的单位是单元，单元的集合体称总体。总体的范围可以大至全国，小至一个区域(县、林场)。为了获得部分单元的观测值，用以推断总体，先要抽取部分单元组成样本，这些组成样本的每个单元称样本单元，如图4-6所示。

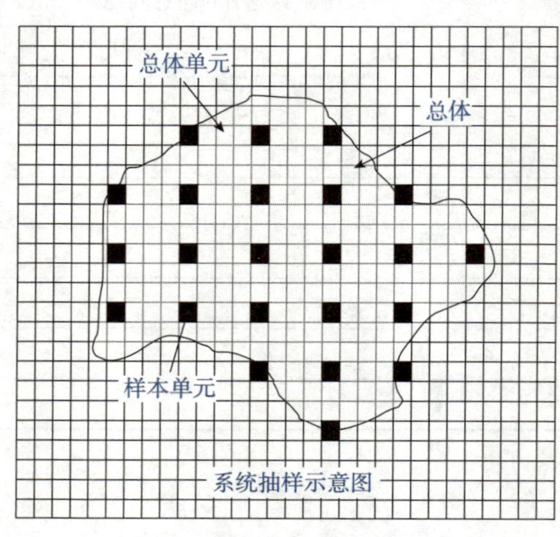

图4-6 样本单元抽取示意图

样地就是抽取调查的样本单元，通常是一定面积森林实测的调查地段，用以反映林区特征的单元。样地面积大小取决于森林总体内的林木大小和它的分布均匀程度，样地面积越大，测定工作量加大，但单元值间的变动缩小，达到调查要求的精度所需样地数也相应减少。理想的样地面积是变动系数随样地面积加大而减少到相对稳定时的数值。全国森林资源连续清查所设置的样地形状采用正方形，样地面积选用0.0667 hm^2。

4.2.2 样地引点定位

森林资源抽样调查方案设计时常在森林资源地理信息系统的1∶1万或1∶2.5万比例尺的地形图上进行森林资源抽样调查布点设置。即按照一定的调查精度要求，以系统抽样、分层抽样等方式布设调查样地，在地形图上定出样点位置。样地点通常布设在地形图上公里格网的交点上，由于公里格网的交点并不是明显地物或地貌特征点，要精确地找到图上相应实地的点位是不容易的，样地定位就是将森林抽样调查中布设的样点准确地落实到实地。当前样地定位的方法有罗盘仪引点定位与GPS导航定位。

(1)新设样地的罗盘仪引点定位

罗盘仪引点定位就是从地形图上样点附近找出个，由图上量出此明显地物标至样点的水平距离和坐标方位角，按图上的水平距离换算成地面的实际距离，根据罗差值将图上坐标方位角修正为实测的磁方位角，现场用罗盘仪定向、视距测量或皮尺量距，从引线的起点(明显特征点)开始，用直线或折线的导线测量引点确定样点位置。

样地地面定位的误差一般要小于样地布点地形图上1 mm的相应实地的水平距离，例如，比例尺为1∶25 000，地面引点误差应小于±25 m；比例尺为1∶10 000，应小于10 m。引点方位角量算误差不大于1°，视距读数误差不大于2%，站点之间长度不超过150 m，导线终点偏差不大于导线总长度的1%。

(2)复位样地的 GPS 导航定位

在森林抽样调查中，固定样地复查定位可采用 GPS 接收机进行导航定位，大大节省样地定点的时间，即首先在森林资源地理信息系统的地形图上或从前期样地调查记录表中查出样点的地理坐标值，利用 GPS 机的导航定位功能进行现场导航定位，GPS 机的导航定位能大大提高样地引点定位的工作效率，节省时间与精力。但由于受 GPS 机的性能及 GPS 信号的定位精度的影响，GPS 的导航难以准确到达图上计算的坐标点上，使用时受人为影响较大，为此当前对于森林抽样调查的初设样地的定位中，不允许采用 GPS 导航直接确定样地实地点位，而只能采用罗盘仪实地引点法进行。

4.2.3 样地周界测设

样点定位后，在样点上按统一规定的方向设置样地，如果样点在总体边缘，样地面积已跨入相邻总体，应按统一规定将样地设置在该总体以内。由于抽样调查是以样地为基础推算总体，因此样地面积测量要准确，样地的周界测量方法因抽样调查的目的不同而定，如省级连续清查样地常为方形样地，则用罗盘仪定向皮尺量距测边法设置样地边界并详细记录其测设过程，要求其闭合差要小于 1/200，角度误差小于 1°，任何情况都不得改变样地位置、方向和边长，边界测定完成后应在角点与边界设置相应的标记，如埋设样地角桩，测定定位树，挖土壤坑等，并绘制样地位置略图，以便于今后样地的复位。

4.2.4 样地调查

样地调查内容根据调查目的、任务不同而定，其主要记录的内容为样地位置、林地基本情况、林分经营状况、林分资源数据、森林的生态状况及其他因子的调查。在以森林资源监测为主要目的的一类调查和以控制总体蓄积量调查精度的二类抽样调查时，其样地调查的项目主要有以下几方面。

(1)样地基本情况调查

①样地位置。样地号、图幅号、纵横坐标、照片号，样地所在的省、县、乡、村名，林班、大班及小班号及绘制样地位置略图。

②林地情况。地貌、坡向、坡位、坡度、海拔；土壤名称、土壤厚度、腐殖质厚度及立地质量等级；主要下木、地被物名称及覆盖度。

③森林的生态环境状况。森林群落结构、林层结构、树种结构、自然度、森林健康等级、工程类型、森林类别、公益林事权等级、保护等级、商品林经营等级、森林生态系统多样性、湿地类型、天然更新；土地沙化或荒漠化程度等。

④林木经营情况。地类、林种、权属、起源、优势树种、年龄、郁闭度；森林病虫害类型、森林火灾等级、主伐、天然更新等。

(2)林木资源情况调查

主要包括树种、株数、平均高、平均胸径、单位面积蓄积量、枯损量等测树因子，主要通过对样地内林木分树种、分类型编号进行每木检尺、测定树高、绘制样木位置图等方法，调查样地内林木的蓄积量、枯损量及采伐量等，固定样地还要利用前后期变化对森林资源进行监测。

国家森林资源连续清查的样地记录详见样地因子调查记录表(附表1)，对于不同类型的样地调查因子各不相同，详见样地调查因子记录填写清单表(附表2)。

样地调查记录的格式多种多样，各地可根据调查的内容和要求自行设计。为了统一技术标准，我国森林抽样调查的省级固定样地调查必须严格按《国家森林资源连续清查样地调查记录》格式进行调查记载。当条件允许时，随着计算机应用系统的开发，当前多采用平板电脑等新设备进行野外数据采集，以提高外业调查工作效率。

4.2.5 样地内业计算与检查

对样地外业调查材料进行检查验收，进行质量评定，对于样地调查重要项目：样地固定标志、样地位置、每木检尺株数及胸径、样地地类不能有误，其他调查项目误差也应符合允许范围，凡不合乎要求者，必须重新调查，若所检查的样地材料不合格的超过了允许范围，则外业调查材料必须全部返工，直至合乎要求为止。经检查合格后的样地按预先规定的要求，计算样地的株数、平均高、平均胸径、单位面积蓄积量、枯损量等测树因子，用于对总体特征值做出估计。

特别提示

①掌握利用罗盘仪引点定位的技能；会使用GPS对复位样地的导航复位。

②能利用罗盘仪完成样地周界的测定。

③熟悉样地的调查的主要项目，完成样地调查及调查记录本的填写或用平板电脑等新设备进行野外数据采集。

任务实施

地面样地定位与调查

利用罗盘仪开展样地引点定位、方形样地测设的技术，熟悉样地的调查的主要项目，完成样地调查及调查记录本的填写，掌握森林资源抽样调查的样地调查方法与技能。

一、人员组织、材料准备

1. 人员组织

①成立森林抽样调查教师指导小组，负责指导与实施实训工作，在实训教学林场，也可通过承接森林资源调查生产任务，实施项目化教学。

②建立学生抽样调查项目实训小组，4~5人为一组，并选出小组长，负责本组实习安排、考勤和仪器管理。

2. 材料、仪器准备

①图面材料、调查表格。森林抽样调查的样点布点图、地形图、样地调查记录本，前期的样地调查记录本、方格纸、草稿纸。

②各种测量仪器、工具。罗盘仪、视距尺、花杆、测绳、皮尺、测树钢围尺、测高器、手持GPS机、安装“森林资源调查监测管理系统”的平板电脑、量角器直尺、水泥角桩、红漆、钢字模、树号铝牌、铁钉、砍刀、锄头、工具包、记录板、小刀、橡皮、铅笔、毛笔、蜡笔等。

③相关数表及技术规程。《森林调查手册》《森林资源调查规划设计技术规定》《全国森林资

源清查操作细则》。

④劳保用品。水壶、草帽、工作服、运动鞋、蛇药、急救包及创可贴等应急药品。

二、任务流程

成立教师实训小组，负责指导学生认真学习《全国森林资源清查操作细则》，并组织实施实训工作。建立学生实训小组，4~5人为一组，并选出小组长，负责本组实习安排、考勤和仪器管理，全面完成若干个样地的引点定位、测设与调查工作，熟悉利用平板电脑进行地面样地调查的记录（图4-7）。本实训工作量较大，可安排在课程教学实习周进行，时间2~3 d。

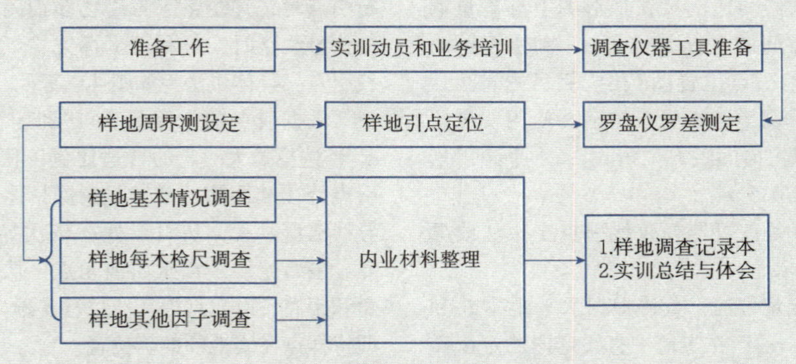

图4-7 样地调查主要工作流程图

三、实施步骤

1. 测定罗盘仪的罗差

罗差是指由于罗盘仪及地区的影响，在地形图上量取的直线坐标方位角与测量时定线的磁方位角的角值之差。其测定方法为：先在使用地区的地形图上找取具有一定距离且可通视的二个特征明显，图上有、实地也有的地物或地貌特征点，在地形图上准确量取两个明显地物或地貌特征点间的坐标方位角 $\alpha_{坐}$，后现场使用罗盘仪实测两个特征点间直线的磁方位角 $\alpha_{实磁}$，则该罗盘仪罗差值：

$$\theta=\alpha_{坐}-\alpha_{实磁}$$

为此在今后样地引点时，由地形图上量得的坐标方位角 $\alpha_{坐}$，均应根据该罗盘仪罗差值 θ 来推算某罗盘仪定向实测的磁方位角 $\alpha_{实磁}$ 值，此时 $\alpha_{实磁}$ 值已经综合考虑了磁坐偏角 φ 和罗盘仪器本身的误差。

例4-3 在某地区1∶10 000的样地布点的地形图上，量出两个明显地物或地貌特征点的坐标方位角值。

$$坐标方位角\ \alpha_{坐}=78°$$

现场使用罗盘仪实测出两个明显地物或地貌特征点的实际磁方位角

$$实际磁方位角\ \alpha_{实磁}=74°$$

则该罗盘仪的罗差值为：

$$\theta=\alpha_{坐}-\alpha_{实磁}=78°-74°=+4°$$

则以后采用此架罗盘仪在该地区进行样地引点定向时，其实际磁方位角均比样地布点图上量得坐标方位角值少4°，如图上量得坐标方位角值为108°，实际定向时磁方位角应为104°。

2. 罗盘仪样地引点定位

①根据1∶10 000地形图上布设的样地点位，在其附近选一个特征明显、图上有、实地也有的地貌地物点(如明显山头、国家三角点、水准点、河流或道路交叉点及明显转弯处、独立建筑物等)，作为样地引点的起点(图4-8)。

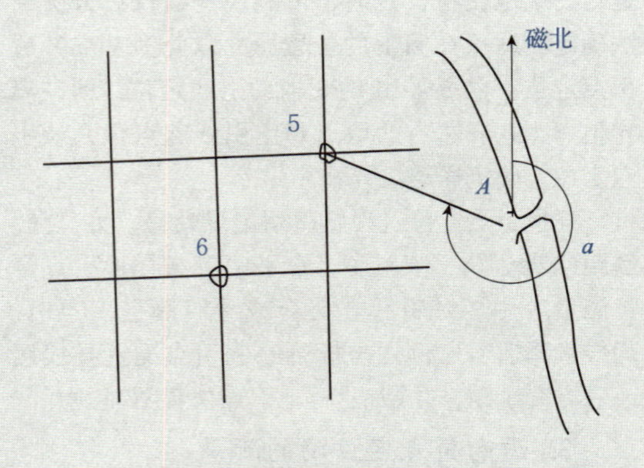

图4-8 罗盘仪样地引点定位示意图

为了便于今后复查，引点位置应埋设木桩，规格为小头去皮直径 6~8 cm、长 80 cm，并在木桩上部面向引线走向一平面书写“引—×××”号。若利用明显永久性地貌地物标志的用油漆标明中心位置，在附近书写“引—×××”号，可不埋设木桩。

②在地形图上样地点与引点起点之间画一条直线，利用量角器和比例尺在地形图上准确量取该特征点至样点间的坐标方位角 $\alpha_{坐}$ 和水平距离 D，记录于“样地引点位置图”相应栏目内。注意方位角以度为单位，精确至 0.5°，并使用罗盘仪罗差值推算引点定向的磁方位角 $\alpha_{磁}$；水平距以米为单位，精确至 0.5 m。

③根据引点条件可选择直线引点定位法或导线引点定位法。

a. 直线引点定位法：直接根据水平距离 D 和定向的磁方位角 $\alpha_{磁}$，在实地中直线定向测定出样点具体位置。即将罗盘仪安置于明显地物标或地貌特征点上，用磁方位角 $\alpha_{磁}$ 定向（固定磁北针读数为磁方位角 $\alpha_{磁}$），从测站开始用皮尺直接量取或视距测量相应的水平距离 D，即得样点在实地的准确位置（图 4-9）。

b. 导线引点定位法：当按图上量取的方向进行引点时，其线路上障碍物多而附近又有相对好的测量线路时，可利用坐标方格纸图解法进行导线引点，具体做法为如图 4-9 所示。

根据引点的水平距离 D 和定向的磁方位角 $\alpha_{磁}$，选择扩大一定的合适比例，在坐标纸上画出引点处 A 和西南角点 B；根据具体实地际罗盘仪导线测量过程，从引点处 A 依次导线法作图至 3 点，最后连接 3 点至西南角点，从图上量得方位角和距离，以 3 点为基准进行实地定向引点定位，即得样点在实地的准确位置。

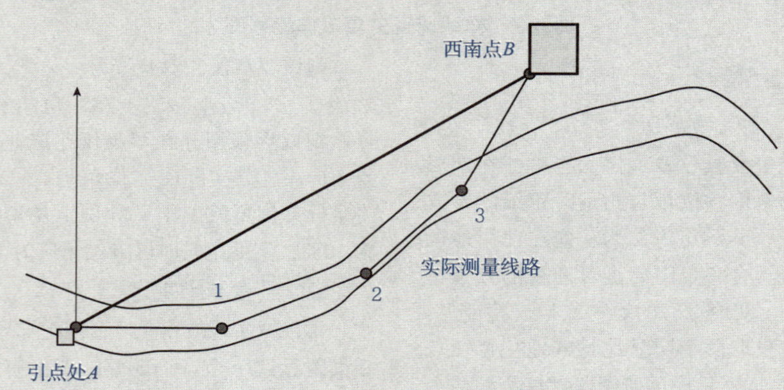

图 4-9　样地导线法引点示意图

当样地点位引线距离超过 500 m，附近又无明显地物或地貌特征点时，可利用罗盘仪后方交会法确定测站点在图上的位置，并以此为基准开展引点定位；也可采用 GPS 辅助引线定位，即在离样地点 100 m 左右的地点判定引线起点位开展引点定位，确定样地位置。

样地引点定位过程要逐站记录站号、方位角、斜距（或视距）、倾斜角、水平距等于样地引点定位测量表中。采用后方交会或导线测量引点时，均应选择适当比例在坐标纸绘制引点测量导线图或后方交绘图，并贴在“样地引点位置图”栏中。

3. 西南角点定位物的测量

样地引点定位之后，为了保证定位点的保存与以后的复位，常在定位点（西南角点）和东北角点的周围 10 m 范围，选择定位物如树木、岩石等，分别测定角桩点与定位物之间的方位角、水平距，在“定位物调查记录表”记录定位物名称（树木的树种）、定位物特征（编号）、角点桩与定位物之间的方位角、水平距，并说明定位物在样地内或样地外。定位物为树木的，应选择生长正常、胸径 5 cm 以上乔木 3 株以上，并用红油漆在定位树眼高处编定位号加括号。若西南角点和东北角点的样地外或样地内 10 m 范围没有明显定位物，可在其他角点设置，同时在样地西南角点外侧 1~2 m 处，挖一个面 40 cm×40 cm、深30 cm的土壤坑，并在“样地位置图”中注明土壤坑在西南角点的方位和距离。

4. 样地周界测定

森林资源连续清查中 0.0667 hm^2 的方形样地边界测定的具体步骤为：

（1）用罗盘仪测角定向

在样地西南角点上安置罗盘仪，并按磁方位角 0°—90°—180°—270°顺序依次测定各角点，即“西南角点—西北角点—东北角点—东南角点—西南角点”。

（2）用皮尺量测各边距离

0.0667 hm^2(1 亩)形状为正方形样地，其各边水平距为 25.82 m。当林地坡度 5°以上时，应根据水平距结合倾斜角计算应量取的斜距，如：坡度为 15°，水平距为 25.82 m，则其应量测的斜距为 $S=25.82/\cos15°=26.85$ m，量斜距时应保证按相应坡度进行实际量测，当边界上遇到障碍物(如树木、岩石等)，无法直线通过，采用“平移法”(即同向、等距、平移、还原)进行绕测，不得砍伐树木，通视条件差时也可分段测量。

（3）检查边界闭合差

绝对闭合差是指边界测量时起点与终点(不重叠时)之间的水平距离值，在边界测量闭合时实地量得。相对闭合差是周界测量起点与终点不重叠时，其两点位之间的水平距占四条边长总和的百分比，要求不超过各边总长的 1/200。

$$相对闭合差=\frac{绝对闭合差(m)}{相对闭合差(m)}$$

正方形面积为 1 亩的样地则其绝对闭合差应不超过 51.64 cm，否则应重新测定周界。样地周界的每条边界，每个测点的测量方位角、倾斜角、斜距、水平距都要记录在“样地周界测量记录表”相应栏内。

（4）样地边界的标记

样地周界测量的同时，应在周界外侧，靠近界线的树木，在其树干朝样地方向眼高处，刮树皮后用红油漆画“×”；清除界线上的“矮灌”，形成样地四周“界影”，以方便样地内进行每木检尺与调查。

样地测设完成后应分别在样地的四个角点上埋设角桩。省、县级固定样地的角标桩常用水泥角桩，规格为长 60 cm、粗 8 cm×8 cm，中间有一根小号钢筋，在其一面距顶部10 cm处留一凹槽，常用瓷片标注样地编号；临时样地常用针叶树剥皮制作，粗 20 cm，长 1.5 m，埋入地下 70 cm，用铅油写出样地号、样地面积及设置年月日。木桩用材，不得在样地内伐木制作。

(5)样地位置略图绘制

样地周界测设后，应在现场绘制样地位置略图，以方便以后复位。

①位置图上需标明引点标志的位置及名称，引点标志和样地周围有识别意义的地貌地物名称及特征；记录引点标志至样地西南角点的坐标方位角和水平距。

②在“样地调查记录表”说明栏内，详细记载引点定位时沿途有识别意义的地貌特征、重要地物标志(如坟墓、独立屋、独立树等)及寻找样地的最好途径等。

5. 样地每木检尺

由于抽样调查是以样地为基础推算总体，样地调查内容依调查目的、任务而定，每木检尺对象为样地内胸径为 5.0 cm 以上的乔木树种(包括经济乔木树种)，边界木可采用取两边舍两边或隔一株取一株方法决定。检尺时要对样木进行编号、分不同林木类型(林木、散生木、四旁树)记录其准确胸径，精确至 0.2 cm，并用红油漆划胸高位置线。凡是用材林近、成、过熟林样地，每木检尺时，应按技术规定标准逐株记载材质等级。对于复位样地还应对照前期调查数据，确定样木的检尺类型(保留木、进界木、枯立木、采伐木、枯倒木、漏测木、多测木、胸径错测木、树种错测木、类型错测木、大苗移栽木、普通保留木)。

国家森林资源连续清查固定样地每木检尺的精度要求如下。

(1)每木检尺株数

大于或等于 8 cm 的应检尺株数不允许有误差；小于 8 cm 的应检尺株数，允许误差为 5%，且最多不超过 3 株。

(2)胸径量测

胸径大于或等于 20 cm 的林木，量测误差小于胸径的 1.5%；胸径小于 20 cm 的林木，胸径量测误差小于 0.3 cm。

(3)树高测量

当树高小于 10 m 时，量测误差小于 3%；当树高大于或等于 10 m 时，量测误差小于 5%。

6. 样木位置图的绘制

为了直观反映样木在样地中的位置，应该根据每株样木的方位角和水平距(或其他定位测量数据)绘制样木位置分布图，位置图上的样木位置用小圆圈中间加点表示，并注其树号。

7. 树高测量

对于乔木林样地，有优势树种(组成比＞65%)时，应优势树种的平均胸径，在样地内选3~5株与平均胸径相等或相近的优势树种，用测高仪器或其他测量工具测定树高，记载到0.1 m。无优势树种(没有一树种组成>65%)时，根据所有树种的平均胸径，在样地内选3~5株与平均胸径相等或相近的各树种，实测树高。

8. 样地蓄积量的计算

样地蓄积量是森林抽样调查重要的调查内容，通常根据样地每木检尺的数据，在对外业调查资料进行检查和整理的基础上，分树种采用当地一元材积表法等方法计算样地各检尺类型林木的材积、株数及树种组成，也可将样地外业调查原始数据输入安装“森林资源监测管理系统”的电脑，由森林资源连续清查管理系统自动完成。

9. 其他因子的调查

本次以省级样地调查为标准，根据国家连续清查固定样地的“样地因子调查记录表”项目共80项，分不同样地类别、土地类型、森林类别等，需要调查不同的因子，详见“样地调查因子记录填写清单”。附表2中的注记，其中“●”的为需要调查记录的项目，“○”表示在特定情况下需要调查记录的项目。

国家森林资源连续清查固定样地的主要调查项目前的精度要求为：

(1)主要项目调查精度要求

①样地固定标志：样地固定标志要符合《技术规定》要求。

②地类、林种、优势树种确定应正确无误。

③应绘制固定样木的位置图，进行样木编号。

(2)其他因子调查精度要求

①林分年龄误差不能超过1个龄级。

②郁闭度测定误差应小于0.1。

③样地号、图幅号、纵横坐标、照片号及样地所在的省、县、乡、村名，应填写正确无误。

④出材率等级和可及度的确定不允许有误差。

⑤权属、起源，平均树高、平均直径、天然更新、保存率均应填写正确无误。

⑥地貌、坡向、坡位、坡度、海拔、土壤名称、土壤厚度、主要下木、地被物名称及覆盖度应记录正确无误。

⑦其他调查因子记载应正确无误。

四、实训成果

①每位同学完成实训报告一份，主要内容包括实训目的、内容、操作步骤及技术要点、调查成果的分析及实训体会。

②每实训小组完成所测设调查样地的《森林资源连续清查样地调查记录》(附表1)或“森林资源监测管理系统”中的样地调查记录。

五、注意事项

①样地测设与调查之前，同学要认真学习国家连续清查相关技术规定，熟悉实训内容与操作要点。

②地形图识别与判读、GPS操作、罗盘仪测量、标准地调查及森林资源监测管理系统的操作等技能是完成本项目的基础。

③样地测设与调查，工作任务重，实训前要做好相应的仪器、工具及记录表格等方面的准备，打好树牌号。

④严格遵守作息时间，合理分工，团结协作，班干部要发挥模范带头作用，协助老师维持实习纪律并注意安全。

⑤认真、求实、科学地进行各项外业调查与内业整理工作。

任务分析

对照【任务准备】中的“特别提示”及在任务实施过程中出现的问题，讨论并完成表4-7中“任务实施中的注意问题”的内容。

表 4-7 样地测设与调查任务反思表

任务程序		任务实施中的注意问题
样地外业测设与调查人员组织		
样地测设材料、仪器工具的准备 罗盘仪罗差值的测定工作		
实施步骤	1. 罗盘仪样地的引点定位与标志	
	2. 样地边界测定与标志	
	3. 样地的每木检尺、树高调查及样本位置图的标志及记录方法	
	4. 样地其他因子的调查及记录方法	
	5. 规范填写样地调查记录表	
	6. 利用平板电脑开展“森林资源监测管理系统”中的样地调查记录的操作要点	

任务 4.3 森林抽样调查特征数的计算

知识目标

1. 了解森林抽样调查特征数的概念。
2. 熟悉森林系统抽样调查特征数的计算方法。
3. 熟悉森林分层抽样调查特征数的计算方法。

技能目标

1. 能进行森林系统抽样调查特征数的计算。
2. 能进行森林分层抽样调查特征数的计算。
3. 能完成总体森林资源估计和误差分析、成果汇编。

素质目标

1. 树立科学严谨、实事求是的工作态度。
2. 增强身体素质，吃苦耐劳的林人精神。

任务准备

森林抽样调查就是从森林总体中，根据随机原则从总体中任意抽取一部分单元组成样本，通过测设调查样地，取得样本的基础数据，并根据样本(样地)资料计算的特征值，对总体特征值作出具有一定可靠程度的估计，以达到认识总体数量特征的目的，因此科学地估算森林抽样总体特征值是抽样调查的最终目的，总体特征值的计算是重要的内业工作。森林抽样调查的特征值是指总体所有单元地某标志上数量特征的数值，如总体平均数、总量、方差、标准差等。不同的森林抽样方法其总体特征值的计算方法也有所不同。

当前我国森林连续清查已开发了较完善的计算机应用系统，其外业数据的记录与总体特征值内业的计算基本均实现由计算机应用系统自动完成。

4.3.1 简单随机或系统抽样特征值的估算

(1)总体平均数的估计值

在随机或系统抽样调查中，用样本平均数 $\bar{y}$ 作为总体平均数 $\bar{Y}$ 的估计值。在含有 N 个单元的总体中，随机或系统抽取 n 个单元组成样本，则总体平均数的估计值为：

$$\hat{\bar{Y}} = \bar{y} = \frac{1}{n}\sum_{i=1}^{n} y_i \tag{4-11}$$

式中：y_i——第 i 个样本单元的观测值。

(2)总体总量的估计值

$$\hat{Y} = \hat{\bar{Y}} \cdot N = \bar{y} \cdot N = \frac{N}{n}\sum_{i=1}^{n} y_i \tag{4-12}$$

若总体面积为 A，样本单元面积为 a，则：

$$\hat{Y}=\frac{N}{n}\sum y_i=\frac{A}{na}\sum y_i=\frac{A}{a}\cdot\bar{Y} \tag{4-13}$$

(3)总体方差 σ^2 的估计值

当抽取 n 个单元组成样本时，总体方差 σ^2 的估计值 s^2 为：

$$S^2 = \frac{1}{n-1}\sum_{i=1}^{n}(y_i - \bar{y})^2 \tag{4-14}$$

为了便于计算，上式可写成下面形式：

$$\begin{aligned} S^2 &= \frac{1}{n-1}\left(\sum y_i^2-\bar{y}\sum y_i\right)=\frac{1}{n-1}\left(\sum y_i^2-n\,\bar{y}^2\right) \\ &= \frac{1}{n-1}\left[\sum y_i^2-\frac{1}{n}\left(\sum y_i\right)^2\right] \end{aligned} \tag{4-15}$$

总体标准差 σ 的估计值 s 为：

$$S=\sqrt{\frac{1}{n-1}\left[\sum y_i^2-\frac{1}{n}\left(\sum y_i\right)^2\right]} \tag{4-16}$$

标准差的相对值称为变动系数，其值为：

$$c=\frac{S}{\bar{y}}\times 100\% \tag{4-17}$$

(4)总体平均数估计值的方差 $S_{\bar{y}}^2$

①重复抽样。被抽中的样本单元又重新放回总体中继续参加下次抽取，这样的抽样称为重复抽样。在重复抽样条件下，总体平均数估计值 $S_{\bar{y}}^2$ 的方差为：

$$S_{\bar{y}}^2=S^2/n \tag{4-18}$$

总体平均数估计值的标准差(即标准误)S_y为：

$$S_y = \frac{S}{\sqrt{n}} \tag{4-19}$$

②不重复抽样。被抽中的样本单元不再放回总体中参加下次抽取，这样的抽样称为不重复抽样。在不重复抽样条件下，总体平均数估计值的方差 S_y^2为：

$$S_y^2 = \frac{S^2}{n}\left(1-\frac{n}{N}\right) \tag{4-20}$$

标准误 S_y为：

$$S_y = \frac{S}{\sqrt{n}}\sqrt{1-\frac{n}{N}} \tag{4-21}$$

式中$\left(1-\frac{n}{N}\right)$为有限总体改正项，表明总体中有 n 个样本单元已经实测，不存在抽样误差，抽样误差只来源于总体中$(N-n)$个单元，故用$\left(1-\frac{n}{N}\right)$加以改正。

如果抽样比$\frac{n}{N}<0.05$，其改正量小于 0.5%，可以忽略不计。当 $n=N$ 时，$\left(1-\frac{n}{N}\right)=0$，标准误为 0，表明总体中各单元均实测了，不存在抽样误差。

在森林调查实践中，虽然广泛采用非重复抽样，但是由于森林总体单元数非常大，抽样比$\frac{n}{N}<0.05$，$\left(1-\frac{n}{N}\right)$接近于 1，可将非重复抽样视为重复抽样。所以，标准误的大小主要取决于样本单元数的多少，这是总体为正态分布时的情况，如果总体不为正态分布且样本为小样本($n<50$)时，会产生较大误差。

(5)抽样误差限的估计值

①绝对误差差限 $\Delta\bar{y}$：

$$\Delta\bar{y} = t\cdot S_y \tag{4-22}$$

②相对误差差限 E：

$$E = \frac{\Delta\bar{y}}{\bar{y}}\times 100\% = \frac{t\cdot s_y}{\bar{y}}\times 100\% \tag{4-23}$$

式中：t——可靠性指标。

在大样本时，按可靠性要求，由标准正态概率积分表(表 4-2)查得 t 值。

小样本时，按可靠性要求 95%和自由度 $df=n-1$ 查“小样本 t 分布数值表”（表 4-3），得 t 值。

(6)抽样估计的精度

$$P = 1-E \tag{4-24}$$

(7)总体平均数的估计区间

$$\bar{y}\pm ts_{\bar{y}} \tag{4-25}$$

(8)总体总量的估计区间

$$N(\bar{y}\pm t\cdot s_{\bar{y}}) = N\bar{y}(1\pm E) = \hat{Y}(1\pm E) \tag{4-26}$$

例 4-4 某林场总体面积为 5674.3 亩，通过设置面积为 0.0667 hm^2 的正方形样地进行蓄积量调查，得表 4-8 样地调查数据，请计算总体特征数，抽样要求 85%精度、95%可靠性对该林场总体森林资源估计。

表 4-8 某林场样地调查蓄积量(M^3)

1.7	1.9	11.7	11.9	13.4	1.2	1.7	4.0	7.3	5.4
9.3	2.8	5.8	0.1	6.5	5.0	3.5	4.3	1.2	3.8
13.7	0.4	3.4	4.3	0.4	1.9	8.7	4.6	14.6	11.4
8.8	0.1	8.6	7.3	2.4	2.8	0.4	1.2	2.1	17.6
3.6	13.6	13.7	1.2	5.5	10.5	12.6	8.4	2.1	5.2
7.2	10.3	10.5	14.6	11.5	9.7	1.5	1.4	7.8	1.9
1.7	1.93	11.7	2.1	2.3	1.2	3.0	1.9	7.3	1.0

(1)总体平均蓄积量

$$\bar{Y}=\bar{y}=\frac{1}{n}\sum y_i=6.1\ \text{m}^3/\text{亩}$$

(2)标准差

$$S^2=\frac{\sum y_i^2-(\sum y_i)^2/n}{n'-1}=22.86$$

$$S=\sqrt{22.86}=4.78$$

$$C=\frac{S}{\bar{y}}\times100\%=\frac{4.78}{6.1}\times100\%=78.9\%$$

(3)标准误

$$f=\frac{n}{N}=\frac{70}{5675}=0.01<0.05$$

$$S_{\bar{y}}=\frac{S}{\sqrt{n}}=\frac{4.78}{\sqrt{70}}=0.57$$

(4)总体蓄积量抽样误差

因为 $n=70>50$，属于大样本，根据可靠性 95%查标准正态概率积分表(表 4-2)，得$t=1.96$。所以绝对误差限：

$$\Delta\bar{y}=t\times S_{\bar{y}}=1.96\times0.57=1.12$$

绝对误差：

$$\Delta y=N\times t\times S_{\bar{y}}=56\ 743\times1.12=6339\ \text{m}^3$$

相对误差：

$$E=\frac{\Delta\bar{y}}{\bar{y}}\times100\%=\frac{1.12}{6.1}\times100\%=18.4\%$$

(5)估计精度

$$P=1-E=1-18.4\%=81.6\%$$

因为 $P=81.6\%<85\%$，所以本次系统抽样调查失败，应增设样地进行补充调查，以提

高精度。

4.3.2 分层抽样调查的特征值估算

(1)总体平均数的估计值

分层抽样总体平均数不得以各层平均数的算术平均数作为估计值，应以各层平均数的面积权重加权平均数作为总体平均数的估计值，即：

$$\hat{\bar{Y}} = \bar{y}_{st} = \frac{1}{N}\sum_{h=1}^{L} N_h \bar{y}_h = \sum_{h=1}^{L} W_h \bar{y}_h \tag{4-27}$$

(2)总体总量的估计值

$$\bar{Y} = \hat{\bar{Y}} \cdot N = \bar{y}_{st} \cdot N = N \cdot \sum_{h=1}^{L} W_h \bar{y}_h \tag{4-28}$$

若总体面积为 A，样本单元面积为 a，则：

$$\hat{Y} = \frac{A}{a}\sum_{h=1}^{L} W_h \bar{Y}_h \tag{4-29}$$

(3)总体方差 $\sigma^2_{y_{st}}$ 的估计值 $S^2_{y_{st}}$

$$S^2_{y_{st}} = \sum_{h=1}^{L} w_h S^2_h \tag{4-30}$$

式中：S^2_h——第 h 层的方差。

$$S^2_h = \frac{1}{n_h - 1}\sum_{i=1}^{n_h}(y_{hi} - \bar{y}_h)^2$$

(4)总体平均数估计值的方差 $S^2_{\bar{y}_{st}}$

①重复抽样：

$$S^2_{\bar{y}_{st}} = \sum_{h=1}^{L}(W_h - S_{y_h})^2 = \sum_{h=1}^{L} W_h \cdot \frac{S^2_h}{n_h} \tag{4-31}$$

②不重复抽样：

$$S^2_{\bar{y}_{st}} = \sum_{h=1}^{L} w^2_h \cdot \frac{S^2_h}{n_h} \cdot \left(1 - \frac{n_h}{N_h}\right) \tag{4-32}$$

(5)抽样误差限估计值

①绝对误差限 $\Delta \bar{y}_{st}$：

$$\Delta \bar{y}_{st} = t \cdot S_{\bar{y}_{st}} \tag{4-33}$$

②相对误差限 E：

$$E = \frac{\Delta \bar{y}_{st}}{\bar{y}_{st}} \times 100\% = \frac{t \cdot S_{\bar{y}_{st}}}{\bar{y}_{st}} \times 100\% \tag{4-34}$$

上式中，t 按可靠性要求和自由度 $df=n-L$ 查小样本 t 分布表。

(6)抽样估计的精度

$$p = 1 - E \tag{4-35}$$

(7)总体平均数的估计区间

$$\overline{Y}_{st} \pm tS\,\overline{y}_{st} \tag{4-36}$$

(8)总体总量的估计区间

$$N(\overline{y}_{st} \pm tS_{\overline{y}_{st}}) = N\,\overline{y}_{st}(1 \pm E) = \hat{Y}(1 \pm E) \tag{4-37}$$

例 4-5 某森林总体面积为 690. 8 hm^2，根据航空相片分层判读和地面调绘，将总体划为Ⅰ、Ⅱ、Ⅲ、Ⅳ层，按照面积比例抽取 50 个 0. 01 hm^2 样圆组成样本。

经调查和计算：各层面积权重、样地数及各层特征数见表 4-9，请以 95%的概率估计总体蓄积量。

(1)总体单元平均数的估计

$$\hat{\overline{Y}} = \overline{y}_{st} = \sum_{h=1}^{L} W_h\,\overline{y}_h = 0.8066\ m^3/0.01\ hm^2$$

(2)总体蓄积量估计：

$$\hat{Y} = N\,\overline{y}_{st} = \frac{A}{a}\sum_{h=1}^{L} W_h\,\overline{y}_h = 55\,720\ m^3$$

表 4-9 各层面积(A_h)、权重(W_h)、样地数(n_h)及特征数表

层号	$A_h(hm^2)$	W_h	n_h	$\overline{y}_h$	s_h^2	$S^2_{\overline{y}_h}$
Ⅰ	318. 85	0. 461	22	0. 8204	0. 150 481	0. 006 840
Ⅱ	271. 95	0. 394	20	0. 6594	0. 119 324	0. 005 966
Ⅲ	74. 00	0. 107	5	1. 2076	0. 134 553	0. 026 911
Ⅳ	26. 00	0. 038	3	1. 0363	0. 448 690	0. 149 563
Σ	690. 8	1. 000	50	—	—	—

(3)总体方差的估计值

$$S^2_{\overline{y}_{st}} = \sum_{h=1}^{L}(W_h S_{\overline{y}_h})^2 = 0.000\,290\,4$$

(4)绝对误差限

$$S_{\overline{y}_{st}} = 0.054\ m^3/0.01\ hm^2$$

(5)相对误差

$$E = \frac{tS_{\overline{y}_{st}}}{\overline{y}_{st}} \times 100\% = \frac{2.02 \times S_{\overline{y}_{st}}}{\overline{y}_{st}} \times 100\% = \frac{2.02 \times 0.054}{0.8066} \times 100\% = 13.5\%$$

(6)抽样估计的精度

$$P = 1 - E = 1 - 13.5\% = 86.5\%$$

(7) **总体平均数的估计区间**

$$\bar{y}_{st} \pm tS_{\bar{y}_{st}} = 0.8066 \pm 2.02 \times 0.054 = (0.8066 \pm 0.1091)\ \mathrm{m^3/0.01\ hm^2}$$

(8) **总体总量的估计区间**

$$N(\bar{y}_{st} \pm tS_{\bar{y}_{st}}) = \frac{690.8}{0.01}(0.8066 \pm 0.1091) = (55\ 720 \pm 7537)\ \mathrm{m^3}$$

当前我国森林连续清查已开发了较完善的森林资源连续清查监测计算机应用系统，样地测设与外业调查基础数据的记录均可利用平板电脑实现野外无纸化录入，森林抽样的总体特征值的计算均可实现由计算机应用管理系统自动完成，大大地提高的调查工作的效率。

4.3.3　森林抽样调查的应用

森林抽样调查为国家森林资源监测体系的核心组成部分，我国森林资源一类调查是以省(直辖市、自治区)为总体，主要采用系统抽样方法在总体内布设固定样地，并定期(每5年间隔期)进行复查。作为地方森林资源监测体系的重要组成部分，森林资源二类调查是以县(林业局、林场)为单位，主要采用小班区划调查，并用系统抽样或分层抽样等方法控制总体蓄积量的调查精度。在林木结构和分布不整齐的林区，森林分布图、林业基本图或航空相片较完整的林区，可选用分层抽样以提高工作效率，其结果作为总体森林资源的控制数据，还可提供各层的森林资源数据，对于林业生产作业设计而进行的三类调查通常采用高强度抽样和现场实测进行调查，随着林业“3S”信息技术的广泛应用，利用遥感样地判读与地面样地抽样调查相结合开展森林抽样调查，可大大提高森林抽样调查的工作效率与调查精度。

以下为传统概率抽样方法主要特点及适用情况分析(表4-10)。

表4-10　传统概率抽样方法比较分析

抽样方法	主要特点	适用情况
简单随机抽样	随机等概地从含有 N 个单元的总体中抽取 n 个单元组成的样本($N>n$)，为最基本的抽样方法	适用于空间样本点均匀分布、变化平稳的区域；成本低，灵活性好，但样本点空间分布不均匀，变异系数大
系统抽样	将总体单元按照某种顺序排列，在规定的范围内随机抽取起始单元，然后按一定规则或间距抽取其他单元	抽样方法简单易行；精度与总体的排列顺序有关(线性时降低抽样精度；周期性变化时与初始点及间距有关)；常用监测网络、格网点或公里网点抽取选样本单元。如全国森林资源一类清查
分层抽样	将总体划成若干相互独立的子总体(层)，各层加权估算总体的值。又分为比例分层、最优分层、指标分层，视应用目标而定	分层时层内差异变小而层间差异变大，抽样成本较高，是大区域抽样的基础，有效地提高抽样的工作效率，如：在规划设计调查(二类调查)的总体森林资源控制的抽样调查

特别提示

①明确森林抽样总体主要特征数的种类；

②根据所提供的样地调查数据，完成总体主要特征数的估算及误差分析。

任务实施

总体特征数的估算及误差分析

利用森林资源的样地调查数据，分别完成系统抽样、分层抽样调查的总体森林资源估计和误差分析。

一、人员组织、数据准备

①小组讨论，个人完成森林系统抽样调查、分层抽样总体森林资源估计和误差分析，提交实训报告。

②一个林场或县（市）的森林资源连续清查的样地布点图、样地调查记录本样地调查资料。

③安装“森林资源连续清查监测管理系统”软件的网络教学机房。

二、任务流程

建立学生实训小组，4～5人为一组，并选出小组长，通过学习讨论，后每人均完成森林系统抽样调查、分层抽样总体森林资源估计和误差分析，提交实训报告（图4-10）。

三、实施步骤

1. 系统抽样特征值的计算

根据提供林场样地调查记录本及样地调查基础数据，检查样地调查记录及计算结果，按照森林系统抽样总体特征数计算的方法，参照案例，计算总体特征值平均数估计值、标准误、误差限、估计精度、总体蓄积量估计区间的计算，具体参见式（4-23）至式（4-37）及例4-5，完成森林抽样内业估计。

①检查整理样地调查记录及调查结果，编制样地标志值的调查一览表。

②计算总体特征值，完成总体特征值平均数估计值、标准误、误差限、估计精度、总体蓄积量估计区间的计算，完成表4-11系统抽样总体特征数计算表。

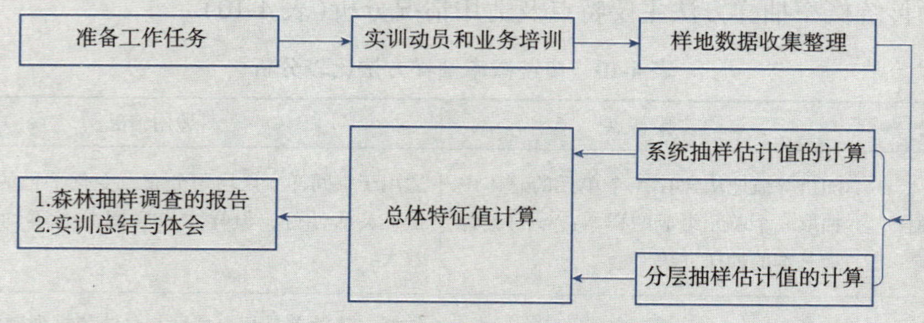

图4-10 实训工作流程图

2. 分层抽样特征值的计算

根据教师提供的样地调查记录本及样地调查基础数据，参照例4-6，先计算各层的样本特征数，再以各层平均数的面积权重和一定的可靠性，完成总体特征值平均数估计值、标准误、误差限、估计精度、总体蓄积量估计区间的计算。具体工作步骤如下：

①检查、核实样地调查记录及计算结果，编制各层样地标志值调查结果一览表。

②各层特征数计算，按系统抽样的方法分别计算各层特征数；完成各层特征数计算表（表4-12）与总体特征数计算表（表4-13）。

表 4-11　系统抽样总体特征数计算表

<table>
<tr><th>样地号</th><th>样地蓄积量 y_{hi}</th><th>y_{hi}^2</th><th>总体特征数计算</th></tr>
<tr><td>1</td><td></td><td></td><td rowspan="20">①样地数 $n_h=$　　样地面积(hm^2)：
②总体平均数的估计值$\hat{Y}$：
$\hat{Y}=\bar{y}=\frac{1}{n}\sum_{i-1}^{n}y_i=$
③总体方差 σ^2 的估计值 S^2：
$S^2=\frac{1}{n-1}(\sum y_i^2-\bar{y}\sum y_i)=\frac{1}{n-1}(\sum y_i^2-ny^2)=$
④总体标差的 σ 的估计值 S：
$S=\sqrt{\frac{1}{n-1}\left[\sum y_i^2-\frac{1}{n}(\sum y_i)^2\right]}=$
⑤抽样误差限估计值。
绝对误差限：
$\Delta\bar{y}=t\cdot S_{\bar{y}}=$
相对误差限：
$E=\frac{\Delta\bar{y}}{\bar{y}}\times100\%=\frac{t\cdot S_y}{\bar{y}}\times100\%=$
抽样估计的精度：
$p=1-E=$
⑥总体平均数的估计区间：
$\bar{y}\pm ts_{\bar{y}}=$
⑦总体总量的估计区间：
$N(\bar{y}\pm ts_{\bar{y}})=N\bar{y}(1\pm E)=\hat{Y}(1\pm E)=$</td></tr>
<tr><td>2</td><td></td><td></td></tr>
<tr><td>3</td><td></td><td></td></tr>
<tr><td>4</td><td></td><td></td></tr>
<tr><td>5</td><td></td><td></td></tr>
<tr><td>6</td><td></td><td></td></tr>
<tr><td>7</td><td></td><td></td></tr>
<tr><td>8</td><td></td><td></td></tr>
<tr><td>9</td><td></td><td></td></tr>
<tr><td>10</td><td></td><td></td></tr>
<tr><td>11</td><td></td><td></td></tr>
<tr><td>12</td><td></td><td></td></tr>
<tr><td>13</td><td></td><td></td></tr>
<tr><td>14</td><td></td><td></td></tr>
<tr><td>15</td><td></td><td></td></tr>
<tr><td>16</td><td></td><td></td></tr>
<tr><td>17</td><td></td><td></td></tr>
<tr><td>18</td><td></td><td></td></tr>
<tr><td>…</td><td></td><td></td></tr>
<tr><td>Σ</td><td></td><td></td></tr>
</table>

表 4-12　层特征数计算表（　　　层）

<table>
<tr><th>样地号</th><th>样地蓄积 y_{hi}</th><th>y_{hi}^2</th><th>层 特 征 数</th></tr>
<tr><td>1</td><td></td><td></td><td rowspan="17">$n_h=$　　样地面积：0. 06 hm^2
$\sum y_{hi}=$
$\sum y_{hi}^2=$
$y_h=\frac{\sum y_{hi}}{n_h}=$
$S_h^2=\frac{\sum y_{hi}^2-n_h(y_{\bar{h}})^2}{n_h}=$</td></tr>
<tr><td>2</td><td></td><td></td></tr>
<tr><td>3</td><td></td><td></td></tr>
<tr><td>4</td><td></td><td></td></tr>
<tr><td>5</td><td></td><td></td></tr>
<tr><td>6</td><td></td><td></td></tr>
<tr><td>7</td><td></td><td></td></tr>
<tr><td>8</td><td></td><td></td></tr>
<tr><td>9</td><td></td><td></td></tr>
<tr><td>10</td><td></td><td></td></tr>
<tr><td>11</td><td></td><td></td></tr>
<tr><td>12</td><td></td><td></td></tr>
<tr><td>13</td><td></td><td></td></tr>
<tr><td>14</td><td></td><td></td></tr>
<tr><td>15</td><td></td><td></td></tr>
<tr><td>…</td><td></td><td></td></tr>
<tr><td>Σ</td><td></td><td></td></tr>
</table>

表 4-13　总体特征数计算表（可靠性 95%）

层代号	A_h	W_h	n_h	$\bar{y}_h$	$\Sigma\bar{y}_{hi}$	$\Sigma\bar{y}_{hi}^2$	$W_h\,\bar{y}_h$	$S_{\bar{y}_h}$	$W^2hS_{y_h}^2$
Σ									

③总体特征值计算及估计。

平均数估计值：

$$\hat{y}=\bar{y}_{st}=\sum_{h=1}^{L}W_h\,\bar{y}_h=$$

总体总量的估计值：

$$\bar{Y}=\hat{y}\cdot N=\bar{y}_{st}\cdot N=N\cdot\sum_{h=1}^{L}W_h\,\bar{y}_h=$$

标准误估计值：

$$S_{\bar{y}_{st}}=\sqrt{\sum_{h=1}^{L}(W_hS_{\bar{y}_h})^2}=$$

相对误差限：

$$E=\frac{tS_{\bar{y}_{st}}}{\bar{y}_{st}}\times100\%=$$

式中：$\bar{y}_h$——第 h 层样本平均数；

L——总体层数；

t——按自由度，$n-L$ 查“小样本 t 分布表”。

总蓄积量估计区间即 $N(\bar{y}_{st}\pm tS_{\bar{y}_{st}})$（在　～　）。

四、实施成果

①每位同学分别完成系统抽样、分层抽样的内业计算，对总体特征数作出估算结论。

②实训报告包含实训目的、内容、操作步骤、成果的分析及实训体会。

五、注意事项

①计算前要认真学习抽样调查基本原理，研究参考案例，熟悉特征数计算方法。

②样地调查数据是特征数计算的基础，由教师统一提供。

③在熟悉特征数计算方法的基础上，尽可能利用“森林资源连续清查监测管理系统”软件开展特征数的计算。

④独立、认真、求实、科学地进行内业整理及特征数计算工作。

⑤根据学生具体表现，计算成果及实习报告质量综合评定实习成绩。

任务分析

对照【任务准备】中的“特别提示”及在任务实施过程中出现的问题，讨论并完成表 4-14中“任务实施中的注意问题”的内容。

表 4-14　总体特征数估算的任务反思表

任务程序	任务实施中的注意问题
人员组织	
理解森林抽样调查总体特征数的估算方法 熟悉“森林资源连续清查管理系统”的操作	

（续）

任务程序		任务实施中的注意问题
实施步骤	1. 样地调查数据的整理	
	2. 系统抽样总体特征数的估算	
	3. 分层抽样总体特征数的估算	
	4.“森林资源连续清查管理系统”样地调查数据的录入	
	5. 利用“森林资源连续清查管理系统”总体特征数的估算	

任务 4.4 遥感森林调查

知识目标

1. 了解遥感技术在森林调查的应用。
2. 掌握森林遥感信息的获取技术。
3. 掌握利用森林遥感进行森林主要测树因子的调查技术。

技能目标

1. 会森林遥感信息的获取。
2. 能利用森林遥感信息完成森林主要测树因子的调查。

素质目标

1. 具有良好习惯和美学素养，具有社会责任感和社会参与意识。
2. 具有专心致志、博大精深的专业精神。
3. 具有精益求精、追求卓越的工匠精神。

任务准备

4.4.1 遥感图像目视解译

遥感仪器自空中获得大量的地面目标数据，通过电磁波或磁带回收等的方式传送回地面，由地面接收并加以记录。地面站收到的遥感数据必须通过适当的处理才能加以利用。将接收到的原始遥感数据加工制成可供观察和分析的可视图像和数据产品，这一过程称为遥感数据处理。根据所获得的遥感影像和数据资料，从中分析出人们感兴趣的地面目标的形态和性质，这一过程称为遥感图像解译。

目视解译作为遥感图像解译的一种最基本的方法，它是信息社会中地学研究和遥感应用的一项基本技能。不同的人员通过目视解译可以获取不同的信息：地理学家通过目视判读遥感图像，可以了解山川分布，研究地理环境等；地质学家通过目视判读遥感图像，可以了解地质地貌或深大断裂；考古学家通过目视判读，可以在荒漠中寻找古遗址和古城堡。由于目视判读需要的设备少，简单方便，可以随时从遥感图像中获取许多专题信息，因此是地学工作者研究工作中必不可少的一项基本技能。

4.4.2 目视解译标志

目视解译是借助于简单的工具，如放大镜、立体镜、投影观察器等，直接由肉眼来识别图像特性，从而提取有用信息，即人把物体与图像联系起来的过程。因此解译时，除了要有上面所述的遥感资料和地面实况资料外，解译者还需要有解译对象的基础理论和专业知识，掌握遥感技术的基本原理和方法，并且有一定的实际工作经验。目视解译的质量高低最后就取决于人(解译人员的生理视力条件和知识技能)、物(物体的几何特性、电磁波特性)、像(图像的几何、物理特性)三个因素的统一程度。

所谓遥感影像的解译标志是指那些能够用来区分目标物的影像特征，它可分为直接解译标志和间接解译标志两类。凡根据地物或现象本身反映的信息特性可以解译目标物的影像特征，即能够直接反映物体或现象的那些影像特征称为直接解译标态；通过与之有联系的其他影像上反映出来的影像特征，即与地物属性有内在联系、通过相关分析能推断出其性质的影像特征、间接推断某一事物或现象的存在和属性，这就称为间接解译标志。直接解译标志和间接解译标志是一个相对概念，常常可见同一个解译标志对甲物来说是直接解译标志，对乙物可能就成了间接解译标志。

4.4.2.1 直接解译标志

直接解译标志包括色调、形状、大小、阴影、结构和图形，这里主要以可见光航空摄影相片为例，介绍解译标志。

(1)色调

色调是地物电磁辐射能量在影像上的模拟记录，在黑白影像上表现为灰度，在彩色影像上表现为颜色，它是一切解译标志的基础。黑白影像上根据灰度差异划分为一系列等级，称为灰阶。一般情况下从白到黑划分为 10 级：白、灰白、淡灰、浅灰、灰、暗灰、深灰、淡黑、浅黑、黑。也有分为 15 级，或更多的。对于分为 10 个以上的灰阶，摆在一起，人眼可分辨出它们的差别，但是如果单独拿出一个灰阶，则难于确定出其级别。因此，在实际应用时，人们习惯归并为 7 级(白、灰白、浅灰、灰、深灰、灰黑、黑)和 5 级(灰白、浅灰、灰、深灰、黑)，甚至更简略地分为浅色调、中等色调、深色调 3 级。

彩色影像上人眼能分辨出的彩色在数百种以上，常用色别、饱和度和明度来描述。实际应用时，色别用孟塞尔颜色系统的 10 个基本色调，饱和度用饱和度大(色彩鲜艳)、饱和度中等和饱和度低 3 个等级，明度用高明度(色彩亮)、中等明度和低明度(色彩暗)3 级。

在目视解译时，能识别出的地物色调虽然是一个灵敏的普通的标志，但它又是一个不稳定的标志。影响它的因素很多，包括物体本身的物质成分、结构组成、含水性、传感器的接收波段、感光材料特性、洗印技术等因素。因此，色调标志的标准是相对的，不能仅仅依靠色调来确定地物。

物体本身的颜色：一般物体颜色浅者，则相片色调较淡；反之，则暗。

物体表面的平滑和光泽亮度：一般物体表面平滑而具有光泽者，反射光较强，影像色调较淡；物体表面粗糙者，则反射光弱而影像色调较暗。

色调：如林地因树种、树高、密度等变化大，其色调及均匀度较草地等有明显差异。

(2)形状

形状是地物外貌轮廓在影像上的相似记录，任何物体都具有一定的外貌轮廓，在遥感影像上表现出不同的形状，例如，水渠为长条形，公路为蜿蜒的曲线形，针叶林多为圆锥状，阔叶林多为椭圆形、卵形、半球形等。因此利用形状可直接判定物体。

形状，物体在影像上的形状细节显示能力与比例尺有很大关系，比例尺越大，其细节显示的越清楚；比例尺越小，其细节就越不清楚。但是应当注意，遥感影像上所表现的形状与我们平常在地面所见的地物形状有所差异。

遥感影像所显示的主要是地物顶部或平面形状，是从空中俯视地物；而我们平常在地面上是从侧面观察地物，二者之间有一定差别。因为物体的俯视形状是它的构造、组成、功能，了解与运用俯视的能力，有助于提高遥感影像的解译效果。

遥感影像为中心投影，物体的形状在影像的边缘会产生变形，因而同形状的地物，在影像上的形状因位置要发生变异。特别是位置不同或采用不同的遥感方式，变形不同，在解译时要认真分析，仔细判别。

(3)大小

大小是地物的长度、面积、体积等在影像上按比例缩小的相似记录，它是识别地物的重要标志之一，特别是对形状相同的物体更是如此。

地物在影像上的大小，主要取决于成像比例尺，当比例尺大小变化时，同一地物的尺寸大小也随着变化。在进行图像解译时，一定要有比例尺的概念，否则，容易将地物辨认错。如公路和田间小路、楼房和平房、飞机场和足球场等形状相似的地物，借助其影像大小，可将两者区别开，当然在某些情况下，也可利用其他标志解译。大小，如乔木树冠颗粒大(>0.2 mm)，灌木冠部颗粒小(<0.2 mm) ；高度，可以通过阴影来判断目标个体的高度，如乔木高、灌木低。

(4)阴影

阴影是指地物电磁辐射能量较低部分在影像上形成暗区，可以把它看成是一种深色到黑色的特殊色调。阴影可形成立体感，帮助我们观察到地物的侧面，判断地物的性质，但阴影内的地物则不容易识别，并掩盖一些物体的细节。地物的阴影根据其形成原因和构成位置，分为本影和落影两种。

①本影。是地物本身电磁辐射较弱而形成的阴影。在可见光影像上，就是地物背光面的影像，它与地物受光面的色调有显著差别，本影的特点表现在受光面向背光面过渡及两者所占的比例关系。地物起伏越和缓，本影越不明显；反之，地物形状越尖峭，本影越明显。

②落影。是指地物投落在地面上的阴影所成的影像，它的特点是可显示地面物体纵断面形状，根据落影长度测定地物的高度。

阴影的长度和方向，随纬度、时间呈有规律的变化，是太阳高度角的函数。太阳高度角不同，可形成不同的阴影效果，太阳高度角大，阴影小而淡，影像缺乏立体感；太阳高度角过低，则阴影长而深，掩盖地物过多，也不利于解译。通常以 30°~40°的太阳高度角较适宜。

在热红外和微波影像上，阴影的本质与上述不同，解译时要根据物体的波谱特性认真分析对待。

(5)纹理

纹理也称影像结构，纹理又称质地，是由于相片比例尺的限制，物体的形状不能以个体的形式明显地在影像上表现出来，而是以群体的色调、形状重复所构成的，个体无法辨认的影像特征。不同物体的表面结构特点和光滑程度并不一致，在遥感影像上形成不同的纹理质地。如耕地具明显的线状延伸条纹，河床上的卵石较沙粗糙些，草场和牧场看上去平滑，成材的老树林看上去很粗糙，沙漠中的纹理能表现沙丘的形状以及主要风系的风向，海滩纹理能表示海滩沙粒结构的粗细等。纹理(质地)常用光滑状、粗糙状、参差状、海绵状、疙瘩状、锅穴状表示。

(6)图型

图型又称结构，是个体可辨认的许多细小地物重复出现所组成的影像特征，它包括不同地物在形状、大小、色调、阴影等方面的综合表现。水系格局、土地利用形式等均可形成特有的图型，如平原农田呈栅状近长方形排列，山区农田则呈现弧形长条形态。

图型常用点状、斑状、块状、线状、条状、环状、格状、纹状、链状、垅状、栅状等描述。

4.4.2.2 间接解译标志

自然界各种物体和现象都是有规律地与周围环境和其他地物、现象相互联系，相互作用。因此可以根据一地物的存在或性质来推断另一地物的存在和性质，根据已经解译出的某些自然现象判断另一种在影像上表现不明显的现象。

例如通过直接解译标志可直观地看到各种地貌现象，通过岩石地貌分析可识别岩性，通过构造地貌分析可识别构造。这种通过对解译对象密切相关的一些现象，推理、判断来达到辨别解译对象的方法称间接解译。主要的间接解译标志如下：

(1)位置

位置是指地物所处环境在影像上的反映，即影像上目标(地物)与背影(环境)的关系。地物和自然现象都具有一定的位置，例如芦苇长在河湖边、沼泽地，红柳丛生在沙漠，河漫滩和阶地位于河谷两侧，洪积扇总是位于沟口等。

(2)相关布局

景观各要素之间或地物与地物之间相互有一定的依存关系，这种相关性反映在影像上形成平面布局。如从山脊到谷底，植被有垂直分带性，于是在影像上形成色调不同的带状图形布局；山地、山前洪积扇，再往下为冲积洪积平原、河流阶地、河漫滩等。

由于各种地物是处于复杂、多变的自然环境中，所以解译标志也随着地区的差异和自然景观不同而变化，绝对稳定的解译标志是不存在的，有些解译标志具有普遍意义，有些则带有地区性。有时即使是同一地区的解译标志，在相对稳定的情况下也有变化。因此，在解译过程中，对解译标志要认真分析总结，不能盲目照搬套用。

解译标志的可变性还与成像条件、成像方式、传感器类型、洗印条件和感光材料等有关。一些解译标志往往带有地区性或地带性，它们常常随着周围环境的变化而变化。色调、阴影、图形，纹理等标志总是随摄影时的自然条件和技术条件的改变而改变，否则会造成解译错误。正是有些解译标志存在一定的可变性或局限性，解译时要尽可能将直接或间接的解译标志进行综合分析。为了建立工作区的解译标志，必须反复认真解译和野外对比检验，并选取一些典型相片作为建立地区性解译标志的依据，以提高解译质量。

特别提示

遥感影像为中心投影，物体的形状在影像的边缘会产生变形，因而同形状的地物，在影像上的形状因位置要发生变异。特别是位置不同或采用不同的遥感方式，变形不同，在解译时要认真分析，仔细判别。

任务实施

遥感森林调查

从网络上获取森林遥感图像，并完成林地确界与面积测定；利用森林遥感图像测定主要测树因子。

一、人员组织、材料准备

1. 人员组织

①成立教师实训小组，负责指导、组织实施实训工作。

②建立学生实训小组，4~5 人为一组，并选出小组长，负责本组实习安排、考勤和材料管理。

2. 材料准备

每组配备遥感图像。

二、任务流程

遥感图像 → 确认地类界 → 计算面积、判读树种及测树因子

三、实施步骤

1. 遥感图像解译方法

(1)遥感资料的选择

遥感图像记录的仅是某一瞬间某一波段的空间平面特征，决非地面实况的全部信息。因此遥感资料选择的正确与否，直接影响到解译效果。不同的遥感资料是具有不同用途的，研究不同的问题需选择合适的遥感资料。

①资料类型选择。由于不同的成像方式对地物的表现能力不同，图像的特征不同，所以在进行目视解译时，要求选择合适的遥感资料类型。

②波段选择。由于各类地物的电磁辐射性质各不相同，因此应根据地物波谱特性曲线来选择适用的波段。如解译植物采用 TM2、TM3、TM4、MSS5、MSS7 较好；水体则用 TMl、MSS4、MSS5 最佳；岩性识别为 TMl、TM5 等。

③时间选择。由于季节不同，环境变化很大，所获得的图像不同。如地质、地貌解译最好选择冬季的图像；植被类型的识别一般要用春、秋季图像；农作物估产则要选择扬花和开始结实时的图像。

④比例尺选择。由于解译目标不同，影像比例尺也不相同，决不能认为比例尺越大越好。不适当地扩大影像的比例尺，不仅造成浪费，且解译效果并不一定好。一般要求和成图比例尺相一

致的影像比例尺。

对于“静止的”或变化缓慢的自然现象，只需选择特定波段、特定时间、特定比例尺的影像就可完全识别。对于动态的自然现象，则需要多波段、多时相、多比例尺的影像进行对比分析才能完全掌握它的动态变化。

(2)遥感图像的处理

在对遥感图像进行解译时，必须要有高质量的图像，即高几何精度、高分辨率的图像。尤其是进行图像增强和信息特征提取等预处理技术，有助于目视解译。因此要充分利用各种处理手段，尽可能得到高质量的图像。

①影像放大。影像放大是最简单、最实用的影像处理方法。虽然影像经过放大不能产生新的信息，但是能提高其辨别能力，尤其是能提高影像的几何分辨率。因为人眼的几何分辨力是受生理条件所限制的，物体或影像的大小要大于最小人眼分辨能力时，才能为人眼所识别。

②影像数字化。影像数字化是影像预处理的重要方面，依靠数字化影像可进行各种增强信息特征提取试验，提高目视解译的速度和精度。影像数字化利用数字化仪和模数转化器进行。

③图像处理。遥感图像处理的方法很多，有光学处理、计算机处理和光学计算机混合处理。原始图像经过包括图像复原、增强、特征提取等处理技术，使得识别地物的有用信息得到增强，便于图像的目视解译。

现代图像处理正向资料的复合方向发展，即将不同类型的遥感图像和其他资料复合，为解译提供丰富而有价值的资料和图像。

(3)目视解译的方法

遥感影像解译过程中，如何利用解译标志来认识地物及其属性，通常可以归纳为以下几种方法。

①直判法。直判法是指通过遥感影像的解译标志能够直接判定某一地物或现象的存在和属性的一种直观解译方法。一般具有明显形态、色调特征的地物和现象，多运用这种方法进行解译。

②邻比法。在同一张遥感影像或相邻较近的遥感影像上，进行邻近比较，进而区分出两种不同目标的方法。这种方法通常只能将不同类型地物的界线区分出来，但不一定能鉴别出来地物的属性。如同一农业区种有两种农作物，此法可把这两种作物的界线判出，但不一定能判定是何种作物。用邻比法时，要求遥感影像的色调保持正常，邻比法最好是在同一张影像上进行。

③对比法。对比法是指将解译地区遥感影像上所反映的某些地物和自然现象与另一已知的遥感影像样片相比较，进而判定某些地物和自然现象的属性。

对比必须在各种条件相同下进行，如地区自然景观、气候条件、地质构造等应基本相同，对比的影像应是相同的类型、波段，遥感的成像条件(时间、季节、光照、天气、比例尺和洗印等)也应相同或相近。

④逻辑推理法。借助各种地物或自然现象之间的内在联系所表现的现象，间接判断某一地物或自然现象的存在和属性。当利用众多的表面现象来判断某一未知对象时，要特别注意这些现象中哪些是可靠的间接解译标志，哪些是不可靠的，从而确定未知对象的存在和属性。如当在影像上发现河流两侧均有小路通至岸边，由此就可联想到该处是渡口处或是涉水处。如进一步解译时，当发现河流两岸登陆处连线与河床近似直交时，则可说明河流速较小；如与河床斜交，则表明流速较大，斜交角度越小，流速越大。

⑤历史对比法。利用不同时间重复成像的遥感影像加以对比分析，从而了解地物与自然现象的变化情况，称为历史对比法。这种方法对自然资源和环境动态的认识尤为重要，如土壤侵蚀、农田面积减少、沙漠化移动速度、冰川进退、洪水泛滥等。

上述各种解译方法在具体运用中不可能完全分隔开，而是交错在一起，只能是在某一解译过程中，某一方法占主导地位。

2. 解译的步骤

解译遥感影像可有各种应用目的，有的要编制专题地图，有的要提取某种有用信息和数据，但解译步骤具有共性。

(1)准备工作

准备工作包括资料收集、分析、整理和处理。

①资料收集。根据解译对象和目的，选择合适的遥感资料作为解译主体。如有可能还可收集有关的遥感资料作为辅助，包括不同高度、不同比例尺、不同成像方式和不同波段、时相的遥感影像。同时收集地形图、各种有关的专业图件以及文字资料。

②资料分析处理。对收集到的各种资料进行初步分析，掌握解译对象的概况、时空分布规律、研究现状和存在问题，分析遥感影像质量，了解可解译的程度，如有可能对遥感影像进行必要的加工处理，以便获得最佳影像。同时，要对听有资料进行整理，做好解译前的准备工作。

(2)建立解译标志

通过路线踏勘，制定解译对象的专业分类系统和建立解译标志。

①路线踏勘。根据专业要求进行路线踏勘，以便具体了解解译对象的时空分布规律、实地存在状态、基本性质特征、在影像上的反映和表现形式等。

②建立分类系统和解译标志。在路线踏勘基础上，根据解译目的和专业理论，制定出解译对象的分类系统及制图单元。同时依据解译对象与影像之间的关系，建立专业解译标志。

(3)室内解译

严格遵循一定的解译原则和步骤，充分运用各种解译方法，依据建立的解译标志，在遥感影像上按专业目的和精度要求进行具体细致的解译。勾绘界线，确定类型。对每一个图斑都要做到推理合乎逻辑，结论有所依据，对一些解译中把握性不大的和无法解译的内容和地区记录下来，留待野外验证时确定，最后得到解译草图。

(4)野外验证

野外验证包括解译结果校核检查、样品采集和调绘补测。

①校核检查。将室内解译结果带到实地进行抽样检查、校核，发现错误，及时更正、修改，特别是对室内解译把握不大和有疑问的，应做重点检查和实地解译，确保解译符合精度要求。

②样品采集。根据专业要求，采集进一步深入定量分析所需的各种土壤、植物、水体、泥沙等样品。

③调绘和补测。对一些变化了的地形地物、无形界线进行调绘、补测，测定细小物体的线度、面积、所占比例等数量指标。

(5)成果整理

成果整理包括编绘成图、资料整理和文字总结。

①编绘成图。首先将经过修改的草图审查、拼接，准确无误后着墨上色，形成解译原图；然后将解译原图上的专题内容转绘到地理底图上，得到转绘草图，在转绘草图上进行地图编绘，着墨整饰后得到编绘原图；最后清绘得到符合专业要求的图件和资料。即解译草图—解译原图—转绘草图—编绘原图—清绘原图。

②资料整理、文字总结。将解译过程和野外调查、室内测量得到的所有资料整理编目，最后进行分析总结，编写说明报告。报告内容包括项目名称、工作情况、主要成果、结果分析评价和存在问题等。

四、实施成果

每人完成实训报告一份，主要内容包括实训目的、内容、操作步骤、成果的分析及实训体会。

五、注意事项

①实训前，要认真学习森林遥感图像判读的操作技术要点

②爱护、保管好有关森林遥感图像资料。

③合理分工，团结协作，认真、求实、科学地对判读成果进行实地抽样检查与校核。

④将遥感图像中得到的资料整理，清绘得到符合专业要求的图件和相关测树因子的数据并编写实训报告。

任务分析

对照【任务准备】中的“特别提示”及在任务实施过程中出现的问题，讨论并完成

表4-15中“任务实施中的注意问题”的内容。

表 4-15 森林遥感图像应用任务反思表

任务程序			任务实施中的注意问题
人员组织			
材料准备			
实施步骤	1. 遥感图像的选定		
	2. 地类界线的确认		
	3. 林地面积的测算		
	4. 测树因子的判读	(1)树种判读	
		(2)主要测树因子的判读	

项目小结

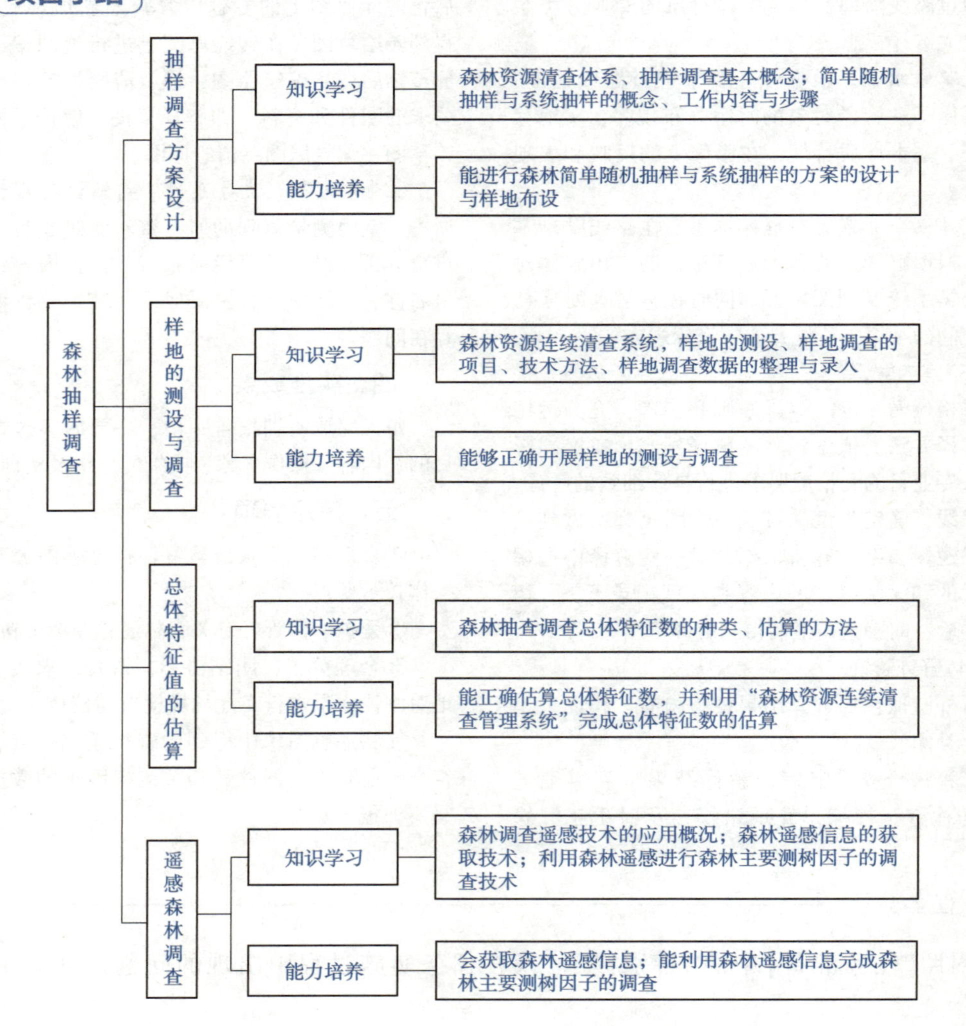

自测题

一、名词解释

1. 森林抽样调查；2. 森林资源连续清查体系；3. 系统抽样；4. 分层抽样；5. 样地；6. 层化小班；7. 罗差；8. 一类样地；9. 复位样地；10. 复位样地的保留木；11. 方差；12. 标准差；13. 总体特征值；14. 遥感数据处理；15. 遥感影像解译标志；16. 直接解译标志；17. 间接解译标志；18. 本影；19. 落影。

二、填空题

1. 森林抽样调查是以(　　)为理论基础，在调查对象(总体)中，按照要求的调查精度，从总体中抽取一定数量的单元(样地)组成(　　)，通过对样本的量测和调查推算调查对象(总体)的方法。

2. 森林抽样调查工作分森林抽样调查方案设计；(　　)；调查总体资源的估计、误差分析及成果汇编等三大部分内容。

3. 国家森林资源连续清查系统就是采取(　　)的抽样方法。具体做法是采用林业基本图上的合适的公里网线交点就是选取的样地点位。

4. 分层抽样法就是将总体中所有单位，按其属性、特征，分为若干类型或组、层，然后在各类型中再用简单随机或系统抽样的方式抽取样本单位，分层后可以扩大(　　)，缩小(　　)，提高抽样的工作效率。

5. 国家森林资源连续清查以省为单位，由国务院林业主管部门统一安排调查，原则上每(　　)年复查一次。

6. 在森林抽样调查中，由于总体面积一般较大，抽样比一般小于5%，通常采用重复抽样公式(　　)计算样地数量。

7. 在森林调查中，样地的布设要十分注意防止与森林分布(　　)的影响。

8. 在全国森林资源连续清查所设置的样地形状通常采用正方形，样地面积选用 (　　)。

9. 将森林抽样调查中布设的样点准确地落实到实地的工作称为(　　)。

10. 在某地区1∶10 000的样地布点的地形图上，量出两个明显地貌特征点的坐标方位角值78°，现场使用罗盘仪实测出两个明显地貌特征点的实际磁方位角为75°，则采用此架罗盘仪在该地区进行样地引点定向时，其实际磁方位角均比样地布点图上量得坐标方位角值少(　　)。

11. 森林抽样调查中，若样地的面积为0.0667 hm^2(1亩)，形状为正方形样地，其各边水平距均为(　　)m，当林地坡度15°以上时，则应量测的斜距为(　　)m。

12. 全国森林资源连续清查设置的样地复查时，复位样地的固定样木的检尺类型分为保留木、进界木、枯立木、枯倒木、采伐木、(　　)、(　　)、树种错测木、胸径错测木、类型错测木、大苗移栽木和普通保留木等。

13. 森林抽样调查的特征值是指总体所有单元地某标志上数量特征的数值，y 主要有(　　)等。

14. 解译遥感影像的准备工作包括(　　)，(　　)，(　　)和(　　)。

15. 遥感影像直接解译标志包括色调、形状、大小、阴影、(　　)和(　　)。

三、问答题

1. 简述森林抽样调查方案设计的主要工作内容？

2. 系统抽样调查中，如何克服周期性地形变化的影响？

3. 我国森林资源连续清查是何年建立，采用什么抽样布设样地，样地的面积是多少？几年复查一次。

4. 简述实施森林分层抽样应满足什么条件？确定分层方案的原则有哪些？

5. 为调查某林分的平均高，从林分中随机抽取 60 株测其树高值。问总体、单元、样本、标志值各指什么？

6. 试述森林系统抽样的工作步骤？

7. 简述利用罗盘仪进行样地引点定位的工作步骤？

8. 简述如何进行罗盘仪的罗差值的测定？

9. 在森林抽样调查时，样地定位的精度要求如何？

10. 国家森林资源连续清查固定样地每木检尺的精度要求？

11. 举例说明什么是遥感影像纹理？

12. 简述遥感影像的解译标志。

四、计算题

1. 已知某总体面积为 264 200 亩，平均每亩蓄积量为 3 m^3，少数高产林分的每亩蓄积量为 22.8 m^3，最小为 0，样地面积为 1 亩，可靠性为 95%，要求总体蓄积量抽样精度为 90%。

①按系统抽样调查方案需要设置多少样地(不含保险系数)？

②如果保险系数为 10%，按正方形系统布点，样地点间距应为多少？

2. 已知总体面积为 640 hm^2，样地面积为 0.16 hm^2，用系统抽样的方法，要求蓄积量的估计精度为 85%，可靠性 90%($t=1.68$)，经计算 $n=48$ 个，$=23.18$ m^3/0.16 hm^2，$s=11.27$ m^3/0.16 hm^2。

试计算：变动系数 C、标准误 s_y、Δ、E 和 Y 的估计区间。

3. 某总体林分蓄积量分布近似正态，根据以往的调查材料，已知总体面积=1000 hm^2，总体平均每公顷蓄积量 $M=100$ m^3，每公顷最大蓄积量为 420 m^3，最小为 0，试回答：

①根据以往调查材料，蓄积量的变动系数是多少？

②根据蓄积量的变动系数，现要求以 95%的可靠性($t=1.96$)和 90%的精度进行抽样估计，则样本单元数应为多少？

③若对总体进行系统抽样，样地面积为 0.0667 hm^2(1 亩)，那么样地实地上的间距是多少？布点时在 1∶10 000 地形图上间距是多少？

4. 调查总体按 90%的精度，可靠性为 95%，要求估计总体蓄积量，用随机抽样方法从总体中抽取 25 个单元组成样本，经外业调查和内业计算，$\bar{y}=9.0$；$s=2.5$ 其结果末达到精度要求。试问：要达到预估精度还需增加多少块样地(安全系数为 15%)？

一、我国森林资源连续清查体系

森林资源受自然环境、人为活动的影响，不断发生变化。只有定期进行清查，才能摸清林业家底，为林业乃至国民经济发展宏观决策提供依据，推动绿色发展，促进人与自然和谐共生。森林资源连续清查是指对同一范围的森林资源，通过连续可比的方式定期进行重复调查，掌握森林资源的数量、质量、结构、分布及其消长变化，分析和评价一定时期内人为活动对森林资源的影响，从而客观反映森林资源保护发展的最新动态。

我国森林资源连续清查，简称“一类调查”或“连清”，是以省(自治区、直辖市)为单位，以数理统计抽样调查为理论基础，通过系统抽样方法设置固定样地并进行定期复查，掌握森林资源现状及其消长变化，为评价全国和各省(自治区、直辖市)林业和生态建设成效提供重要依据。国家森林资源连续清查是全国森林资源监测体系的重要组成部分，清查成果为掌握宏观森林资源现状与动态为目的，全面把握林业发展趋势，编制林业发展规划与国民经济和社会发展规划等重大战略决策提供科学依据。制定和调整林业方针政策、规划、计划，监督检查各地森林资源消长任期目标责任制的重要依据。

我国森林资源连续清查体系是1978年建立的，以后每5年复查一次，样地数量和间距，因各省情况而定，如江苏4 km×3 km、福建4 km×6 km、云南6 km×8 km、河北8 km×12 km等，设置的样地称为省级样地(一类样地)，样地面积为0.0667 hm^2，形状为正方形。随着森林调查的内容的增加，一类样地调查的项目也从最初的资源数据监测扩大到土地利用与覆盖、森林健康状况与生态功能，森林生态系统多样性的现状和变化等方面的调查，发挥了更大的作用。

根据全国森林资源连续清查技术规定要求，省级固定样地应完成基本情况、林分状况、每木检尺、样木位置图绘制及其他因子的调查，并详细记录《森林资源连续清查样地调查记录》(附表1)。每次全国森林资源连续清查时，样地调查操作细则会适当地修改，调查前应认真学习，熟悉操作规程。

二、森林抽样调查技术的发展

用抽样方法调查森林资源始于18世纪后期。1930年概率论的应用为现代抽样调查奠定了理论基础。1936年方差和协方差分析的发表，开辟了抽样设计和误差估计方面的途径。1953年美国W·G·科克伦著的《抽样技术》一书出版，又提供了系统的抽样理论和方法。近十几年来，航空摄影、人造卫星、电子计算机技术和精密测树仪的应用和发展，大幅度地提高了森林抽样调查的效率。在我国，1949年以前抽样方法在森林调查中已有应用。1949年以后，大量采用方格法和带状样地法。20世纪60年代引进航空相片的森林分层抽样技术，并在全国广泛应用。70年代后期，以省为总体建立了固定样地的连续森林清查系统，全国共设固定样地14万个，以监测全国大区域森林资源的变动。

近十几年来，抽样技术的研究日益被国内外重视，抽样技术的发展非常迅速。尤其是航空摄影，卫星遥感技术，全球定位系统技术，计算机连续清查管理系数的研发、精密测树仪及手持野外调查记录仪的应用和发展，使森林调查工作更加向精度高、速度快、成率低，自动化和连续化的方向发展。目前，森林抽样调查技术已经形成了一门独特的学科。

在林业生产上除本单元介绍的应用较多的系统抽样和分层抽样调查外，还有回归估计、比估计、两阶抽样，双重抽样，不等概抽样，两期抽样等抽样技术。

(1)比估计

在回归估计中，主因子和辅助因子的线性关系一般不通过原点，如果这种关系通过原点，那么回归估计变成比估计了。也就是说，如果辅助因子总体平均数已知，则利用 y 与 x 的比值进行的抽样估计。比估计一般是有偏的。只是在样本很大时，这种偏差不大。

(2)两阶抽样

先将总体划分成一阶单元(群)，再将每个一阶单元划分成更小的二阶单元，然后随机地抽取一部分一阶单元，再从每个被抽中的一阶单元中抽取部分二阶单元进行测定，这种抽样方法就两阶抽样。

(3)双重抽样

当总体很大时，如果使用回归估计或比估计，即使辅助因子的单元调查成本很低，但要通过全面调查也是较困难的，这时作为一种变通方法，可以抽取一个较大的样本对比进行估计，然后再利用主、辅因子的关系进行抽样估计这就形成了一种利用双重样本进行抽样估计的方法，也就是双重抽样，或称两相抽样。

(4)两期抽样

如果对同一总体进行多次调查，那么这种抽样调查就是多期抽样，其中相邻的两次抽样调查就是两期抽样。主要目的是调查估计最近一期的现况以及前后两期之间的总体变化。

三、无人机遥感技术的发展

无人机遥感技术作为航空、航天遥感的有效补充，具有其他遥感技术无法比拟的独特优势，其主要表现在以下方面。

(1)快速响应

无人机系统运输便利、升空准备时间短、操作简单，可快速到达监测区域，机载高精度遥感载荷可以在 1~2 h 内快速获取遥感监测结果。

(2)图像分辨率高

无人机遥感获取图像的空间分辨率达到分米级，适于 1∶500 或更大比例遥感应用的需求。无人机搭载的高精度数码成像设备还具备大面积覆盖、垂直或者倾斜成像的能力。

(3)自主性强

无人机可按照预定飞行航线自主飞行、拍摄，航线控制精度高。飞行高度可从 50~4000 m，高度控制精度一般优于 10 m，速度范围从 70~160 km/h，均可平稳飞行，适应不同的遥感任务。

(4)操作简单

飞行操作自动化、智能化程度高，操作简单，并有故障自动诊断及显示功能，便于掌握和培训；一旦遥控失灵或者出现其他故障，可自动返航到起飞点上空，盘旋等待。若故障解除，则按地面人员控制继续飞行，否则自动开伞回收。

无人机遥感作为一项空间数据采集的重要手段，具有续航时间长、影像实时传输、高危地区探测、成本低、机动灵活等优点，广泛应用于多个领域。

参考文献

F·洛茨，K·E·哈勒，F·佐勒. 1985，森林资源清查[M]. 林昌庚，沙琢，等译. 北京：中国林业出版社.
白云庆，郝文康，1987. 测树学[M]. 哈尔滨：东北林业大学出版社.
北京林学院，1961. 测树学[M]. 北京：中国林业出版社.
北京林业大学，1980. 数理统计[M]. 北京：中国林业出版社.
北京林业大学，1987. 测树学[M]. 北京：中国林业出版社.
测树学编写组，1992. 测树学[M]. 2版. 北京：中国林业出版社.
崔希民，2009. 测量学教程[M]. 北京：煤炭工业出版社.
大隅真一，等，1977. 森林计测学[M]. 于璞和，译. 北京：中国林业出版社.
冯仲科，余新晓，2000. "3S"技术及应用[M]. 北京：中国林业出版社.
高见，张彦林，2009. 森林调查技术[M]. 兰州：甘肃科学技术出版社.
高忠民，2011. 常用木材材积速查手册[M]. 北京：金盾出版社.
关毓秀，1994. 测树学[M]. 北京：中国林业出版社.
光增云，2001. 材积表实用手册[M]. 郑州：中原农民出版社.
国家质量监督检验检疫总局，国家标准化管理委员会，2009. 杉原条材积表：GB/T 4515—2009[S]. 北京：中国标准出版社.
姜明，张义军，2008. 手持式GPS接收机应用中坐标系统的转换[J]. 林业调查规划(1)：11-14.
郎奎健，王长文，2005. 森林经营管理学导论[M]. 哈尔滨：东北林业大学出版社.
李宝银，2004. 伐区调查设计[M]. 福州：福建省地图出版社.
李明阳，菅利荣，2013. 森林资源调查空间抽样与数据分析[M]. 北京：中国林业出版社.
李秀江，2008. 测量学[M]. 4版. 北京：中国林业出版社.
联合国粮食及农业组织，1986. 森林收获量预报——英国人工林经营技术体系[M]. 詹昭宁，等译. 北京：中国林业出版社.
廖桂宗，彭世揆，1990. 试验设计与抽样技术[M]. 北京：中国林业出版社.
廖建国，黄勤坚，2013. 森林调查技术[M]. 福建：厦门大学出版社.
林业部调查规划设计院，1980. 森林调查手册[M]. 北京：中国林业出版社.
林业部调查规划院，1980. 森林调查手册[M]. 北京：农业出版社.
刘德君，李玉堂，2007. 谈如何做好原条合理造材[J]. 内蒙古林业(4)：31.
刘刚，陆元昌，2009. 六盘山地区气候因子对树木年轮生长的影响[J]. 东北林业大学学报(4)：1-4.
刘悦翠，2002. 森林计测学[M]. 北京：中国工人出版社.
马蒂，2010. 森林资源调查方法与应用[M]. 黄晓玉，雷渊才，译. 北京：中国林业出版社.
马断文，李昌言，娄云台，1991. 森林调查知识[M]. 北京：中国林业出版社.
马继文，1991. 森林调查知识[M]. 北京：中国林业出版社.
马继文，李昌言，等，1991. 森林调查知识[M]. 北京：中国林业出版社.
孟宪宇，2006. 测树学[M]. 北京：中国林业出版社.
孟宪宇，郑小贤，1999. 森林资源与环境管理[M]. 北京：经济科学出版社.
裴志永，陈松利，陈瑛，2012. 树木生长量远程遥测方法研究进展[J]. 安徽农业科学，23：11736-11738.
佘光辉，1998. 角规测树在材积生长动态监测中应用理论与方法的研究[J]. 林业科学，(2).
宋新民，李金良，2007. 抽样调查技术[M]. 北京：中国林业出版社.
苏杰南，2017. 森林调查技术[M]. 北京：高等教育出版社.
苏杰南，胡宗华，2014. 森林调查技术[M]. 2 版. 北京：中国林业出版社.
覃辉，2004. 土木工程测量[M]. 上海：同济大学出版社.
铁金，2010. 伐倒木合理造材措施应用浅议[J]. 农村实用科技信息(6).
王红霞，杨厚坤，2008. 豫北三倍体毛白杨、中林 46 杨和 I-69 树木生长量的分析报告[J]. 安徽农学通报(16)：23-26.
王文斗，2003. 园林测量[M]. 北京：中国科学技术出版社.
魏占才，2002. 森林计测[M]. 北京：高等教育出版社.
魏占才，2006. 森林调查技术[M]. 北京：中国林业出版社.
吴富桢，1994. 测树学实习指导[M]. 北京：中国林业出版社.
吴富桢，2007. 测树学[M]. 北京：中国林业出版社.
肖兴威，2005. 中国森林资源清查[M]. 北京：中国林业出版社.
徐绍铨，张华海，杨志强，等，2000. GPS 测量原理及应用[M]. 武汉：武汉测绘科技大学出版社.
许加东，2011. 控制测量[M]. 北京：中国电力出版社.
袁桂芬，1998. 布鲁莱斯测高器野外测树误差的室内修正[J]. 内蒙古林业调查设计(S1)：67-68.
翟明普，张征，1999. 林业生态环境管理综合实践[M]. 北京：经济科学出版社.
张恩生，李军，李硕，等，2006. 立木材积测算精度的研究[J]. 河北林果研究(3)：243-246.
张明铁，2004. 单株立木材积测定方法的研究[J]. 内蒙古林业调查设计(1)：24-26.
张明铁，李淑玲，多化清，等. 2003. 用干形测定单株立木材积的再研究[J]. 内蒙古林业调查设计(4)：74-77.
赵学荣，付文华，2005. 林业案件中伐倒木材积测定方法[J]. 林业调查规划，6：29-31.
浙江省林业学校，1984. 测树学[M]. 北京：中国林业出版社.
郑金兴，2005. 园林测量[M]. 北京：高等教育出版社.
中央农业广播电视学校，1993. 森林测算技术[M]. 北京：中国农业出版社.

附 录

附表 1　国家森林资源连续清查样地调查记录表

（　　　次调查）

总体名称：________　　样地号：________

设区市：________　　卫片号：________

地形图分幅号________　　地理坐标：纵________

样地间距：________　　横________

样地形状：________　　GPS 定位：纵________

样地面积：　　公顷　　横________

地方行政编码：□□□□□□□　　林业行政编码：□□□□□□□

样地所在地：

县(市、区)________ 乡(镇、场)________ 村(工区)________

自然村________ 地名________ 林班号________ 大班号________ 小班号________

项　目	姓　名	工作单位或住址
调查员		
检查员		
向　导		

调查日期________　　检查日期________

一、样地定位与测设

<table>
<tr><th colspan="5">样地引点位置图</th><th colspan="5">样地位置图</th></tr>
<tr><td colspan="5">↑N
⊙</td><td colspan="5">↑N
⊙</td></tr>
<tr><td rowspan="4">引点定位物</td><td>名称</td><td>编号</td><td>方位角</td><td>水平距</td><td></td><td>名称</td><td>编号</td><td>方位角</td><td>水平距</td></tr>
<tr><td></td><td></td><td></td><td></td><td rowspan="3">西南角定位物</td><td></td><td></td><td></td><td></td></tr>
<tr><td></td><td></td><td></td><td></td><td></td><td></td><td></td><td></td></tr>
<tr><td></td><td></td><td></td><td></td><td></td><td></td><td></td><td></td></tr>
<tr><td colspan="3">坐标方位角</td><td colspan="2"></td><td rowspan="3">东北角定位物</td><td></td><td></td><td></td><td></td></tr>
<tr><td colspan="3">引线距离</td><td colspan="2"></td><td></td><td></td><td></td><td></td></tr>
<tr><td colspan="3">磁方位角</td><td colspan="2"></td><td></td><td></td><td></td><td></td></tr>
<tr><td colspan="3">罗差</td><td colspan="2"></td><td>土壤坑</td><td></td><td></td><td></td><td></td></tr>
</table>

引点特征说明：____

____。

样地特征说明：____

____。

备注：特征说明指引点和样地附近的小路、山谷、山峰、建筑物、输电线路等利于寻找的信息。

样地引线测量记录

测站	方位角	倾斜角	斜距	水平距	累计

样地周界测量记录

测点测向	方位角	倾斜角	斜距	水平距	累计
闭合差					

复位概况说明：____

____

其他说明____

二、样地因子调查记录表

1. 样地号	2. 样地类别	3. 地形图幅号	4. 纵坐标	5. 横坐标	6. GPS 纵坐标	7. GPS 横坐标	8. 县(市．区)
9. 流域	10. 林区	11. 气候带	12. 地貌	13. 海拔	14. 坡向	15. 坡位	16. 坡度
17. 土壤名称	18. 土壤厚度	19. 腐殖质厚度	20. 枯落叶厚度	21. 灌木覆盖度	22. 灌木平均高	23. 草本覆盖度	24. 草本平均高
25. 植被总覆盖度	26. 地类	27. 植被类型	28. 湿地类型	29. 湿地保护等级	30. 荒漠化类型	31. 荒漠化程度	32. 沙化类型
33. 沙化程度	34. 石漠化程度	35. 土地权属	36. 林木权属	37. 林种	38. 起源	39. 优势树种	40. 平均年龄
41. 龄组	42. 平均胸径	43. 平均树高	44. 郁闭度	45. 森林群落	46. 林层结构	47. 树种结构	48. 自然度

（续）

49. 可及度	50. 工程类别	51. 森林类别	52. 公益林事权等级	53. 保护等级	54. 商品林经营等级	55. 森林灾害类型	56. 灾害等级
57. 森林健康等级	58. 森林生态功能等级	59. 生态功能指数	60. 四旁树株数	61. 毛竹林分株数	62. 毛竹散生株数	63. 杂竹株数	64. 天然更新等级
65. 地类面积等级	66. 地类变化原因	67. 有无特殊对待	68. 样木总株数	69. 活立木总蓄积	70. 林木蓄积	71. 散生木蓄积	72. 四旁树蓄积
73. 枯倒木蓄积	74. 采伐木蓄积	75. 造林地情况	76. 经济林木株数	77. 公益林保护等级	78. 抚育情况	79. 抚育措施	80. 调查日期

注：上表栏中有横线的，上行记载具体名称，下行记载代码。

复查期内样地变化情况

项　目	土地利用(地类)	林　种	沙化土地类型	湿地类型	其　他
上　期					
本　期					
变化原因					
样地有否特殊对待及说明					

测高记录

样木号												
树　种												
年　龄												
胸　径												
树　高												
备　注												

生态林地状况调查　　　　**保护等级：**

植被	植被名称	下木				地被物			
	分布状况								
	平均度(cm)								
	覆盖度(%)								
	总盖度(%)								

土壤	土壤名称	土层厚度(cm)	枯枝落叶层厚度(cm)	腐殖质层厚度(cm)	土壤质地	裸岩率(%)		土壤流失类型	土壤侵蚀程度	地表挖垦形式		

GPS 定位记录

GPS 机型号	地形图上样地西南角点纵横坐标		实地样地西南角点纵横坐标		实地公里网点与西南角点水平距离
	纵坐标	横坐标	纵坐标	横坐标	

样地每木检尺登记表

样地号______________　　样木总株数 N=________株

立木类型		样木号	树种名称		检尺类型		林　层		胸　径		材质等级	方位角	水平距（m）	备注
类型	代码		名称	代码	类型	代码	层次	代码	前期	后期				

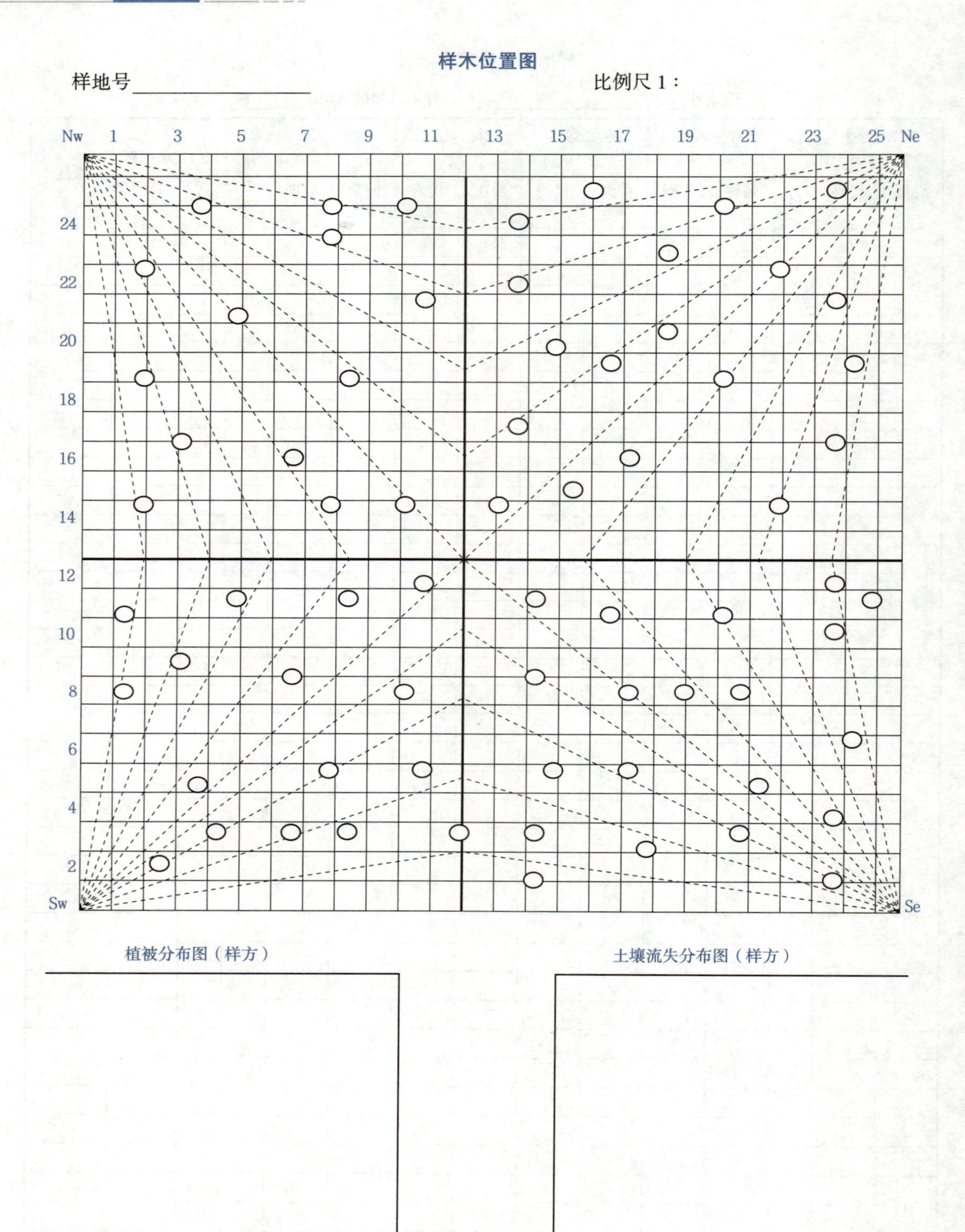
样木位置图
样地号
比例尺 1：
Nw
1
3
5
7
9
11
13
15
17
19
21
23
25
Ne
24
22
20
18
16
14
12
10
8
6
4
2
Sw
Se
植被分布图（样方）
土壤流失分布图（样方）

附表 2　样地调查因子记录填写清单

序号	调查因子	林地									非林地
		有林地		疏林地	灌木林	未成林地	苗圃地	无立木林地	宜林地	林业辅助生产用地	
		乔木林	竹林								
1	样地号	●	●	●	●	●	●	●	●	●	●
2	样地类别	●	●	●	●	●	●	●	●	●	●
3	地形图图幅号	●	●	●	●	●	●	●	●	●	●
4	纵坐标	●	●	●	●	●	●	●	●	●	●
5	横坐标	●	●	●	●	●	●	●	●	●	●
6	GPS 纵坐标	●	●	●	●	●	●	●	●	●	●
7	GPS 横坐标	●	●	●	●	●	●	●	●	●	●
8	县代码	●	●	●	●	●	●	●	●	●	●
9	流域	●	●	●	●	●	●	●	●	●	●
10	林区										
11	气候带										
12	地貌	●	●	●	●	●	●	●	●	●	●
13	海拔	●	●	●	●	●	●	●	●	●	●
14	坡向	●	●	●	●	●	●	●	●	●	●
15	坡位	●	●	●	●	●	●	●	●	●	●
16	坡度	●	●	●	●	●	●	●	●	●	●
17	土壤名称	●	●	●	●	●	●	●	●	●	○
18	土层厚度	●	●	●	●	●	●	●	●	●	○
19	腐殖层厚度	●	●	●	●	●	●	●	●	●	○

（续）

序号	调查因子	林地									非林地
		有林地		疏林地	灌木林	未成林地	苗圃地	无立木林地	宜林地	林业辅助生产用地	
		乔木林	竹林								
20	枯枝落叶厚度	●	●	●	●	●	●	●	●	●	○
21	灌木覆盖度	●	●	●	●	●	●	●	●	●	○
22	灌木平均高	●	●	●	●	●	●	●	●	●	○
23	草本覆盖度	●	●	●	●	●	●	●	●	●	○
24	草本高度	●	●	●	●	●	●	●	●	●	○
25	植被总覆盖度	●	●	●	●	●	●	●	●	●	○
26	地类	●	●	●	●	●	●	●	●	●	●
27	植被类型	●	●	●	●	●	●	●	●	●	○
28	湿地类型	○	○	○	○	○	○	○	○	○	○
29	湿地保护等级	○	○	○	○	○	○	○	○	○	○
29	湿地保护等级	○	○	○	○	○	○	○	○	○	○
30	荒漠化类型										
31	荒漠化程度										
32	沙化类型	●	●	●	●	●	●	●	●	●	●
33	沙化程度	●	●	●	●	●	●	●	●	●	●
34	石漠化程度										
35	土地权属	●	●	●	●	●	●	●	●	●	●
36	林木权属	●	●	●	●	●	●				
37	林种	●	●	●	●						
38	起源	●	●	●	●	●					

（续）

序号	调查因子	林地									非林地
		有林地		疏林地	灌木林	未成林地	苗圃地	无立木林地	宜林地	林业辅助生产用地	
		乔木林	竹林								
39	优势树种	●	●	●	●	●					
40	平均年龄	●	●	●	●	●					
41	龄组	●	●	●							
42	平均胸径	●	●	●							
43	平均树高	●	●	●	○						
44	郁闭度	●	●	●							
45	森林群落结构	●	●		○						
46	林层结构	●	●								
47	树种结构	●	●		○						
48	自然度	●	●		○						
49	可及度	○									
50	工程类别	●	●	●	●	●					
51	森林类别	●	●	●	●	●	●	●	●	●	
52	公益林事权等级	○	○	○	○	○	○	○	○	○	
53	公益林保护等级	○	○	○	○	○	○	○	○	○	
54	商品林经营等级	○	○	○	○						
55	森林灾害类型	●	●	●	●	●	●				
56	森林灾害等级	●	●	●	●	●	●				
57	森林健康等级	●	●		○						
58	森林生态功能等级										
59	森林生态功能指数										
60	四旁树株数										○

（续）

序号	调查因子	林地									非林地
		有林地		疏林地	灌木林	未成林地	苗圃地	无立木林地	宜林地	林业辅助生产用地	
		乔木林	竹林								
61	毛竹林分株数		●								
62	毛竹散生株数	○	○	○	○	○	○	○	○	○	○
63	杂竹株数	○	○	○	○	○	○	○	○	○	○
64	天然更新等级			●					●	●	
65	地类面积等级	●	●	●	●	●	●	●	●	●	●
66	地类变化原因	○	○	○	○	○	○	○	○	○	○
67	有无特殊对待	●	●	●	●	●	●	●	●	●	●
68	样木总株数	●	●	●	●	●	●	●	●	●	●
69	活立木总蓄积										
70	林木蓄积										
71	散生木蓄积										
72	四旁树蓄积										
73	枯损木蓄积										
74	采伐木蓄积										
75	造林地情况	○	○	○	○	○					
76	经济林木株数	○	○		○						
77	国家级公益林保护等级	○	○	○	○	○	○	○	○	○	
78	抚育状况	○									
79	抚育措施	○									
80	调查日期	●	●	●	●	●	●	●	●	●	●

注：“●”表示需要填写；“○”表示在某些情况下需要填写，在某些情况下不要填写；空格表示不需要填写。